S7-200 SMART PLC 技术应用项目教程

主　编　刘　曼
副主编　戴花林　殷　欢　卢香平
参　编　罗大海　田　泉

北京理工大学出版社
BEIJING INSTITUTE OF TECHNOLOGY PRESS

内 容 简 介

本书主要内容包括西门子 S7-200 SMART PLC 的基础知识、编程调试，以及专用软件 MCGSPro 的主要功能。通过工程实际案例，深入浅出地介绍了西门子 S7-200 SMART PLC 的基本指令、功能指令、网络通信和 MCGSPro 软件与 PLC 的综合应用。教材内容同时融入了智能控制领域相关 1+X 证书及职业院校技术技能竞赛的内容。

全书基于工学结合的指导思想，以项目式任务驱动法的编写方式导入教学内容。项目一的两个任务介绍 S7-200 SMART PLC 的基本知识及 STEP 7-Micro/WIN SMART 软件编程；项目二的四个任务介绍 PLC 的基本指令在典型电气控制电路中的应用；项目三的四个任务介绍 PLC 顺序控制程序设计方法的应用；项目四的四个任务介绍数据处理等指令的应用；项目五的四个任务介绍 MCGSPro 组态软件的主要功能及西门子 S7 通信的综合应用。

书中的每个任务都针对各个教学目标展开相关基本知识的学习及技能训练，任务中还设置了相应的拓展提升、思考练习及学习评价。本书作为高等职业教育中可编程控制器的教材，按照任务驱动教学方法，力求体现高等职业教育培养高素质技术技能型人才的教学特点。

本书可作为高等院校和高职院校机电一体化技术、电气自动化技术、工业机器人技术等相关专业的课程教材，也可作为企业技术员自学或参考用书。

版权专有　侵权必究

图书在版编目（CIP）数据

S7-200 SMART PLC 技术应用项目教程 / 刘曼主编．
北京：北京理工大学出版社，2025.1．
ISBN 978-7-5763-4650-3

Ⅰ．TM571.61

中国国家版本馆 CIP 数据核字第 2025VN6039 号

责任编辑：封　雪	文案编辑：封　雪
责任校对：刘亚男	责任印制：李志强

出版发行 ／ 北京理工大学出版社有限责任公司
社　　址 ／ 北京市丰台区四合庄路 6 号
邮　　编 ／ 100070
电　　话 ／（010）68914026（教材售后服务热线）
　　　　　　（010）63726648（课件资源服务热线）
网　　址 ／ http://www.bitpress.com.cn
版 印 次 ／ 2025 年 1 月第 1 版第 1 次印刷
印　　刷 ／ 涿州市新华印刷有限公司
开　　本 ／ 787 mm×1092 mm　1/16
印　　张 ／ 18.5
字　　数 ／ 424 千字
定　　价 ／ 89.00 元

图书出现印装质量问题，请拨打售后服务热线，负责调换

前　言

可编程控制器（简称PLC）技术是机电一体化及工业自动化领域的技术人员不可或缺的关键技能。它是以计算机技术为核心，成功融合了微型计算机技术、自动化技术和通信技术，而形成的一种先进工业自动化控制装置。可编程控制器具备编程简便、使用便捷、配置灵活、易于扩展、高度可靠以及控制能力强大等显著优点，因此在机械加工、微电子、家电、轻工、化工、冶金、造纸、食品、电力、建材等众多行业得到了广泛应用。随着生产自动化水平的不断提升，PLC技术、计算机辅助设计与制造（CAD/CAM）、数控技术（CNC）以及机器人技术共同构成了工业生产自动化的四大核心支柱。特别是在"中国制造2025"战略的大背景下，随着企业工业现场数字化改造和智能化转型的加速推进，PLC技术已成为传统设备升级改造中的关键技术之一。鉴于此，许多高职院校和本科院校已将可编程控制技术纳入其重要的专业课程体系之中。

目前，西门子公司生产的可编程控制器在我国占有一定的市场份额，西门子公司开发的S7-200 SMART PLC是一款针对经济型自动化市场的小型PLC，即S7-200 PLC的升级换代产品。该产品具备机型丰富、选件多样、软件友好等特点，并增加了以太网端口和信号板，CPU模块配备了标准型和经济型供用户选择，用户可以获得高性价比的小型自动化解决方案，因而有着广泛的应用场景。此外，组态软件MCGSPro是昆仑通态自动化软件科技有限公司研发的组态软件系统，是国产工业组态控制软件中比较主流的品牌之一，具有功能完善、操作简便、可视程度高、可维护性好等优点，可以灵活实现与PLC的组态控制。

本书贯彻落实党的二十大精神，为深入实施科教兴国战略、人才强国战略、创新驱动发展战略，以培养造就德技并修的高素质技术技能人才为宗旨，基于工学结合的指导思想，以项目式任务驱动法的编写方式导入教学内容。在项目内容开发方面，依据机电设备和自动化生产线安装与调试、运行与维修、改造与升级等岗位（群）能力需求及课程标准，对接《可编程控制器系统应用编程职业技能等级标准》和相关技能大赛标准，融入生产实际应用案例。从理论结合实践的角度出发，以广泛应用的西门子公司的S7-200 SMART PLC产品、STEP 7-Micro/WIN SMART软件编程、组态软件MCGSPro为例，力求在理论够用的前提下，学习小型可编程控制器的基础知识、编程以及与组态软件的综合应用，侧重实验实训技能教学，突出应用性和实践性及高职院校教学的特点。同时，内容注重树立学生科技兴国、科技强国的意识，具备安全操作规范的劳动态度，习得从事可编程控制器编程所需要的工作方法及学习方法，以养成良好的职业素养。

本书突出理论知识与技能训练相结合，使内容更加符合学生的认知规律，由浅入深地激发学生的学习兴趣。编写形式上力求突出项目化特点，每个任务都有明确的任务目标，并针对各个知识目标、技能目标、素养目标展开相关基本知识的学习及技能训练，还针对每个任务设置了相应的拓展提升、思考练习及学习评价，以便学生巩固基础知识与技能。在内容的表达方式上，本书力求图文并茂，尽可能以图片或者表格形式将各知识点展示出来，从而提高可读性。

本书共有五个项目，项目一主要介绍 S7-200 SMART 系列 PLC 的基本知识及 STEP 7-Micro/WIN SMART 软件编程；项目二介绍 PLC 的基本指令在典型电气控制电路中的应用；项目三介绍 PLC 顺序控制程序设计方法的应用；项目四介绍数据处理等指令的应用；项目五介绍 MCGSPro 组态软件的主要功能及西门子 S7 通信的综合应用。

本书由刘曼担任主编，戴花林、殷欢、卢香平担任副主编，罗大海、田泉参编。刘曼编写项目一并负责全书的组织编写、统稿和审核等工作，罗大海编写项目二，卢香平编写项目三，戴花林编写项目四，殷欢和田泉共同编写项目五。

因编者水平有限，书中难免存在欠妥和不足之处，敬请广大读者批评指正。作者电子信箱：348773696@qq.com。

编　者

目　　录

项目一　初识西门子 S7-200 SMART 系列 PLC ·················· 1

任务1.1　西门子 S7-200 SMART 系列 PLC 的认识 ·················· 1
　　1.1.1　S7-200 SMART PLC 的亮点 ·················· 2
　　1.1.2　S7-200 SMART PLC 的硬件 ·················· 3
　　1.1.3　S7-200 SMART PLC 的外部接线 ·················· 11

任务1.2　用 STEP 7-Micro/WIN SMART 软件编程 ·················· 22
　　1.2.1　编程软件的安装和卸载 ·················· 22
　　1.2.2　编程软件介绍 ·················· 23
　　1.2.3　窗口操作和帮助功能 ·················· 27
　　1.2.4　仿真软件 ·················· 32

项目二　典型电气控制电路的 PLC 控制 ·················· 51

任务2.1　电动机连续运转的 PLC 控制 ·················· 51
　　2.1.1　逻辑取（装载）及线圈输出指令 ·················· 52
　　2.1.2　触点串联指令 ·················· 54
　　2.1.3　触点并联指令 ·················· 55
　　2.1.4　串联电路块的并联连接（或块）指令 ·················· 56
　　2.1.5　并联电路块的串联连接（与块）指令 ·················· 56

任务2.2　电动机正反转的 PLC 控制 ·················· 65
　　2.2.1　置位S、复位R指令 ·················· 66
　　2.2.2　置位S、复位R指令的应用 ·················· 66
　　2.2.3　置位S、复位R指令的优先级 ·················· 67
　　2.2.4　SR指令 ·················· 67
　　2.2.5　RS指令 ·················· 67

任务2.3　电动机 Y/△ 启动的 PLC 控制 ·················· 75
　　2.3.1　S7-200 SMART PLC 定时器介绍 ·················· 76
　　2.3.2　通电延时定时器指令 ·················· 77

任务2.4　密码锁的PLC控制 ··· 85
　　2.4.1　EU、ED指令 ·· 85
　　2.4.2　计数器指令 ·· 87
　　2.4.3　加计数器指令 ·· 87

项目三　专用设备的PLC控制 ··· 99

任务3.1　冲床冲压工件的PLC控制 ··· 99
　　3.1.1　顺序控制设计法 ·· 100
　　3.1.2　顺序功能图 ·· 101
　　3.1.3　顺序控制设计法的特点 ·· 104
　　3.1.4　顺序功能图转换为梯形图的方法 ·························· 104
　　3.1.5　采用启保停电路设计单序列结构顺序功能图的方法 ············· 104

任务3.2　钻孔专用机床的PLC控制 ··· 113
　　3.2.1　使用S、R指令设计单序列顺序控制程序法 ············· 114
　　3.2.2　使用S、R指令设计选择序列和并行序列顺序功能图的编程方法 ······ 115

任务3.3　液体混合装置的PLC控制 ··· 127
　　3.3.1　SCR指令 ··· 128
　　3.3.2　采用SCR指令设计选择序列和并行序列的方法 ·············· 129

任务3.4　机械手的PLC控制 ··· 143
　　3.4.1　设置连续运行标志位 ·· 145
　　3.4.2　绘制顺序功能图 ·· 145

项目四　灯光系统的PLC控制 ··· 159

任务4.1　PLC在灯光控制系统中的应用 ··· 159
　　4.1.1　数据长度及常用的数据类型 ································· 160
　　4.1.2　数据处理指令 ·· 161

任务4.2　交通信号灯的PLC控制 ··· 173
　　4.2.1　比较指令 ·· 175
　　4.2.2　比较指令的应用 ·· 175
　　4.2.3　时钟指令及其应用 ·· 177

任务4.3　抢答器的PLC控制 ··· 186
　　4.3.1　跳转与标号指令 ·· 187
　　4.3.2　七段显示译码指令 ·· 188

任务4.4　自动售货机的PLC控制 ··· 197
　　4.4.1　转换指令 ·· 197
　　4.4.2　数学运算指令 ·· 201

项目五 PLC 和触摸屏的综合控制 212

任务 5.1 三相异步电动机正反转组态控制 212
5.1.1 组态软件、人机界面和触摸屏 213
5.1.2 认识 TPC7032Kt 触摸屏 214
5.1.3 认识 MCGSPro 组态软件 216

任务 5.2 使用中断和高速计数器测量辊轴速度 230
5.2.1 编码器的主要作用及其分类 231
5.2.2 光增量式编码器的基本工作原理 231
5.2.3 集电极输出增量式编码器与 PLC 的连接 234
5.2.4 高速计数器 235
5.2.5 中断 238

任务 5.3 水位模拟控制系统的组态设计 246
5.3.1 运行策略 247
5.3.2 脚本程序 248

任务 5.4 S7 通信与机械手的控制 268
5.4.1 通信基础知识 268
5.4.2 OSI 通信参考模型 269
5.4.3 S7-200 SMART PLC 以太网通信简介 270
5.4.4 S7 通信基础知识 271
5.4.5 S7 通信硬件要求 271
5.4.6 S7 通信资源数量 272
5.4.7 S7 通信的建立 272

参考文献 287

项目一　初识西门子 S7-200 SMART 系列 PLC

引导语

　　党的二十大报告指出,要加快建设制造强国。工业是立国之本、强国之基,工业化是现代化的基础和核心动力。在智能制造系统中,可编程逻辑控制器(以下简称 PLC)是现代工业控制的重要支柱之一,是综合了微电子技术、计算机技术、自动控制技术和通信网络技术而形成的新型通用工业自动控制装置。PLC 技术作为自动化技术与新兴信息技术深度融合的关键技术,在工业自动化领域发挥着越来越重要的作用。S7-200 SMART PLC 是西门子公司开发的一款针对经济型自动化市场的小型 PLC,即 S7-200 PLC 的升级换代产品。该产品具有机型丰富、选件多样、软件友好等特点,并可无缝集成 SMART LINE 触摸屏及 V20 变频器。它的指令和程序结构与 S7-200 系列 PLC 基本相同,还增加了以太网端口和信号板,CPU 模块配备了标准型和经济型供用户选择,分别用于复杂和简单的工业领域,用户根据所需要的应用系统,可以获得高性价比的小型自动化解决方案。让我们一起从本项目出发,来认识 S7-200 SMART PLC 吧。

任务 1.1　西门子 S7-200 SMART 系列 PLC 的认识

任务目标

知识目标

1. 掌握 S7-200 SMART PLC 的亮点。
2. 掌握 S7-200 SMART PLC 硬件结构组成。
3. 了解 PLC 的发展概况、定义、分类和特点。

技能目标

1. 能够掌握 S7-200 SMART PLC 的接线方法。
2. 能够进行 S7-200 SMART PLC 模块的安装与拆卸。

素养目标

1. 树立科技兴国、科技强国的意识。
2. 养成安全、规范操作的劳动意识。

任务描述

某企业要改造一个 PLC 控制的自动传输带系统，要进行小型 PLC 设备采购，如果你作为工程技术人员，要去采购 PLC，需要清楚 PLC 的型号、CPU 性能、I/O 点数量及扩展模块的型号参数、性能、价格等情况。本任务从 S7-200 SMART PLC 的硬件组成及性能入手，分析 S7-200 SMART PLC 的性能特点、硬件结构和工作原理，并能够进行硬件的安装与拆卸，为完成后续各项任务打下基础。

知识储备

1.1.1 S7-200 SMART PLC 的亮点

SIMATIC S7-200 SMART PLC 是西门子公司经过市场调研，针对中国小型自动化应用市场研发的一款高性价比 PLC 产品。其定位是最终取代目前市场上的西门子 S7-200 系列 PLC 产品。作为 SIMATIC 家族的新成员，S7-200 SMART 的市场定位是小型自动化应用场合，在 SIMATIC 家族中的地位介于 SIMATIC LOGO! PLC 和 SIMATIC S7-1200 系列 PLC 之间。S7-200 SMART 性价比较高、性能优异、扩展性能好、通信功能强，并且可以结合西门子 SMART 系列触摸屏和西门子 SINAMICS 系列变频器，实现一套完整的自动化控制系统，能为各行各业提供良好的解决方案。

(1) 机型丰富，更多选择。

西门子 S7-200 SMART PLC 的 CPU 有多种类型，提供不同类型、I/O 点数丰富的 CPU 模块，单体 I/O 点数最高可达 60 点。对于不同的应用需求，S7-200 SMART PLC 提供标准型和经济型两个系列的 CPU 模块供用户选择，标准型 CPU 模块包括 ST20/SR20、ST30/SR30、ST40/SR40、ST60/SR60；经济型（又称紧凑型）CPU 模块包括 CR20s、CR30s、CR40s、CR60s 等。CPU 模块本身集成了数字量信号输入/输出（DI/DO）通道，标准型 CPU 模块支持使用扩展信号板来增加信号通道的数量，最多支持扩展 6 个信号模块，大大增强了信号处理能力。产品配置更加灵活，可满足大部分小型自动化设备的控制需求。

(2) 选件扩展，定制精准。

S7-200 SMART CPU 模块的中央有一块预留的位置，可以用来安装信号板（Signal Board）。新颖的信号板设计支持数字量输入/输出、模拟量输入/输出、RS485/RS232 通信、实时时钟电池等功能。在不额外占用电控柜空间的前提下，将信号板安装在 CPU 模块上，既可以增加 CPU 的功能，又能扩展更加贴合用户的实际配置需求，在提高产品利用率的同时降低用户的扩展成本。

(3) 高速内核，性能优异。

S7-200 SMART 的 CPU 模块配备西门子专用高速处理器芯片，其基本指令的运算速度可达 0.15 μs/条，在同级别小型 PLC 中优势明显。由于具备高速处理能力，保证了对复杂程序的快速处理，其在应对各种烦琐的程序逻辑、复杂的工艺要求时表现优异。

(4) 以太互联，经济便捷。

S7-200 SMART 标准型 CPU 模块本体集成了以太网接口，集成了强大的以太网通信功能。可以使用一根普通的网线将程序下载到 CPU 中，经济快捷，省去了专用编程电缆的费用。通过以太网接口还可以与其他 CPU 模块、触摸屏界面（HMI）及第三方以太网通信设备进行通信，可以十分方便地组建局域网。

（5）集成功能，控制方便。

S7-200 SMART CPU 模块本体最多集成 3 路高速脉冲输出，频率高达 100 kHz，支持 PWM/PTO 输出方式以及多种运动模式，可自由设置运动包络。配以方便易用的向导设置功能，快速实现设备调速、定位等功能。S7-200 SMART CPU 模块支持高速脉冲输入计数，标准型 CPU 最多可以使用 6 个高速计数器，紧凑型 CPU 最多可以使用 4 个高速计数器。CPU 模块内部提供了 PID 和运动控制的指令库，可以进行 PID 控制和运动控制，集成的这些工艺功能使得编程十分方便。

（6）通用 SD 卡，及时更新。

S7-200 SMART 标准型 CPU 集成了 Micro SD 卡插槽，使用市面上通用的 Micro SD 卡就可以实现程序的更新和 CPU 固件版本升级，省去了 CPU 返厂更新固件的不便，可以最大限度地利用新版本的优势，极大地方便了客户工程师对终端用户的服务支持。

（7）软件友好，编程高效。

STEP 7-Micro/WIN SMART 是西门子专门为 S7-200 SMART PLC 打造的软件编程开发平台，在继承西门子编程软件强大功能的基础上，融入了更多人性化的设计。例如，全新的软件界面、新颖的带状菜单、全移动式界面窗口、方便的程序注释及强大的密码保护等功能，可以用 3 种编程语言监控程序的执行情况，用状态图表监控、修改和强制变量，用系统块设置参数方便、直观。具有强大的中文帮助功能，可以更快、更方便地进行编程开发。

（8）系统整合，无缝集成。

S7-200 SMART PLC、SIMATIC SMART LINE 触摸屏和 SINAMICS V20 变频器完美整合，为 OEM（原始设备制造商）用户带来高性价比的小型自动化解决方案，满足用户对于人机交互、控制、驱动等功能的全方位需求。

1.1.2　S7-200 SMART PLC 的硬件

S7-200 SMART PLC 硬件由 CPU（中央处理器）、存储器、信号板、扩展模块和电源组成。

1. CPU 模块

1）CPU 和存储器

S7-200 SMART PLC 是西门子公司经过大量市场调研，为中国用户量身定制的高性价比小型 PLC 产品，如图 1.1.1 所示。S7-200 SMART CPU 将微处理器、集成电源、输入电路和输出电路组合到一个结构紧凑的外壳中，形成一个功能强大的 Micro PLC。S7-200 SMART PLC 结构紧凑、组态灵活且具有功能强大的指令集，CPU 根据用户程序控制逻辑监视输入并更改输出状态，用户程序可以包含布尔逻辑、计数、定时、复杂数学运算以及与其他智能设备的通信。

CPU 模块结构如图 1.1.2 所示。模块通过导轨固定卡口固定于导轨上，有数字量输入接线端子、输出接线端子和供电电源接线端子等端子连接器，有以太网接口、RS485 通信接口、Micro SD 卡插槽、选择器件（信号板或通信板）接口、CPU 运行状态指示灯（输入/输出指示灯，运行状态指示灯 RUN、STOP 和 ERROR，以太网通信指示灯等），有插针式模块连接器及便于连接的扩展模块。

图 1.1.1　S7-200 SMART PLC

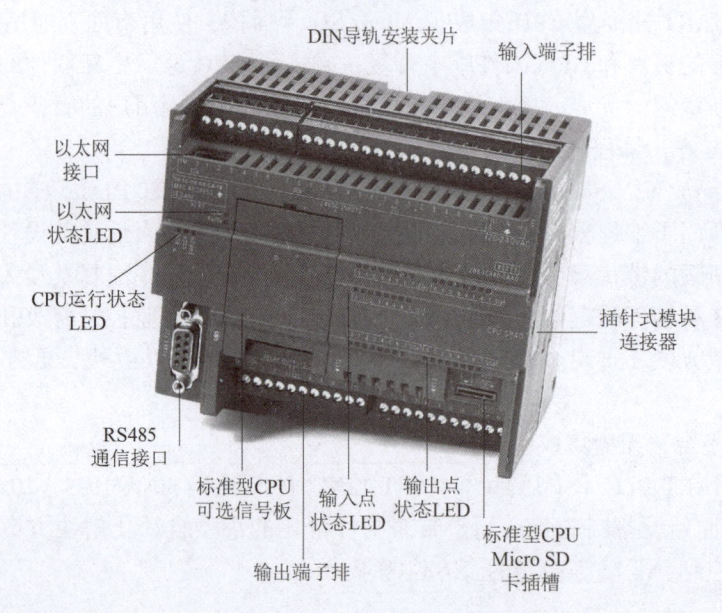

图 1.1.2　CPU 模块结构

2）紧凑型和标准型 CPU 模块

S7-200 SMART CPU 系列包括 14 个 CPU 型号，分为两条产品线：紧凑型产品线和标准型产品线，如表 1.1.1 所示。CPU 标识的第一个字母表示产品线，紧凑型（C）或标准型（S）。标识的第二个字母表示交流电源/继电器输出（R）或直流电源/直流晶体管（T）。标识中的数字表示总板载数字量 I/O 计数。I/O 计数后的小写字符"s"（仅限串行端口）表示新的紧凑型号。

表 1.1.1　14 个 CPU 型号的简要技术规范

型号 特性	SR20	ST20	CR20s	SR30	ST30	CR30s	SR40	ST40	CR40s	CR40	SR60	ST60	CR60s	CR60
紧凑型串行、不可扩展			√			√			√				√	√
标准、可扩展	√	√		√	√		√	√			√	√		
继电器输出	√		√	√		√	√		√	√	√		√	√

4　S7-200 SMART PLC 技术应用项目教程

续表

型号 特性	SR20	ST20	CR20s	SR30	ST30	CR30s	SR40	ST40	CR40s	CR40	SR60	ST60	CR60s	CR60
晶体管输出（DC）		√			√			√				√		
I/O 点（内置）	20	20	20	30	30	30	40	40	40	40	60	60	60	60

紧凑型 CPU 没有以太网接口，使用 RS485 接口和 USB-PPI 电缆编程。与标准型 CPU 相比，仅支持 4 个带有 PROFIBUS/RS485 功能的 HMI，不能扩展信号板和扩展模块，不支持存储卡和数据记录，没有模拟量处理、高速脉冲输出、实时时钟和运动控制等功能，输入点没有脉冲捕捉功能。CPU 最多提供 4 个高速计数器，单相 100 Hz 的有 4 个，A/B 相 50 Hz 的有 2 个。紧凑型 CPU 的简要技术规范如表 1.1.2 所示。

表 1.1.2 紧凑型 CPU 的简要技术规范

特性	型号	CPU CR20s	CPU CR30s	CPU CR40s CPU CR40	CPU CR60s CPU CR60
尺寸：W×H×D/（mm×mm×mm）		90×100×81	110×100×81	125×100×81	175×100×81
用户存储器	程序	12 KB	12 KB	12 KB	12 KB
	用户数据	8 KB	8 KB	8 KB	8 KB
板载数字量 I/O	输入 输出	12 DI 8 DQ 继电器	18 DI 12 DQ 继电器	24 DI 16 DQ 继电器	36 DI 24 DQ 继电器
扩展模块		无	无	无	无
信号板		无	无	无	无
高速计数器 （总共 4 个）	单相	4 个，100 kHz	4 个，100 kHz	4 个，100 kHz	4 个，100 kHz
	A/B 相	2 个，50 kHz	2 个，50 kHz	2 个，50 kHz	2 个，50 kHz
PID 回路		8	8	8	8
实时时钟，备用时间 7 天		—	—	—	—

标准型 CPU 有 56 个字的模拟量输入（AI）和 56 个字的模拟量输出（AQ），100 Hz 脉冲输出仅适用于带晶体管输出的 CPU，可扩展 1 块信号板和最多 6 块扩展模块，如图 1.1.3 所示。使用免维护超级电容的实时时钟的精度为 ±120 s/月，保持时间通常为 7 天，25 ℃时最少为 6 天。标准型 CPU 简要技术规范如表 1.1.3 所示。

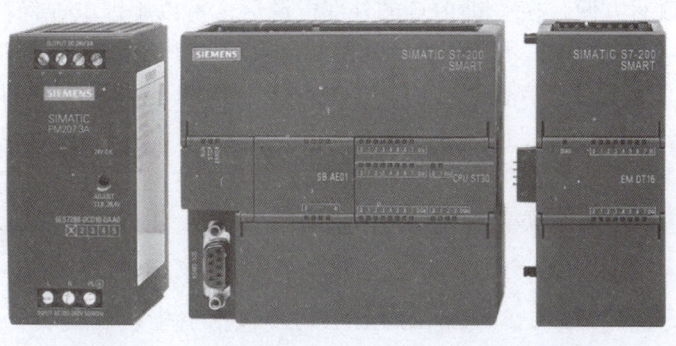

图 1.1.3 S7-200 SMART 标准型 CPU 和扩展模块

表 1.1.3　标准型 CPU 的简要技术规范

特性 \ 型号		CPU SR20 CPU ST20	CPU SR30 CPU ST30	CPU SR40 CPU ST40	CPU SR60 CPU ST60
尺寸：$W×H×D/$（mm×mm×mm）		90×100×81	110×100×81	125×100×81	175×100×81
用户存储器	程序	12 KB	18 KB	24 KB	30 KB
	用户数据	12 KB	16 KB	20 KB	24 KB
板载数字量 I/O	输入	12 DI	18 DI	24 DI	36 DI
	输出	8 DQ	12 DQ	16 DQ	24 DQ
扩展模块		最多6个	最多6个	最多6个	最多6个
信号板		1	1	1	1
高速计数器（总共6个）	单相	4个，200 kHz 2个，30 kHz	5个，200 kHz 1个，30 kHz	4个，200 kHz 2个，30 kHz	4个，200 kHz 2个，30 kHz
	A/B 相	2个，100 kHz 2个，20 kHz	3个，100 kHz 1个，20 kHz	2个，100 kHz 2个，20 kHz	2个，100 kHz 2个，20 kHz
100 kHz 脉冲输出		2个（仅 CPU ST20）	3个（仅 CPU ST30）	3个（仅 CPU ST40）	4个（仅 CPU ST60）
PID 回路		16	16	16	16
实时时钟，备用时间 7 天		√	√	√	√

3）CPU 的存储器

PLC 的程序分为操作系统和用户程序。操作系统使 PLC 具有基本的功能，由 PLC 生产厂家设计并固化在 ROM（只读存储器）中，包括管理程序、监控程序以及对用户程序做编译处理的解释编译程序。用户程序是指用户根据现场的生产过程和工艺要求编写的控制程序，它使 PLC 能完成用户要求的特定功能。

CPU 的存储器分为系统程序存储器和用户存储器。系统程序存储器用以存放操作系统程序，用户存储器包括用户程序存储器及数据存储器。用户程序存储器用来存放用户程序。数据存储器用来存放控制过程中需要不断改变的输入和输出信号、各种工作状态、计数值、中间运算结果等。CPU 的存储器包括以下三种：

（1）只读存储器（ROM）。ROM 的内容只能读出，不能写入。它是非易失性的存储器，当它的电源断电后，仍能保存存储器的内容。ROM 用来存放 PLC 的操作系统程序。

（2）随机存取存储器（RAM）。用户程序和编程软件可以读取 RAM 中的数据。RAM 是易失性的存储器，当 RAM 芯片的电源中断后，存储的信息将会丢失。RAM 的工作速度高、价格便宜、改写方便。在关断 PLC 的外部电源后，可以用锂电池保存 RAM 中的用户程序和数据。S7-200 SMART 不使用锂电池，断电后用 EEPROM 保存用户程序和数据。

（3）电擦除可编程只读存储器（EEPROM）。EEPROM 是非易失性的存储器，断电后它保存的数据不会丢失。PLC 运行时可以读写它，兼有 ROM 的非易失性和 RAM 的随机存取的优点，但是写入数据所需的时间比 RAM 长，改写的次数有限制。S7-200 SMART 用 EEPROM 来存储用户程序和需要长期保存的重要数据。

2. 信号板和扩展模块

为更好地满足应用需求，S7-200 SMART PLC 包括诸多扩展模块、信号板和通信模块。可将这些扩展模块与标准 CPU（SR20、ST20、SR30、ST30、SR40、ST40、SR60 或

ST60）搭配使用，为 CPU 增加附加功能。SR/ST 标准型 CPU 可扩展 6 个扩展模块和 1 个信号板，适用于 I/O 点数较多、逻辑控制较为复杂的应用场景。

1）信号板

S7-200 SMART PLC 共提供了 5 种不同的信号板。信号板直接安装在 SR/ST CPU 本体正面，无须占用电控柜空间，安装、拆卸方便快捷。对于需要少量 I/O 扩展及更多通信端口这样的需求，全新设计的信号板能提供更经济、灵活的解决方案。信号板基本信息如表 1.1.4 所示。

表 1.1.4　信号板基本信息

型号	规格	描述
SB DT04	2DI/2DO 晶体管输出	提供额外的数字量 I/O 扩展，支持 2 路数字量输入和 2 路数字量晶体管输出
SB AE01	1AI	提供额外的模拟量 I/O 扩展，支持 1 路模拟量输入，精度为 12 位
SB AQ01	1AO	提供额外的模拟量 I/O 扩展，支持 1 路模拟量输出，精度为 12 位
SB CM01	RS232/RS485	提供额外的 RS232 或 RS485 串行通信接口，在软件中简单设置即可实现转换
SB BA01	实时时钟保持	支持普通的 CR1025 纽扣电池，能断电保持实时时钟运行约 1 年

信号板 SB DT04（图 1.1.4）是 2 点 DC 24 V 数字量直流输入和 2 点数字量场效应晶体管直流输出信号板。1 点模拟量输入信号板 SB AE01（图 1.1.5）支持的模拟量输入信号包括电压信号和电流信号。电压信号包括 ±10 V、±5 V、±2.5 V，分辨率为 12 位，数据范围为 −27 648～27 648；电流信号为 0～20 mA，分辨率为 11 位，数据范围为 0～27 648。1 点模拟量输出信号板 SB AQ01（图 1.1.6）的输出量程为 ±10 V 和 0～20 mA，分辨率和满量程范围对应的数据字与模拟量输入信号板的相同。信号板 SB CM01（图 1.1.7）为串行通信板，可以组态为 RS232 或 RS485 通信端口。信号板 SB BA01（图 1.1.8）为电池信号板，适用于实时时钟的长期备份，能确保实时时钟运行约 1 年时间，后期必须由用户另行购买电池，电池型号为 CR1025。

图 1.1.4　信号板 SB DT04 　　图 1.1.5　信号板 SB AE01 　　图 1.1.6　信号板 SB AQ01

图 1.1.7　信号板 SB CM01　　　　　图 1.1.8　信号板 SB BA01

2）数字量扩展模块

当本机集成的数字量输入或输出点数不能满足用户要求时，可以通过数字量扩展模块来增加其输入或输出点数。数字量扩展模块基本信息如表 1.1.5 所示。

表 1.1.5　数字量扩展模块基本信息

型号	描述
EM DE08	8DI 数字量输入（支持源型/漏型）
EM DE16	16DI 数字量输入（支持源型/漏型）
EM DR08	8DO 继电器型输出（仅支持源型）
EM DT08	8DO 晶体管型输出（仅支持源型）
EM QR16	16DO 继电器型输出（仅支持源型）
EM QT16	16DO 晶体管型输出（仅支持源型）
EM DR16	8DI 数字量输入/8DO 继电器型输出
EM DT16	8DI 数字量输入/8DO 晶体管型输出
EM DR32	16DI 数字量输入/16DO 继电器型输出
EM DT32	16DI 数字量输入/16DO 晶体管型输出

（1）数字量输入电路。

图 1.1.9 所示为 S7-200 SMART PLC 的输入电路。图中只画出一路输入电路，1M 是输入点各内部输入电路的公共点。S7-200 SMART PLC 既可以用 CPU 模块提供的 DC 24 V 作为输入回路电源，也可以用外部稳压电源提供的 DC 24 V 作为输入回路电源。CPU 模块提供的 DC 24 V 电源，还可以用于外部接近开关、光电开关之类的传感器。CPU 的部分输入点和数字量扩展模块的输入点的输入延迟时间可用编程软件的系统块来设定。当图中的外接触点接通时，光电耦合器中两个反并联的发光二极管中的一个点亮，光敏晶体管饱和导通，信号经内部电路传送给 CPU 模块；当外部触点断开时，光电耦合器中的发光二极管熄灭，光电晶体管截止，信号无法传送给 CPU 内部电路。图 1.1.9 中电流从输入端流入，称为漏型输入；将图中的电源反接，电流从输入端流出，

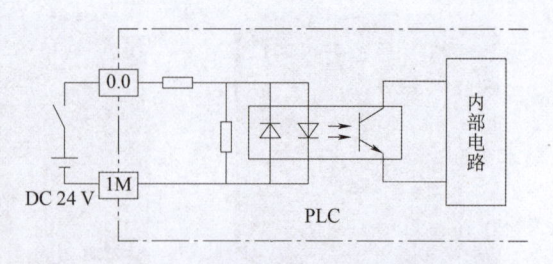

图 1.1.9　S7-200 SMART PLC 的输入电路

称为源型输入。

（2）数字量输出电路。

S7-200 SMART PLC 的数字量输出电路的功率元件有驱动直流负载的 MOSFET（场效应晶体管），以及既可以驱动交流负载又可以驱动直流负载的继电器，负载电源由外部提供。输出电路一般分为若干组，对每一组的总电流也有限制。

图 1.1.10 所示为继电器输出电路，继电器同时起隔离和功率放大作用，每一路输出只给用户提供一对常开触点。继电器输出电路的可用电压范围广、导通压降小，承受瞬时过电压和瞬时过电流的能力较强，但是动作速度较慢。如果系统输出量的变化不是很频繁，建议优先选用继电器输出型的 CPU 或输出模块。继电器输出的开关延时最大为 10 ms，无负载时触点寿命为 1 000 万次，额定负载时触点寿命为 10 万次。屏蔽电缆最大长度为 500 m，非屏蔽电缆最大长度为 150 m。

图 1.1.11 所示为场效应晶体管输出电路。输出信号送给内部电路中的输出锁存器，再经光电耦合器送给场效应晶体管，后者的饱和导通状态和截止状态相当于触点的接通和断开。图中的稳压管用来抑制关断过电压和外部的浪涌电压，以保护场效应晶体管，场效应晶体管输出电路的工作频率可达 100 kHz。图中的电流从输出端流出，称为源型输出。场效应晶体管输出电路用于直流负载，它的反应速度快、寿命长，过载能力相比继电器输出的稍差。

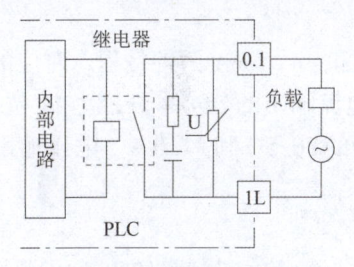

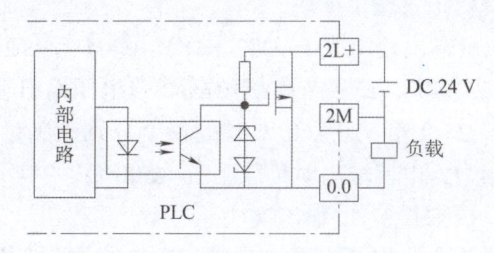

图 1.1.10 继电器输出电路　　图 1.1.11 场效应晶体管输出电路

3）模拟量扩展模块

（1）PLC 对模拟量的处理。

在工业控制中，某些输入量（如压力、温度、流量、转速等）是模拟量，某些执行机构（如电动调节阀和变频器等）要求 PLC 输出模拟量信号，而 PLC 的 CPU 只能处理数字量。模拟量首先被传感器和变送器转换为标准量程的电流或电压，如 4~20 mA、1~5 V 和 0~10 V，模拟量输入模块的 A/D 转换器再将它们转换成数字量，带正负号的电流或电压在 A/D 转换后用二进制补码表示。有的模拟量输入模块可将温度传感器提供的信号直接转换为温度值。模拟量输出模块的 D/A 转换器将 PLC 中的数字量转换为模拟量电压或电流后，再去控制执行机构。A/D 转换器和 D/A 转换器的二进制位数反映了它们的分辨率，位数越多，分辨率越高。模拟量输入/输出模块的另一个重要指标是转换时间。S7-200 SMART PLC 的模拟量扩展模块基本信息如表 1.1.6 所示。

表 1.1.6　S7-200 SMART PLC 的模拟量扩展模块基本信息

型号	描述
EM AE04	4 点模拟量输入

续表

型号	描述
EM AE08	8点模拟量输入
EM AQ02	2点模拟量输出
EM AQ04	4点模拟量输出
EM AM03	2点模拟量输入/1点模拟量输出
EM AM06	4点模拟量输入/2点模拟量输出
EM AR02	2点热电阻输入
EM AR04	4点热电阻输入
EM AT04	4点热电偶输入

（2）模拟量输入模块。

模拟量输入模块有4种量程，分别是0~20 mA、±10 V、±5 V和±2.5 V。电压模式的分辨率为12位+符号位，电流模式的分辨率为12位。单极性满量程输入范围对应的数字量输出范围为0~27 648。双极性满量程输入范围对应的数字量输出范围为-27 648~+27 648。25 ℃和-20~60 ℃时电压模式的精度分别为满量程的±0.1%和±0.2%，电流模式的精度分别为满量程的±0.2%和±0.3%。EM AE08电压输入时输入阻抗≥9 MΩ，电流输入时输入阻抗250 Ω。

（3）模拟量输出模块。

模拟量输出模块EM AQ02和EM AQ04有±10 V和0~20 mA两种量程，对应的数字量分别为-27 648~+27 648和0~27 648。电压输出和电流输出的分辨率分别为11位+符号位和11位。25 ℃和-20~60 ℃时的精度分别为满量程的±0.5%和±1.0%。电压输出时负载阻抗≥1 kΩ；电流输出时负载阻抗≤500 Ω。

（4）模拟量输入/输出模块。

模拟量输入/输出模块EM AQ03有2点模拟量输入和1点模拟量输出。EM AM06有4点模拟量输入和2点模拟量输出。

（5）热电阻扩展模块与热电偶扩展模块。

热电阻模块EM AR02和EM AR04分别有2点和4点输入，可以接多种热电阻。热电偶模块EM AT04有4点输入，可以接多种热电偶。它们的温度测量的分辨率为0.1 ℃/0.1 ℉，电阻测量的分辨率为15位+符号位。

3. 电源

S7-200 SMART PLC使用AC 220 V电源或DC 24 V电源。在安装和拆卸CPU之前，必须采取合适的安全预防措施并确保切断该CPU的电源。如果在通电情况下尝试安装、拆卸CPU和相关设备，或者对它们进行接线，则可能导致人员触电重伤、死亡，设备错误运行、损坏。

CPU还提供传感器电源，该电源可以为输入电路和外部传感器（如光电传感器、接近开关等）提供DC 24 V电源。如果需要外部DC 24 V电源，则确保该外部电源未与CPU的传感器电源并联。将外部DC 24 V电源与CPU的DC 24 V传感器的电源并联会导致这两个电源之间有冲突，该冲突可能导致一个电源或两个电源的寿命缩短或立即发生故障，从而导致PLC系统意外运行。驱动PLC负载的直流电源一般由用户提供。

1.1.3 S7-200 SMART PLC 的外部接线

1. 现场接线的要求

S7-200 SMART CPU 接线时，应提供一个可同时切断 CPU 电源、所有输入电路和所有输出电路电力供应的隔离开关。采用 0.5~1.5 mm² 的导线，需将中性线或公共导线与带电导线或载有信号的导线成对布设。导线和电缆的额定温度应比 S7-200 SMART CPU 周边的环境温度高 30 ℃，需提供过流保护（如熔断器或断路器）以限制电源线中的故障电流，考虑在各输出电路中安装熔断器或其他限流装置以提供额外保护，为所有可能遭受雷电冲击的线路安装合适的浪涌抑制设备。

2. PLC 的外部接线

使用交流电源和继电器输出的 CPU SR30 的外部接线图如图 1.1.12 所示，其电源电压是 AC 220 V，输出回路为继电器输出。右下角标有"①"的是 CPU 内置的 DC 24 V 传感

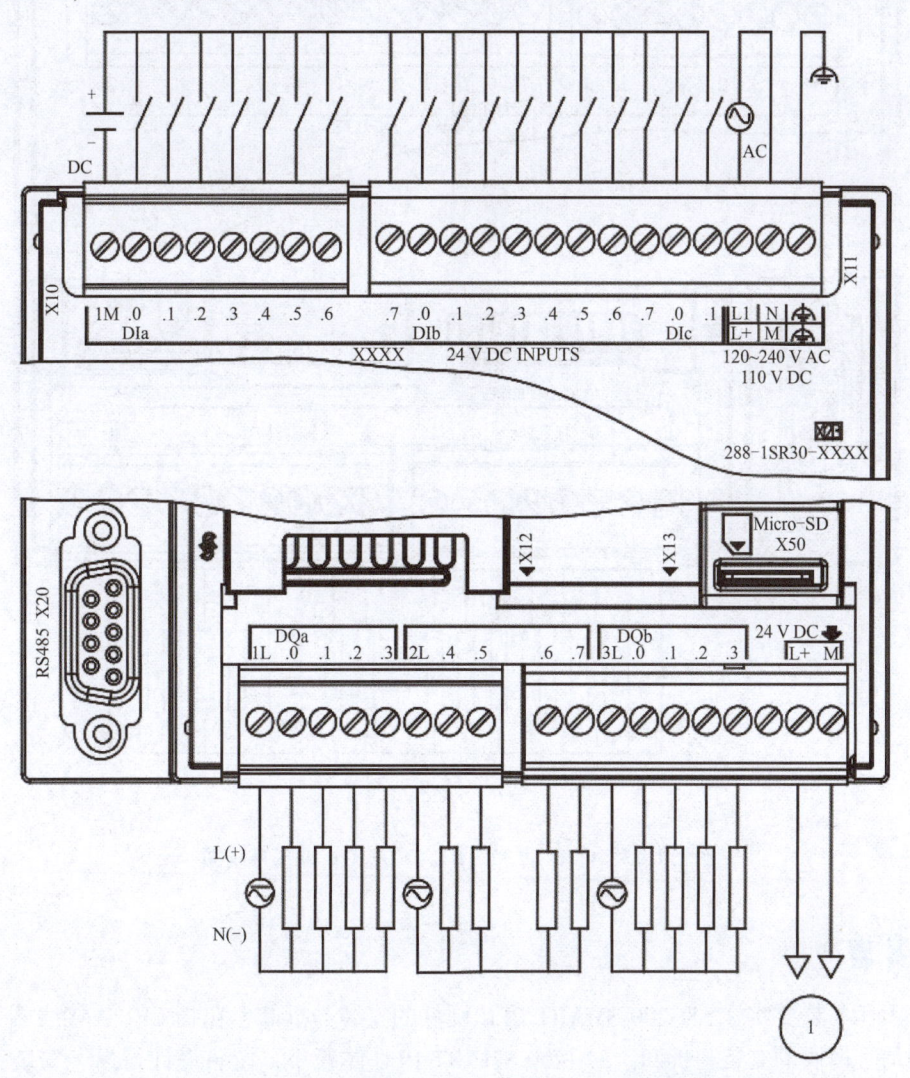

图 1.1.12　CPU SR30（AC/DC/RLY）外部接线图

器电源输出,该电源的 L+和 M 端子分别是正极和负极,可以用该电源作为输入电路的电源,CPU SR30 的 18 个输入点用同一个电源供电。CPU SR30 的 12 个输出点 Q0.0~Q1.3 分为 3 组,1L、2L、3L 分别是 3 组输出点内部电路的公共端。当输出驱动均为交流负载或者直流负载时,可将 1L~3L 短接,将 3 组输出合并为一组。PLC 的交流电源接在 L1(相线)和 N(零线)端,还有标记为 ⏚ 的抗干扰接地端子。CPU ST30 的外部接线图如图 1.1.13 所示,其电源电压、输入回路电压和输出回路电压均为 DC 24 V,输入回路电源也可以使用 CPU 内置的 DC 24 V 电源。

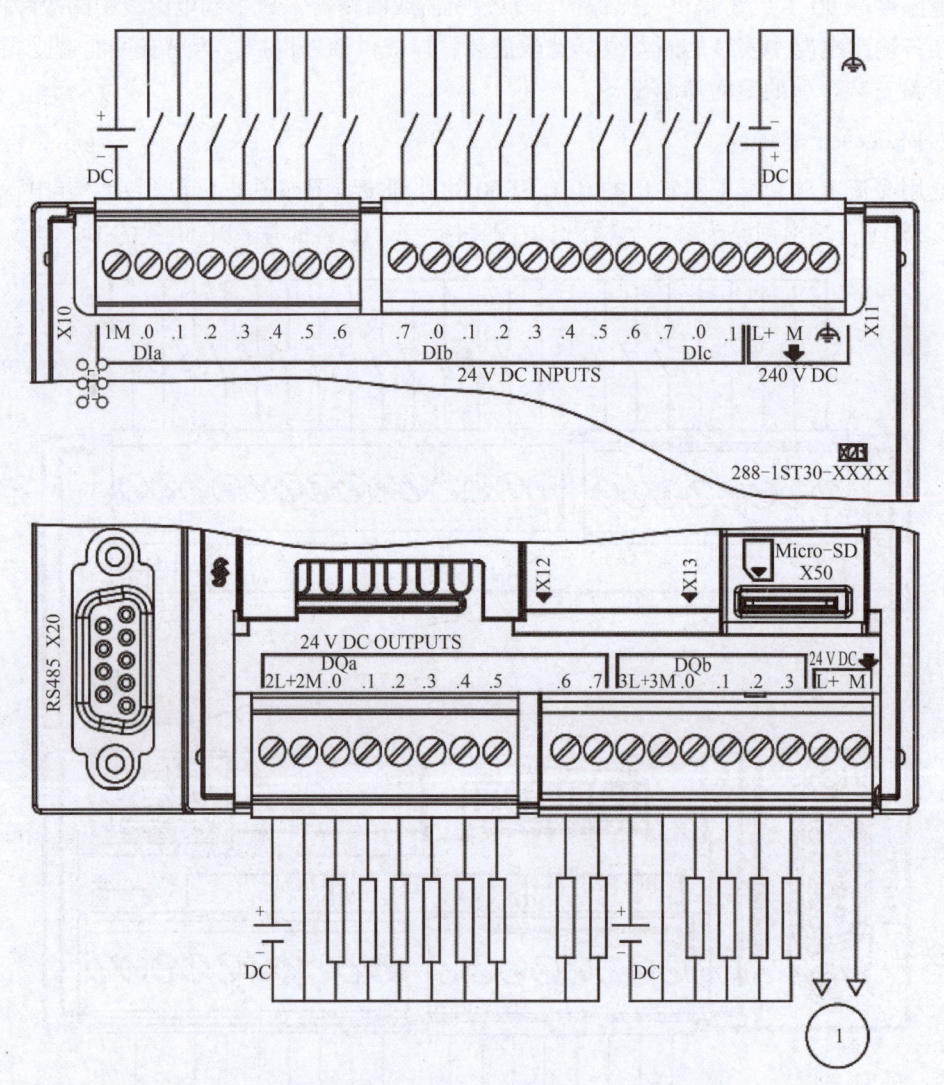

图 1.1.13 CPU ST30(DC/DC/DC)外部接线图

任务实施

本项任务是要实施 S7-200 SMART PLC 硬件的安装与拆卸,包括 CPU、接线端子、信号板、信号模块的安装与拆卸。S7-200 SMART PLC 体积小,设备设计得易于安装,用户能更有效地利用空间。

1. 安装和拆卸时的注意事项

（1）S7-200 SMART PLC 是敞开式控制器，获得授权的相关工作人员可以打开机柜、控制柜或进入电控室，必须将 PLC 安装在机柜、控制柜或电控室内。可采用水平或垂直方式安装在面板或标准 DIN 导轨上。规划 PLC 布局时，应留出足够的空间以方便进行接线和通信电缆连接。

（2）必须将产生高压和高电噪声的设备与 PLC 等低压逻辑型设备隔离开。在面板上配置 PLC 的布局时，应注意发热设备并将电子型设备安装在控制柜中温度较低的区域内。PLC 应少暴露在高温环境中，这样可延长所有电子设备的使用寿命。此外，安装时还要考虑面板中设备的布线，避免将低压信号线和通信电缆铺设在具有交流电源线和高能量快速开关直流线的槽中，并留出足够的间隙以便冷却和接线。

（3）S7-200 SMART PLC 设备设计成通过自然对流冷却。为保证适当冷却，必须在设备上方和下方留出至少 25 mm 的间隙。此外，模块前端与机柜的内壁间距至少应留出 25 mm 的深度。垂直安装时，允许的环境温度要比水平安装方式降低 10 ℃，将 CPU 安装在所有扩展模块的下方。

2. CPU 的安装和拆卸

CPU 自带导轨卡夹，通过使用 DIN 导轨卡夹，可以很方便地将设备固定安装到标准 DIN 导轨或面板上，导轨卡夹能掰到一个伸出位置以提供用于对设备进行面板安装的螺钉安装位置。

在 DIN 导轨上安装 CPU，如图 1.1.14 和图 1.1.15 所示，安装步骤如下：

图 1.1.14　将导轨卡夹拉开处于伸出位置　　图 1.1.15　CPU 安装固定后导轨卡夹处于锁紧位置

（1）将导轨按照每隔 75 mm 的距离固定到安装板上。
（2）拉开模块底部的导轨夹片，并将 CPU 模块背面卡在 DIN 导轨上。
（3）将 CPU 模块向下旋转至 DIN 导轨上，推入导轨夹片。
（4）仔细检查导轨夹片是否将 CPU 模块牢牢地固定到导轨上。为避免损坏模块，应按安装孔标记，而不要直接按模块前侧。

拆卸 CPU 的步骤如下：
（1）切断 CPU 和连接的所有 I/O 模块的电源。

（2）断开连接到 CPU 的所有线缆、连接器或接线。

（3）拧下安装螺钉或咔嚓一声拉开导轨夹片。

（4）如果连接了扩展模块，则向左滑动 CPU，将其从扩展模块连接器脱离。

（5）向上转动 CPU 使其脱离 DIN 导轨，卸下 CPU。

3. 拆卸和重新安装端子块连接器

S7-200 SMART 模块具有可拆卸连接器，这简化了接线的连接。

拆卸连接器如图 1.1.16 和图 1.1.17 所示，拆卸步骤如下：

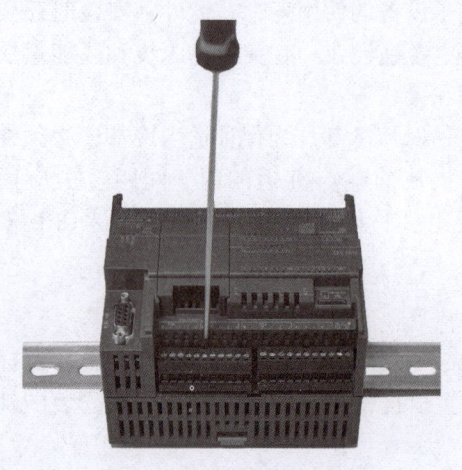

图 1.1.16 螺丝刀轻轻撬起连接器顶部 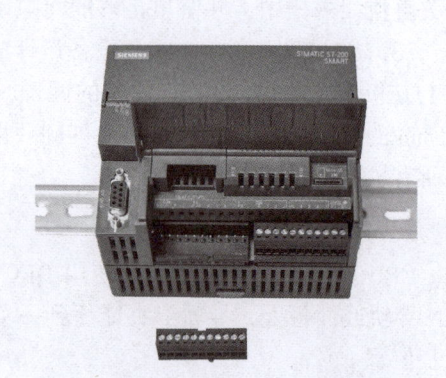　　**图 1.1.17 将连接器从夹紧位置脱离**

（1）卸下 CPU 的电源并打开连接器上的盖子，准备从系统中拆卸端子块连接器。确保 CPU 和所有 S7-200 SMART 设备与电源断开连接。

（2）查看连接器的顶部并找到可插入螺丝刀头的槽。

（3）用小螺丝刀插入槽中，轻轻撬起连接器顶部使其与 CPU 分离，连接器从夹紧位置脱离。

（4）抓住连接器并将其从 CPU 模块上卸下。

安装连接器如图 1.1.18 和图 1.1.19 所示，安装步骤如下：

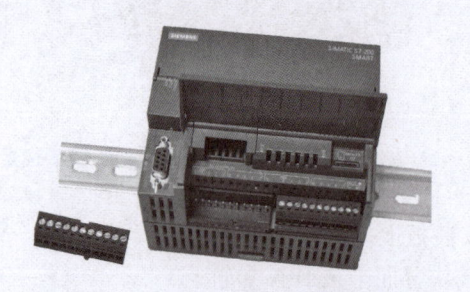

图 1.1.18 断开电源并准备安装接线端子 　　**图 1.1.19 卡入连接器到位并仔细检查**

（1）断开 CPU 电源并打开连接器上的盖子，准备安装接线端子。确保 CPU 和所有 S7-200 SMART 设备与电源断开连接。

（2）使连接器与单元上的插孔、内外侧的卡口的位置对齐。

（3）将连接器的接线边对准连接器座沿的内侧，转动连接器并用力按下，直到卡入到位。

（4）仔细检查，并确保连接器已正确对齐并且完全啮合。

4. 安装和拆卸信号板或电池板

在标准型 CPU 模块中安装信号板，如图 1.1.20 和图 1.1.21 所示，安装步骤如下：

（1）确保 CPU 和所有 S7-200 SMART 设备与电源断开连接。

（2）卸下 CPU 上部和下部的端子块盖板。

（3）将螺丝刀插入 CPU 上部接线盒盖背面的槽中，轻轻将盖撬起并从 CPU 上卸下。

（4）将信号板或电池板直接向下放入 CPU 上部的安装位置中。

（5）用力将信号板或电池板压入该位置直到卡入到位。

（6）重新装上端子块盖板。

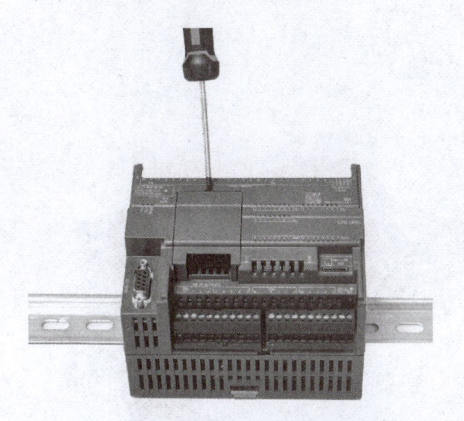

图 1.1.20　将接线盒盖轻轻撬起 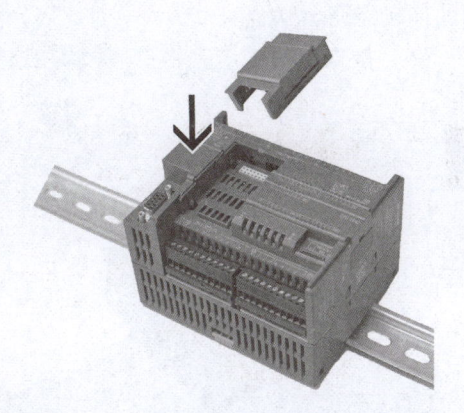　　　图 1.1.21　将信号板或电池板压入该位置

拆下 CPU 模块中的信号板或电池板如图 1.1.22 所示，拆卸步骤如下：

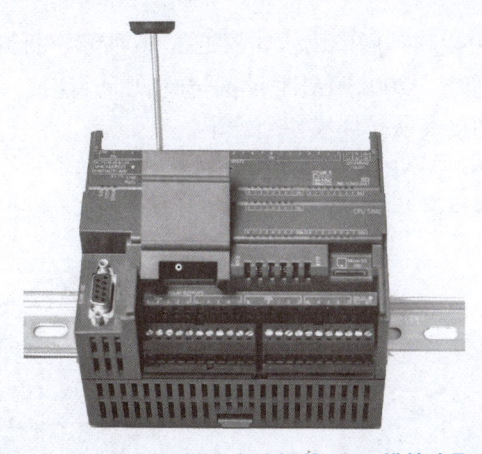

图 1.1.22　将信号板或电池板从 CPU 模块中取出

（1）确保 CPU 和所有 S7-200 SMART 设备与电源断开连接。

（2）卸下 CPU 上部和下部的端子块盖板。

（3）将螺丝刀插入模块上部的槽中，轻轻将信号板或电池板撬起使其与 CPU 分离。

（4）将信号板或电池板直接从 CPU 上部的安装位置中取出。

（5）将盖板重新装到 CPU 上，重新装上端子块盖板。

SB BA01 电池板所要求的电池型号为 CR1025，安装新的 CR1025 电池替换旧电池时，新电池的安装要求电池正极朝上，负极靠近印刷线路板。

5. 安装和拆卸扩展模块

在标准型 CPU 模块中安装扩展模块如图 1.1.23～图 1.1.25 所示，安装步骤如下：

（1）确保 CPU 和所有 S7-200 SMART 设备与电源断开连接。

（2）将螺丝刀插入 CPU 右侧的 I/O 总线连接器盖上方的插槽中。

（3）将其上方的盖轻轻撬出并卸下盖，保留该盖待重复使用。

（4）拉出扩展模块下方的 DIN 导轨卡夹，将扩展模块放置在 CPU 模块的右侧。

（5）将扩展模块挂到 DIN 导轨上方，向左滑动扩展模块，直至 I/O 连接器与 CPU 右侧的连接器完全啮合。

（6）推入下方的卡夹将扩展模块锁定到 DIN 导轨上。

图 1.1.23　卸下 CPU 右侧的 I/O 总线连接器盖

图 1.1.24　将扩展模块放置 CPU 右侧并挂到 DIN 导轨上方

在标准型 CPU 模块中拆卸扩展模块，如图 1.1.26 所示，拆卸步骤如下：

（1）确保 CPU 和所有 S7-200 SMART 设备与电源断开连接。

（2）将 I/O 连接器和接线从扩展模块上卸下。

（3）拉开所有 S7-200 SMART 设备的 DIN 导轨卡夹。

（4）向右滑动扩展模块，并转动扩展模块使其从 DIN 导轨卸下。

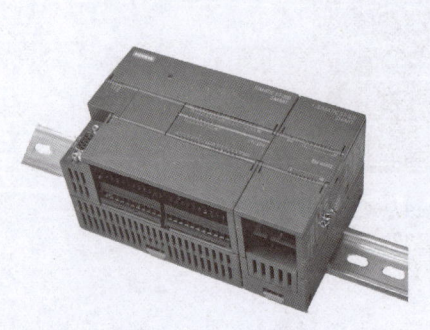

图 1.1.25　将 I/O 连接器与 CPU 右侧的连接器完全啮合

图 1.1.26　向右滑动扩展模块并卸下

拓展提升

1. PLC 的产生及定义

1）PLC 的产生

PLC（可编程逻辑控制器）的产生背景主要与 20 世纪 60 年代末的工业控制需求变化有关。当时的工业控制系统主要是各种继电器、定时器、接触器及其触点按一定逻辑关系组合起来的继电器-接触器控制系统，因使用面甚广，在工业控制领域中一直占主导地位。但是这种电气控制线路可能需要成千只继电器，需要使用成千上万根导线来连接，控制柜的体积大，运行时又产生大量的噪声，消耗大量的电能。为保证控制系统的正常运行，需要安排大量的电气技术人员进行维护，排除故障又困难。尤其是在生产工艺发生变化时，可能需要增加很多的继电器或控制柜，系统改造的工作量很大，通用性和灵活性差。

20 世纪 60 年代末，随着汽车制造业的竞争加剧，各生产厂家需要不断更新汽车型号，必然要求加工的生产线亦随之改变，以及对整个控制系统进行重新配置。这直接导致了原有基于继电器的控制系统需要频繁重新设计和安装，投入资金多、改造周期长。为抛弃传统的继电器-接触器控制系统的束缚，提高生产效率和适应快速变化的工艺需求，美国通用汽车制造公司（GM）在 1968 年公开招标，对控制系统提出具体要求，其核心是：该设备要使用计算机技术，采用能让以前的电气技术人员很容易掌握的编程语言，该设备与被控制设备连接方便，不需要使用特别的供电方式，包括编程方便、维修方便、可靠性高、体积小、成本低、输入输出灵活等一系列要求，以期开发一种新型的控制装置来取代传统的继电器-接触器控制系统。

1969 年，美国数字设备公司（DEC）根据这些要求，研制出了世界上第一台可编程序控制器 PDP-14，并在 GM 公司的汽车生产线上成功应用。这种新型的控制设备因具备简单易懂、操作方便、可靠性高、通用灵活、体积小、使用寿命长等优点，很快在工业领域得到推广应用。可编程控制器的出现标志着工业控制领域的一次革命，它不仅提高了生产效率，还降低了维护成本，使控制系统更加灵活和可靠，从而开创了工业控制的新局面。

2）PLC 的定义

PLC 是可编程逻辑控制器（Programmable Logic Controller）的英文缩写。早期的可编程逻辑控制器只有逻辑控制的功能，后来随着科技不断地发展，PLC 已远超出逻辑控制功能，包括有时序控制、模拟控制、多机通信等各类功能，名称也改为可编程控制器（Programmable Controller），但是由于它的简写 PC 与个人计算机（Personal Computer）的简写相冲突，为了与个人计算机相区别，故仍将可编程序控制器简称为 PLC。

国际电工委员会（IEC）曾于 1982 年 11 月颁发了可编程控制器标准草案第一稿，1985 年 1 月颁发了第二稿，1987 年 2 月颁发了第三稿。该草案中对可编程控制器的定义是："可编程控制器是一种数字运算操作的电子系统，专为在工业环境下应用而设计。它采用了可编程序的存储器，用来在其内部存储和执行逻辑运算、顺序控制、定时、计数和数学运算等操作命令，并通过数字式和模拟式的输入和输出，控制各种类型的机械或生产过程。可编程控制器及其有关外围设备，都按易于与工业系统联成一个整体、易于扩充其功能的原则设计。"

2. PLC 的特点及发展

1) PLC 的特点

(1) 编程简单，容易学习。

梯形图是 PLC 最广泛使用的编程语言。其电路符号和表达式与继电器电路原理图相似。梯形图语言形象直观、易学易懂。熟悉继电器电路图的电气技术人员很快就能学会梯形图语言，用于编制数字量控制系统的用户程序。

(2) 功能多，性价比高。

PLC 中有成千上万个可供用户使用的编程元件，有功能强大的指令系统，编程可以实现非常复杂的控制功能。与同功能的继电器系统相比，具有很高的性价比。PLC 还可以通过通信组网实现分散控制和集中管理。

(3) 硬件配套齐全，适应性强。

PLC 产品已实现标准化、系列化和模块化，配备品种齐全的硬件设备供用户选择。用户可以灵活方便地配置系统，组成不同功能、不同规模的控制系统。PLC 负载能力强，可以直接驱动大部分电磁阀和中小型交流接触器。PLC 的安装和接线相比传统继电器-接触器控制系统也方便很多。硬件配置确定后，可以通过修改用户程序来快速便捷地适应生产工艺的变化。

(4) 可靠性高，抗干扰能力强。

传统的继电器-接触器控制系统使用大量的中间继电器和时间继电器，长期使用容易接触不良，易出故障。用 PLC 软件代替中间继电器和时间继电器，PLC 外部电路只保留与输入输出相关的少量硬件元件，接线可以减少到传统电气控制系统的 1/10 以下，大大减少了接触不良引起的故障。PLC 采用一系列软硬件抗干扰措施，抗干扰能力强。平均故障间隔时间达到数万小时以上，可直接用于干扰强的工业生产现场。

(5) 系统的设计、安装、调试及维护工作量少。

PLC 采用的软件功能取代了继电器控制系统中大量的中间继电器、时间继电器、计数器等装置，大大减少了控制柜的设计、安装和接线的工作量。梯形图程序可采用顺序控制设计方法进行设计。这种设计方法有规律、易掌握，对于复杂的控制系统，用这种方法设计程序的时间比设计继电器系统电路图的时间少得多。同时，PLC 用户可以先使用仿真软件进行模拟调试，通过后再到生产现场进行联机调试，这样可以缩短设计和调试的周期。

此外，PLC 具有完善的故障诊断功能，故障率很低。PLC 的外部输入装置和执行机构出现故障，可以根据 LED 提供的信息或信号模块上的编程软件，方便快捷地找出故障原因，维修方便，维护工作量少。

(6) 体积小、重量轻、功耗低。

PLC 的体积较小，结构紧凑、牢固，重量轻，能耗低，在复杂的控制系统中使用 PLC 后，可以减少大量的中间继电器和时间继电器，并且 PLC 易于装入设备内部，使控制电路开关柜的体积可以缩小到原来的 1/2~1/10，是实现生产自动化的理想控制设备。

2) PLC 的发展概况

1971 年，日本研制出第一台 DCS-8 型 PLC；1973 年，德国西门子公司研制出欧洲第一台 PLC，型号为 SIMATIC S4；1974 年，中国研制出第一台 PLC，1977 年开始工业应用。20 世纪 70 年代中末期，计算机技术的全面引入使 PLC 的功能得到了显著提升，包括更高的运算速度、更小的体积、更强的工业抗干扰设计、模拟量运算、PID 功能以及更高的性价比，由此 PLC 进入实用化发展阶段。20 世纪 80 年代初，PLC 在当时工业先进的国家得到了广泛应用，PLC 技术的发展特点是大规模、高速度、高性能、产品系列化，并且世界上生产 PLC 的国家日益增多，产量不断上升，标志着 PLC 已步入成熟阶段。20 世纪末期，PLC 的发展特点是更加适应于现代工业的需求，这个时期的产品线发展出大型机和超小型机，以及各种特殊功能单元、各种人机界面单元和通信单元，使 PLC 的应用更加广泛，包括机械制造、石油化工、钢铁冶金、汽车、轻工业等领域。

目前，世界上有 200 多家 PLC 厂商，400 多品种的 PLC 产品，各地域流派 PLC 产品都各有特色。国外的 PLC 生产厂家主要有德国西门子、法国施耐德、瑞士 ABB、美国罗克韦尔、日本三菱电机等公司。

我国的 PLC 研制、生产和应用也发展很快，尤其在应用方面更为突出。在 20 世纪 70 年代末和 80 年代初，我国引进了不少国外的 PLC。此后，在传统设备改造和新设备设计中，PLC 在我国的应用越来越广泛，并取得了显著的经济效益，对提高我国工业自动化水平起到了巨大的作用，并且随着中国制造现代化进程的深入，PLC 的应用前景将更加广阔。目前我国不少公司研制和生产 PLC，国产 PLC 品牌主要有台达、信捷、汇川、禾川、和利时、英威腾、伟创电气等。

PLC 将朝以下几个方向发展：

（1）智能化和自适应化。随着大规模和超大规模集成电路等微电子技术、人工智能技术的不断发展，PLC 将逐渐实现智能化和自适应化，能够更好地适应不同的生产环境和工作要求。

（2）开放性和互操作性。实现不同生产厂商的 PLC 之间可以实现互通互联，方便用户进行系统升级和维护，其开放性和互操作性将成为未来发展的趋势。

（3）网络化和远程监控。加强 PLC 联网通信的能力，用户通过互联网对 PLC 进行远程控制和管理，实现网络化和设备的远程监控，提高生产效率和安全性。

（4）模块化和标准化。PLC 的模块化和标准化将成为未来的发展趋势，用户可以根据自己的需求选择合适的模块，并通过标准化的接口进行连接，方便控制系统的扩展、升级和维护。

（5）安全性和可靠性。PLC 的安全性和可靠性将成为未来发展的重点，生产厂家致力于研制、发展用于检测外部故障的专用智能模块，加强 PLC 安全性能的设计和测试，进一步提高系统的稳定性和可靠性。

（6）编程语言多样化。多种编程语言的并存、互补也是 PLC 发展趋势之一。大多数 PLC 除了使用梯形图语言外，为了适应各种控制要求，发展了面向顺序控制的步进编程语言、面向过程控制的流程图语言、与计算机兼容的高级语言等。

（7）软件化和虚拟化。PLC 虚拟化或软件定义 PLC 设计为开放平台，通过允许用户更换或添加组件而不影响系统的其他部分，实现轻松的可扩展性和系统模块化。

总之，随着工业自动化的不断发展和智能化的趋势，PLC 在继续扮演重要角色的同时，也面临着新的挑战和机遇，如云计算、大数据、人工智能等技术的应用，必将会进一步推动 PLC 的发展和创新。

3. PLC 的分类和主要技术指标

1) PLC 的分类

PLC 可以从不同角度进行分类。

(1) 按输入输出点数分类。

微型 PLC：I/O 点数一般在 64 点以下。其特点是体积小巧、结构紧凑，以开关量控制为主，有的产品具有少量模拟信号的处理能力。

小型 PLC：I/O 点数在 256 点以下。小型 PLC 可用于开关量控制、定时计数控制、顺序控制及少量的模拟量控制和高速计数，用于小规模生产过程中。

中型 PLC：I/O 点数在 1 024 点以下。中型 PLC 指令系统丰富，内存更大，一般都有可供选择的系列化的特殊功能模块，有较强的通信联网功能，适用于比较复杂的逻辑控制和闭环过程控制。

大型 PLC：I/O 点数在 1 024 点以上。其软件、硬件功能极强，运算和控制功能丰富。大型 PLC 具有多种自诊断功能和很强的联网功能，有的还可以采用多 CPU 结构，具有冗余能力，适用于大规模的过程控制、集散式控制和工厂自动化网络。

(2) 按结构形式分类。

整体式 PLC：是将 CPU、存储器、I/O 部件等组成集中于一体，安装在印刷电路板上，并连同电源一起装在一个机壳内，形成一个整体，通常称为主机或者基本单元。其特点是结构紧凑、体积小、重量轻、价格低。一般微型和小型机都采用这种结构。

模块式 PLC：是把各个组成部分做成独立的模块，如 CPU 模块、电源模块、输入模块、输出模块、通信模块等。各模块做成插件式结构，组装在一个具有标准尺寸并带有若干插槽的机架内。其特点是 PLC 配置灵活、装配和维修方便，易于扩展。一般中、大型的 PLC 都采用这种结构。

(3) 按控制性能分类。

低档 PLC：具有简洁的逻辑运算、定时、计算、监控、数据传送、通信等基本控制功能和运算功能的 PLC。这种 PLC 工作速度较慢，能带动 I/O 模块的数量也较少。

中档 PLC：除具有基本控制功能外，还具有较强的控制功能和运算功能（如比较复杂的三角函数运算、指数运算和 PID 运算等），同时还具有远程 I/O、通信联网等功能。这种 PLC 工作速度较快，能带动 I/O 模块的数量也较多。

高档 PLC：具有更为强大的控制功能、运算功能（如矩阵运算、位逻辑运算、平方根运算及其他特殊功能函数运算等）和联网功能。这种 PLC 工作速度很快，能带动 I/O 模块的数量也很多，可以完成规模很大的控制任务，在联网中一般作为主站使用。

2) PLC 的主要技术指标

输入输出点数：可编程控制器的 I/O 点数是指外部输入、输出端子数量的总和。

输入特性：主要体现在输入电路的隔离程度、输入的灵敏度、响应时间和所需电源等性能上。

输出特性：主要体现在输出回路的构成（这里指的是继电器型输出、晶体管型输出、晶闸管输出）、回路的隔离、最大负载、最小负载、响应时间和外部电源等性能上。

扫描速度：可编程控制器采用循环扫描方式工作，完成一次扫描所需要的时间称为扫描周期。影响扫描速度的主要因素是用户程序的长短和 PLC 产品的类型。扫描时间一般都在微秒级以下。

存储容量：PLC 的存储器由系统程序存储器、用户程序存储器和数据存储器三部分组成。PLC 的存储器容量通常是指用户程序存储器和数据存储器容量之和，表征系统给用户的可用资源。

指令系统：是 PLC 所有指令的总和。指令越多，软件功能越强，但是掌握应用也相对较复杂。用户应根据实际控制要求选择指令功能合适的可编程控制器。

通信功能：通信有 PLC 之间的通信和 PLC 与其他设备之间的通信。通信主要涉及通信模块、通信接口、通信协议和通信指令等内容。一般可以分为远程 I/O 通信、计算机通信、点对点通信、高速总线等。

编程语言：PLC 的编程语言主要有梯形图、指令语句表、功能块图。在顺序控制中，还可以采用顺序状态流程图来指导编写程序。

思考练习

1. 国际电工委员会是如何定义可编程控制器的？
2. S7-200 SMART 系列 PLC 有哪些亮点？
3. S7-200 SMART PLC 硬件由哪几部分组成？
4. PLC 的分类有几种？主要技术指标有哪些？
5. 国产 PLC 主要有哪些生产厂家和主要品牌？
6. PLC 的编程语言主要有哪些？

学习评价

西门子 S7-200 SMART 系列 PLC 的认识任务学习评价如表 1.1.7 所示。

表 1.1.7　西门子 S7-200 SMART 系列 PLC 的认识任务学习评价

学习内容	学习成果		评分表	
	出现的问题和解决方法	主要收获	学习小组评分	教师评分
S7-200 SMART PLC 硬件的认知（20%）				
S7-200 SMART PLC 的外部接线（10%）				
CPU、端子连接器、信号板和扩展模块的安装和拆卸（50%）				
PLC 的产生及发展概况，PLC 定义、特点、分类和主要技术指标等（20%）				

任务1.2　用 STEP 7-Micro/WIN SMART 软件编程

任务目标

知识目标

1. 熟悉 STEP 7-Micro/WIN SMART 软件的界面和主要功能。
2. 知道 STEP 7-Micro/WIN SMART 软件的主要操作方法。
3. 知道仿真软件的主要操作方法。
4. 掌握 S7-200 SMART PLC 工作原理。

技能目标

1. 能够进行 STEP 7-Micro/WIN SMART 软件的安装和卸载。
2. 能够进行项目的创建、硬件组态、以太网组网 IP 地址设置。
3. 能够进行简单程序的编写和项目下载、运行及调试。

素养目标

1. 养成安全、规范操作的劳动意识。
2. 具备从事可编程控制器编程所需要的工作方法及学习方法，包括任务分析、收集信息、制定方案、操作实施、运行调试、做好记录等方式，以养成良好的职业素养。

任务描述

在该任务中学会使用 STEP 7-Micro/WIN SMART 软件正确创建项目，进行硬件组态，能应用梯形图语言进行简单程序的编程操作，程序的下载、运行及调试。

该任务要求用 STEP 7-Micro/WIN SMART 软件编制梯形图程序，完成两个开关在甲乙两地控制一盏指示灯的电路功能。电路元件主要是甲地开关 SA1、乙地开关 SA2 和指示灯 HL。当甲地的开关 SA1 接通时，指示灯 HL 点亮；当 SA1 断开时，指示灯 HL 熄灭。当乙地开关 SA2 接通时，指示灯 HL 点亮；当 SA2 断开时，HL 熄灭。两地开关控制一盏灯的逻辑关系如表 1.2.1 所示。

表 1.2.1　两地开关控制一盏灯的逻辑关系

开关 SA1	开关 SA2	指示灯 HL
0	0	0
0	1	1
1	0	1
1	1	0

知识储备

1.2.1　编程软件的安装和卸载

编程软件 STEP 7-Micro/WIN SMART V2.6 是西门子 S7-200 SMART PLC 的程序编辑

写入软件，可在官网上下载。当前 V2.6 版本可以在 Windows10 系统上使用，在 Windows7 系统上安装需要考虑兼容性问题。如果是升级软件，首先要卸载老版本的 STEP 7-Micro/WIN SMART，然后再安装 STEP 7-Micro/WIN SMART V2.6。

1. 编程软件的安装步骤

（1）下载 STEP 7-Micro/WIN SMART V2.6 安装程序。

（2）双击配套资源文件夹"STEP 7-Micro/WIN SMART V2.6.0.0"中的文件"setup.exe"进行安装。

（3）在安装过程中，选择安装语言为中文简体，并单击"确定"按钮。出现的欢迎界面建议关闭其他应用程序，可以暂时关闭杀毒软件和防火墙。

（4）在许可证协议对话框中选中"我接受许可证协议和有关安全的信息的所有条件"，在"选择目的地位置"对话框可以修改安装软件的目标文件夹。

（5）依次单击"下一步"按钮进行安装，安装成功后，可选择是否重新启动电脑。单击"完成"按钮，结束安装过程。

2. 编程软件的卸载步骤

首先从操作系统的开始设置打开"控制面板"，然后在其中运行"添加/删除程序"，选择相应的 STEP 7-Micro/WIN SMART V2.6 版本卸载即可。

3. 安装注意事项

在选择安装路径时，避免路径中出现中文字符，以免影响软件正常运行。安装过程中需保证电脑联网，确保软件能够正常下载必要的组件和更新。若在安装过程中遇到问题，可尝试以下解决方法：检查系统是否符合软件最低配置要求，确保安装环境无误；关闭杀毒软件及防火墙，以免影响程序的正常安装；重新下载安装程序，确保下载文件完整且未被损坏。

1.2.2 编程软件介绍

STEP 7-Micro/WIN SMART V2.6 在之前的版本基础上进行了改进和优化，它支持基于 LAD（梯形图）、STL（语句表）和 FBD（功能块图）语言的编程，并且可以与其他 SIMATIC S7 系列 PLC 进行无缝集成。它还提供了丰富的库函数，以便用户能够更轻松地编写复杂的逻辑控制程序。STEP 7-Micro/WIN SMART 软件界面如图 1.2.1 所示。

1. 项目的基本组件

（1）程序块：由主程序（OB1）、可选的子程序和中断程序组成，它们被统称为程序组织单元（POU）。

（2）数据块：用来对 V 存储区（也叫变量存储区）赋初始值；可以对字节、字或双字来分配数据值。

（3）系统块：主要是对系统所采用的 S7-200 SMART CPU、信号板和扩展模块进行硬件的组态，设置各种系统参数。

（4）符号表：允许编程人员使用符号来代替存储器的地址，符号地址便于查看和记忆，使程序更容易被理解。符号表中定义的符号为全局变量，可以用于所有的程序组织单元（POU）。

（5）状态图表：用表格或趋势视图来监控、修改和强制程序执行时指定的变量状态，状态表不下载到 PLC。

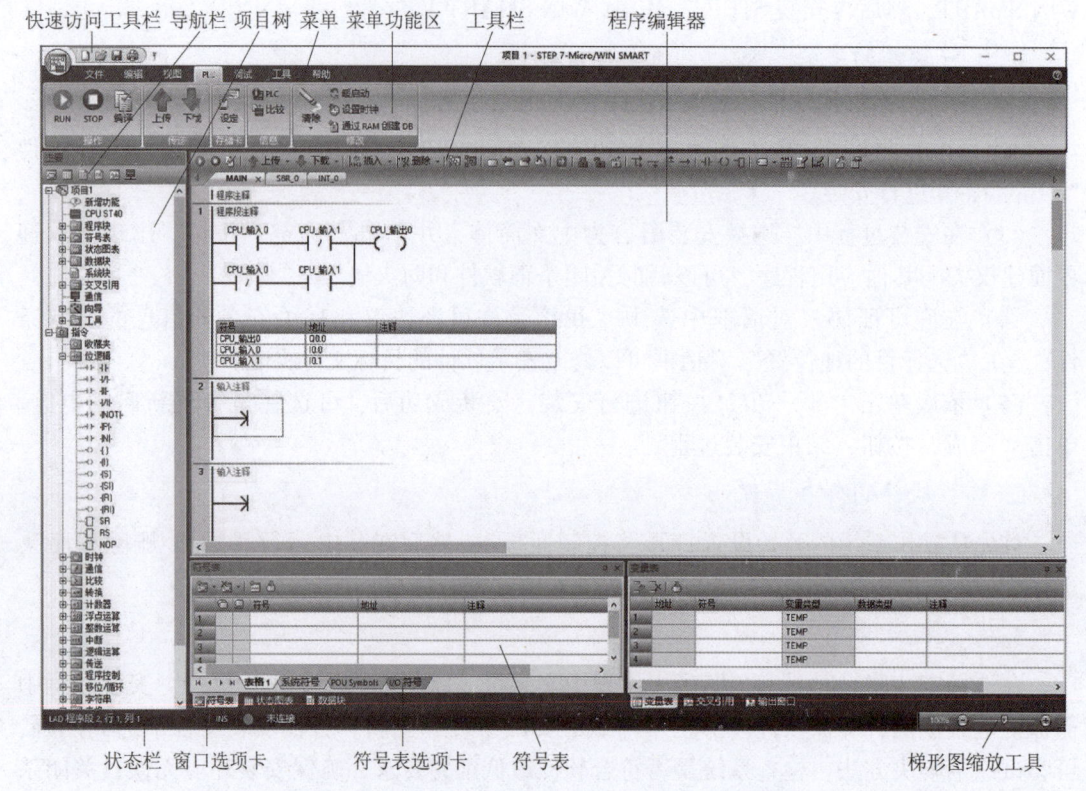

图 1.2.1　STEP 7-Micro/WIN SMART 软件界面

2. 快速访问工具栏

STEP 7-Micro/WIN SMART 编程软件中设置了快速访问工具栏，包括新建、打开、保存和打印这几个默认按钮。单击快速访问工具栏右边的 按钮，弹出"自定义快速访问工具栏"菜单，单击"更多命令…"，打开"自定义"对话框，可以增加快速访问工具栏上的命令按钮。单击软件界面左上角的"文件"按钮 可以快捷地访问"文件"菜单的新建、打开、保存、另存为、打印等大多数功能，并显示出最近打开过的文件，单击其中某一个文件，便可直接打开它。

3. 菜单

STEP 7-Micro/WIN SMART 编程软件采用带状式菜单，每个菜单的功能区占的位置较宽。单击其中某个菜单项，如单击"编辑"菜单，可以打开"编辑"菜单的功能区；再单击打开另外一个"视图"菜单的同时，则关闭"编辑"菜单的功能区，如图 1.2.2 所示。右击菜单功能区，执行出现的快捷菜单中的"最小化功能区"命令，在未单击菜单时，不会显示菜单的功能区，如图 1.2.3 所示。若勾选了某个菜单项的"最小化功能区"功能，则在打开该菜单项之后，可单击该菜单功能区之外的区域，也可以关闭该菜单项的功能区。

(a)

(b)

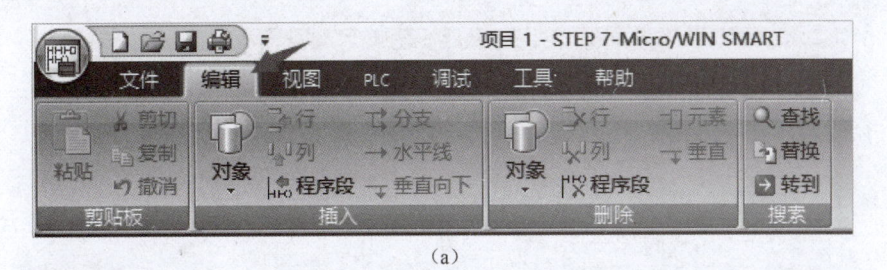

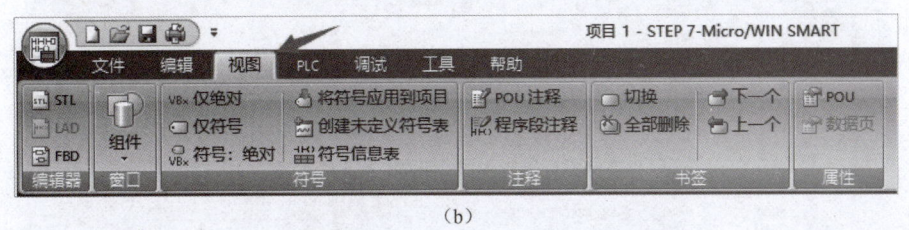

图 1.2.2　带状式菜单功能区打开和关闭

(a) 打开"编辑"菜单功能区；(b) 打开"视图"菜单功能区的同时关闭"编辑"菜单功能区

(a)

(b)

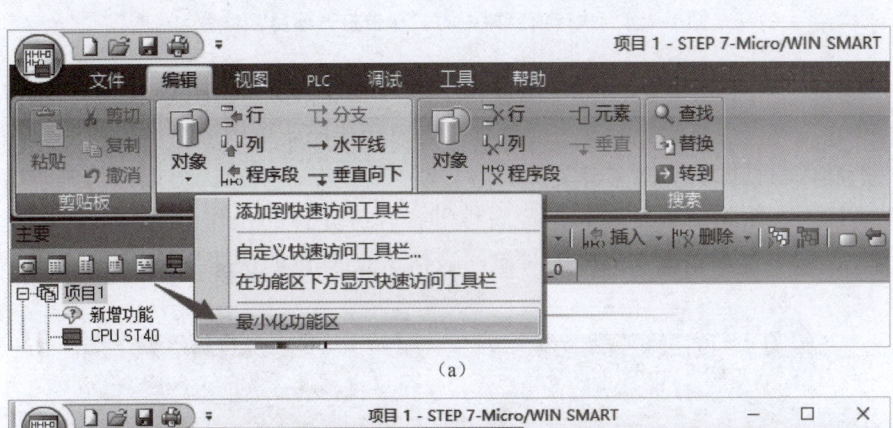

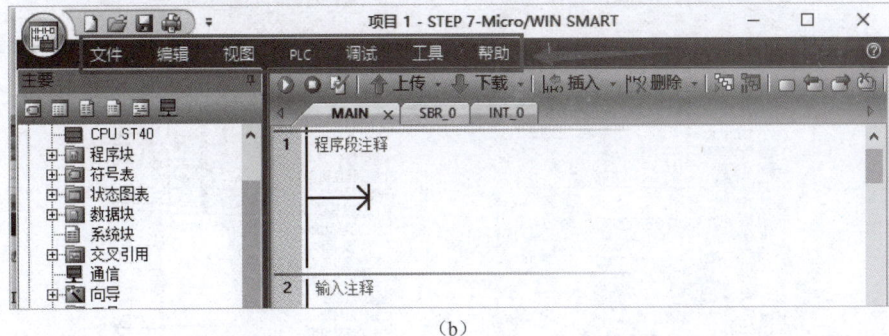

图 1.2.3　执行"最小化功能区"命令后菜单栏的状态

(a) 右击执行菜单"最小化功能区"命令；(b) 执行菜单最小化功能时，未单击菜单则不显示该菜单功能区

4. 项目树与导航栏

如图 1.2.4 所示，项目树用于组织项目，右击项目树的空白区域，可以用弹出的快捷菜单中的"单击打开项目"命令，设置单击或者双击打开项目中的对象，不勾选该命令则表示用双击打开。项目树上面的导航栏有符号表、状态图表、数据块、系统块、交叉引用和通信 6 个按钮，单击这些按钮，可以直接打开项目树中对应的项目。

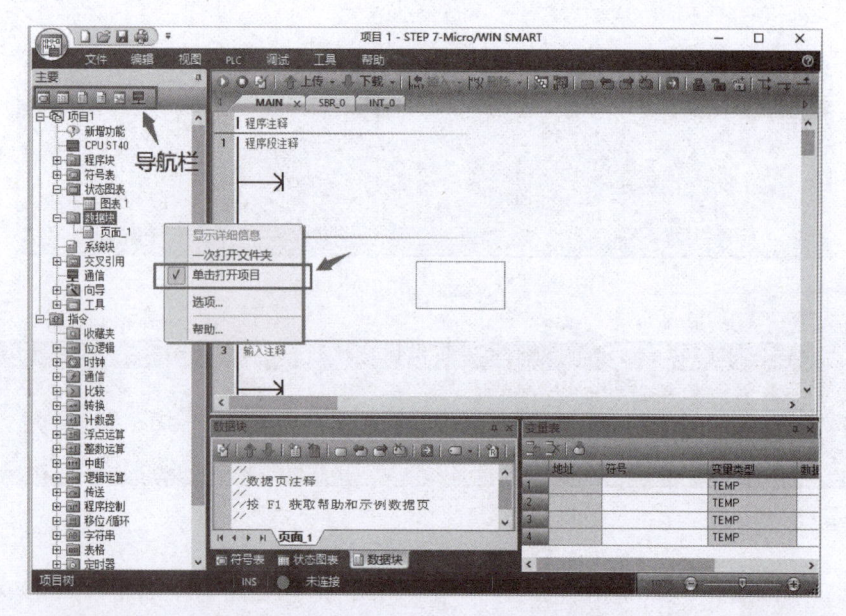

图 1.2.4 执行项目树中的"单击打开项目"命令

单击项目树中文件夹左边带加减号的小方框,可以打开或关闭该文件夹,也可以双击文件夹打开它。右击项目树中的某个文件夹,可以用快捷菜单中的命令做打开、插入等操作,允许的操作与具体的文件夹有关。右击文件夹中的某个对象,可以做打开、剪切、复制、粘贴、插入、删除、重命名和设置属性等操作,允许的操作与具体的对象有关。例如,右击"符号表"和该文件夹中的对象"表格1",弹出的快捷菜单如图1.2.5所示。

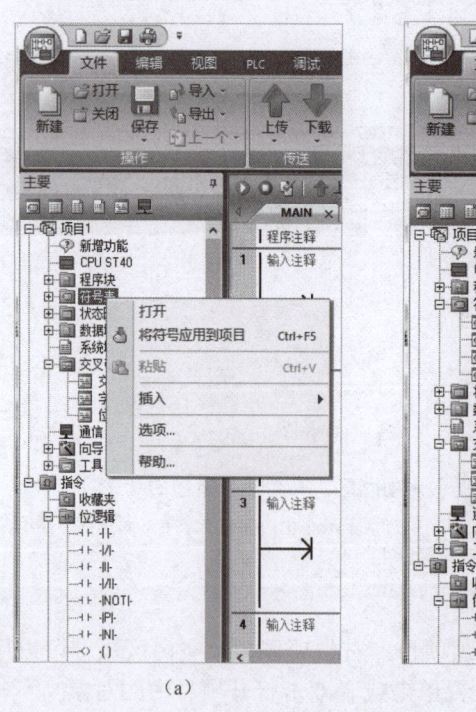

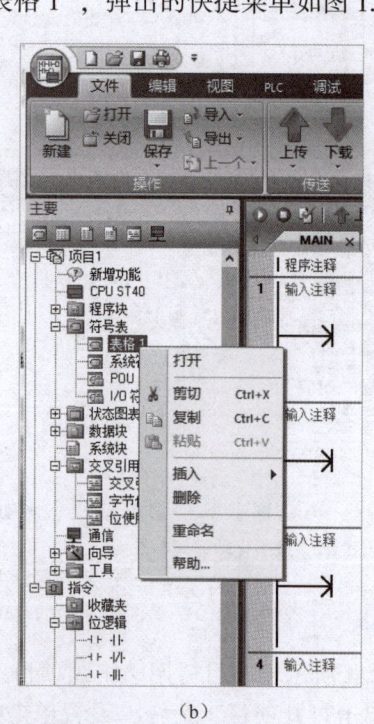

图 1.2.5 在项目树中打开文件和文件中的对象
(a) 右击"符号表"文件夹;(b) 右击该文件夹中的"表格1"

单击"工具"菜单功能区中的"选项"按钮，再单击弹出的"选项"对话框左边窗口中的"项目树"，右边窗口出现多选框"启用指令树自动折叠"，用于设置在打开项目树中的某个文件夹时，是否自动折叠项目树已打开的文件夹，如图 1.2.6 所示。

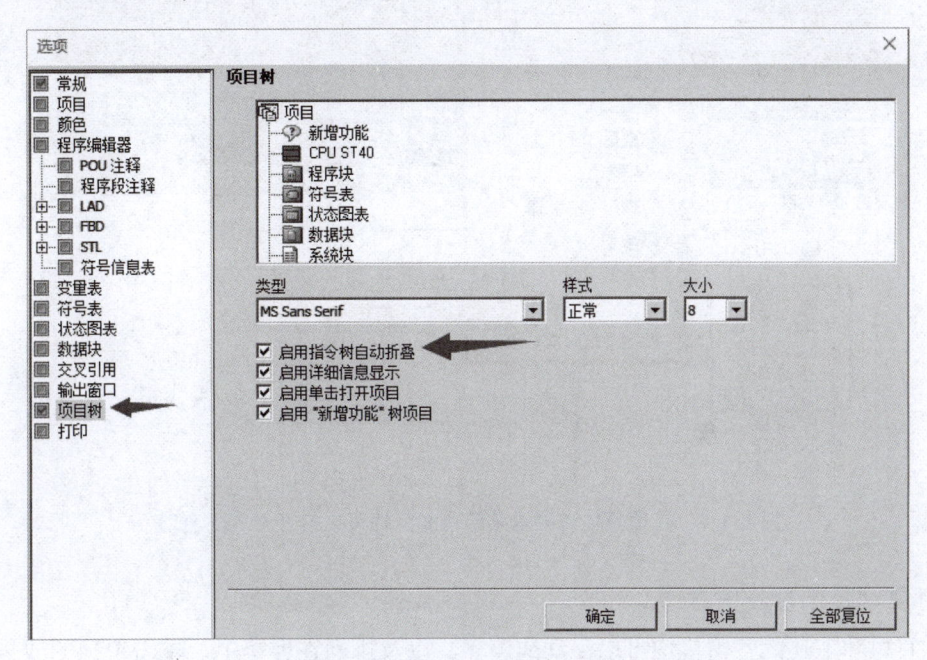

图 1.2.6　在工具菜单中设置项目树文件夹的"自动折叠"功能

将光标放到项目树右侧的垂直分界线上，光标变为水平方向的双向箭头，按住鼠标左键，移动鼠标，拖动垂直分界线，可以调节项目树的宽度。

5. 状态栏

如图 1.2.1 所示，状态栏位于主窗口的底部，提供软件中执行操作的相关信息。处于编辑模式时，状态栏显示编辑器的信息。此外还可以显示在线状态信息，包括 CPU 的状态、通信连接的状态、CPU 和 IP 地址，以及可能的错误等信息。状态栏右边用缩放工具，方便放大和缩小梯形图程序。

1.2.3　窗口操作和帮助功能

1. 打开和关闭窗口

安装好编程软件，在桌面上双击编程软件 STEP 7-Micro/WIN SMART 的图标，打开编程软件便自动打开了合并为两组的 6 个窗口（符号表、状态图表、数据块、变量表、交叉引用表和输出窗口），合并的窗口下面是标有窗口名称的窗口选项卡，单击某个窗口选项卡，将会显示该窗口。

单击当前显示的窗口右上角按钮 ☒，可以关闭该窗口。双击项目树中或单击导航栏中的某个窗口对象，可以打开对应的窗口。单击"编辑"菜单功能区的"插入"区域的"对象"按钮，再单击弹出的下拉式列表中的某个对象，也可以打开它，如图 1.2.7 所示。新打开的窗口的状态（与其他窗口合并、依靠或浮动）与该窗口上次关闭之前的状态相同。

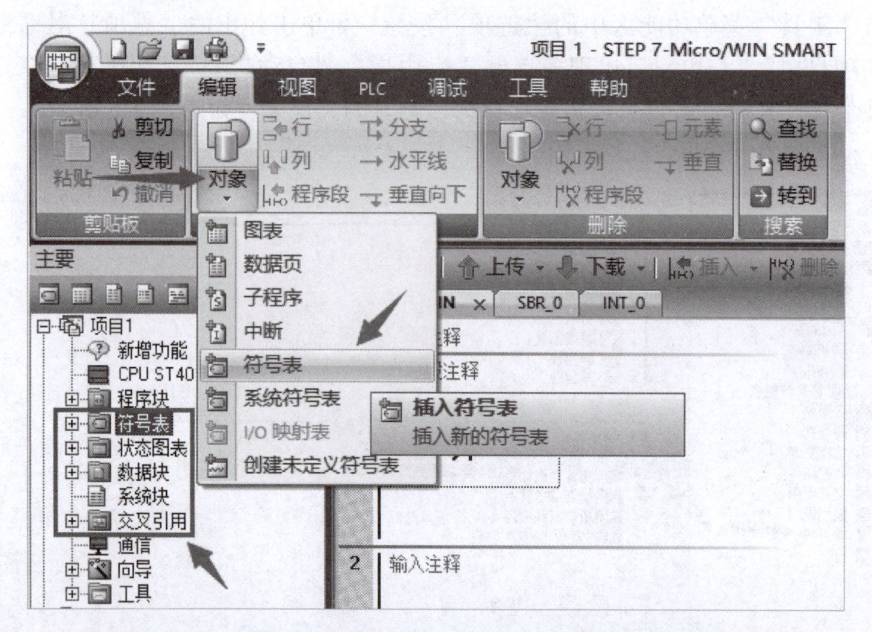

图 1.2.7　在项目树和编辑菜单功能区均可以打开对应的窗口

2. 窗口的浮动和停靠

项目树和上述的各窗口均可以浮动或停靠，以及排列在屏幕上。单击单独的或被合并的窗口的标题栏，按住鼠标左键不放、移动鼠标，窗口变为浮动状态，并随着光标一起移动。松开鼠标左键，浮动的窗口被放置在屏幕上当前的任意位置，这一操作称为"拖放"。拖动被合并的窗口任一选项卡，其窗口脱离其他窗口，成为单独的浮动窗口。也可以同时让多个窗口在任意位置浮动，如图 1.2.8 所示。

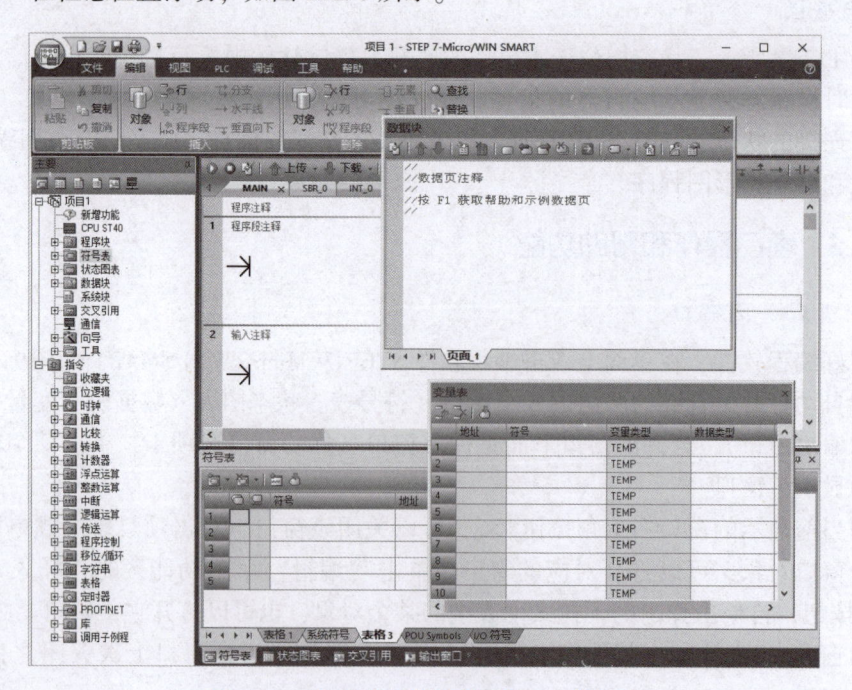

图 1.2.8　拖放数据块和变量表窗口的操作

在按住鼠标左键拖动窗口时，界面的中间和四周出现定位器符号（8个带三角形方向符号的矩形），如图1.2.9所示。图1.2.9中，光标放在中间的定位器下面的矩形符号上时，编辑器下面的阴影区指示变量表等合并窗口将要停靠的区域。松开鼠标左键，变量表等合并窗口停靠在程序编辑器的下面，如图1.2.10所示。拖动窗口时，当光标放在中间的定位器的某个矩形符号上时，松开鼠标左键，该窗口将停靠在定位器所在区域对应的边上。拖动窗口时，当光标放在软件界面边沿某个定位器符号上，松开鼠标左键，该窗口将停靠在软件界面对应的边上。一般将项目树之外的其他窗口停靠在程序编辑器的下面。

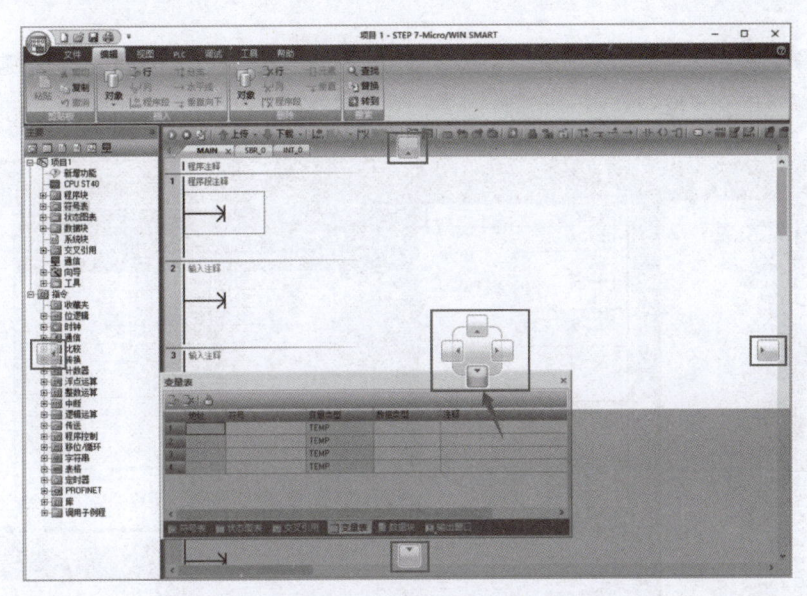

图1.2.9 拖放窗口时界面上显示的定位器符号

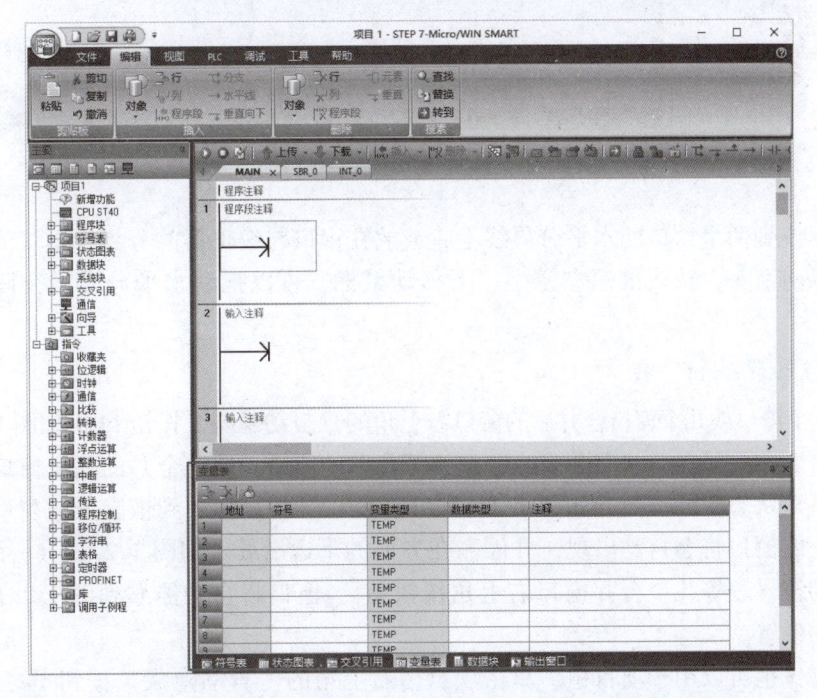

图1.2.10 拖动后变量表等合并窗口停靠在程序编辑器下面

3. 窗口的合并与高度调整

按住鼠标左键拖动图1.2.8中的数据块窗口，使它浮动，在拖动过程中如果光标进入其他窗口的标题栏，或进入需要合并的窗口下面标有窗口选项卡所在的行，被拖动的数据块窗口将与其他窗口合并，窗口下面出现"数据块"选项卡。如图1.2.11所示，下面的窗口合并了数据块、状态图表、交叉引用、符号表，显示的是数据块窗口。单击合并的窗口下面的选项卡，可以选择显示其中的一个窗口。

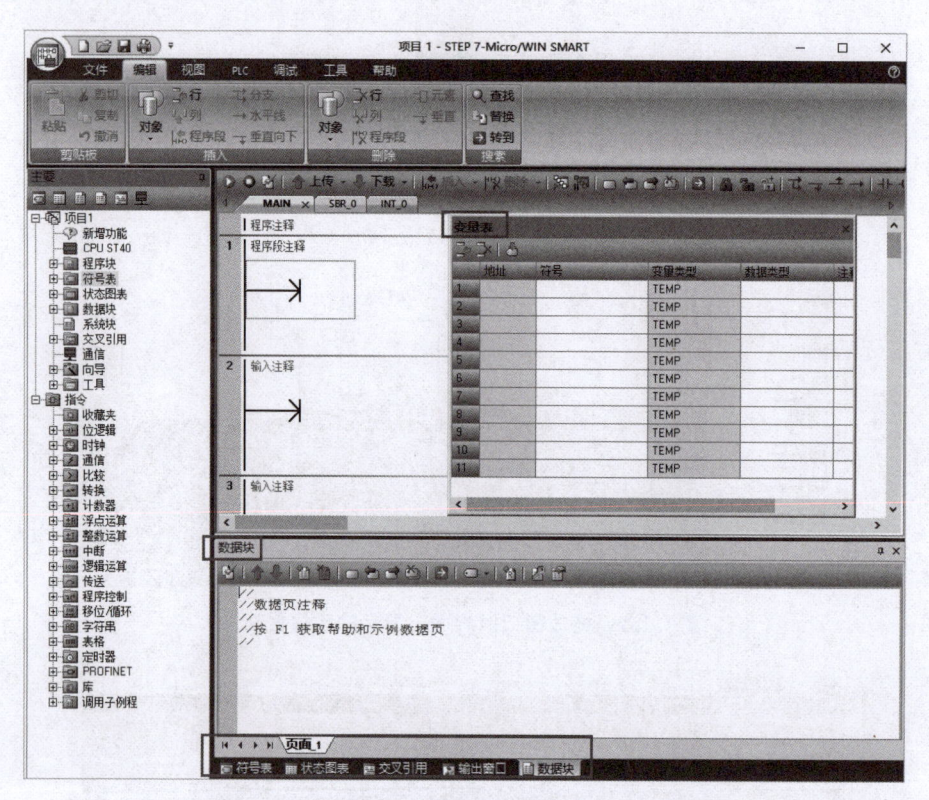

图1.2.11 数据块与状态图表等窗口的合并操作

将光标放到两个窗口的水平分界线上，或放在窗口与编辑器的分界线上，光标变为垂直方向的双向箭头，按住鼠标左键上、下移动鼠标，可以拖动水平分界线，调整窗口的高度。

4. 窗口的隐藏和停靠

单击某个窗口或几个窗口合并后的窗口右上角的"自动隐藏"按钮，如图1.2.12（a）所示，单击隐藏符号表、状态图表、数据块等合并的窗口，该已合并的几个窗口将被隐藏到界面左下角状态栏的上面，如图1.2.12（b）所示。将光标放到被隐藏的窗口的某个图标上，对应的窗口将会自动出现，并停靠在界面的下边沿处。如图1.2.12（c）所示，单击被隐藏的符号表等几个合并窗口右上角按钮，窗口将自动停靠到图1.2.12（a）中隐藏之前的位置。

上述操作也可以用于项目树。单击项目树右上角的"自动隐藏"按钮，项目树将自动隐藏到界面的最左边。将光标放到隐藏的项目树的图标上时，项目树将会重新出现，再单击项目树右上角按钮 ，它将自动停靠到界面左边原来的位置。

(a)

(b)

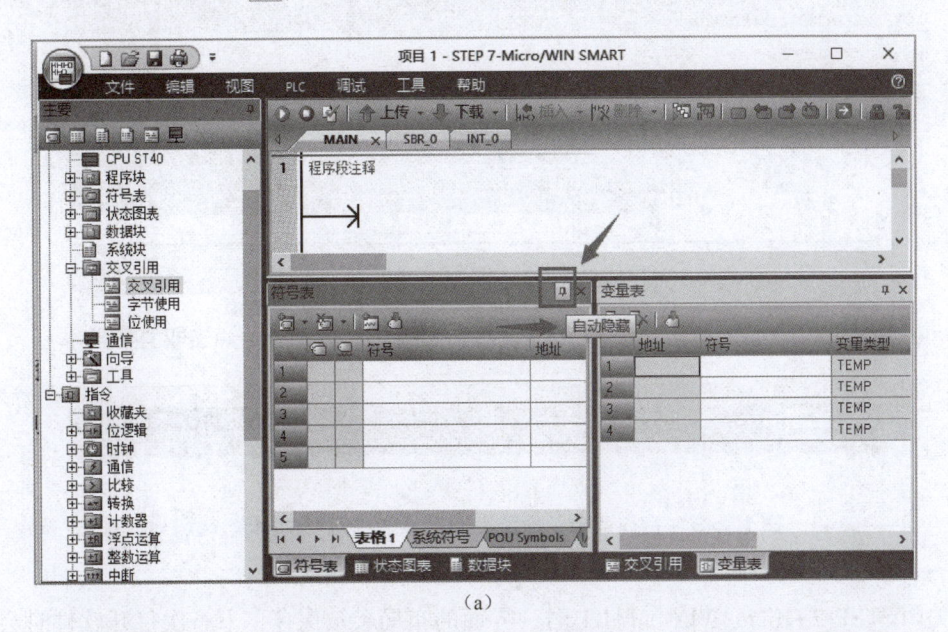

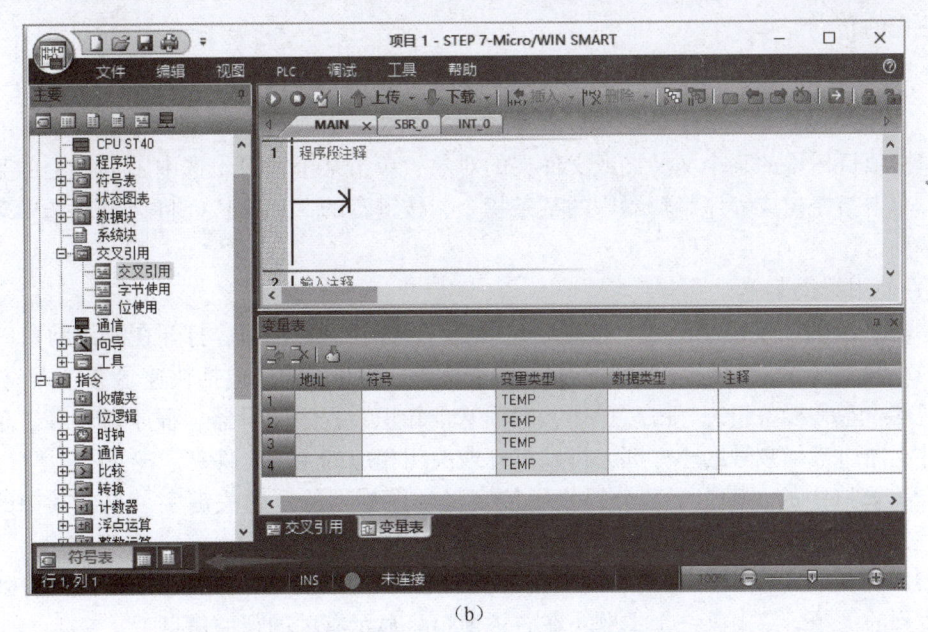

图 1.2.12　窗口"自动隐藏"和"取消隐藏"的操作

(a) 单击窗口右上角的"自动隐藏"按钮；(b) 窗口被隐藏到状态栏的上面

（c）

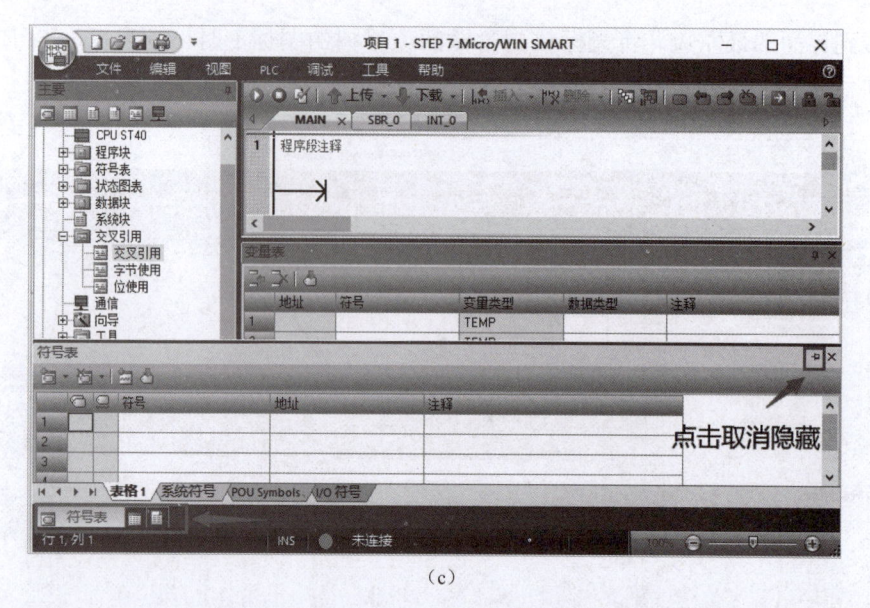

图1.2.12　窗口"自动隐藏"和"取消隐藏"的操作（续）
（c）单击"取消隐藏"按钮让窗口停靠到原先位置

关闭STEP 7-Micro/WIN SMART时，界面的布局会被保存，下一次打开软件时会继续显示原先的布局。

5. 帮助功能的使用

1）在线帮助

单击项目树中的某个文件夹或文件夹的对象、单击某个窗口、选中工具栏上的某一个按钮，单击指令树或程序编辑器中的某条指令，按键盘的"F1键"，将会出现选中对象的在线帮助。

2）使用帮助菜单

单击"帮助"菜单功能区"信息"区域的"帮助" 按钮，打开在线帮助窗口。

（1）窗口中的"目录"浏览器可以寻找需要的帮助主题，包括快速参考、入门指南、PLC通信组态和设备组态、PLC操作、编程基本知识、程序编辑器、程序指令等。单击主题文件夹左边带加减号的小方框，可以打开或关闭相应的主题文件夹。

（2）窗口中的"索引"部分提供了按字母顺序排列的主题关键字，双击其中的某个关键字，右边窗口将会出现它的帮助信息。

（3）窗口的"搜索"选项卡输入要查找的名词，单击"列出主题"按钮，将列出所有查找到的主题。双击某一个主题，在右边窗口将显示有关的帮助信息。

单击"帮助"菜单功能区的"Web"区域的"支持" 按钮，将打开西门子的全球技术支持网站，可以进入下载中心、技术论坛等工业学习平台查阅常见的问题，以及下载相关产品使用手册和软件。

1.2.4　仿真软件

1. 仿真软件简介

PLC编程最有效的方法是动手编程并进行调试，而许多初学者缺乏实验条件，不具备硬件 PLC 支持的学习环境，无法检测编写的程序是否正确地满足控制要求。学习者如果想迅速提高编程能力，使用 PLC 的仿真软件是解决这一问题的有效途径，但是目前西门子公司并没有推出针对 S7-200 SMART PLC 的官方仿真软件。近年来，在互联网上有一款针对 S7-200 PLC 的仿真软件，可供学习者使用。用户可以在互联网上搜索"S7-200 仿真软件包"，即可找到并下载该软件。该软件不需要安装，执行其中的"S7-200.exe"文件就可以打开。单击屏幕中间出现的画面，在密码输入对话框输入密码"6596"，即可进入仿真界面。其界面如图 1.2.13 所示。

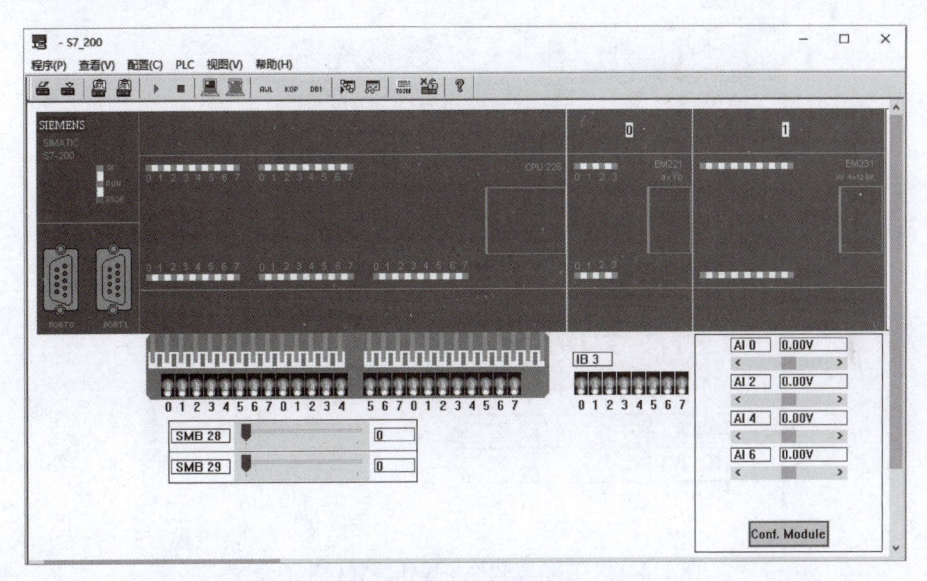

图 1.2.13　S7-200 仿真软件界面

2. 仿真软件使用方法

1）导出程序

执行 STEP 7-Micro/WIN SMART 软件中"文件"菜单功能区的"导出"列表中的 POU 命令，如图 1.2.14 所示。在弹出来的"导出程序块"对话框中输入导出文件的文件名、保存类型（选择 .awl 格式）及保存路径，然后单击"保存"按钮进行保存。

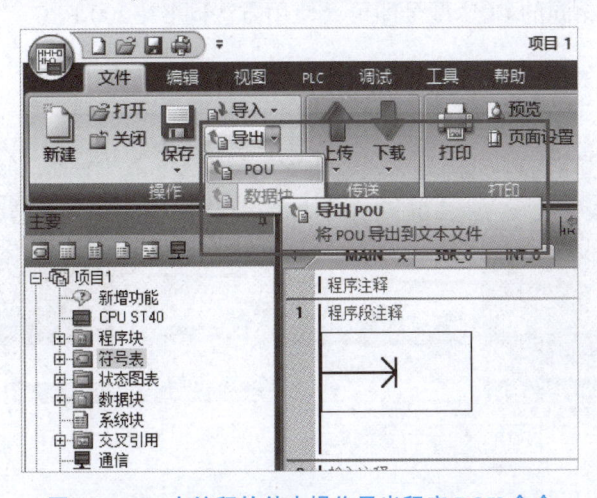

图 1.2.14　在编程软件中操作导出程序 POU 命令

2）导入文件

打开仿真软件包中的"S7-200.exe"文件单击"执行"，在密码输入对话框中输入密码"6596"，打开仿真软件界面。单击仿真软件工具栏上的"装载程序"按钮，或执行"程序"→"装载程序"命令，开始装载程序，如图1.2.15所示。在出现的"载入CPU"对话框中选择要下载的块，一般选择下载"逻辑块"即可。单击"确定"按钮后，在弹出的"打开"对话框中双击要下载的 *.awl 文件，开始下载。

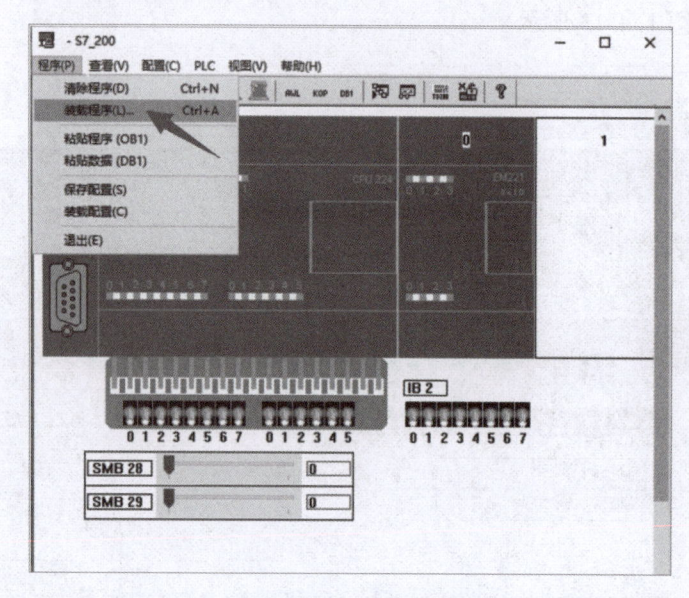

图1.2.15　在仿真软件中操作装载程序的命令

3）硬件设置

软件自动打开的是CPU 214，应执行"配置"→"CPU 型号"命令，或者在仿真软件的CPU模块画面显示的"CPU 214"上面双击，都会弹出"CPU 型号"对话框。在此对话框的下拉式列表框中选择CPU的新型号CPU 22X。用户还可以修改CPU网络地址，一般使用默认的地址"2"，如图1.2.16所示。仿真软件中没有 SMART PLC 的 CPU 型号，选择输入/输出点数相同的 CPU 型号即可，使用方法同 S7-200 PLC。

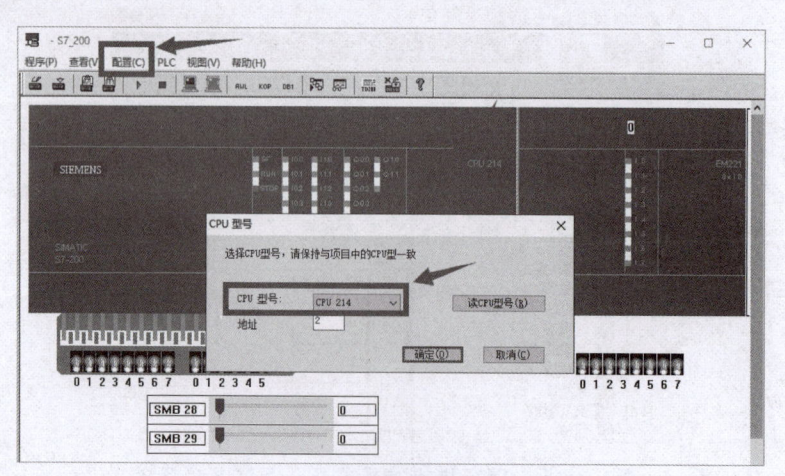

图1.2.16　设置仿真软件的硬件配置

仿真软件界面的左边是 CPU 模块，右边空的方框是扩展模块的位置。双击已配置的 CPU 模块右侧的空方框，弹出"配置扩展模块"对话框，单击选择需要的 I/O 扩展模块前面的单选按钮，再单击"确定"按钮，即可仿真添加扩展模块，如图 1.2.17 所示。双击已经设置的扩展模块，在对话框中选择"无/卸下"单选按钮，则可以取消配置该模块。

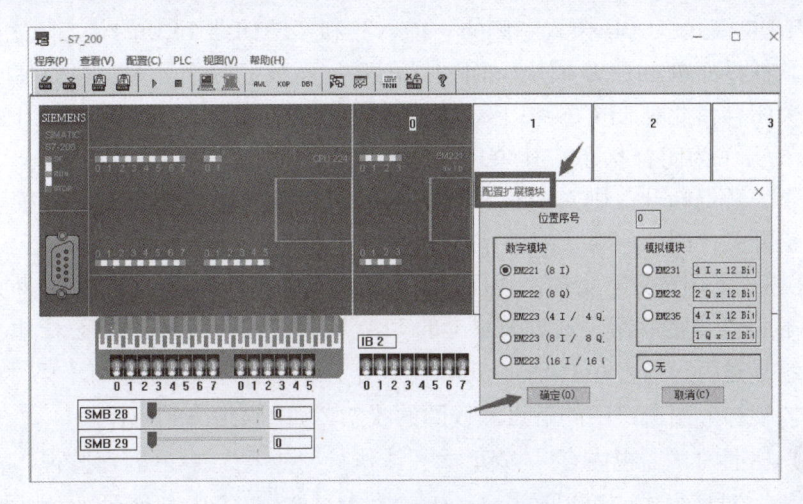

图 1.2.17 仿真设置扩展模块

4) 模拟运行调试和监视程序

单击工具栏上的"运行"按钮 ▶，或执行"PLC"→"运行"命令，即可运行仿真软件。图 1.2.18 所示为装载了控制程序的梯形图和语句表显示窗口，关闭它们不会影响仿真。将鼠标光标放在窗口最上面的标题行，按住鼠标左键可以将它们拖拽到仿真界面的其他位置。

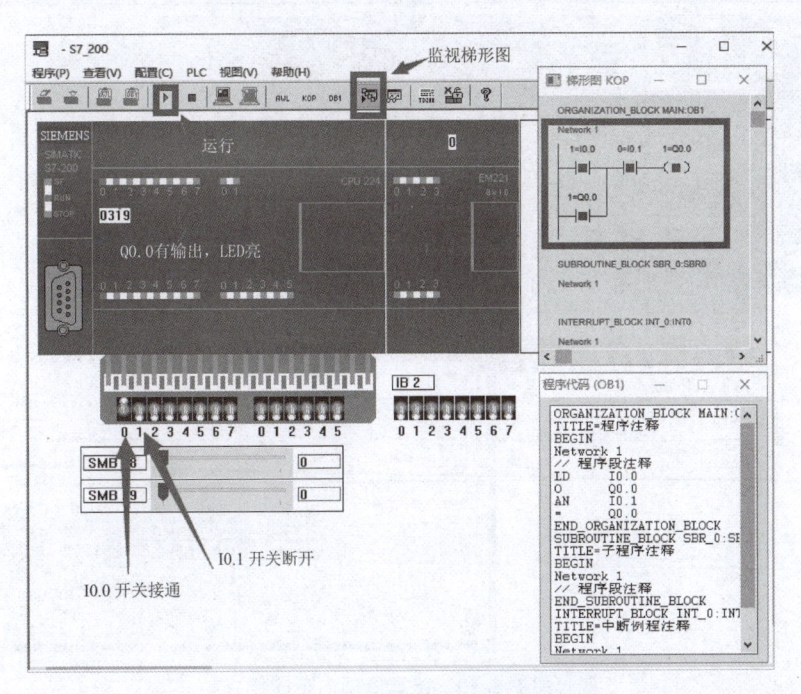

图 1.2.18 仿真运行调试梯形图程序

项目一 初识西门子 S7-200 SMART 系列 PLC ■ 35

该仿真软件不能支持所有的指令系统，当用户程序中有仿真软件不支持的指令或功能时，启动"运行"后，在弹出的对话框将显示出仿真软件不能识别的指令，单击"确定"按钮后，不能切换到 RUN 模式，CPU 模块左侧的"RUN"LED 的状态不会变化。如果仿真软件支持用户程序中的全部指令和功能，单击工具栏上的"运行"按钮 ▶，则从 STOP 模式切换到 RUN 模式，CPU 模式左侧的"RUN"和"STOP"LED 的状态随之改变。

在仿真软件界面单击 CPU 模块下面的绿色开关面板上的小开关，可以使小开关的手柄向上，开关闭合，此时 CPU 模块上对应输入点的 LED 变为绿色。图 1.2.18 中 CPU 下面 I0.0 对应的开关为闭合状态，其余均为断开状态。单击已闭合的小开关，可以使小开关的手柄向下，触点断开，则对应输入点的 LED 变为灰色。若配置有扩展模块，其下方也有相应的小开关，闭合和断开的操作相同。

在 RUN 模式下调试数字量控制程序时，用鼠标切换各个小开关的接通/断开状态，从而改变 PLC 输入变量的状态。通过模块上的 LED 观察 PLC 输出点的状态变化，可以了解程序执行的结果是否正确。在 RUN 模式下，单击工具栏上的"监视梯形图"按钮 ▦，可以用该功能监视梯形图窗口中的触点和线圈的状态，如图 1.2.18 所示。

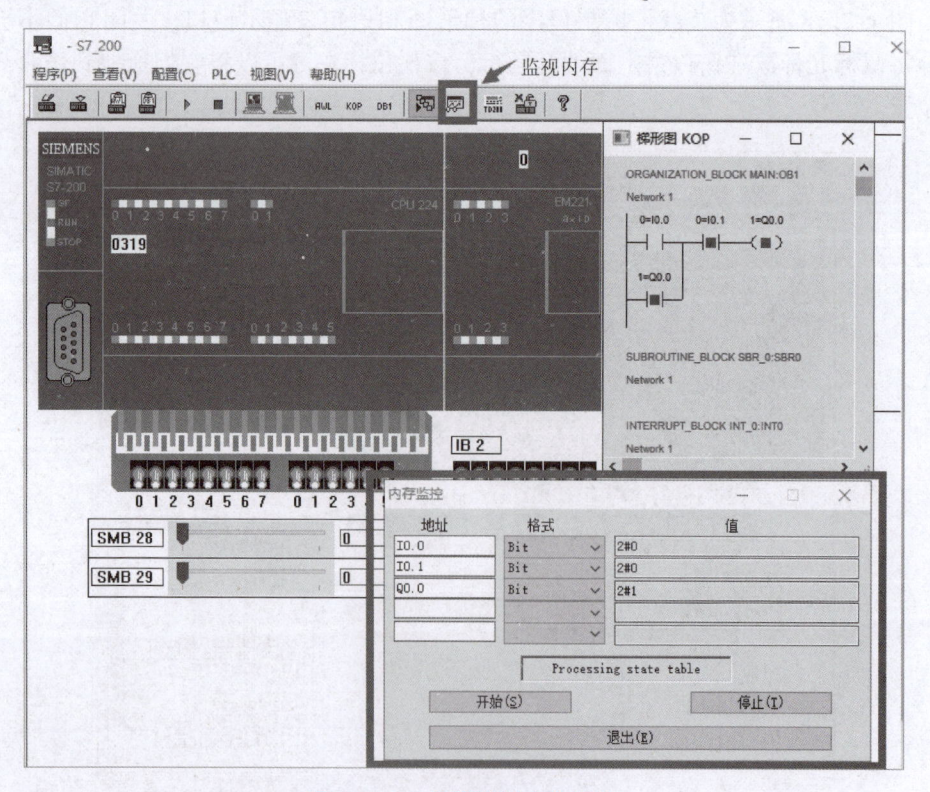

单击工具栏上的"监视内存"按钮 ▦，或执行"查看"→"内存监视"命令，在弹出的"内存表"对话框中，可以监控 I、Q、V、M、T、C 等内部变量的值。输入需要监控的变量的地址，单击"格式"单元中的按钮 ▾，在出现的下拉式列表中可以选择监视变量的数据格式。"开始"和"停止"按钮分别用来启动和停止监控。如图 1.2.19 所示，内存监视的对话框内显示输入 I0.0 = 2#0，I0.1 = 2#0，输出 Q0.0 = 2#1。

图 1.2.19　仿真监视内存操作

任务实施

1. 任务分析

按照控制要求,将两个开关分别连接在 PLC 的输入端子上,指示灯作为 PLC 的输出负载。本任务的目的是通过对该简单电路的设计,使初学者能够学会使用 STEP 7-Micro/WIN SMART 软件编程,逐步正确地创建项目、硬件组态、编写梯形图程序、硬件接线、项目下载、运行及调试程序。开关、指示灯都是 PLC 的外部元件,S7-200 SMART CPU 通过 I/O 接口与外部元件联系,接收操作指令和检测各种状态,并把逻辑运算结果作为控制信号输出。

2. I/O 地址分配

根据上述任务的分析,对输入输出量进行分配,如表 1.2.2 所示。

表 1.2.2　I/O 地址分配

信号类型	描述	PLC 地址
DI	开关 SA1	I0.0
DI	开关 SA2	I0.1
DO	指示灯 HL	Q0.0

3. 外部硬件接线图

本任务采用 S7-200 SMART CPU SR40 型(AC/DC/RLY,交流电源/直流输入/继电器输出)进行接线和编程调试,外部硬件接线如图 1.2.20 所示。

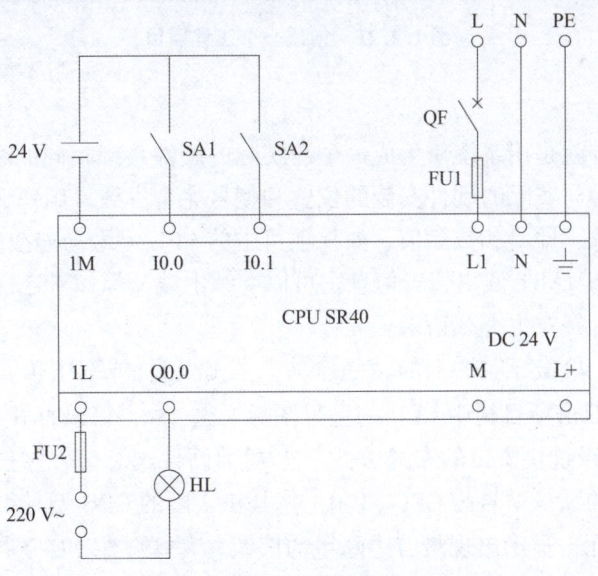

图 1.2.20　外部硬件接线

4. 创建工程项目

1)创建项目或打开已有的项目

双击 STEP 7-Micro/WIN SMART 软件图标,打开编程软件。单击工具栏中的"文件",选择菜单功能区的"保存" 按钮,在弹出的窗口"文件名"栏对该文件进行命名,给该项目命名为"甲乙两地开关控制一盏灯",然后再选择文件保存的路径位置,最后单击"保存"按钮即可。还有其他操作方法,如单击工具栏中的"文件",选择菜单功能区的"新建" 按钮,或单击快速访问工具栏上的新建项目 按钮生成一个新项目,然后对其命名和保存,如图1.2.21所示。单击快速访问工具栏上的"打开"按钮或者"文件"菜单功能区的"打开" 按钮,并选择文件所在路径位置,找到文件,可以打开已有的项目。

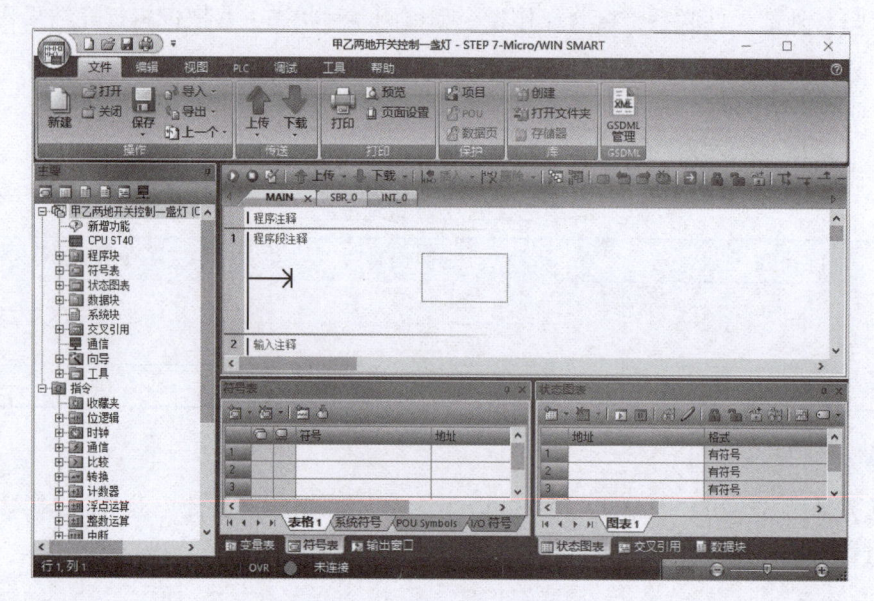

图1.2.21 创建一个工程项目

2)硬件组态

硬件组态的任务就是用系统块生成一个与实际的硬件系统相同的系统,组态的模块和信号板、扩展模块等与实际的硬件安装的位置和型号完全一致。组态元件时还需要设置各模块和信号板的参数,即给参数赋值。如果项目中的CPU型号与连接的CPU型号不匹配,STEP 7-Micro/WIN SMART发出警告信息。可以继续下载,但如果连接的CPU不支持项目需要的资源和功能,将发生下载错误。

打开编程软件,单击导航栏上的"系统块"按钮 ,或双击项目树中的系统块图标 系统块,或直接双击项目树中CPU的型号图标 CPU,可以打开"系统块"对话框,如图1.2.22所示。系统块窗口的布局方式,上端为硬件组态区,左侧为参数页,中间为详细设置项。CPU的默认型号为CPU ST40,将其按实际的CPU型号组态。单击CPU所在行的"模块"列单元,显示出现最右边隐藏的按钮 ,单击CPU下拉列表,将它改为实际使用的CPU SR40。单击信号板SB所在行的"模块"列单元最右边隐藏的按钮 ,单击SB下拉列表可以设置信号板的型号。如果没有使用信号板,该行为空白。用同样的方法在扩展EM0~EM5所在行设置实际使用的扩展模块的型号。扩展模块在物理空间上必须连续排列,中间不能有空行。完成设备的硬件组态后,相应的输入输出地址位置也显示在硬件组态中。

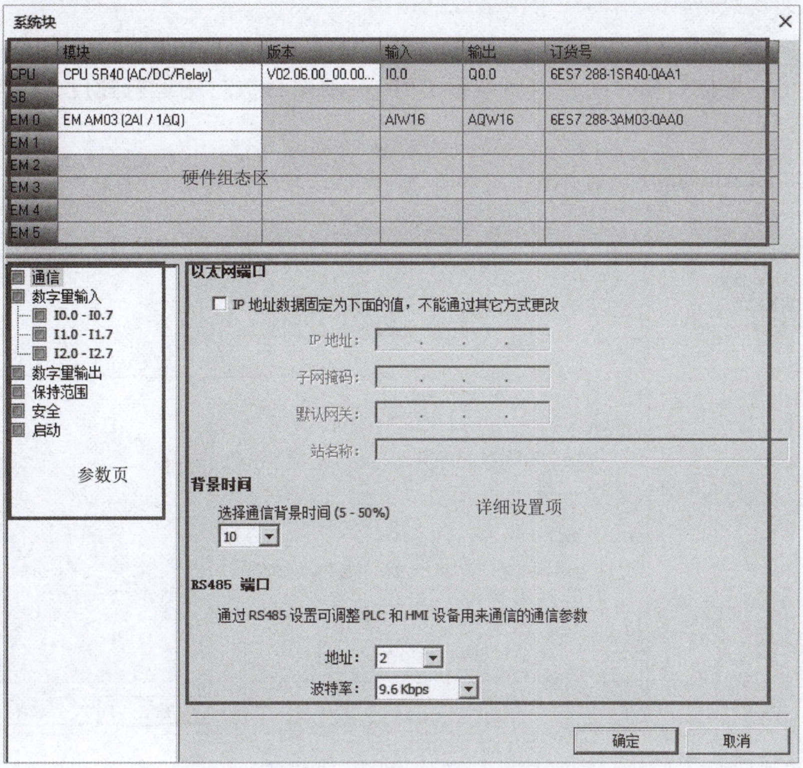

图 1.2.22　硬件系统组态

3）CPU 的 IP 设置

S7-200 SMART CPU 是通过以太网与运行 STEP 7-Micro/WIN SMART 的计算机进行通信。计算机直接连接单台 CPU 时，可以使用标准的以太网电缆，也可以使用交叉以太网电缆。在系统块中完成了硬件组态后，在项目下载之前要先进行组态以太网，即用正确的通信设置才能保证下载成功。如图 1.2.23 所示，打开"系统块"对话框，自动选中左边列表参数页中的"通信"节点，在其右下方详细设置项中可以设置 CPU 的以太网端口和 RS485 端口参数。

为了使信息能在以太网上准确快捷地传送到目的地，连接到以太网的每台设备必须拥有一个唯一的 IP 地址，以避免与其他网络用户冲突。如果勾选多选框"IP 地址数据固定为下面的值，不能通过其他方式更改"，则会自动显示输入的是静态 IP 信息（CPU 默认 IP 是 192.168.2.1），在"系统块"对话框中可更改 IP 信息并将它下载到 CPU 中。如果未勾选上述多选框，此时的 IP 地址信息为动态信息。可以在"通信"对话框中更改 IP 信息，或使用用户程序中的 SIP_ADDR 指令更改 IP 地址信息。

子网掩码的值通常为 255.255.255.0，CPU 与编程设备的 IP 地址中的子网掩码应完全相同。同一个子网中各设备的子网内的地址不能重叠。如果在同一个网络中有多个 CPU，除了一台 CPU 可以保留出厂时默认的 IP 地址，必须将其他 CPU 默认的 IP 地址更改为网络中唯一的 IP 地址。

网关（或 IP 路由器）是局域网（LAN）之间的连接器。局域网中的计算机可以使用网关向其他网络发送消息。网关用 IP 地址来传送和接收数据包，如果数据目的地不在局域网内，网关将数据转发给另一个网络或网络组。

详细设置项中的"背景时间"是用于处理通信请求的时间占用扫描时间的百分比，增加背景时间将会增加扫描时间，从而减慢 CPU 控制项目执行的运行速度，一般设置为默认值 10%。

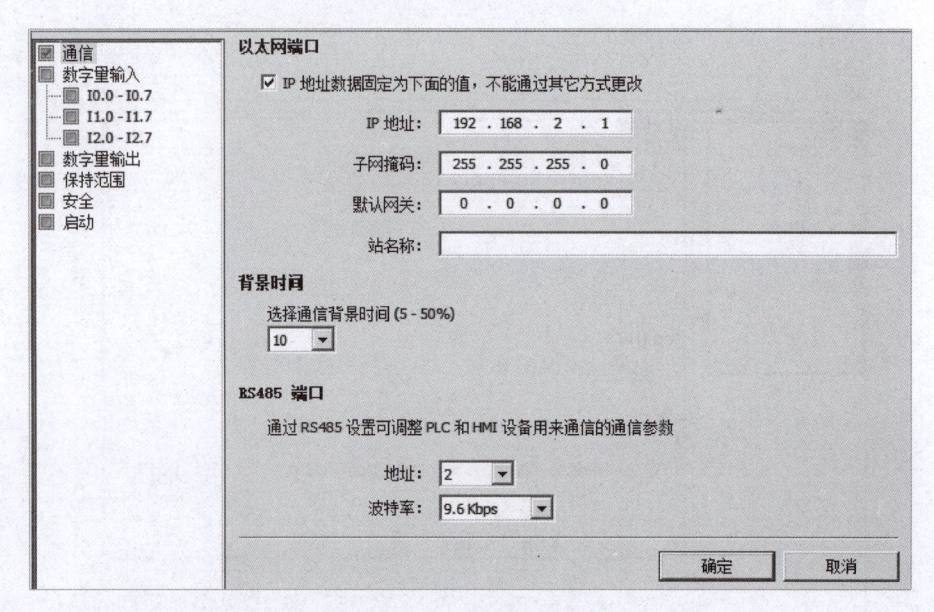

图 1.2.23　CPU 的 IP 设置

此外，还可以双击项目树中的 ![] 通信 图标，打开"通信"对话框，如图 1.2.24 所示，用"通信接口"下拉式列表中选中使用以太网网卡，单击"查找 CPU"按钮，将会显示出网络上所有可访问的设备和相应的 IP 地址。

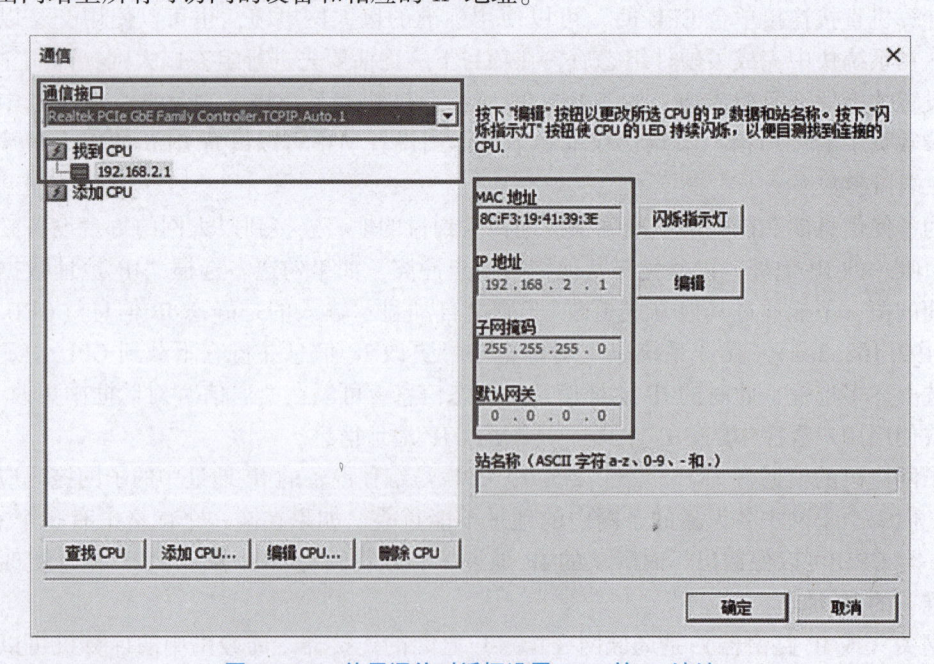

图 1.2.24　使用通信对话框设置 CPU 的 IP 地址

设置完 CPU 的 IP 地址和相关参数后，单击"确认"按钮将自动关闭系统块。需要通过系统块中新的设置下载到 PLC，参数被存储在 CPU 模块的存储器中。

4）计算机网卡的 IP 设置

如果电脑是 Windows7 或者 Windows10 操作系统，用以太网电缆连接计算机和 CPU，打开"控制面板"，单击"查看网络状态任务"按钮，再单击"本地连接"（或"以太网连接"）按钮，打开"本地连接状态"（或"以太网状态"）对话框，单击"属性"按钮，在"本地连接属性"对话框中，如图 1.2.25 所示，选中"此连接使用下列项目"列表框中的"Internet 协议版本 4"，单击"属性"按钮，打开"Internet 协议版本 4（TCP/IPv4）属性"对话框。用单选框选中"使用下面的 IP 地址"，输入 PLC 以太网端口默认的子网地址 192.168.2，IP 地址的第 4 个字节是子网内设备的地址，可以取 0~255 的某个值，但是不能与网络中其他设备的 IP 地址重叠。单击"子网掩码"输入框，自动出现默认的子网掩码 255.255.255.0。一般不用设置网关的 IP 地址。设置结束后，单击各级对话框中的"确定"按钮，最后关闭"网络连接"对话框。

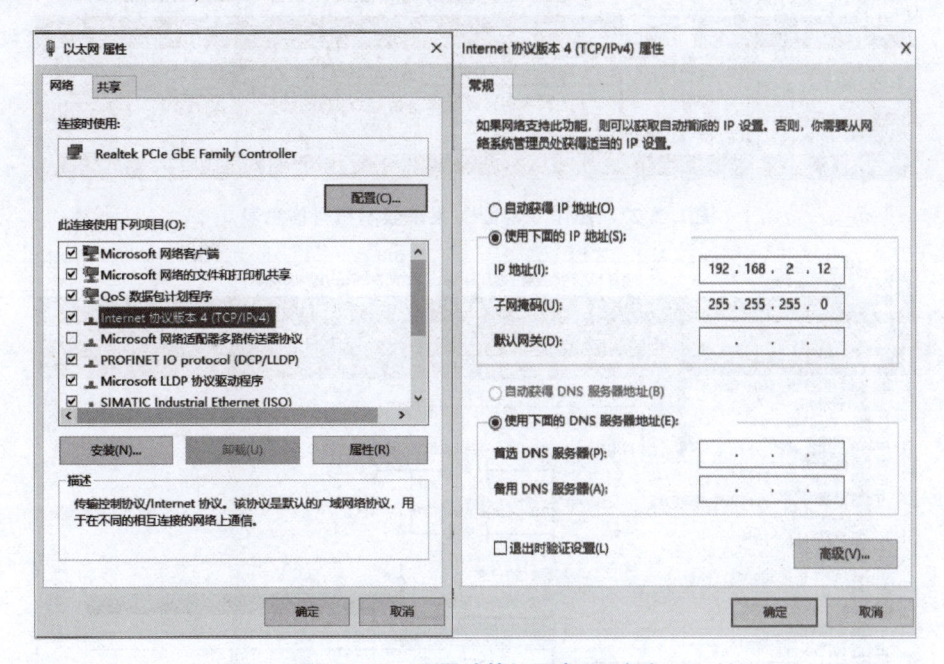

图 1.2.25　设置计算机网卡 IP 地址

5. 编辑 PLC 符号表

单击导航栏或者项目树中的符号表图标 ▣，打开符号表窗口，在"表格 1"（自动生成的用户符号表）中输入符号"甲地开关 SA1、乙地开关 SA2、指示灯 HL"和对应的地址"I0.0、I0.1、Q0.0"，如图 1.2.26 所示。用户在符号表中做了任何修改后，可以通过菜单栏上的"视图"功能区"将符号应用到项目"按钮 ▣、显示"符号信息表"按钮 ▣、显示"变量的绝对地址和符号地址"按钮 ▣，将最新的符号表信息更新到整个项目中。操作"视图"菜单显示符号信息表如图 1.2.27 所示。

如果用户符号表"表格 1"中的地址和"I/O 符号表"的地址重叠，在地址下方会出现红色波浪下划线表示用法无效，此时可以删除"I/O 符号表"。如果想再次显示"I/O

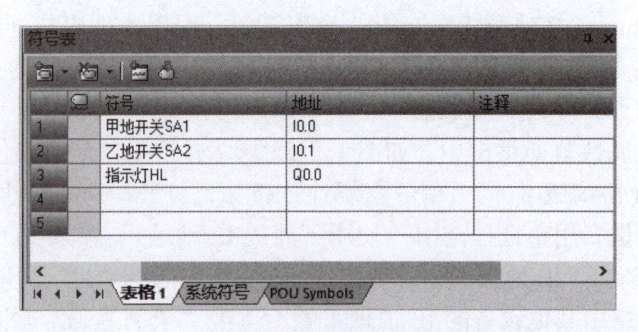

符号表"选项卡，则在项目树中右击符号表图标 符号表（或者在符号表窗口下方的任一选项卡上右击），执行快捷菜单中的"插入"→"I/O 映射表"命令即可，如图 1.2.28 所示。

图 1.2.26 编辑符号表

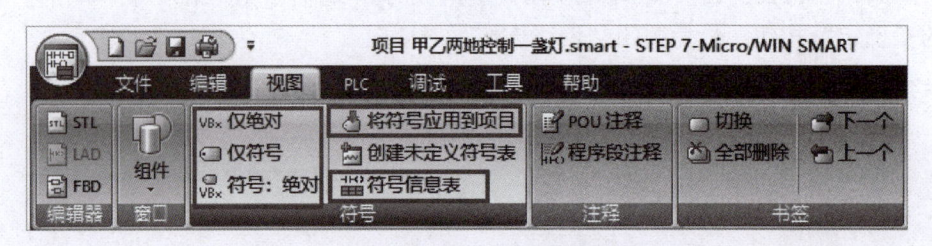

图 1.2.27 操作"视图"菜单显示符号信息表

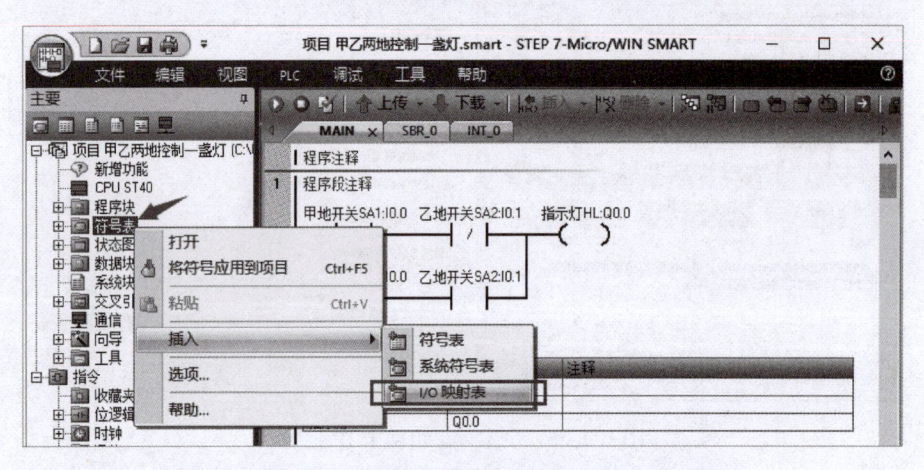

图 1.2.28 删除 I/O 映像表后可在符号表窗口重新插入

6. 编写程序

打开图 1.2.21 中生成的名为"甲乙两地开关控制一盏灯"项目，自动打开主程序 MAIN，程序段最左边的箭头处有一个矩形光标，如图 1.2.29（a）所示。单击程序编辑器工具栏上的触点按钮 ，然后单击弹出的对话框中的"常开触点" （或者打开项目树指令列表中的"位逻辑"指令文件夹图标 位逻辑，单击文件夹中的常开触点符号 ），则在矩形光标所在的位置会出现一个常开触点，触点上方显示红色的问号 ??.? 表示地址未赋值。选中这个常开触点，在 ??.? 处输入地址 I0.0，再将光标移动到该触点的右边，如图 1.2.29（b）所示。

单击程序编辑器工具栏上的触点按钮，然后单击对话框中的"常闭触点" -|/|-，在该常闭触点上面??.?处输入地址I0.1，将光标移动到该常闭触点右边，单击程序编辑器工具栏上的线圈按钮 -( )-（或打开项目树指令列表"位逻辑"指令文件夹中的输出线圈符号 -( )-），程序中生成一个线圈，选中该输出线圈，在??.?处输出地址Q0.0，如图1.2.29（c）所示。

在该程序段的第二行，用同样的操作方法，从左往右继续编辑一个"常闭触点" -|/|- 和一个"常开触点" -| |- 串联，触点上面??.?处分别输入地址I0.0和I0.1，单击程序编辑器工具栏上的"插入向上垂直线"的按钮，如图1.2.29（d）所示。

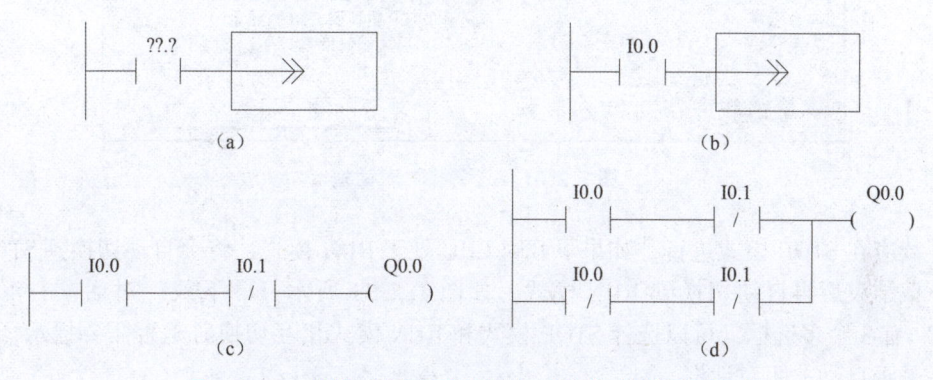

图1.2.29 编辑"甲乙两地控制一盏灯"的梯形图程序
（a）编辑常开触点；（b）输入地址；（c）编辑常闭触点和线圈；（d）编辑完成的梯形图程序

通过执行"将符号应用到项目""符号信息表"，显示"变量的绝对地址和符号地址"，该任务的梯形图如图1.2.30所示。

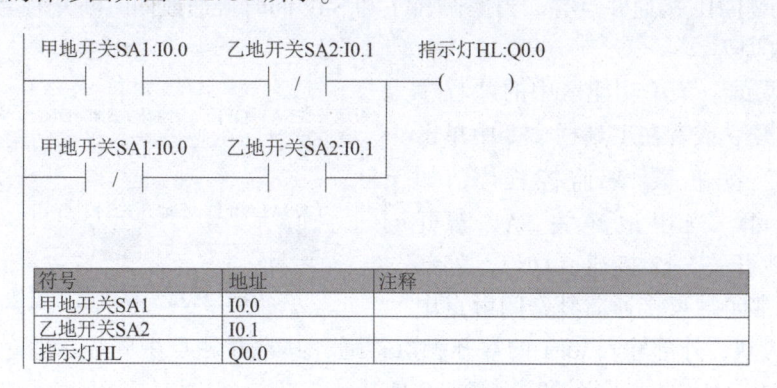

符号	地址	注释
甲地开关SA1	I0.0	
乙地开关SA2	I0.1	
指示灯HL	Q0.0	

图1.2.30 带符号表显示的梯形图程序

7. 项目下载

单击工具栏上的"下载"按钮，如果弹出"通信"对话框，如图1.2.24所示，单击该对话框左下角的"查找CPU"按钮，会显示出网络上连接的所有CPU的IP地址，选中其中需要下载的CPU，单击"确定"按钮，将会出现"下载"对话框，如图1.2.31所示。用户可以使用多选框选择是否下载程序块、数据块和系统块，在多选框内打钩就表示需要下载，而符号表和状态图表是不能下载或上传的。单击对话框右下方的"下载"按钮，开始下载。

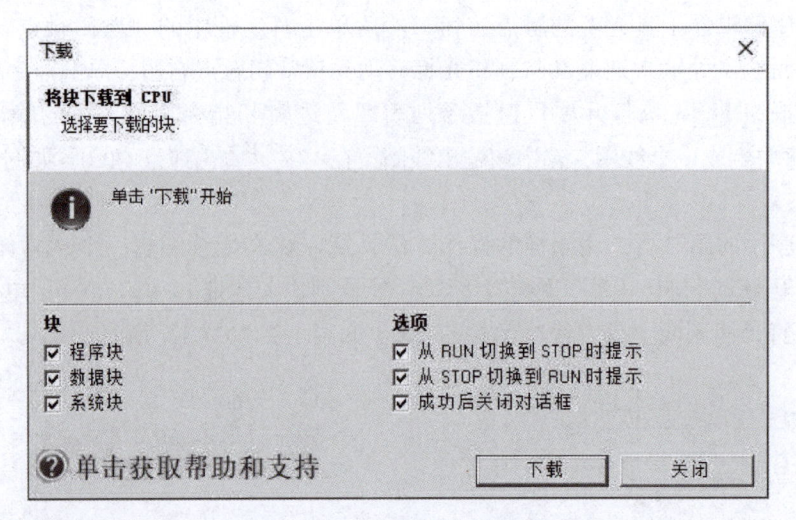

图 1.2.31 "下载"对话框

下载应在 STOP 模式进行，如果下载时 CPU 处于 RUN 模式，将会自动切换到 STOP 模式，下载结束后再自动切换到 RUN 模式。如图 1.2.31 所示，"下载"对话框右下方的"选项"有 3 个多选框，可以选择 STOP 模式和 RUN 模式相互切换时是否需要提示，下载成功后是否自动关闭对话框。

8. 调试程序

控制过程分析：PLC 外部硬件接线如图 1.2.20 所示，接通断路器 QF，使 CPU 通电并下载程序运行→SA1 开关断开、SA2 开关接通（或者 SA1 开关接通、SA2 开关断开）→输出端负载指示灯 HL 接通并点亮。当操作 SA1 和 SA2 同时接通或同时断开时→外部负载指示灯 HL 断电熄灭。

单击"调试"菜单功能区中的"程序状态"按钮，或者在工具栏命令中单击"程序状态"按钮来监控程序，如图 1.2.32 所示。当甲地开关 SA1 断开（OFF）、乙地开关 SA2 接通（ON），外部输入 I0.0 的常闭触点接通，其常闭触点中间显示蓝色方块；外部输入 I0.1 的常开触点接通，其常开触点中间显示蓝色方块，此时负载指示灯 HL 对应的输出点 Q0.0 接通（ON）。

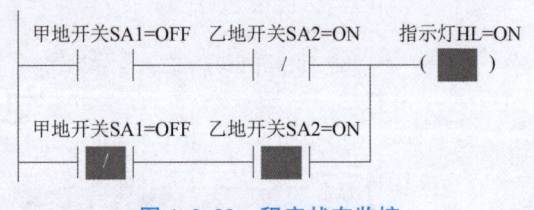

图 1.2.32 程序状态监控

拓展提升

1. PLC 的工作模式

PLC 有两种工作模式，即 RUN（运行）和 STOP（停止）模式。

1）STOP 模式

CPU 在停止模式时，不执行程序，可以用编程软件创建和编辑用户程序，设置 PLC 的硬件功能，并将用户程序和硬件组态、以太网设置信息下载到 PLC。

2）RUN 模式

在运行模式下，通过执行反映控制要求的用户程序来实现控制功能。

CPU 模块面板上用三个发光二极管显示当前工作方式，绿色指示灯亮，表示为运行状态，红色指示灯亮，表示为停止状态，在标有 ERROR 指示灯亮时表示系统故障，PLC 停止工作。

在 PLC 菜单功能区或程序编辑器工具栏中单击"运行"（RUN）按钮 ▶，出现提示时，单击"确认"（OK）使 CPU 为运行工作模式。若要停止运行，则单击 PLC 菜单功能区或程序编辑器工具栏中"停止"（STOP）按钮 ■，并确认有关将 CPU 置于 STOP 模式的提示。

2. CPU 的存储区

用户使用的 CPU 存储区内每一个输入/输出、内部存储器单元、定时器和计数器等都称为软元件，又称软继电器。各元件有其不同的功能，有固定的地址。软元件的数量决定了可编程控制器的规模和数据处理能力，每一种软元件是有限的。

软元件是 PLC 内部的具有一定功能的器件，这些器件实际上是由电子电路和寄存器及存储器单元等组成的。例如，输入继电器是由输入电路和输入映像寄存器构成的；输出继电器是由输出电路及输出映像寄存器构成的；定时器和计数器也是由特定功能的寄存器构成的。它们都具有继电器的特点，但是没有机械性的触点。为了把这些元件与传统电气控制电路中的继电器区分开来，因此把它们称为软元件或软继电器。这些编程元件的最大特点是存储单元可以无限次读取，其常开触点及常闭触点可以无限次使用。S7-200 SMART PLC 有以下软元件。

1）过程映像输入寄存器（输入继电器）I

"输入继电器"是 PLC 用来接收用户设备输入信号的接口。分配给 S7-200 SMART PLC 的过程映像输入寄存器区域有 IB0~IB31 共 32 个字节的存储单元。系统对过程映像输入寄存器是以字节（8 位）为单位进行地址分配。过程映像输入寄存器可以按位进行操作，每一位对应一个数字量的输入点。如 CPU SR20 的基本单元输入有 12 点，需占用 16 位，即占用 IB0 和 IB1 两个字节。而 I1.4~I1.7 因为没有实际输入点而未被使用，用户程序中也不可以使用。输入映像寄存器可以采用位、字节、字或者双字来存取。

2）过程映像输出寄存器（输出继电器）Q

"输出继电器"是用来将输出信号传送到负载的接口，每一个"输出继电器"线圈都与相应的 PLC 输出相连，并有无数对常开和常闭触点供编程时使用。分配给 S7-200 SMART PLC 的过程映像输出寄存器有 QB0~QB31 共 32 个字节的存储单元。系统对过程映像输出寄存器也是以字节（8 位）为单位进行地址分配。过程映像输出寄存器可以按位进行操作，每一位对应一个数字量的输出点。如 CPU SR20 的基本单元输出有 8 点，需占用 16 位，即占用 QB0 一个字节。输出映像寄存器可以采用位、字节、字或者双字来存取。

以上介绍的两种软继电器是和外界输入输出用户有联系的，下面介绍的存储区则是与外部设备没有联系的内部软继电器。它们不能用来直接接收外部用户信号，也不能直接驱动外部负载，只能用于编制程序。

3）变量存储器 V

变量存储器主要用于存储变量，可以存放数据运算的中间运算结果或设置参数。在进行数据处理时，变量存储器被经常使用。变量存储器可以是位寻址，也可按字节、字、双字为单位寻址，其字节存取的编号范围根据 S7-200 SMART CPU 的型号有所不同，紧凑型（又称经济型）CPU 模块为 VB0～VB8191，标准型 CPU 模块（SR20/ST20、SR30/ST30、SR40/ST40、SR60/ST60）的变量存储器字节编号范围分别为 VB0～VB12287、VB0～VB16383、VB0～VB20479、VB0～VB24575。

4）位存储器 M

位存储器又称标志位存储器，用来保存控制继电器的中间操作状态，其作用相当于传统继电器控制中的中间继电器，位存储器在 PLC 中没有输入/输出端与之对应，其线圈的通断状态只能在程序内部用指令驱动，其触点不能直接驱动外部负载，只能在程序内部驱动输出继电器的线圈，再用输出继电器的触点去驱动外部负载。它可以采用位、字节、字或者双字来存取。S7-200 SMART PLC 的位存储器按位存取的地址编号范围为 M0.0～M31.7，共 32 个字节。

5）特殊存储器 SM

PLC 中还有若干特殊标志位存储器，用来提供大量的状态和控制功能，在 CPU 和用户程序之间交换信息，特殊存储器能以位、字节、字或双字来存取，SM 的位地址编号范围为 SM0.0～SM2047.7，共 2 048 个字节。其中一些字节，如 SM0.0～SM29.7 是只读型，常用的有：

SM0.0：运行监控。SM0.0 始终为"1"状态。当 PLC 运行时可以利用其触点驱动输出继电器，在外部显示程序是否处于运行状态。

SM0.1：初始化脉冲。每当 PLC 的程序开始运行时，SM0.1 接通一个扫描周期，因此 SM0.1 的触点常用于调用初始化程序等。

SM0.4、SM0.5：占空比为 50% 的时钟脉冲。当 PLC 处于运行状态时，SM0.4 产生周期为 1 min 的时钟脉冲，SM0.5 产生周期为 1 s 的时钟脉冲。若将时钟脉冲信号送入计数器作为计数信号，可以起到定时的作用。

6）局部存储器 L

局部存储器 L 用来存放局部变量，局部存储器 L 和变量存储器 V 十分相似，主要区别在于变量存储器 V 是全局有效，即同一个变量可以被任何程序 POU（主程序、子程序和中断程序）访问。而局部变量只是局部有效，即变量只和特定的程序相关联。各 POU 都有自己的 64 B 的局部变量，局部变量仅仅在它被创建的 POU 中有效。

7）定时器 T

定时器作用相当于继电器控制系统中的时间继电器。每个定时器可提供无数对常开和常闭触点供编程使用，其设定时间由程序设置。每一个定时器都有一个 16 位的当前值寄存器，用于存储定时器累计的时基增量值，以及一个 16 位的存储器用来保存定时的预置值，另有一个状态位表示定时器的状态。当定时器的位为 1 时，其常开触点闭合、常闭触点断开；当定时器的位为 0 时，其常开触点断开、常闭触点闭合。

定时器的定时精度分别为 1 ms、10 ms 和 100 ms 三种，定时器地址编号范围为 T0～T255，它们的分辨率和定时范围不相同，用户应根据 CPU 型号及时基正确选用定时器的编号。

8）计数器 C

计数器用于累计计数输入端接收到的由断开到接通的脉冲个数。计数器可提供无数对常开和常闭触点供编程使用，其设定值由程序设置。每一个计数器都有一个 16 位的当前值存储器用于存储计数器累计的脉冲数，以及一个 16 位的预置值寄存器，另有一个状态位表示计数器的状态。计数器的地址编号范围为 C0~C255。

9）高速计数器 HC

一般计数器 C 的计数频率受扫描周期的影响，不能太高。而高速计数器可用来累计比 CPU 的扫描速度更快的事件，计数过程与扫描周期无关。高速计数器的当前值和预设值是一个双字长（32 位）的带符号整数，当前值为只读值。紧凑型 CPU 有 4 个高速计数器（HC0~HC3），标准型 CPU 有 6 个高速计数器（HC0~HC5）。

10）累加器寄存器 AC

累加器寄存器简称累加器，是用来暂存数据的寄存器，它可以用来向子程序传递参数和从子程序返回参数，或用于临时保存中间的运算结果。CPU 提供了 4 个 32 位的累加器，其地址编号为 AC0~AC3。累加器的可用长度为 32 位，可采用字节、字、双字的存取方式，按字节、字只能存取累加器的低 8 位或低 16 位，双字可以存取累加器全部的 32 位。

11）顺序控制继电器 S

顺序控制继电器是使用步进顺序控制指令编程时的重要状态元件，通常与 SCR 指令一起使用以实现顺序功能流程图的编程。它的编号范围为 S0.0~S31.7。

12）模拟量输入 AI

S7-200 SMART PLC 用 A/D 转换器将外界连续变化的模拟量（如温度、压力、流量、转速等）转换为一个字长的数字量，用区域标识符 AI、数据长度的 W（字）和字节的起始地址来表示存储模拟量输入的地址，如 AIW12。因为模拟量输入是一个字长，故应该从偶数字节开始存放，模拟量输入值是只读数据，用户不能进行写数据的操作。

13）模拟量输出 AQ

S7-200 SMART PLC 将一个字长的数字量用 D/A 转换器转换为外界的模拟量，用区域标识符 AQ、数据长度的 W（字）和字节的起始地址来表示存储模拟量输出的地址，如 AQW16。因为模拟量输出是一个字长，故应该从偶数字节开始存放。模拟量输出值是只写数据，用户不能读取。

3. PLC 的工作原理

PLC 是采用周期循环扫描的工作方式，CPU 连续执行用户程序和任务的循环序列称为扫描。CPU 对用户程序的执行过程是 CPU 的循环扫描，并用周期性地集中采样、集中输出的方式来完成。一个扫描周期可以分为以下几个阶段：

（1）读输入阶段。每次扫描周期的开始，先读取输入点的当前值，然后写到过程映像输入寄存器区域。在用户程序执行过程中，CPU 访问过程映像输入寄存器区域，而非读取输入端口的状态，输入信号的变化并不会影响过程映像输入寄存器的状态。

（2）执行程序阶段。用户程序执行阶段，PLC 按照梯形图的顺序、自左而右、自上而下地逐行扫描。RUN 工作模式的程序执行阶段，在没有跳转指令时，CPU 从用户程序的第一条指令开始执行直到最后一条指令结束。程序运行结果放入过程映像输出寄存器区域。在此阶段，允许对数字量指令和不设置数字滤波的模拟量指令进行处理，在扫描周期

(3）处理通信请求阶段。CPU 处理从通信口接收到的信息，扫描周期的信息处理阶段。

（4）执行 CPU 自诊断测试阶段。在这个阶段，CPU 检查硬件、用户程序存储器和所有的 I/O 模块的状态。

（5）写输出阶段。在每个扫描周期的末尾，CPU 把存在过程映像输出寄存器中的数据输出给数字量输出端点，更新输出状态，然后 PLC 进入下一循环周期，重新执行输入采样阶段。

如果程序中使用了中断，中断事件出现后立即执行中断程序，中断程序可以在扫描周期的任意点被执行。

如果程序中使用了立即 I/O 指令，可以直接存取 I/O 点。用立即 I/O 指令读输入点值时，立即读入物理输入点的值，而相应的过程映像输入寄存器的值并未修改。当使用立即 I/O 指令来改写输出点时，相应的过程映像输出寄存器的值和指定的物理输出点同时被更新。

4. PLC 的寻址方式

S7-200 SMART PLC 指令由两部分组成，一部分是操作码（指明指令的功能），另一部分是操作数（指明操作码操作的对象）。PLC 运行时是通过地址访问数据，地址是访问数据的依据，所谓"寻址"就是访问数据的过程。

1）直接寻址

直接寻址是在指令中直接使用存储器或寄存器的元件名称（区域标志）和地址编号，直接到指定的区域读取或写入数据。有按位、字节、字、双字寻址的寻址方式。

例如，MOVE VB20，VB40。

该指令的功能是将 VB20 中的字节数据传送给 VB40，指令中的源操作数的数值在指令中没有直接给出，在指令中给出的是存储源操作数的地址 VB20，寻址时需要到该地址中提取源操作数，这种给出操作数地址形式的寻址方式即直接寻址。

如图 1.2.33 所示，直接寻址又包括了位寻址、字节寻址、字和双字寻址。

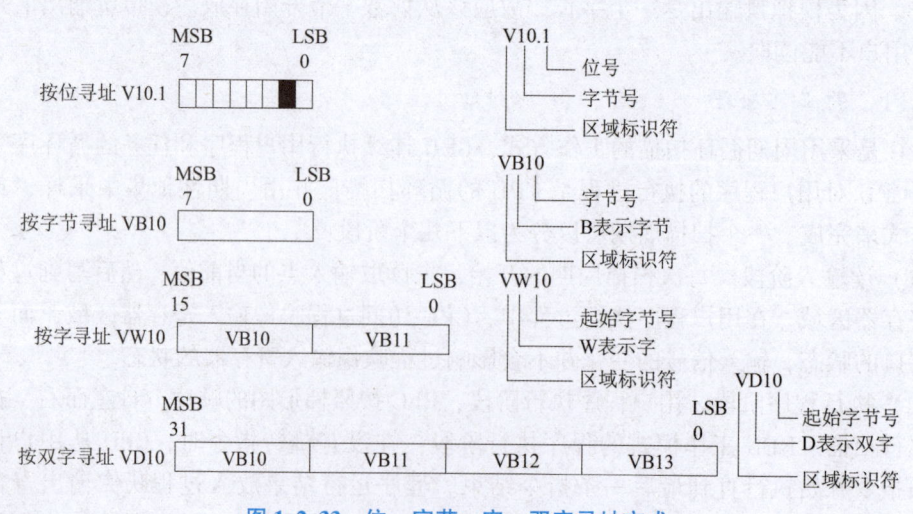

图 1.2.33 位、字节、字、双字寻址方式

（1）按位寻址方式。

位存储单元的地址由字节地址和位地址组成，如 V10.1，其中区域标识符 V 表示变量存储器，字节地址为 10，位地址为 1。

（2）按字节、字、双字寻址方式。

对字节、字和双字数据进行直接寻址时需要指明：区域标识符、数据类型和存储区域内的起始字节号。如图 1.2.33 中所示的 VB10，"V"是变量存储器的区域标识符，"B"表示字节（B 是 Byte 的缩写），"10"表示该字节的字节号。VW10 中"W"表示字（W 是 Word 的缩写，一个字由两个相邻的字节组成），"10"表示起始字节号，VW10 表示由 VB10 和 VB11 两个字节组成的一个字，其中 VB10 是高 8 位，VB11 是低 8 位。VD10 中的"D"表示双字（D 是 Double Word 的缩写，一个双字由两个相邻的字组成），"10"也表示起始字节号，VD10 表示由 VW10 和 VW12 两个字组成的一个双字，其中 VW10 是高 16 位，VW12 是低 16 位。

可以用直接寻址方式进行寻址的存储区域包括 I、Q、V、M、T、C、HC、AC、SM、L、AI、AQ、S。

2）间接寻址

间接寻址在指令中给出的不是操作数的数值或操作数的地址，而是给一个称为"指针"的双字存储单元的地址，指针里面存放的是真正的操作数的地址。可以理解为操作数地址的地址即地址指针，地址指针前面加"*"符号。

例如：MOVW 1221,*VD10

在该指令中，*VD10 就是地址指针，在 VD10 中存放的是一个地址值，该地址值就是源操作数 1221 存储的地址。如果 VD10 中存入的是 VW0（使用指令 MOVD &VB0, VD10），则该指令的功能是将十进制数 1221 传送到地址 VW0 当中。

间接寻址用来在程序运行期间，改变指针中地址的值，动态修改指令中的地址，指针就指向不同的地址。间接寻址常用于循环程序和查表程序。可以用间接寻址方式进行寻址的存储区域包括 I、Q、V、M、SM、AI、AQ、S、T（仅当前值）和 C（仅当前值）。间接寻址不能用于访问单个位地址、HC、L 和 AC。

（1）使用间接寻址前，要先创建一个指向该位置的指针。

指针为双字（32 位）存储单元，存放的是另一个存储器的地址，只能用 V、L 或者累加器 AC 作为指针。生成指针时，要使用双字传送指令（MOVD），将数据所在单元的内存地址送入指针，双字传送指令的输入操作数开始处加"&"符号，表示某存储器的地址，而不是存储器内部的数值。指令输出操作数是指针地址。

图 1.2.34 中"MOVD &VB200, AC1"是双字操作指令。该指令就是将 VB200 的地址送入累加器 AC1。&VB200 是 VB200（即 VW200 的起始字节地址），而不是 VB200 中的数值。

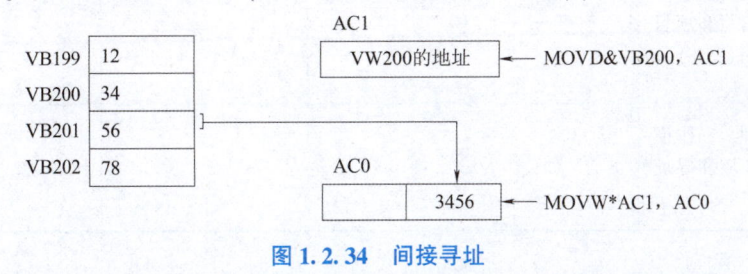

VB199	12
VB200	34
VB201	56
VB202	78

AC1: VW200的地址 ← MOVD &VB200, AC1

AC0: 3456 ← MOVW *AC1, AC0

图 1.2.34 间接寻址

(2) 指针建立好后，利用指针存取数据。

在使用地址指针存取数据的指令中，操作数前面加"＊"符号表示该操作数为地址指针。图 1.2.34 中"MOVW ＊AC1，AC0"是字操作指令，MOVW 指令决定了指针指向的是一个字长的数据。该指令中 AC1 是一个地址指针，＊AC1 是 AC1 所指的地址中的数据。执行该语句程序后，存储在 VB200 和 VB201 的数据被传送到累加器 AC0 的低 16 位。

思考练习

1. PLC 硬件组态的任务有哪些？
2. 请写出 S7-200 SMART CPU 默认的 IP 地址和子网掩码。
3. 为了与 S7-200 SMART CPU 通信，应该如何设置计算机网卡的 IP 地址？
4. PLC 有哪两种工作模式？如何使用编程软件操作设置工作模式的切换？
5. PLC 内部的软元件有哪些？它们与传统电气控制电路中的继电器有何区别？
6. PLC 的一个扫描周期分为几个阶段？
7. PLC 的寻址方式有哪几种？如何创建一个地址指针？

学习评价

用 STEP 7-Micro/WIN SMART 软件编程任务学习评价如表 1.2.3 所示。

表 1.2.3　用 STEP 7-Micro/WIN SMART 软件编程任务学习评价

学习内容	学习成果		评分表	
	出现的问题和解决方法	主要收获	学习小组评分	教师评分
STEP 7-Micro/WIN SMART 软件的界面和主要功能（5%）				
STEP 7-Micro/WIN SMART 软件的主要操作方法（20%）				
仿真软件的主要操作方法（10%）				
项目的创建、硬件组态、以太网组网 IP 地址设置（25%）				
简单程序的编写和项目下载、运行调试（25%）				
PLC 工作原理、工作模式、CPU 存储区域和寻址方式（15%）				

项目二　典型电气控制电路的 PLC 控制

引导语

PLC 因其强大的可编程性、灵活性和集成性，在逻辑转换、输入/输出、定时与计数功能、故障诊断与维护、数据管理与通信、逻辑修改和扩展等方面展现出优越性能，从而有效地替代了原始的继电器控制系统。在本项目中，将深入探索 PLC 技术如何应用于实际的电气控制系统中，通过四个精心设计的任务学会如何使用 S7-200 SMART PLC 来实现不同的电路控制方式。内容包括电动机的启动与停止控制、电动机的正反转控制、电动机 Y/△ 启动控制，通过"做中学和学中做"的方式，学习 PLC 的基本位逻辑指令、定时器指令的功能及用法。最后一个学习任务是用 PLC 来实现密码锁的控制，涉及上升沿、下降沿指令，还需要知道计数器和定时器的综合应用。通过项目二的学习，将会逐渐熟悉 PLC 编程、调试的基本流程，感受编程方法的多样性和创新性，为今后能够独立完成更加复杂的工程项目打下基础。让我们一起探索和感受可编程逻辑控制的独特魅力吧！

任务 2.1　电动机连续运转的 PLC 控制

任务目标

知识目标

1. 掌握基本位逻辑指令的功能及用法。
2. 掌握可编程控制系统读图分析、程序编写及调试方法。
3. 掌握 S7-200 SMART PLC 的工作原理。

技能目标

1. 掌握启保停基本控制电路的程序设计方法。
2. 能按照编程规则正确编写简单的控制程序。
3. 能够进行简单程序的编写和项目下载、运行调试。

素养目标

1. 弘扬科学家精神，培养胸怀祖国、服务人民的爱国精神。
2. 争做有理想、敢担当、能吃苦、肯奋斗的新时代好青年。

任务描述

实现三相异步电动机连续运转的 PLC 控制。按下启动按钮，电动机能够连续运转；按下停止按钮，电动机停止运转。根据控制要求编写 PLC 控制程序并进行调试。

典型的继电接触控制系统——电动机连续运转控制电路，如图 2.1.1 所示。

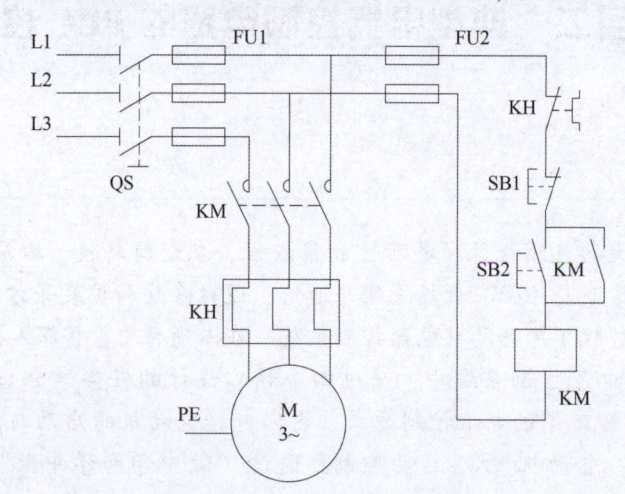

图 2.1.1 连续运行控制电路

知识储备

2.1.1 逻辑取（装载）及线圈输出指令

STEP 7-Micro/WIN SMART 程序编辑器使用逻辑堆栈将 LAD 和 FBD 程序的图形 I/O 程序段转为 STL（语句表）程序。得出的 STL 程序在逻辑上与原始 LAD 或 FBD 图形程序段相同，并且可作为程序表执行。所有成功编译的 LAD 和 FBD 程序均已生成基本 STL 程序，并可被视为 LAD、FBD 或 STL。

对于 LAD 和 FBD 编辑，会自动生成 STL 逻辑堆栈指令，并且程序员不需要使用逻辑堆栈指令。

还可使用 STL 编辑器直接创建 STL 程序。STL 程序员可直接用逻辑堆栈指令，可在 STL 编辑器中创建组合逻辑，该逻辑组合过于复杂，无法在 LAD 或 FBD 编辑器中查看，但某些特殊应用可能必须使用该逻辑。

所有成功编译的 LAD 和 FBD 程序均可在 STL 中查看，但并不是所有成功编译的 STL 程序都可在 LAD 或 FBD 中查看。

1. 逻辑取指令：LD

LD 指令即逻辑取指令或者称装载指令，是常开触点逻辑运算的开始。对应梯形图则为在左侧母线或线路分支点处初始的一个常开触点。

其梯形图及语句表如图 2.1.2 所示，由操作码 LD 和常开触点的位地址构成。

```
    位地址
 ──┤   ├──▶                    LD    bit

      (a)                            (b)
```

图 2.1.2　LD 指令的梯形图及语句表

(a) 梯形图；(b) 语句表

2. 逻辑取反指令：LDN

LDN 指令即逻辑取反或者称装载非指令，是常闭触点逻辑运算的开始，即对操作数的状态进行逻辑取反。对应梯形图则为在左侧母线或者线路分支点处初始的一个常闭触点。

其梯形图及语句表如图 2.1.3 所示，由操作码 LDN 和常闭触点的位地址构成。

```
    位地址
 ──┤ / ├──▶                    LDN   bit

      (a)                            (b)
```

图 2.1.3　LDN 指令的梯形图及语句表

(a) 梯形图；(b) 语句表

3. 输出指令：=

= 指令即输出指令，对应梯形图则为线圈驱动。

其梯形图及语句表如图 2.1.4 所示，由操作码 = 和线圈的位地址构成。

```
              位地址
 ─────────────(    )                =     bit

              (a)                         (b)
```

图 2.1.4　= 指令的梯形图及语句表

(a) 梯形图；(b) 语句表

4. 指令使用说明

(1) 触点代表 CPU 对存储器的读操作，常开触点和存储器的位状态一致，常闭触点和存储器的位状态相反。用户程序中同一触点可以使用无数次。

(2) 线圈代表 CPU 对存储器的写操作，对于同一个元件在程序中只能使用一次。"="指令用于 Q、M、SM、T、C、V、S 元件，但是不能用于输入映像寄存器 I。"="可以并联使用任意次，但是不能串联。

指令的使用如图 2.1.5 和图 2.1.6 所示。

图 2.1.5 (a) 中的第一行程序，输入映像寄存器 I0.0 的状态为 1，则对应的常开触点 I0.0 接通，表示能流可以通过，右侧的线圈即输出映像寄存器 Q0.0 的状态为 1。在第二行程序中，当输入映像寄存器 I0.1 的状态为 1，则对应的常闭触点 I0.1 断开，表示能流不能通过，右侧的线圈即输出映像寄存器 Q0.1 的状态为 0。反之，当输入映像寄存器 I0.1 的状态为 0，则对应的常闭触点 I0.1 闭合，表示能流通过，右侧的线圈即输出映像寄存器 Q0.1 的状态为 1。

项目二　典型电气控制电路的 PLC 控制

```
    I0.0      Q0.0              LD    I0.0
    ─┤├───────( )─              =     Q0.0


    I0.0      Q0.0
    ─┤/├──────( )─              LD    I0.1
                                =     Q0.1
        (a)                         (b)
```

图 2.1.5　LD、LDN、=指令的使用

(a) 梯形图；(b) 语句表

```
    I0.0      M0.0
    ─┤├───┬───( )─             LD    I0.0
          │                    =     M0.0
          │   Q0.2             =     Q0.2
          └───( )─
        (a)                        (b)
```

图 2.1.6　输出指令的并联使用

(a) 梯形图；(b) 语句表

2.1.2　触点串联指令

1. 与指令：A

A 指令称为与指令，在梯形图中表示串联连接的单个常开触点。如图 2.1.7 所示，当常开触点 I0.1 和 I0.2 都闭合时，线圈 Q0.3 的状态才能为 1，当常开触点 I0.1 与 I0.2 中有一个断开或者都断开时，线圈 Q0.3 没有能流通过，不能够驱动输出点 Q0.3 所带的负载。

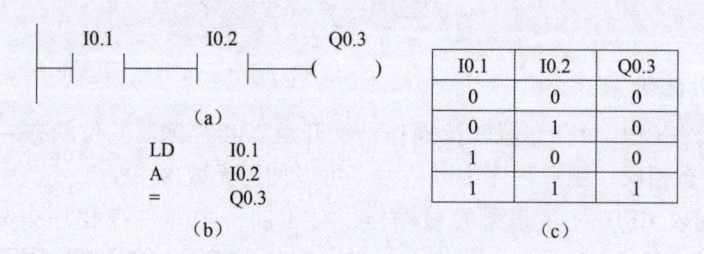

```
    I0.1    I0.2    Q0.3
    ─┤├─────┤├──────( )─
              (a)

         LD    I0.1
         A     I0.2
         =     Q0.3
              (b)
```

I0.1	I0.2	Q0.3
0	0	0
0	1	0
1	0	0
1	1	1

图 2.1.7　与指令的使用

(a) 梯形图；(b) 语句表；(c) 功能表

2. 与非指令：AN

AN 指令称为与非指令，在梯形图中表示串联连接的单个常闭触点。如图 2.1.8 所示，当输入映像寄存器 I0.3 和 I0.4 的状态为 0，对应的常闭触点 I0.3 与 I0.4 都闭合时，线圈 Q0.4 的状态为 1；当输入映像寄存器 I0.3 和 I0.4 的状态中有一个为 1 或者两个都为 1 状态时，则对应的常闭触点断开，线圈 Q0.4 没有能流通过，其状态为 0。

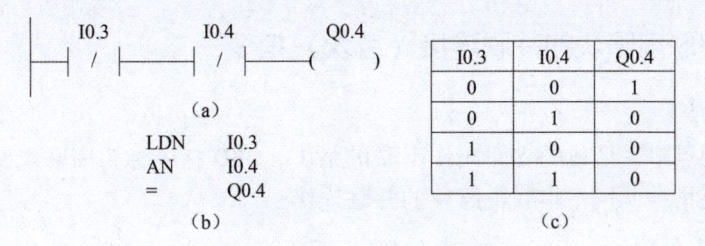

```
     I0.3    I0.4     Q0.4
  ┤──/──┤──/──────( )
          (a)
  LDN    I0.3
  AN     I0.4
   =     Q0.4
          (b)
```

I0.3	I0.4	Q0.4
0	0	1
0	1	0
1	0	0
1	1	0

(c)

图 2.1.8　与非指令的使用

(a) 梯形图；(b) 语句表；(c) 功能表

2.1.3　触点并联指令

1. 或指令：O

O 指令称为或指令，在梯形图中表示并联连接的一个常开触点。如图 2.1.9 所示，当常开触点 I0.4 和 I0.5 中有一个或者两个都闭合时，线圈 Q0.5 的状态为 1；当常开触点 I0.4 与 I0.5 都断开时，线圈 Q0.5 才没有能流通过，其状态为 0。

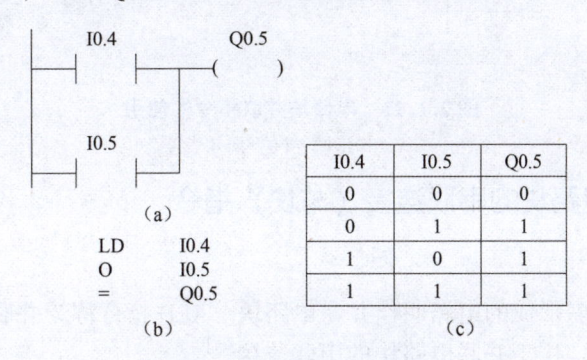

```
    I0.4      Q0.5
  ┤──┤──────( )
    │
    I0.5
  ┤──┤
          (a)
  LD     I0.4
   O     I0.5
   =     Q0.5
          (b)
```

I0.4	I0.5	Q0.5
0	0	0
0	1	1
1	0	1
1	1	1

(c)

图 2.1.9　或指令的使用

(a) 梯形图；(b) 语句表；(c) 功能表

2. 或非指令：ON

ON 指令称为或非指令，在梯形图中表示并联连接的一个常闭触点。如图 2.1.10 所示，输入映像寄存器 I0.5 和 I0.6 的状态中有一个或者两个为 0，常闭触点 I0.5 和 I0.6 有一个或者两个都闭合时，线圈 Q0.6 的状态为 1；当输入映像寄存器 I0.5 和 I0.6 的状态都为 1，常闭触点 I0.5 与 I0.6 都断开时，线圈 Q0.6 才没有能流通过，其状态为 0。

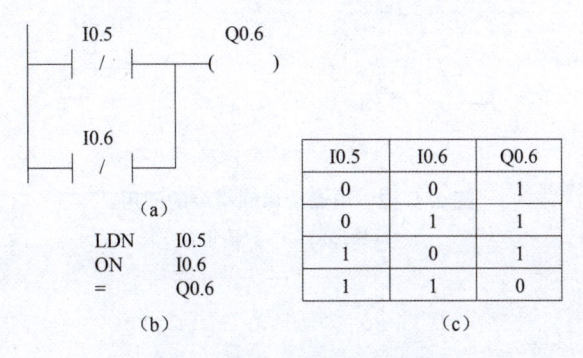

```
    I0.5      Q0.6
  ┤──/──────( )
    │
    I0.6
  ┤──/──┤
          (a)
  LDN    I0.5
  ON     I0.6
   =     Q0.6
          (b)
```

I0.5	I0.6	Q0.6
0	0	1
0	1	1
1	0	1
1	1	0

(c)

图 2.1.10　或非指令的使用

(a) 梯形图；(b) 语句表；(c) 功能表

2.1.4 串联电路块的并联连接（或块）指令

1. 指令功能

两个以上触点串联形成的支路叫作串联电路块。OLD 指令称为串联电路块的并联连接指令，也称或块指令，用于串联电路块的并联连接。

2. 指令使用说明

（1）在块电路的开始也要使用 LD、LDN 指令。
（2）每完成一次块电路的并联时要写上 OLD 指令。
（3）OLD 指令无操作数。

电路块并联指令的使用如图 2.1.11 所示。

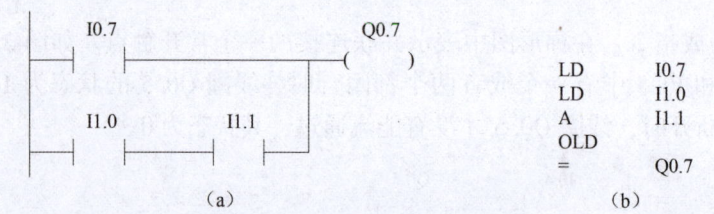

```
I0.7         Q0.7           LD    I0.7
─┤├─────────( )             LD    I1.0
                            A     I1.1
I1.0   I1.1                 OLD
─┤├────┤├─                  =     Q0.7
     (a)                         (b)
```

图 2.1.11　电路块并联指令的使用
(a) 梯形图；(b) 语句表

2.1.5 并联电路块的串联连接（与块）指令

1. 指令功能

两条以上支路并联形成的电路叫作并联电路块。ALD 指令称为并联电路块的串联连接指令，也称与块指令，用于并联电路块的串联连接。

2. 指令使用说明

（1）在块电路的开始也要使用 LD、LDN 指令。
（2）在每完成一次块电路的串联连接后要写上 ALD 指令。
（3）ALD 指令无操作数。

电路块串联指令的使用如图 2.1.12 所示。

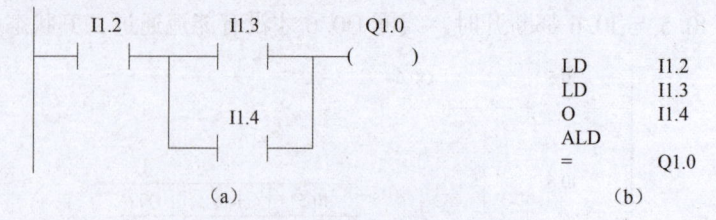

```
I1.2   I1.3      Q1.0        LD    I1.2
─┤├────┤├───────( )          LD    I1.3
                             O     I1.4
       I1.4                  ALD
       ─┤├─                  =     Q1.0
        (a)                       (b)
```

图 2.1.12　电路块串联指令的使用
(a) 梯形图；(b) 语句表

任务实施

1. 任务分析

由图 2.1.1 分析可知，开关 QS、熔断器 FU1、接触器主触点、热继电器热元件及电动机组成主电路；热继电器常闭触点 KH、启动按钮 SB1、停止按钮 SB2、接触器线圈及常开触点组成控制电路，该电路控制电动机连续运转，并且具有短路、过载、欠压以及失压保护功能，是电动机控制的基本单元。用 PLC 实现控制电路功能时主电路不变动。

在控制电路中，启动按钮、停止按钮、热继电器常闭触点属于控制信号，应作为 PLC 的外部输入量。接触器线圈属于被控对象，应作为 PLC 的输出量。注意：在传统的电器控制线路中，控制电路中的线圈额定电压是 380 V，但是 PLC 的输出端子允许的额定电压是 220 V，因此需要将原线路图中接触器线圈额定电压由 380 V 改为 220 V，以适应 PLC 的输出端子的需要。

为了实现该控制电路的控制功能，首先必须能使用 PLC 基本指令，同时还需掌握启保停基本控制电路的程序设计方法。

按照控制要求，该系统输入有 3 个开关量信号，即启动按钮 SB1、停止按钮 SB2、热继电器 KH；输出为 1 个开关量信号，即接触器线圈 KM。

2. I/O 地址分配

根据上述任务分析，对输入/输出量进行分配，如表 2.1.1 所示。

表 2.1.1　I/O 地址分配

编程元件	I/O 端子	元件代号	作用
输入继电器	I0.0	SB1	启动按钮
	I0.1	SB2	停止按钮
	I0.2	KH	热继电器
输出继电器	Q0.0	KM	接触器线圈

3. 外部硬件接线图

本任务采用 S7-200 SMART CPU SR40（AC/DC/RLY，交流电源/直流输入/继电器输出）进行接线和编程调试，外部硬件接线如图 2.1.13 所示。

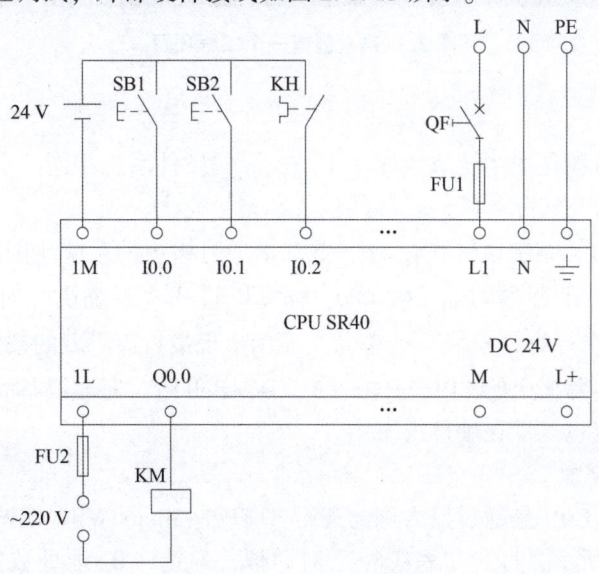

图 2.1.13　外部硬件接线

4. 创建工程项目

1）创建项目

双击 STEP 7-Micro/WIN SMART 软件图标，打开编程软件。单击工具栏中的"文件"，选择菜单功能区的"保存"按钮，在弹出的窗口"文件名"栏对该文件进行命名，给该项目命名为"电动机连续运转的 PLC 控制"，然后再选择文件保存的路径位置，最后单击"保存"按钮，完成项目的创建，之后进行项目的硬件组态，如图 2.1.14 所示。

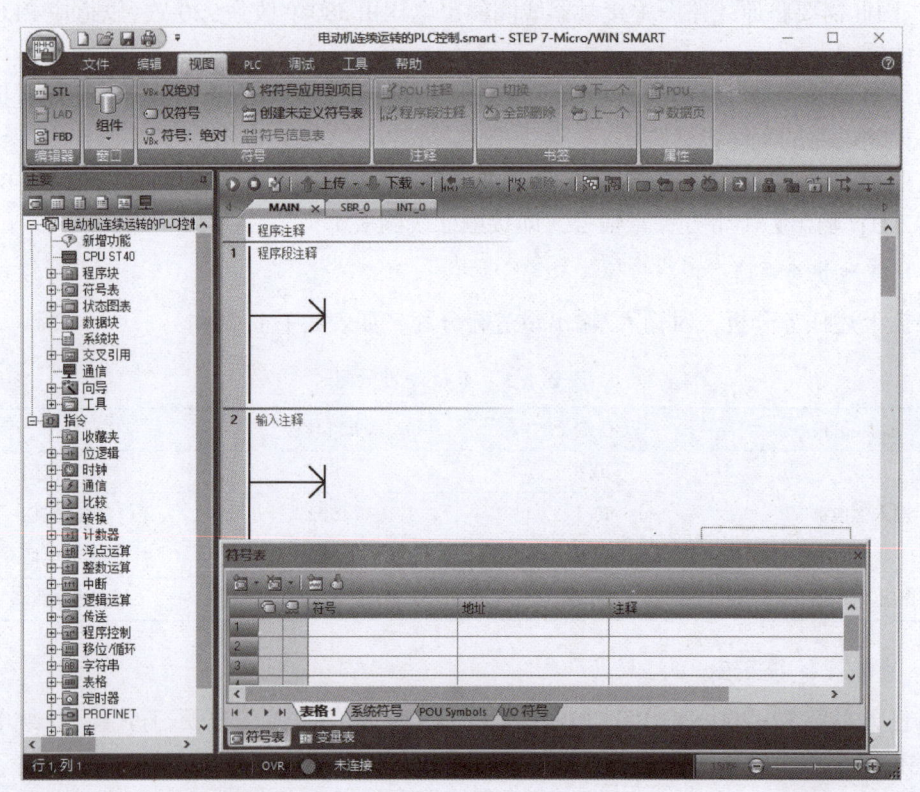

图 2.1.14　创建一个工程项目

2）硬件组态

硬件组态的任务就是用系统块生成一个与实际的硬件系统相同的系统，组态的模块和信号板、扩展模块等与实际的硬件安装的位置和型号完全一致。

单击导航栏上的"系统块"按钮，或双击项目树中的系统块图标，或直接双击项目树中 CPU 的型号图标，都可以打开"系统块"对话框，如图 2.1.15 所示。单击 CPU 所在行的"模块"列单元，显示出现最右边隐藏的按钮，单击 CPU 下拉列表，将它改为实际使用的 CPU SR40（AC/DC/Relay）。完成设备的硬件组态后，相应的输入输出地址位置也显示在硬件组态中。

3）CPU 的 IP 设置

S7-200 SMART CPU 是通过以太网与运行 STEP 7-Micro/WIN SMART 的计算机进行通信的。如图 2.1.16 所示，打开"系统块"对话框，勾选"IP 地址数据固定为下面的值，不能通过其它方式更改"复选框，自动显示输入的是静态 IP 信息（CPU 默认 IP 是

192.168.2.1，子网掩码为 255.255.255.0），单击"确定"按钮，完成 CPU 的 IP 设置。

图 2.1.15　硬件组态

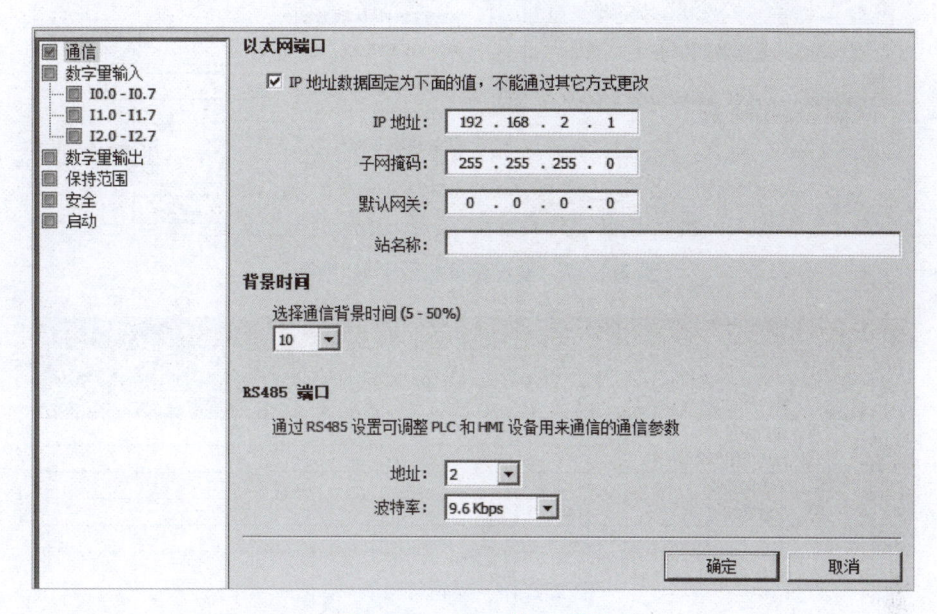

图 2.1.16　CPU 的 IP 设置

4）计算机网卡的 IP 设置

打开"控制面板"，单击"查看网络状态任务"按钮，再单击"本地连接"（或"以太网连接"）按钮，打开"本地连接状态"（或"以太网状态"）对话框，单击"属性"按钮，在"以太网属性"对话框中，如图 2.1.17 所示，选中"此连接使用下列项目"列表框中的"Internet 协议版本 4（TCP/IPv4）"，单击"属性"按钮，弹出"Internet 协议版本 4（TCP/IPv4）属性"对话框。用单选框选中"使用下面的 IP 地址"，输入 PLC 以太网端口默认的子网地址 192.168.2.12，注意不能与网络中其他设备的 IP 地址重叠。单击"子网掩码"输入框，自动出现默认的子网掩码 255.255.255.0。设置结束后，单击各级对话框中的"确定"按钮，关闭"网络连接"对话框。

5. 编辑 PLC 符号表

单击导航栏或者项目树中的符号表图标，打开符号表窗口，在"表格 1"（自动生成的用户符号表）中输入符号"启动按钮 SB1、停止按钮 SB2、热继电器 KH、接触器线圈"和对应的地址"I0.0、I0.1、I0.2、Q0.0"，如图 2.1.18 所示。

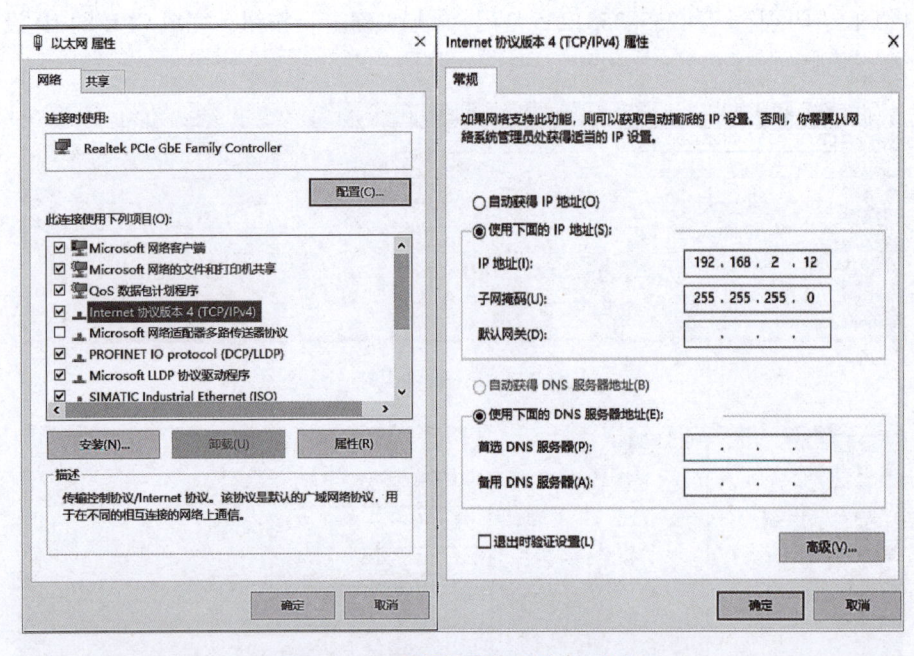

图 2.1.17　设置计算机网卡 IP 地址

图 2.1.18　编辑符号表

6. 编写程序

打开图 2.1.14 中生成的名为"电动机连续运转的 PLC 控制"项目，自动打开主程序 MAIN，程序段最左边的箭头处有一个矩形光标，如图 2.1.19（a）所示。单击程序编辑器工具栏上的触点按钮，然后单击出现的对话框中的"常开触点"（或者打开项目树指令列表中的"位逻辑"指令文件夹图标　位逻辑，单击文件夹中的常开触点符号），则在矩形光标所在的位置会出现一个常开触点，触点上方显示红色的问号 ??.? 表示地址未赋值，如图 2.1.19（b）所示。选中这个常开触点，在 ??.? 处输入地址 I0.0，再将光标移动到该触点的右边，如图 2.1.19（c）所示。

单击程序编辑器工具栏上的触点按钮，然后单击对话框中的"常闭触点"，在该常闭触点上面 ??.? 处输入地址 I0.1。单击程序编辑器工具栏上的触点按钮，然后单击对话框中的"常开触点"，在该常闭触点上面 ??.? 处输入地址 I0.2，如图 2.1.19（d）所示。将光标移动到该常闭触点右边，单击程序编辑器工具栏上的线圈按钮（或打开项目树指令列表"位逻辑"指令文件夹中的输出线圈符号），程序中生成一个线圈，选中该输出线圈，在 ??.? 处输出地址 Q0.0，如图 2.1.19（e）所示。

在该程序段的第二行，用同样的操作方法，从左往右继续编辑一个"常闭触点" -|/|- 和一个"常开触点" -| |- 串联，触点上面 ??.? 处输入地址分别 Q0.0，单击程序编辑器工具栏上的"插入向上垂直线"的按钮 ↑，如图 2.1.19（f）所示。

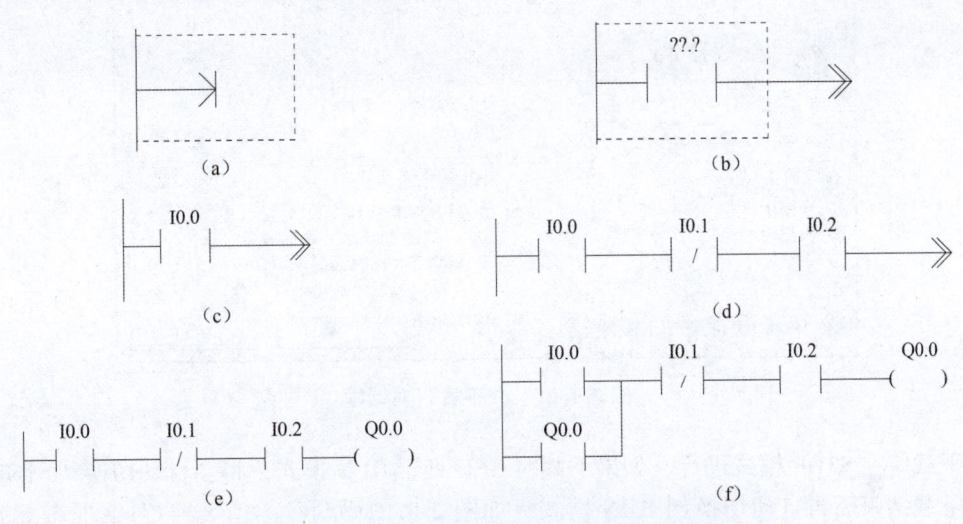

图 2.1.19　电动机连续运转的 PLC 控制程序编写

（a）程序编辑起点；（b）编辑常开触点；（c）编辑常开触点地址；
（d）编辑常闭、常开触点及地址；（e）编辑线圈及地址；（f）编辑自锁触点及地址

通过执行"将符号应用到项目""符号信息表"，显示"变量的绝对地址和符号地址"，该任务的梯形图如图 2.1.20 所示。

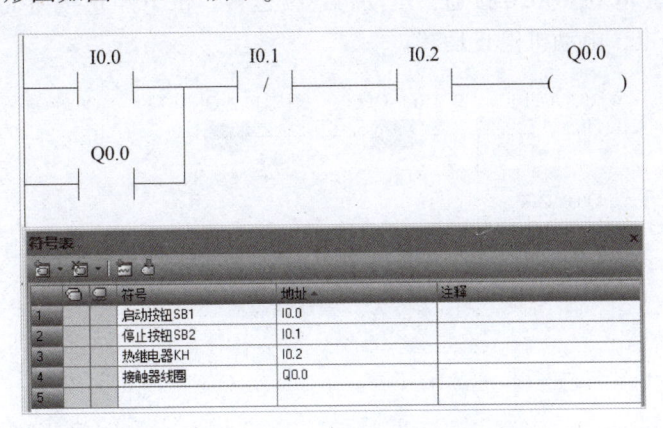

图 2.1.20　带符号表显示的梯形图程序

7. 项目下载

单击工具栏上的"下载"按钮，如果弹出"通信"对话框，单击该对话框左下角的"查找 CPU"按钮，会显示出网络上连接的所有 CPU 的 IP 地址，选中其中需要下载的 CPU，单击"确定"按钮，将会出现"下载"对话框，如图 2.1.21 所示。用户可以使用多选框选择是否下载程序块、数据块和系统块，在多选框内打钩就表示需要下载，而符号表和状态图表是不能下载或上传的。单击对话框右下方的"下载"按钮，开始下载。

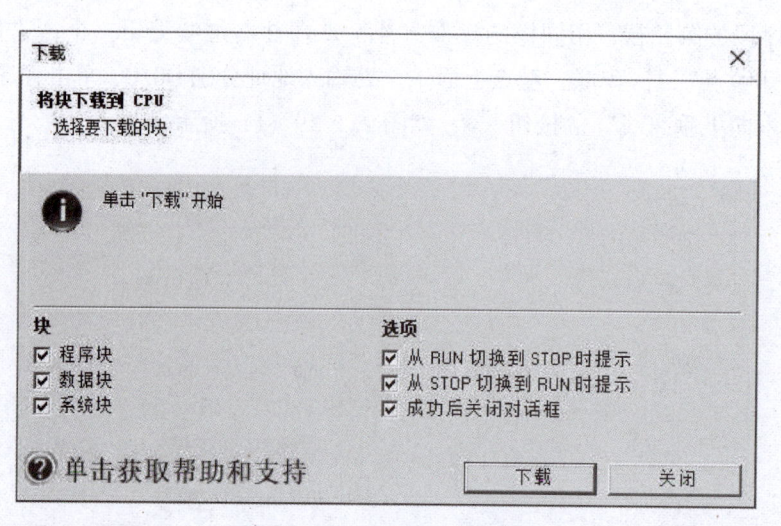

图 2.1.21 "下载"对话框

下载应在 STOP 模式进行，如果下载时 CPU 处于 RUN 模式，将会自动切换到 STOP 模式，下载结束后再自动切换到 RUN 模式。如图 2.1.21 所示，"下载"对话框右下方的"选项"有 3 个多选框，可以选择 STOP 模式和 RUN 模式相互切换时是否需要提示，下载成功后是否自动关闭对话框。

8. 调试程序

控制过程分析：单击工具栏中的程序状态按钮 对程序进行监控，如图 2.1.22 所示。按下启动按钮 I0.0，Q0.0 接通，电动机连续运转；按下停止按钮 I0.1 或断开热继电器 I0.2，Q0.0 失电，电动机停止运转。

图 2.1.22 程序状态监控

拓展提升

梯形图编程的注意事项

（1）程序应该按自上而下、从左往右的顺序编写。

（2）同一操作数的输出线圈在一个程序中使用两次称为双线圈输出，双线圈输出容易引起输出混乱和错误动作，所以编程时一定要注意避免线圈的重复使用。不同操作数的输出线圈可以并联输出。

（3）触点不能放在线圈的右边。

（4）线圈不能直接和左母线相连。如果需要，可以通过特殊内部标志位存储器 SM0.0（该位在 CPU 运行状态时，始终为状态 1）来连接，如图 2.1.23 所示。

```
        Q0.0                    SM0.0        Q0.0
─┤ ├───( )─              ─┤ ├──────( )─
    (a)                          (b)
```

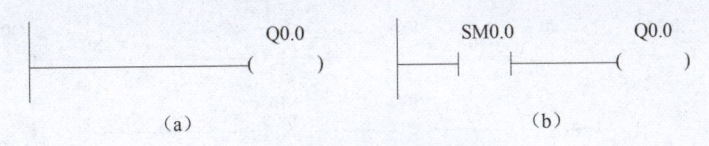

图 2.1.23 线圈与母线连接
(a) 不正确；(b) 正确

(5) 适当安排编程顺序，以减少程序的步数。
①串联多的支路应尽量放在上部，以减少指令语句的条数，如图 2.1.24 所示。

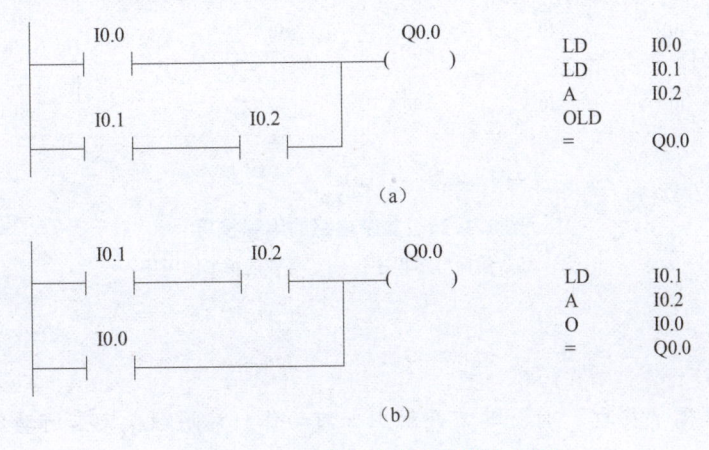

```
    I0.0                    Q0.0          LD    I0.0
─┤ ├─────────────( )─        LD    I0.1
                                             A     I0.2
    I0.1        I0.2                          OLD
─┤ ├───┤ ├─                                   =     Q0.0
             (a)

    I0.1        I0.2          Q0.0          LD    I0.1
─┤ ├───┤ ├─────( )─          A     I0.2
                                              O     I0.0
    I0.0                                      =     Q0.0
─┤ ├─
             (b)
```

图 2.1.24 串联多的支路应放在上面
(a) 安排不妥当的梯形图及对应的语句表；(b) 安排正确的梯形图及对应的语句表

②并联多的支路应尽量靠近左母线，以减少指令语句的条数，缩短扫描周期，如图 2.1.25 所示。

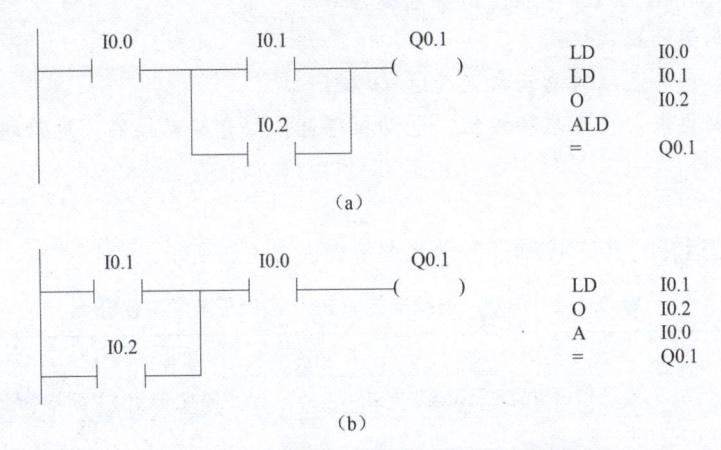

```
    I0.0        I0.1          Q0.1          LD    I0.0
─┤ ├───┬─┤ ├────( )─          LD    I0.1
            │                                 O     I0.2
            │ I0.2                            ALD
            └─┤ ├─                            =     Q0.1
             (a)

    I0.1        I0.0          Q0.1          LD    I0.1
─┬─┤ ├─────┤ ├────( )─        O     I0.2
  │                                           A     I0.0
  │ I0.2                                      =     Q0.1
  └─┤ ├─
             (b)
```

图 2.1.25 并联多的支路应靠近左边母线
(a) 安排不妥当的梯形图及对应的语句表；(b) 安排正确的梯形图及对应的语句表

③对于复杂的电路，可以重复使用一些触点画出其等效电路，然后进行编程，如图 2.1.26 所示。

(a)

(b)

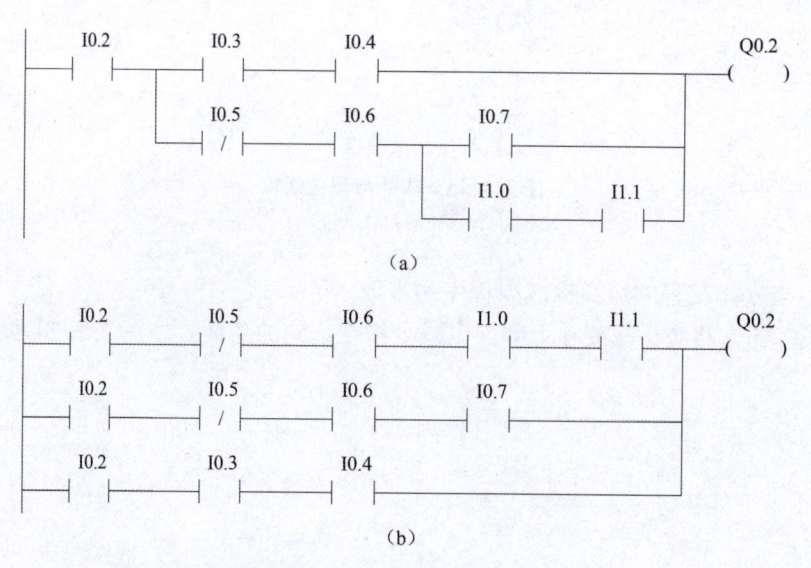

图 2.1.26　复杂电路的编程技巧

(a) 复杂的梯形图程序；(b) 等效的梯形图程序

思考练习

1. 接触器线圈"得电"时，其常开触点如何动作？常闭触点又如何动作？
2. 结合图 2.1.13 外部硬件接线图和图 2.1.20 连续运行控制线路的梯形图程序，如果外部输入的启动按钮 SB1 用常闭触点、过载保护触点 KH 用常开触点，编程时应该如何处理？
3. 简述 LD、LDN、A、AN、= 指令的功能及使用方法？
4. S7-200 SMART PLC 可以使用哪些编程语言？
5. 简述梯形图的编程规则。
6. 使用指令语句表编写电动机连续运转控制程序。
7. 实现控制要求：按下启动按钮，电动机得电；松开启动按钮，电动机失电。

学习评价

电动机连续运转的 PLC 控制任务学习评价如表 2.1.2 所示。

表 2.1.2　电动机连续运转的 PLC 控制任务学习评价

学习内容	学习成果		评分表	
	出现的问题和解决方法	主要收获	学习小组评分	教师评分
电动机连续运转项目理解（5%）				
基本位逻辑指令的功能及用法（20%）				

续表

学习成果			评分表	
学习内容	出现的问题和解决方法	主要收获	学习小组评分	教师评分
电动机连续运转梯形图程序编写（10%）				
软件及PLC端IP地址设置及通信设置（25%）				
梯形图程序的下载、运行调试及监控（25%）				
梯形图编写注意事项（15%）				

任务2.2　电动机正反转的PLC控制

任务目标

知识目标

1. 掌握置位指令S、复位指令R的功能及使用方法。
2. 掌握置位优先指令（SR）、复位优先指令（RS）的功能及使用方法。
3. 掌握I/O点的分配方法。

技能目标

1. 能正确识读与理解简单控制系统的梯形图程序。
2. 能使用不同的编程思路完成控制程序的编写。
3. 能够独立完成控制系统程序的下载与调试。

素养目标

1. 树立远大理想并付诸行动，充满自信，勇于超越自我。
2. 培养创新精神和实践能力，去体验、去感受、去实践、去探索。

任务描述

实现三相异步电动机正反转的PLC控制。控制要求如下：启停控制，按下正向启动按钮，电动机正向运转；按下反向启动按钮，电动机反向运转；按下停止按钮，电动机停止运转。保护措施是具有必要的短路保护和过载保护，能实现按钮互锁和接触器互锁。

知识储备

2.2.1 置位 S、复位 R 指令

1. 指令功能

置位指令 S：使能输入有效后从起始位 S_bit 开始的 N 个位置为 1 并保持。

复位指令 R：使能输入有效后从起始位 S_bit 开始的 N 个位清零并保持。

2. 指令格式

置位、复位指令的格式如表 2.2.1 所示。

表 2.2.1 置位、复位指令的格式

STL	LAD
S S_bit, N	S_bit —(S) N
R S_bit, N	R_bit —(R) N

3. 指令使用说明

（1）对同一元件（同一寄存器的位）可以多次使用 S/R 指令（与"="指令不同）。

（2）由于是扫描工作方式，当置位、复位指令同时有效时，写在后面的指令具有优先权。

操作数 N 为 VB、IB、QB、MB、SMB、SB、LB、AC、常量、*VD、*AC、*LD。取值范围为 0~255，数据类型为字节。

（3）操作数 S_bit 为 I、Q、M、SM、T、C、V、S、L。数据类型为布尔型。

（4）置位、复位指令通常成对使用，也可以单独使用或与指令盒配合使用。

2.2.2 置位 S、复位 R 指令的应用

如图 2.2.1 所示，当 I0.0 接通时，置位线圈 Q0.0 为 1 状态，并保持该状态，即使 I0.0 的常开触点断开，Q0.0 也保持为 1。当 I0.1 接通时，复位线圈 Q0.0 为 0 状态，即使 I0.1 的常开触点断开，Q0.0 也保持为 0。

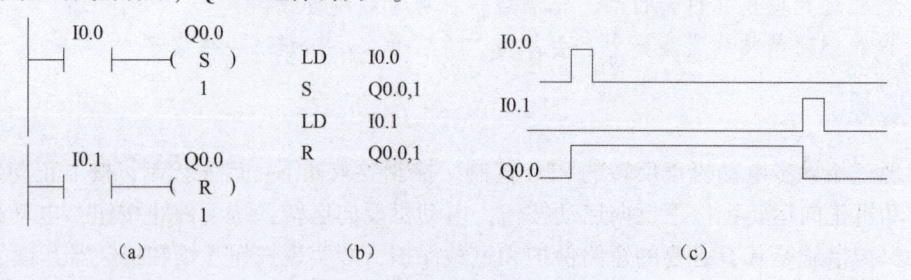

```
I0.0      Q0.0              LD   I0.0
—| |——————( S )              S    Q0.0,1
           1                LD   I0.1
I0.1      Q0.0               R    Q0.0,1
—| |——————( R )
           1
    (a)                         (b)
```

（c）时序图：I0.0、I0.1、Q0.0

图 2.2.1 置位、复位指令的应用举例
(a) 梯形图；(b) 语句表；(c) 时序图

2.2.3 置位 S、复位 R 指令的优先级

在程序中同时使用置位和复位指令，应注意两条指令的先后顺序。由于 PLC 是循环扫描的工作方式，当置位和复位指令同时有效时，写在后面的指令具有优先权。

图 2.2.1 中，当 I0.0 和 I0.1 同时接通时，复位指令的优先级高，Q0.0 保持 0 状态。相反，如果将这两个网络对调，当 I0.0 和 I0.1 同时接通时，置位指令的优先级高，Q0.0 保持 1 的状态。这一点在编程时应注意，使用不当有可能导致程序控制结果错误。

2.2.4 SR 指令

SR 指令也称置位/复位触发器指令（置位优先指令）。其梯形图如图 2.2.2 所示，由置位/复位触发器标识符 SR、置位信号输入端 S1、复位信号输入端 R、输出端 OUT 和线圈的位地址 bit 构成。

SR 指令真值如表 2.2.2 所示。

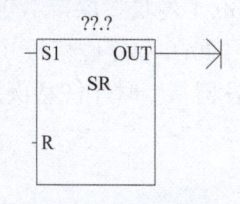

图 2.2.2 置位/复位触发器指令梯形图

表 2.2.2 SR 指令真值

S1	R	输出（位）
0	0	先前状态
0	1	0
1	0	1
1	1	1

当图 2.2.3 中的 I0.0 接通时，输出 Q0.0 置位为 1；当置位信号 I0.0 断开以后，输出 Q0.0 的状态保持不变，直到复位信号 I0.1 接通，输出 Q0.0 才复位为 0 状态。如果置位信号 I0.0 和复位信号 I0.1 同时接通，则置位信号优先，Q0.0 为 1 状态。

2.2.5 RS 指令

RS 指令也称复位/置位触发器指令（复位优先指令）。其梯形图格式如图 2.2.4 所示，由复位/置位触发器标识符 RS、置位信号输入端 S、复位信号输入端 R1、输出端 OUT 和线圈的位地址 bit 构成。

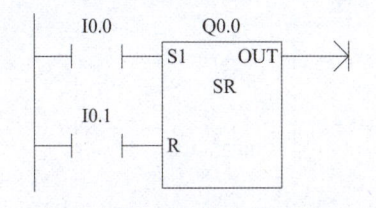

图 2.2.3 置位优先指令举例

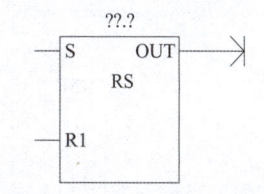

图 2.2.4 复位/置位触发器指令梯形图

RS 指令真值如表 2.2.3 所示。

表 2.2.3 RS 指令真值

S	R1	输出（位）
0	0	先前状态

续表

S	R1	输出（位）
0	1	0
1	0	1
1	1	0

当图 2.2.5 中的 I0.0 接通时，输出 Q0.1 置位为 1；当置位信号 I0.0 断开以后，输出 Q0.1 的状态保持不变，直到复位信号 I0.1 接通，输出 Q0.1 才复位为 0 状态。如果置位信号 I0.0 和复位信号 I0.1 同时接通，则复位信号优先，Q0.1 为 0 状态。图 2.2.6 所示为触发器指令时序图举例。

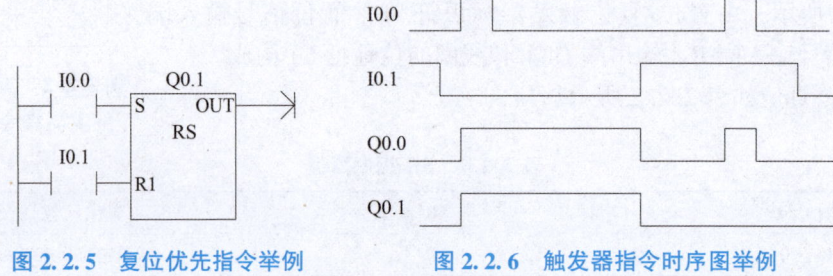

图 2.2.5 复位优先指令举例

图 2.2.6 触发器指令时序图举例

任务实施

1. 任务分析

图 2.2.7 所示为按钮和接触器互锁的正反转控制线路。在主电路中，KM1 是控制电动机的正转交流接触器，KM2 是控制电动机反转的交流接触器，SB1 是正转启动按钮，SB2 是反转启动按钮，电路中采用了按钮互锁和接触器互锁，可以实现电动机的"正-反-停"控制。当电动机处于正转状态，可以按下反转启动按钮，直接切换至反转状态，反之亦然。按下停止按钮后，电动机停止运行。

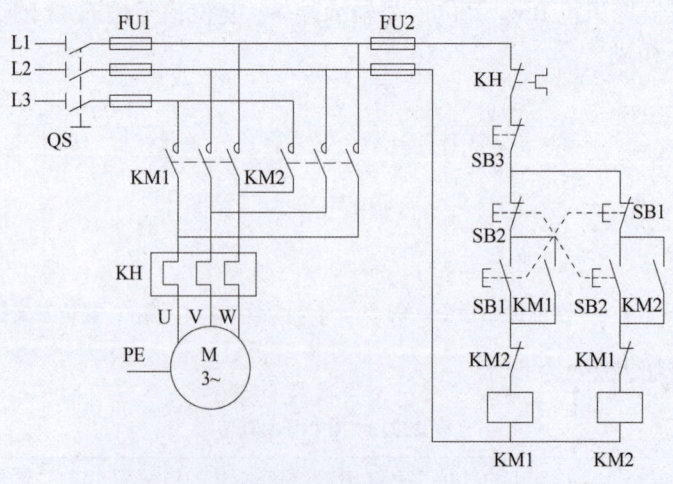

图 2.2.7 按钮和接触器互锁的正反转控制线路

用 PLC 控制电动机的正反转时，主电路不变。正反转接触器不能同时得电动作，否则三相电源短路，所以应采用按钮、接触器软件互锁和硬件互锁来实现。要完成本任务，可以采用启保停电路或置位、复位指令的设计方法。

2. I/O 地址分配

根据上述任务分析，对输入/输出量进行分配，如表 2.2.4 所示。

表 2.2.4　I/O 地址分配

编程元件	I/O 端子	元件代号	作用
输入继电器	I0.0	SB1	正向启动按钮
	I0.1	SB2	反向启动按钮
	I0.2	SB3	停止按钮
	I0.3	KH	热继电器
输出继电器	Q0.0	KM1	正转接触器
	Q0.1	KM2	反转接触器

3. 外部硬件接线图

根据任务分析及 I/O 分配，绘制 PLC 硬件 I/O 接线图，如图 2.2.8 所示。在主电路中，KM1 是控制电动机正转的交流接触器，KM2 是控制电动机反转的交流接触器，SB1 是正转启动按钮，SB2 是反转启动按钮，电路中采用了按钮的互锁和接触器的互锁，可以实现电动机的"正-反-停"控制。当电动机处于正转状态，可以按下反转启动按钮，直接切换至反转状态，反之亦然。按下停止按钮后，电动机停止运行。

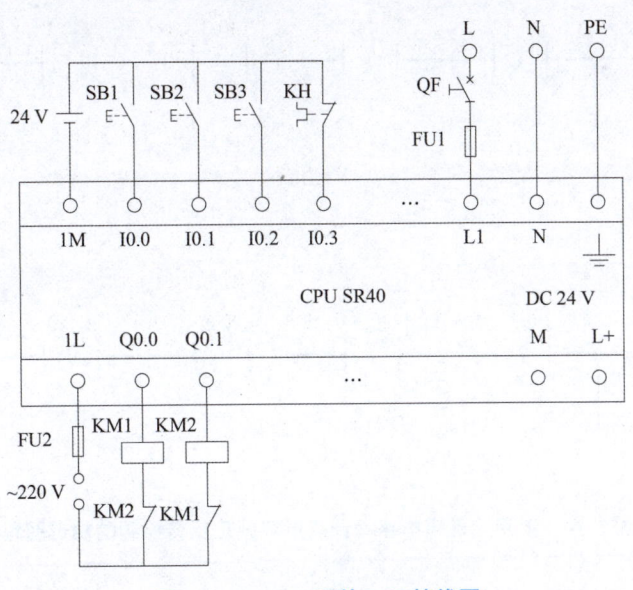

图 2.2.8　PLC 硬件 I/O 接线图

4. 创建工程项目

双击 STEP 7-Micro/WIN SMART 软件图标，打开编程软件。首先单击工具栏中的"文件"，选择菜单功能区的"保存"按钮，在弹出的窗口"文件名"栏对该文件进行命名，给该项目命名为"电动机正反转的 PLC 控制"；然后再选择文件保存的路径位置；最后单击"保存"按钮，完成项目的创建。

5. 编辑 PLC 符号表

单击导航栏或者项目树中的符号表图标 ，打开符号表窗口，在"表格 1"（自动生成的用户符号表）中输入符号"正转启动按钮 SB1、反转启动按钮 SB2、停止按钮 SB3、热继电器 KH、正转接触器线圈 KM1、反转接触器线圈 KM2"和对应的地址"I0.0、I0.1、I0.2、I0.3、Q0.0、Q0.1"，如图 2.2.9 所示。

	符号	地址	注释
1	正转启动按钮SB1	I0.0	
2	反转启动按钮SB2	I0.1	
3	停止按钮SB3	I0.2	
4	热继电器KH	I0.3	
5	正转接触器KM1	Q0.0	
6	反转接触器KM2	Q0.1	

图 2.2.9　编辑符号表

6. 编写程序

方法一：采用启保停电路设计正反转控制线路梯形图程序。其梯形图程序如图 2.2.10 所示。

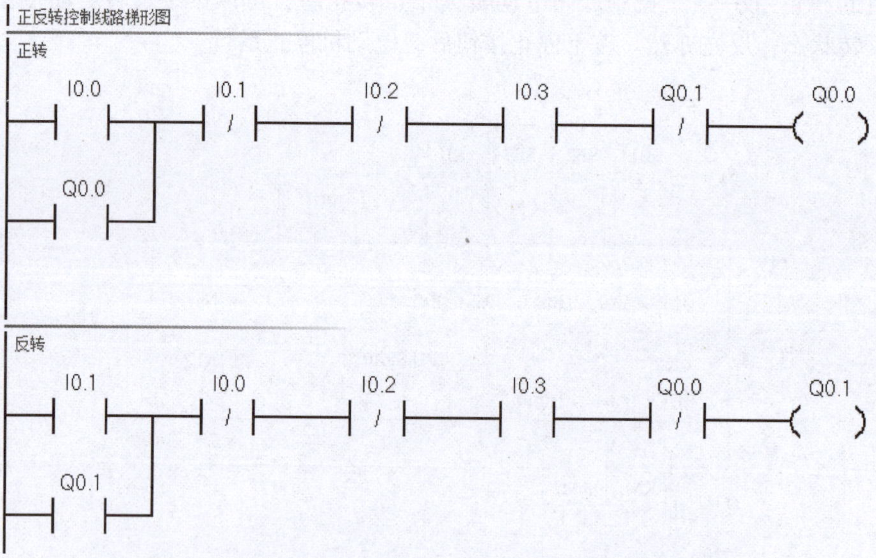

图 2.2.10　采用启保停电路设计双重互锁正反转控制的梯形图程序

正转（反转）接触器线圈的常开触点并联在正转（反转）启动按钮两端起自锁保护的作用。停止按钮的常闭触点和热继电器的常开触点串联在线圈前面，起正常停机和过载保护停机的作用。正转（反转）接触器线圈前面串联反转（正转）接触器线圈的常闭触点进行互锁。反转（正转）启动按钮的常闭触点串联在正转（反转）接触器线圈前面，也起互锁保护的作用，并能使电动机实现"正-反-停"的工作方式，即通过正反转按钮的接通直接切换电动机的转向，而不需按下停止按钮。

方法二：采用置位 S、复位 R 指令设计梯形图程序。其梯形图程序如图 2.2.11 所示。接触器线圈得电使用置位指令，线圈断电使用复位指令。

图 2.2.11　采用 S、R 指令设计正反转控制的梯形图程序

7. 项目下载

下载程序。

8. 调试程序

在线监控程序运行，分析程序运行结果。

控制过程分析：单击工具栏中的程序状态按钮 对程序进行监控，如图 2.2.12 所示。按下正转启动按钮 I0.0，Q0.0 接通，电动机正向运转；按下反转启动按钮 I0.1，Q0.1 接通，电动机反向运转；按下停止按钮 I0.2 或者热继电器 I0.3，Q0.0、Q0.1 失电，电动机停止运转。

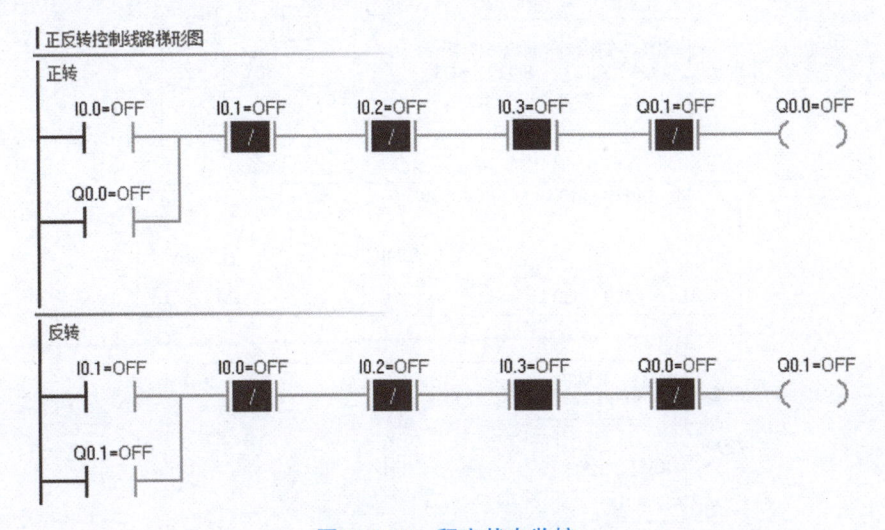

图 2.2.12　程序状态监控

拓展提升

用 PLC 实现控制小车自动往返运动，小车的前进后退由电动机拖动，在初始状态时小车停在中间，限位开关 I0.2 为 ON，按下启动按钮 I0.0，小车按图 2.2.13 所示的顺序运动，最后返回并停止在初始位置。使用置位优先指令（SR）和复位优先指令（RS）编写控制程序。

根据任务描述可知，该系统输入有 4 个开关量信号，即启动按钮、左限位开关、中间位置开关、右限位开关；输出有 2 个开关量信号，即前进电动机和后退电动机。本系统的工作流程是：初始状态时小车停在中间位置，启动后小车前进到右限位，然后后退到左限位，最后小车又前进返回到中间位置。

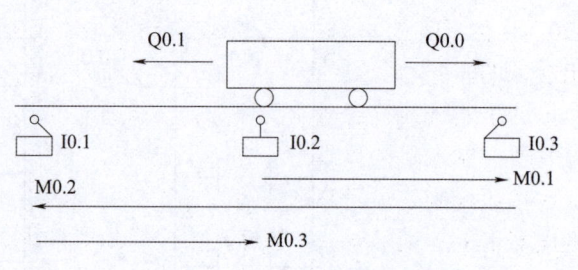

图 2.2.13 小车的往返运动示意图

根据上述任务分析，可以得到如表 2.2.5 所示 I/O 地址分配。

表 2.2.5 I/O 地址分配

编程元件	I/O 端子	元件代号	作用
输入继电器	I0.0	SB1	启动按钮
	I0.1	SQ1	左限位开关
	I0.2	SQ2	中间位置开关
	I0.3	SQ3	右限位开关
输出继电器	Q0.0	KM1	前进电动机
	Q0.1	KM2	后退电动机

画出实现小车自动往返运动主电路和 PLC 控制电路 I/O 接线图，如图 2.2.14 所示。

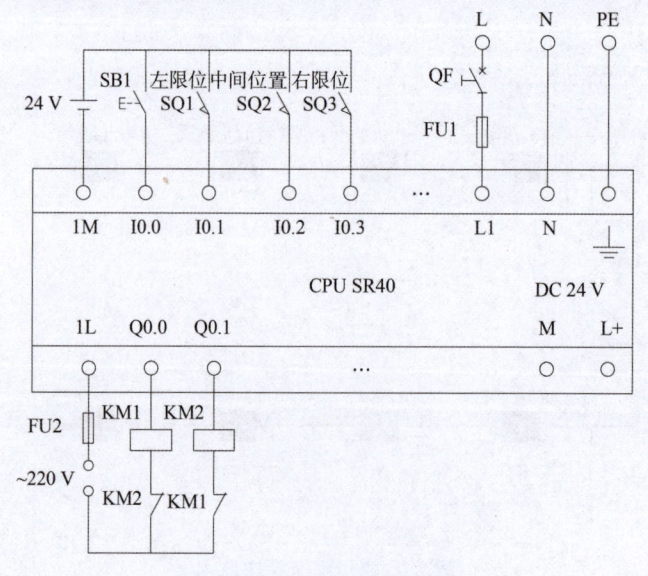

图 2.2.14 外部硬件接线图

创建项目，并且编辑符号表，如图 2.2.15 所示。

	符号	地址	注释
1	启动	I0.0	SB1
2	左限位	I0.1	SQ1
3	中间位置	I0.2	SQ2
4	右限位	I0.3	SQ3
5	前进	Q0.0	KM1
6	后退	Q0.1	KM2

图 2.2.15　符号表

编写程序，如图 2.2.16 所示为小车自动往返运动梯形图程序。

小车自动往返运动梯形图程序

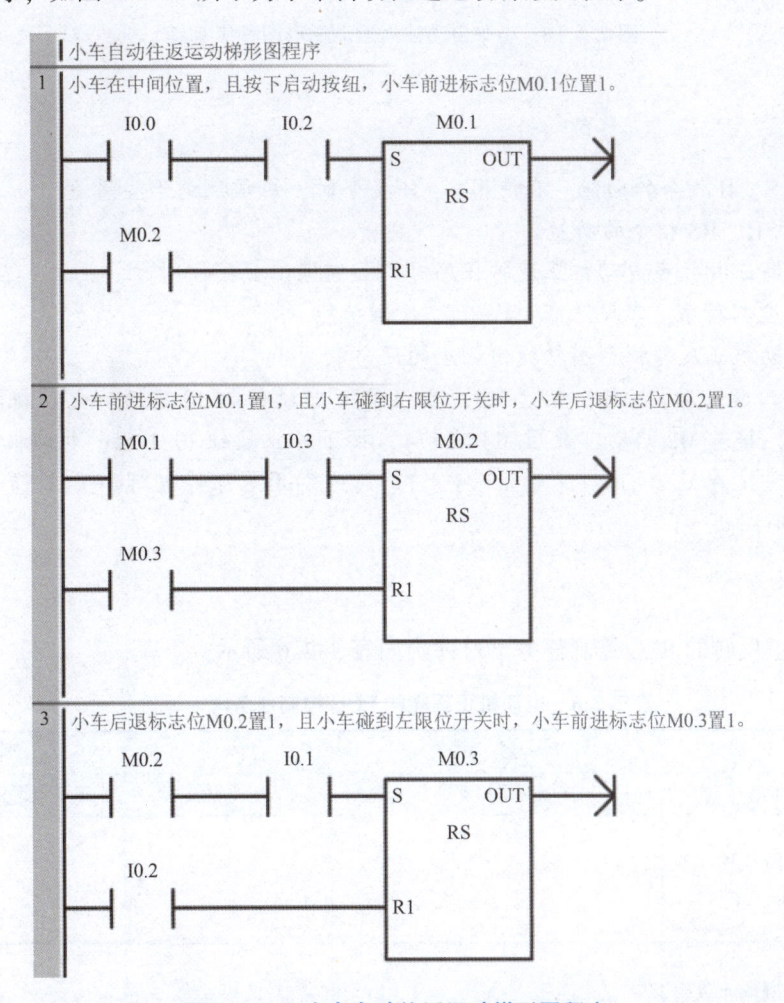

1　小车在中间位置，且按下启动按纽，小车前进标志位M0.1置1。

```
  I0.0      I0.2         M0.1
───┤├──────┤├──────┤S    OUT├──( )
                   │        │
  M0.2             │  RS    │
───┤├──────────────┤R1      │
                   └────────┘
```

2　小车前进标志位M0.1置1，且小车碰到右限位开关时，小车后退标志位M0.2置1。

```
  M0.1      I0.3         M0.2
───┤├──────┤├──────┤S    OUT├──( )
                   │        │
  M0.3             │  RS    │
───┤├──────────────┤R1      │
                   └────────┘
```

3　小车后退标志位M0.2置1，且小车碰到左限位开关时，小车前进标志位M0.3置1。

```
  M0.2      I0.1         M0.3
───┤├──────┤├──────┤S    OUT├──( )
                   │        │
  I0.2             │  RS    │
───┤├──────────────┤R1      │
                   └────────┘
```

图 2.2.16　小车自动往返运动梯形图程序

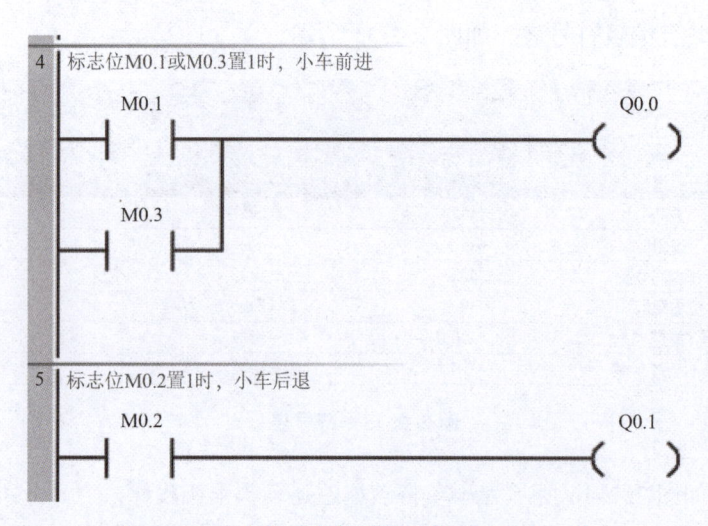

```
 ┌─┐
4│ │ 标志位M0.1或M0.3置1时，小车前进
 │ │    M0.1                                    Q0.0
 │ │────┤ ├──┬───────────────────────────────────( )
 │ │        │
 │ │    M0.3│
 │ │────┤ ├─┘
 │ │
5│ │ 标志位M0.2置1时，小车后退
 │ │    M0.2                                    Q0.1
 │ │────┤ ├──────────────────────────────────────( )
 └─┘
```

图 2.2.16　小车自动往返运动梯形图程序（续）

思考练习

1. 简述 S、R 指令的功能。在使用 S、R 指令时，应该注意哪些问题？
2. 简述 SR、RS 指令的功能。
3. 在编写三相异步电动机正反转程序时，如何保证互锁控制？
4. 编写控制程序，实现"正-停-反"控制功能。
5. 将电动机正反转梯形图转换为相应的语句表。
6. 现有三台电动机 M1、M2、M3，要求按下启动按钮 I0.0 后，电动机按顺序启动（M1 先启动，接着 M2 启动，最后 M3 启动）；按下停止按钮 I0.1 后，电动机按顺序停止（M3 先停止，接着 M2 停止，最后 M1 停止）。请分别用启保停电路和置位/复位指令设计 PLC 控制梯形图。

学习评价

电动机正反转的 PLC 控制任务学习评价如表 2.2.6 所示。

表 2.2.6　电动机正反转的 PLC 控制任务学习评价

学习内容	学习成果			评分表	
	出现的问题和解决方法		主要收获	学习小组评分	教师评分
电动机正反转项目理解（5%）					
置位、复位指令的功能及用法（20%）					

续表

学习成果			评分表	
学习内容	出现的问题和解决方法	主要收获	学习小组评分	教师评分
电动机正反转梯形图程序编写（10%）				
使用不同方法编写控制程序（25%）				
互锁功能的理解应用（15%）				
下载调试过程中解决问题的能力（25%）				

任务 2.3　电动机 Y/△ 启动的 PLC 控制

任务目标

知识目标

1. 掌握定时器指令的种类、功能及使用方法。
2. 掌握几种定时器时序图的分析方法。
3. 掌握根据继电器电路设计 PLC 梯形图的方法。

技能目标

1. 能用定时器指令编写控制程序，达到控制要求。
2. 掌握振荡电路的编程方法，并能应用于较复杂程序设计中。
3. 根据控制要求，能够选择合适的定时器进行编程。

素养目标

1. 学会时间管理，合理分配时间和资源，提高工作和学习效率，减少资源浪费。
2. 积极主动地发现问题、解决问题，弘扬精益求精、追求卓越的工匠精神。

任务描述

实现电动机 Y/△ 启动的 PLC 控制。PLC 控制电动机 Y/△ 降压启动，降压启动时，按下启动按钮 SB2，电动机的定子绕组接成 Y 降压启动。6 s 后电动机 Y 连接启动结束，电动机的定子绕组接成 △ 全压运行。按下停止按钮 SB1，电动机停止运行。系统具有必要的过载保护和短路保护。

知识储备

2.3.1 S7-200 SMART PLC 定时器介绍

1. 工作方式

定时器指令是 PLC 重要的基本指令，S7-200 SMART PLC 共有三种定时器指令，即通电延时定时器指令（TON）、断电延时定时器指令（TOF）和记忆型通电延时定时器指令（TONR）。

TON、TOF 和 TONR 定时器提供三种分辨率。分辨率由定时器编号确定，当前值的每个单位均为时基的倍数。例如，使用 10 ms 定时器时，计数 50 表示经过的时间为 500 ms。

T×××定时器编号分配决定定时器的分辨率。分配有效的定时器编号后，分辨率会显示在 LAD 或 FBD 定时器功能框中。

PLC 的 256 个定时器分属 TON（TOF）和 TONR 工作方式，以及三种时基标准，如表 2.3.1 所示。

表 2.3.1 定时器的类型

工作方式	时基/分辨率/ms	最大定时范围/s	定时器号
TONR	1	32.767	T0、T64
	10	327.67	T1~T4、T65~T68
	100	3276.7	T5~T31、T69~T95
TON/TOF	1	32.767	T32、T96
	10	327.67	T33~T36、T97~T100
	100	3276.7	T37~T63、T101~T255

2. 时基

1) 定时精度和定时范围

定时器的工作原理是：使能输入有效后，当前值 PT 对 PLC 内部的时基脉冲增 1 计数，当计数值大于或等于定时器的预置值后，状态位置 1。其中，最小计时单位为时基脉冲的宽度，称为时基；从定时器输入有效，到状态位输出有效，经过的时间为定时时间，即定时时间=预置值×时基。当前值寄存器为 16 bit，最大计数值为 32 767，由此可推算不同分辨率的定时器的设定时间范围。可见时基越大，定时时间越长，但精度越差。

2) 1 ms、10 ms、100 ms 定时器的刷新方式不同

1 ms 定时器每隔 1 ms 刷新一次，与扫描周期和程序处理无关即采用中断刷新方式。因此当扫描周期较长时，在一个周期内可能被多次刷新，当前值在一个扫描周期内不一定保持一致。

10 ms 定时器则由系统在每个扫描周期开始自动刷新。由于每个扫描周期内只刷新一次，故而每次程序处理期间，其当前值为常数。

100 ms 定时器则在该定时器指令执行时刷新。下一条执行的指令，即可使用刷新后的结果，非常符合正常的思路，使用方便可靠。注意：如果该定时器的指令不是每个周期都执行，定时器就不能及时刷新，可能导致出错。

2.3.2 通电延时定时器指令

通电延时定时器指令应用举例如图 2.3.1 所示。当 I0.0 接通即使能端（IN）输入有效时，驱动 T37 开始计时，当前值从 0 开始递增，计时到预置值 PT 时，T37 状态位置 1，其常开触点 T37 接通，驱动 Q0.0 输出，其后当前值仍增加，但不影响状态位。当前值的最大值为 32 767。当 I0.0 分断，使能端无效时，T37 复位，当前值清零，状态位也清零。若 I0.0 接通时间未到预置值就断开，T37 则立即复位，Q0.0 不会有输出。

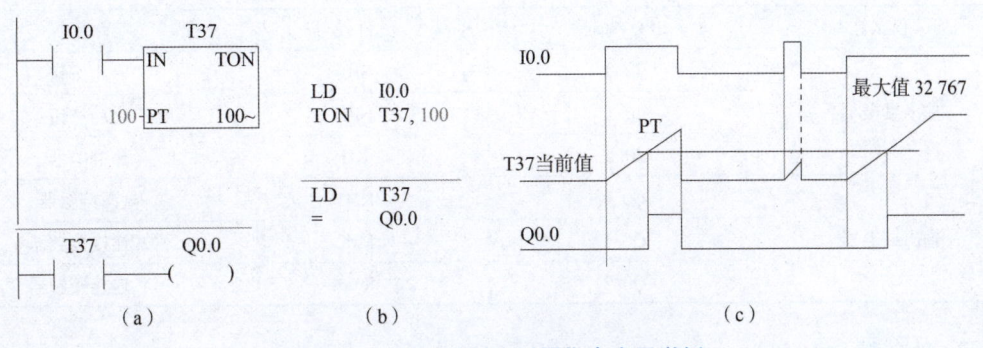

图 2.3.1 接通延时定时器指令应用举例
(a) 梯形图；(b) 语句表；(c) 时序图

任务实施

1. 任务分析

图 2.3.2 所示为电动机 Y/△降压启动主电路和电气控制电路。电路图中，按下启动按钮 SB2，KM1、KM3、KT 得电并保持。电动机接成 Y 连接启动，6 s 后，KT 动作，使得 KM3 断电，KM2 得电，电动机转为 △ 连接运行，按下停止按钮 SB1 后，电动机停止运行。

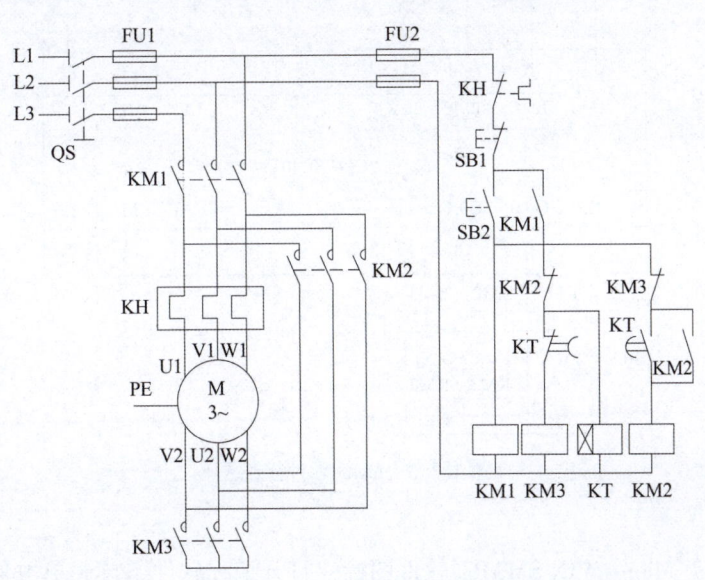

图 2.3.2 电动机 Y/△降压启动主电路和电气控制电路

Y连接接触器与△连接接触器不能同时得电,否则会造成三相电源短路,为此,电路采用接触器常闭触点串接在对方线圈回路作电气互锁,使电路工作可靠。该控制可采用定时器指令来实现,用定时器指令来控制电动机Y连接降压启动的时间,实现定时功能。在进行 PLC 改造时,继电器电路中的交流接触器用 PLC 的输出来控制。

2. I/O 地址分配

根据上述任务分析,对输入/输出量进行分配,如表 2.3.2 所示。

表 2.3.2 I/O 地址分配

编程元件	I/O 端子	元件代号	作用
输入继电器	I0.0	SB1	停止按钮
	I0.1	SB2	启动按钮
	I0.2	KH	热继电器
输出继电器	Q0.0	KM1	电源接触器
	Q0.1	KM2	△连接接触器
	Q0.2	KM3	Y连接接触器

3. 外部硬件接线图

根据任务分析及 I/O 分配,绘制 PLC 硬件接线图,如图 2.3.3 所示。在图中,继电器电路中的交流接触器用 PLC 的输出来控制。输出 KM2 线圈串联了 KM3 的常闭触点,输出 KM3 线圈串联了 KM2 的常闭触点,起硬件互锁的作用。按钮和热继电器的常闭触点作为 PLC 的输入控制信号。控制电路中的时间继电器的功能用 PLC 内部的定时器指令来完成。

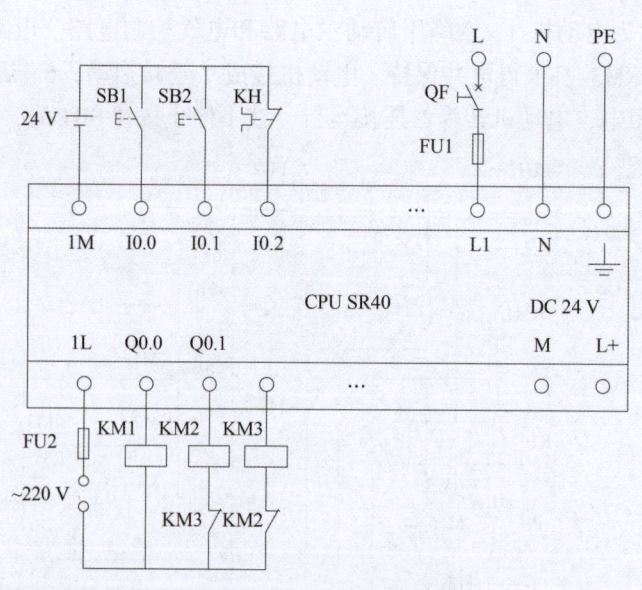

图 2.3.3 PLC 硬件接线图

4. 创建工程项目

双击 STEP 7-Micro/WIN SMART 软件图标,打开编程软件。首先单击工具栏中的"文件",选择菜单功能区的"保存"按钮,在弹出的窗口"文件名"栏对该文件进行命名，给该项目命名为"电动机 Y/△启动的 PLC 控制"；然后再选择文件保存的路径位置；最后单击"保存"按钮，完成项目的创建。

5. 编辑 PLC 符号表

单击导航栏或者项目树中的符号表图标，打开符号表窗口，在"表格1"（自动生成的用户符号表）中输入符号"停止按钮 SB1、启动按钮 SB2、热继电器 KH、电源接触器 KM1、△连接接触器 KM2、Y 连接接触器 KM3"和对应的地址"I0.0、I0.1、I0.2、Q0.0、Q0.1、Q0.2"，如图 2.3.4 所示。

	符号	地址	注释
1	停止按钮SB1	I0.0	
2	启动按钮SB2	I0.1	
3	热继电器KH	I0.2	
4	电源接触器KM1	Q0.0	
5	△连接接触器KM2	Q0.1	
6	Y连接接触器KM3	Q0.2	

图 2.3.4　符号表

6. 编写程序

采用启保停电路设计程序，其梯形图程序如图 2.3.5 所示。

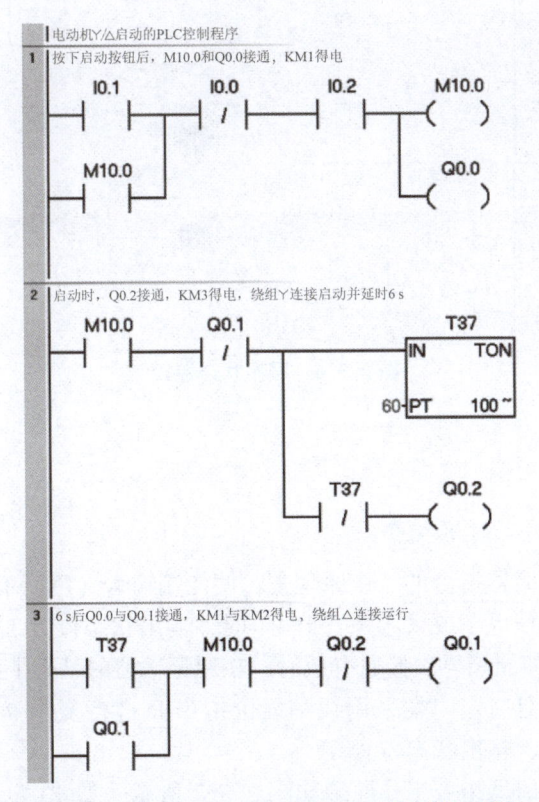

图 2.3.5　电动机 Y/△启动的 PLC 控制梯形图程序

在设计时应注意梯形图与继电器电路的区别，梯形图是一种图形化的程序。在继电器电路中，各继电器可以同时得电动作，而在 PLC 运行时是采用串行循环扫描的工作方式。

7. 项目下载

下载程序。

8. 调试程序

在线监控程序运行，分析程序运行结果。

控制过程分析：单击工具栏中的程序状态按钮 ▣ 对程序进行监控，如图 2.3.6 所示。按下启动按钮 I0.1，Q0.0 和 Q0.2 接通，电源接触器和 Y 连接接触器得电；延时 6 s 后，Q0.1 接通，△ 连接接触器得电；按下停止按钮 I0.0，Q0.0、Q0.1 和 Q0.2 断开，电源接触器、Y 连接接触器和 △ 连接接触器失电。

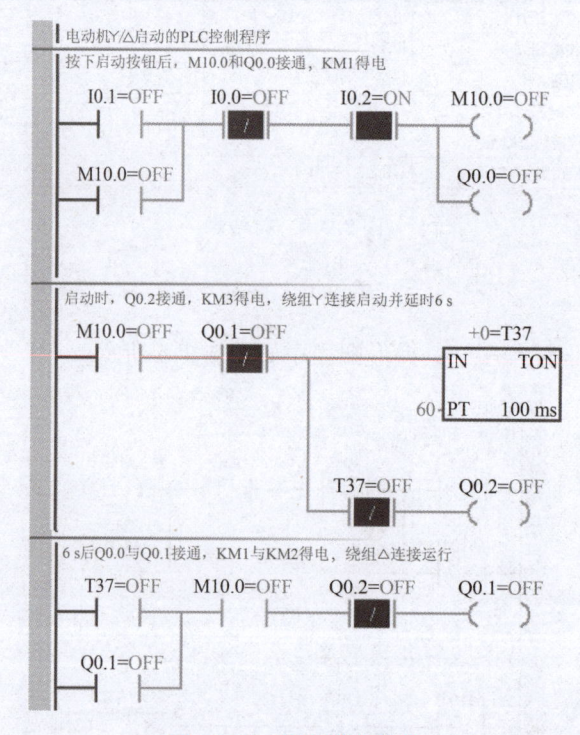

图 2.3.6 程序状态监控

拓展提升

1. 记忆型通电延时定时器指令

记忆型通电延时定时器指令的工作原理是：使能端输入（IN）有效时，定时器开始计时，当前值递增，当前值等于或大于预置值 PT 时，输出状态位置 1。使能端输入无效时，当前值保持（记忆）；使能端再次接通有效时，在原记忆值的基础上递增计时。

注意：记忆型通电延时定时器采用线圈复位指令 R 进行复位操作，当复位线圈有效时，定时器当前位清零，输出状态位置 0。

记忆型通电延时定时器指令工作原理如图 2.3.7 所示。如 T3 定时器，当输入 IN 为 1

时，定时器计时。当 IN 为 0 时，其当前值保持并不复位。当 IN 再为 1 时，T3 当前值从原保持值开始往上加，将当前值与设定值 PT 进行比较；当前值大于或等于设定值时，T3 状态位置 1，驱动 Q0.0 有输出，以后即使 IN 再为 0，也不会使 T3 复位，要使 T3 复位，必须使用复位指令。

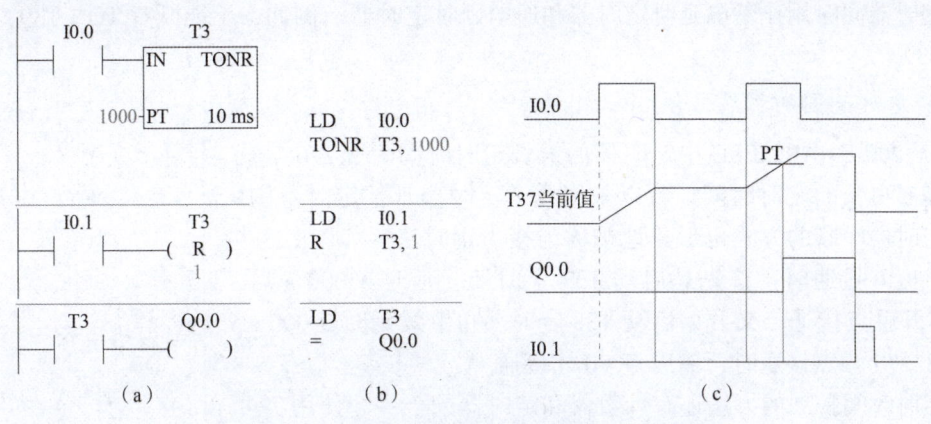

图 2.3.7 记忆型通电延时定时器指令工作原理
(a) 梯形图；(b) 语句表；(c) 时序图

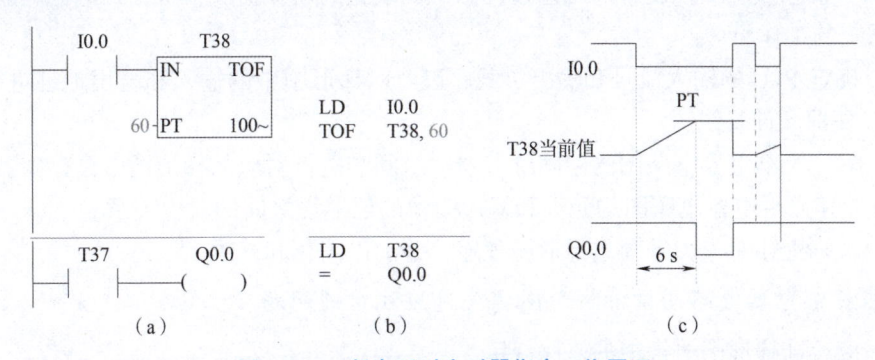

2. 断电延时定时器指令

断电延时定时器指令的工作原理是：断电延时定时器用来在输入断开延时一段时间后，才断开输出。使能端输入有效时，定时器输出状态位立即置 1，当前值复位为 0。使能端断开时，定时器开始计时，当前值从 0 递增，当前值达到预置值时，定时器状态位复位为 0，并停止计时，当前值保持不变。

断电延时定时器指令工作原理如图 2.3.8 所示。定时器 T38 在 I0.0 接通时，T38 的状态位接通，Q0.0 为 1。从 I0.0 断开时启动定时，6 s 时间到，状态位复位为 0，Q0.0 为 0。如果输入断开的时间小于预定时间，则定时器仍保持接通。使能端再接通时，定时器当前值仍复位为 0。

图 2.3.8 断电延时定时器指令工作原理
(a) 梯形图；(b) 语句表；(c) 时序图

3. 使用定时器指令的注意事项

（1）定时器的作用是进行精确定时，应用时要注意恰当地使用不同时基的定时器，以提高定时器的时间精度。

(2) 三种定时器具有不同的功能。通电延时定时器用于单一间隔的定时；有记忆型通电延时定时器用于累计时间间隔的定时；断电延时定时器用于故障事件发生后的时间延时。

(3) 通电延时定时器和断电延时定时器共享同一组定时器，不能重复使用，即不能把一个定时器同时用作断电延时定时器和通电延时定时器。例如，不能既有 TON T39，又有 TOF T39。

4. 定时范围的扩展方法

S7-200 SMART PLC 中定时器的最长定时时间为 3 276.7 s，如果需要更长的定时时间，可以采用几个定时器延长定时范围。这种定时器串联的方法也形象地被称为接力定时法。如图 2.3.9 所示，I0.0 接通时，首先是启动 T37 定时器，延时 3 000 s 后，T37 常开触点接通，又开始启动 T38 定时，再继续延时 3 000 s，当 T38 常开触点接通时，输出 Q0.0 才接通。

定时时间扩展的方法还有计数器和定时器配合一起使用，可以大大延长扩展时间。

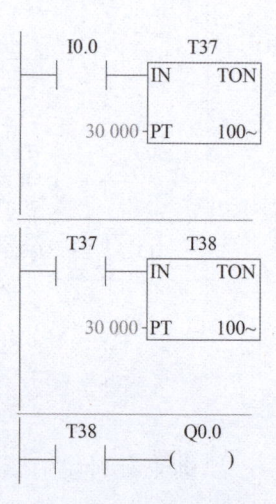

图 2.3.9 两个定时器串联扩展延时时间

5. 根据继电器电路图设计梯形图程序的方法

PLC 使用与继电器电路极为相似的梯形图语言，如果用 PLC 改造继电器控制系统，根据继电器电路图来设计梯形图是一条捷径。原有的继电器控制系统经过长期生产现场的使用已经被证明能够完成系统的控制要求，梯形图程序又与传统的继电器控制电路有许多相似之处，因此可以将继电器电路"翻译"成梯形图，即用 PLC 的外部硬件接线和用户编写的程序来实现继电器控制电路的功能。这种设计方法一般不需要改动控制面板，保持了系统原有的外部特性，操作人员也不用改变长期形成的操作习惯。

将继电器电路转换为功能相同的 PLC 外部接线图和梯形图的步骤如下：

(1) 了解和熟悉被控设备的工艺过程和机械装置的动作情况，根据继电器电路图分析和掌握系统的工作原理。

(2) 确定 PLC 的输入信号和输出负载，以及对梯形图中的输入和输出地址进行分配，画出 PLC 外部硬件接线图。

(3) 确定与继电器电路图的中间继电器、时间继电器对应的梯形图中位存储器和定时器的地址。建立继电器电路图的元件和梯形图中的位地址之间的对应关系。

(4) 根据上述对应关系画出梯形图程序，并加以简化和修改。

6. 根据继电器电路图设计梯形图程序时应注意的问题

(1) 应遵守梯形图语言中的语法规定。

在继电器电路中，触点可以放在线圈的左边也可以放在线圈的右边，但是在梯形图中，触点不能放在线圈的右边，即线圈必须在梯形图中的最右边。若使用逻辑堆栈指令（LPS、LRD、LPP），为了减少语句数量，可以将各线圈的控制电路分开来设计。

(2) 设置中间元件。

在梯形图中，若多个线圈都受某一触点串并联的控制，为了简化电路，在梯形图中可以设置用该电路控制的位存储器，类似于继电器电路中的中间继电器。

（3）尽量减少 PLC 的输入和输出信号。

PLC 的价格与 I/O 点数有关，每一个输入信号和每一个输出信号分别占用一个输入点和一个输出点，因此减少输入和输出信号是降低硬件费用的一项措施。

与传统继电器控制电路不同，PLC 一般只需要同一输入器件的一个常开触点给 PLC 提供输入信号，在梯形图中，可以多次使用同一输入位的常开触点或常闭触点。在继电器电路中，如果几个输入器件触点的串并联电路总是作为一个整体出现，可以将它们作为 PLC 的一个输入信号，只占 PLC 的一个输入点。某些器件的触点如果在继电器电路中只出现一次，并且与 PLC 输出端的负载串联，如过载保护的热继电器的常闭触点，当为了节省输入信号时，不必将它作为 PLC 的输入信号，可以将它放在 PLC 外部的硬件输出电路中，仍然与相应的外部负载串联。

继电器控制系统中某些相对独立且比较简单的部分，可以用继电器电路控制，这样同样减少所需的 PLC 输入、输出点。

（4）设置外部互锁。

为了防止控制电路正反转的两个交流接触器同时动作造成三相电源的短路故障，可以在 PLC 外部硬件接线时使用互锁电路。如图 2.3.3 中的 KM2 与 KM3 不能同时通电，除了在梯形图程序中设置了与它们对应输出位线圈串联的常闭触点组成的互锁环节，还在 PLC 外部输出设置了外部硬件互锁电路。

（5）梯形图的优化设计。

为了减少语句程序的指令条数，在串联电路中单个触点应放在右边，在并联电路中单个触点应放在下面，而电路块则应放置在左边和上面。

S7-200 SMART PLC 采用模拟栈的结构，用于保存逻辑运算结果及断点的地址，称为逻辑堆栈。S7-200 SMART PLC 有一个 32 位的逻辑堆栈，最上面的第一层称为栈顶，用来存储逻辑运算结果，下面的 31 位用来存储中间运算结果。

（6）外部负载的额定电压。

PLC 的继电器输出模块和双向可控硅输出模块只能驱动额定电压为 220 V 的负载，如果原有继电器控制系统的交流接触器线圈的额定电压是 380 V，应将线圈换成额定电压为 220 V 的，或者设置中间继电器。

思考练习

1. S7-200 SMART PLC 中，T0 是哪种定时器？其功能是什么？
2. TON 和 TONR 指令的功能有什么区别？
3. 设计梯形图程序，要求如下：按下启动按钮，指示灯点亮，且在 10 s 后自动熄灭；按下停止按钮，指示灯也熄灭。
4. 用 PLC 实现以下控制要求：两台电动机，按下启动按钮，第一台电动机运行，10 s 后停止，接着第二台电动机运行，10 s 后停止，第一台电动机继续运行，如此循环，按下停止按钮，立刻停止。
5. 某控制系统能够实现三级带式运输机的延时顺序启动、延时逆序停止控制。三级带式运输机由三相交流异步电动机 M1~M3 驱动，并要求按 M1~M3 的顺序启动，按 M3~

M1 的顺序停止，启动延时间隔时间为 5 s，停止延时间隔为 10 s。根据控制要求编写 PLC 控制程序并进行调试。

6. 设计满足如图 2.3.10 所示时序图的梯形图程序。

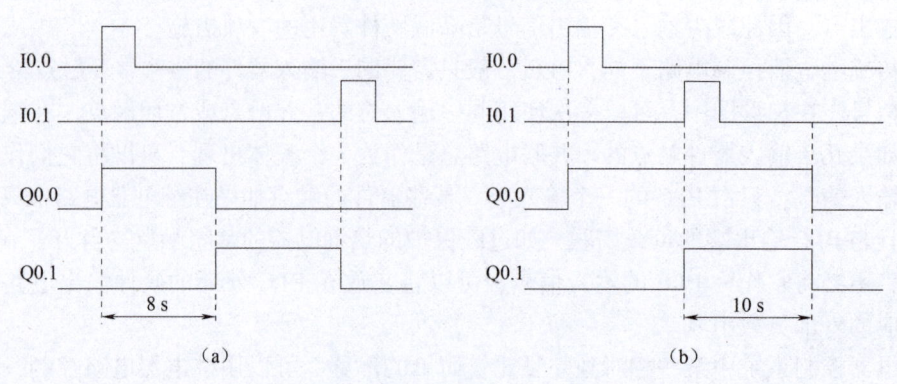

图 2.3.10　思考练习 6 用图

7. 编程实现一个接通时间为 2 s，断开时间为 3 s，周期为 5 s 的振荡电路。

学习评价

电动机 Y/△ 启动的 PLC 控制任务学习评价如表 2.3.3 所示。

表 2.3.3　电动机 Y/△ 启动的 PLC 控制任务学习评价

学习成果			评分表	
学习内容	出现的问题和解决方法	主要收获	学习小组评分	教师评分
三种定时器的功能及使用（10%）				
任务分析与 I/O 分配表编辑（20%）				
程序编写的思路与方法（20%）				
电动机 Y/△ 启动的 PLC 控制程序编写（20%）				
调试过程中解决问题的方法（15%）				
梯形图编写注意事项（15%）				

任务 2.4 密码锁的 PLC 控制

任务目标

知识目标

1. 掌握 EU、ED 指令的功能及使用方法。
2. 掌握计数器指令的种类、功能及使用方法。
3. 掌握定时器、计数器指令的综合应用。

技能目标

1. 能用 EU、ED 指令编写控制程序。
2. 掌握带计数器指令控制程序的调试。
3. 能综合运用 PLC 基本指令设计较复杂的梯形图。

素养目标

1. 了解从量变到质变,从中国制造到中国智造的产业升级。
2. 理解与体会科技创新对国家发展的重要性。

任务描述

实现密码锁的 PLC 控制。有一个密码锁,它有 8 个按键 SB1~SB8。

(1) SB7 为启动键,按下 SB7 键,才可进行开锁作业。

(2) SB1、SB2、SB5 为可按压键。开锁条件为:SB1 设定按压次数为 3 次,SB2 设定按压次数为 2 次,SB5 按压次数为 4 次。如果按上述规定按压,则 5 s 后,密码锁自动打开。

(3) SB3、SB4 为不可按压键,一按压,报警器就发出报警。

(4) SB6 为复位键,按下 SB6 键后,可重新进行开锁作业。如果按错键,则必须进行复位操作,所有的计数器都被复位。

(5) SB8 为停止键,按下 SB8 键,停止开锁作业。

(6) 除启动键外,不考虑按键的顺序。

知识储备

2.4.1 EU、ED 指令

1. 指令功能

(1) EU 指令:在 EU 指令前的逻辑运算结果有一个上升沿时(由 OFF→ON)产生一个宽度为一个扫描周期的脉冲,驱动后面的输出线圈。

(2) ED 指令:在 ED 指令前的逻辑运算结果有一个下降沿时(由 ON→OFF)产生一个宽度为一个扫描周期的脉冲,驱动后面的输出线圈。

2. 指令格式

表 2.4.1 所示为 EU、ED 指令格式。EU、ED 指令应用举例如图 2.4.1 所示,其时序

分析如图 2.4.2 所示。

表 2.4.1　EU、ED 指令格式

STL	LAD	操作数
EU（Edge Up）	─┤ P ├─	无
ED（Edge Down）	─┤ N ├─	无

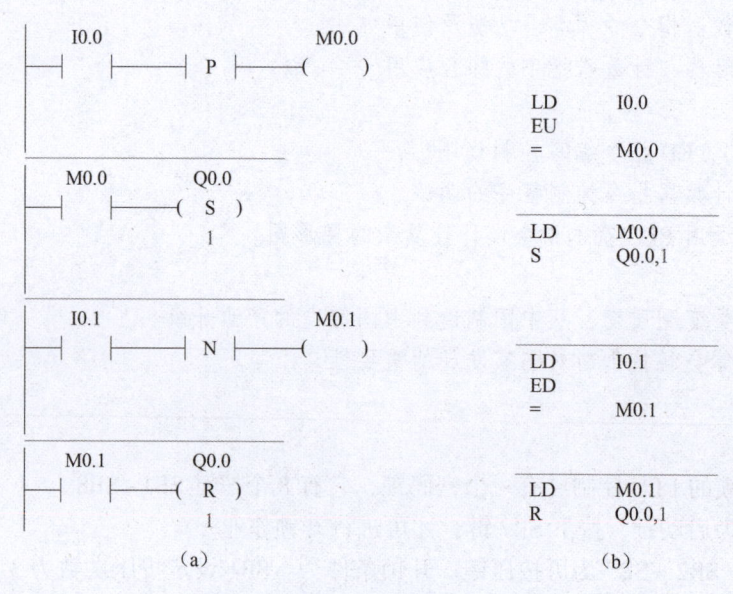

```
     I0.0              M0.0
  ───┤ ├──┤ P ├────────( )
                                       LD    I0.0
                                       EU
                                       =     M0.0

     M0.0              Q0.0
  ───┤ ├──────────────( S )
                        1              LD    M0.0
                                       S     Q0.0,1

     I0.1              M0.1
  ───┤ ├──┤ N ├────────( )
                                       LD    I0.1
                                       ED
                                       =     M0.1

     M0.1              Q0.0
  ───┤ ├──────────────( R )
                        1              LD    M0.1
                                       R     Q0.0,1

        (a)                               (b)
```

图 2.4.1　EU、ED 指令应用举例
(a) 梯形图；(b) 语句表

I0.0

M0.0 ← 一个扫描周期的脉冲

I0.1

M0.1 ← 一个扫描周期的脉冲

Q0.0

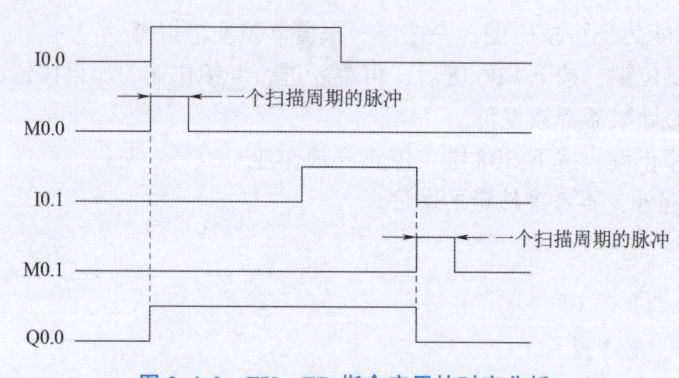

图 2.4.2　EU、ED 指令应用的时序分析

3. 指令使用说明

（1）上升沿和下降沿检测指令不能直接与左侧母线连接，必须接在常开或常闭触点之后。

（2）EU、ED 指令只在输入信号变化时有效，其输出信号的脉冲宽度为一个机器扫描周期。

（3）对开机时就为接通状态的输入条件，EU 指令不执行。EU、ED 指令无操作数。

2.4.2 计数器指令

计数器利用输入脉冲上升沿累计脉冲个数。结构主要由一个 16 位的预置值寄存器、一个 16 位的当前值寄存器和一位状态位组成。当前值寄存器用以累计脉冲个数,计数器当前值等于或大于预置值时,状态位置 1。

S7-200 SMART PLC 有三类计数器:加计数器(CTU)、加/减计数器(CTUD)、减计数器(CTD)。计数器的指令格式如表 2.4.2 所示。

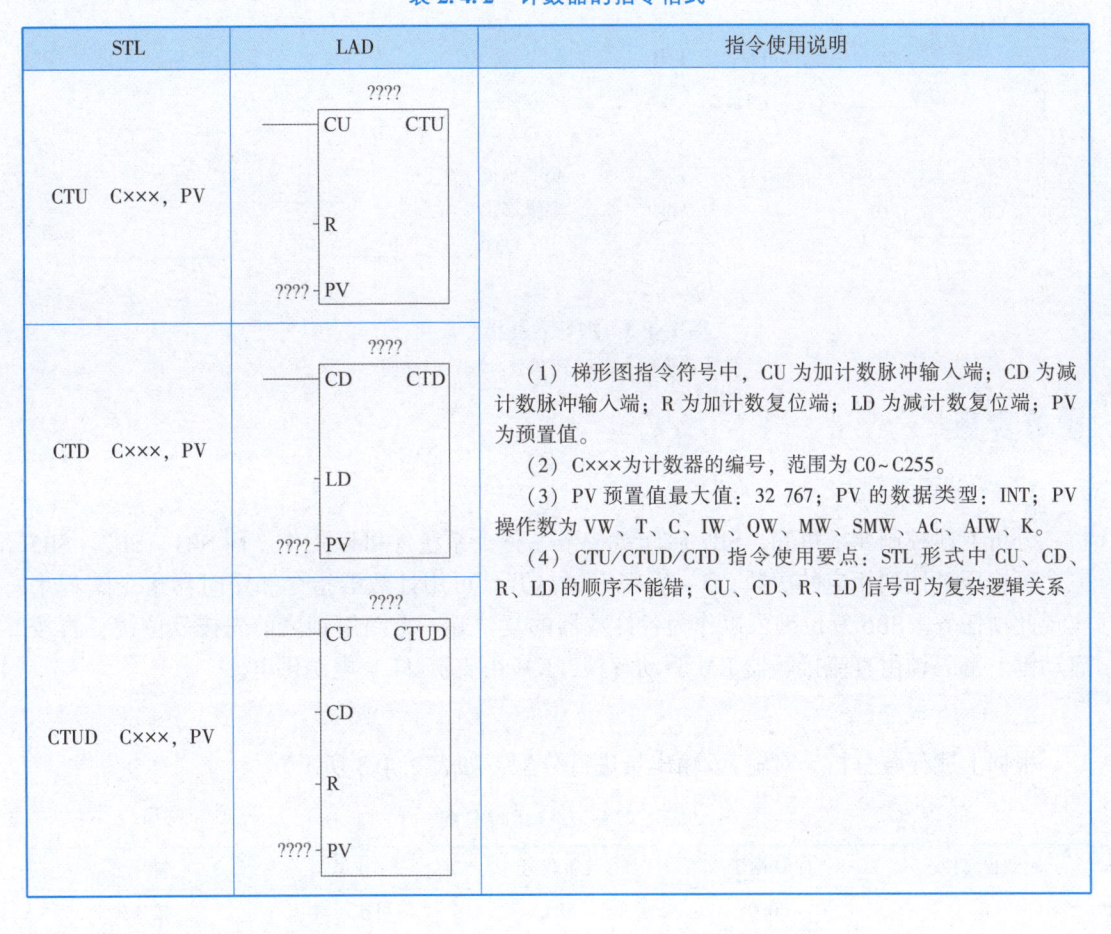

表 2.4.2 计数器的指令格式

STL	LAD	指令使用说明
CTU C×××, PV	CU CTU / R / ???? PV (预置值 ????)	
CTD C×××, PV	CD CTD / LD / ???? PV	(1) 梯形图指令符号中,CU 为加计数脉冲输入端;CD 为减计数脉冲输入端;R 为加计数复位端;LD 为减计数复位端;PV 为预置值。 (2) C××× 为计数器的编号,范围为 C0~C255。 (3) PV 预置值最大值:32 767;PV 的数据类型:INT;PV 操作数为 VW、T、C、IW、QW、MW、SMW、AC、AIW、K。 (4) CTU/CTUD/CTD 指令使用要点:STL 形式中 CU、CD、R、LD 的顺序不能错;CU、CD、R、LD 信号可为复杂逻辑关系
CTUD C×××, PV	CU CTUD / CD / R / ???? PV	

2.4.3 加计数器指令

1. 加计数器(CTU)工作原理分析

加计数器指令的梯形图格式如表 2.4.2 所示,由加计数器标识符 CTU、加计数脉冲输入端 CU、加计数复位端 R、预置值 PV 和计数器编号 C××× 构成。当 R=0 时,计数脉冲有效;当 CU 端有上升沿输入时,计数器当前值加 1。当计数器当前值等于或大于预置值 PV 时,该计数器的状态位 C-bit 置 1,即其常开触点闭合。计数器仍计数,但不影响计数器的状态位。直至计数达到最大值(32 767)。当 R=1 时,计数器复位,即当前值清零,状态位 C-bit 也清零。加计数器计数范围:0~32 767。

2. 加计数器指令应用举例

图 2.4.3 中，当 I0.1 为 0 时，计数有效。由 I0.0 送加脉冲信号，I0.0 每一次脉冲的上升沿使得加计数器 C0 的计数器当前值累加 1。当前值等于或者大于预置值 PV 时，C0 的位接通为 1，C0 常开触点闭合，Q0.0 输出为 1。当 I0.1 为 1 时，C0 计数器复位，当前值清零，C0 常开触点断开，Q0.0 输出为 0。

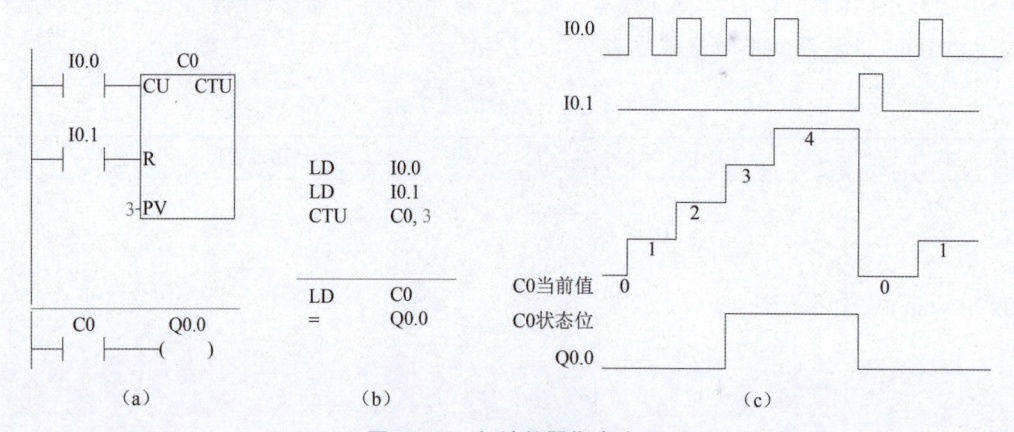

图 2.4.3 加计数器指令应用
(a) 梯形图；(b) 语句表；(c) 时序图

任务实施

1. 任务分析

分析上述控制要求可知，SB7 启动键按下，整个系统才可以工作。而 SB1、SB2、SB5 三个可按压键按到相应的次数，5 s 后密码锁打开。可用计数器指令和定时器指令编程来实现此项任务。SB6 复位键可以作为各计数器的复位端。重新解锁之前先按复位键，再按启动键。密码锁由直流接触器 KM 驱动解锁，KM 由直流 24 V 电源供电。

2. I/O 地址分配

根据上述任务分析，对输入/输出量进行分配，如表 2.4.3 所示。

表 2.4.3 I/O 地址分配

编程元件	I/O 端子	元件代号	作用	符号名
输入继电器	I0.0	SB1	可按压键	按 3 次
	I0.1	SB2	可按压键	按 2 次
	I0.2	SB3	不可按压键	非按 1
	I0.3	SB4	不可按压键	非按 2
	I0.4	SB5	可按压键	按 4 次
	I0.5	SB6	复位键	复位
	I0.6	SB7	启动键	启动
	I0.7	SB8	停止键	停止
输出继电器	Q0.0	KM	接通密码锁	开锁
	Q0.1	HA	报警器	报警

3. 外部硬件接线图

根据任务分析及 I/O 分配，绘制 PLC 硬件接线图，如图 2.4.4 所示，以保证进行硬件接线操作。

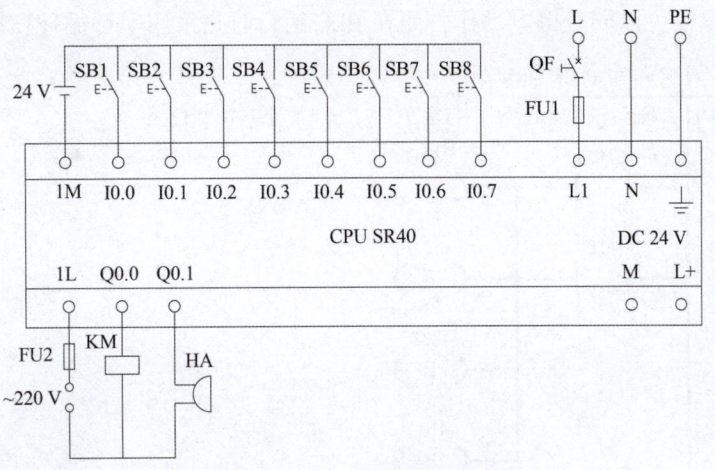

图 2.4.4　PLC 硬件接线图

4. 创建工程项目

双击 STEP 7-Micro/WIN SMART 软件图标，打开编程软件。首先单击工具栏中的"文件"，选择菜单功能区的"保存" 按钮，在弹出的窗口"文件名"栏对该文件进行命名，给该项目命名为"密码锁的 PLC 控制"；然后再选择文件保存的路径位置；最后单击"保存"按钮，完成项目的创建。

5. 编辑 PLC 符号表

单击导航栏或者项目树中的符号表图标 ，打开符号表窗口，在"表格 1"（自动生成的用户符号表）中输入符号"可按压键 SB1、可按压键 SB2、不可按压键 SB3、不可按压键 SB4、可按压键 SB5、复位键 SB6、启动键 SB7、停止键 SB8、接通密码锁 KM、报警器 HA"和对应的地址"I0.0、I0.1、I0.2、I0.3、I0.4、I0.5、I0.6、I0.7、Q0.0、Q0.1"，如图 2.4.5 所示。

	符号	地址	注释
1	可按压键SB1	I0.0	按3次
2	可按压键SB2	I0.1	按2次
3	不可按压键SB3	I0.2	非按1
4	不可按压键SB4	I0.3	非按2
5	可按压键SB5	I0.4	按4次
6	复位键SB6	I0.5	复位
7	启动键SB7	I0.6	启动
8	停止键SB8	I0.7	停止
9	接通密码锁KM	Q0.0	开锁
10	报警器HA	Q0.1	报警

图 2.4.5　符号表

6. 编写程序

采用启保停电路设计程序，其梯形图程序如图 2.4.6 所示。

在设计时应注意梯形图与继电器电路的区别，梯形图是一种图形化的程序。在继电器电路中，各继电器可以同时得电动作，而在 PLC 运行时是采用串行循环扫描的工作方式。

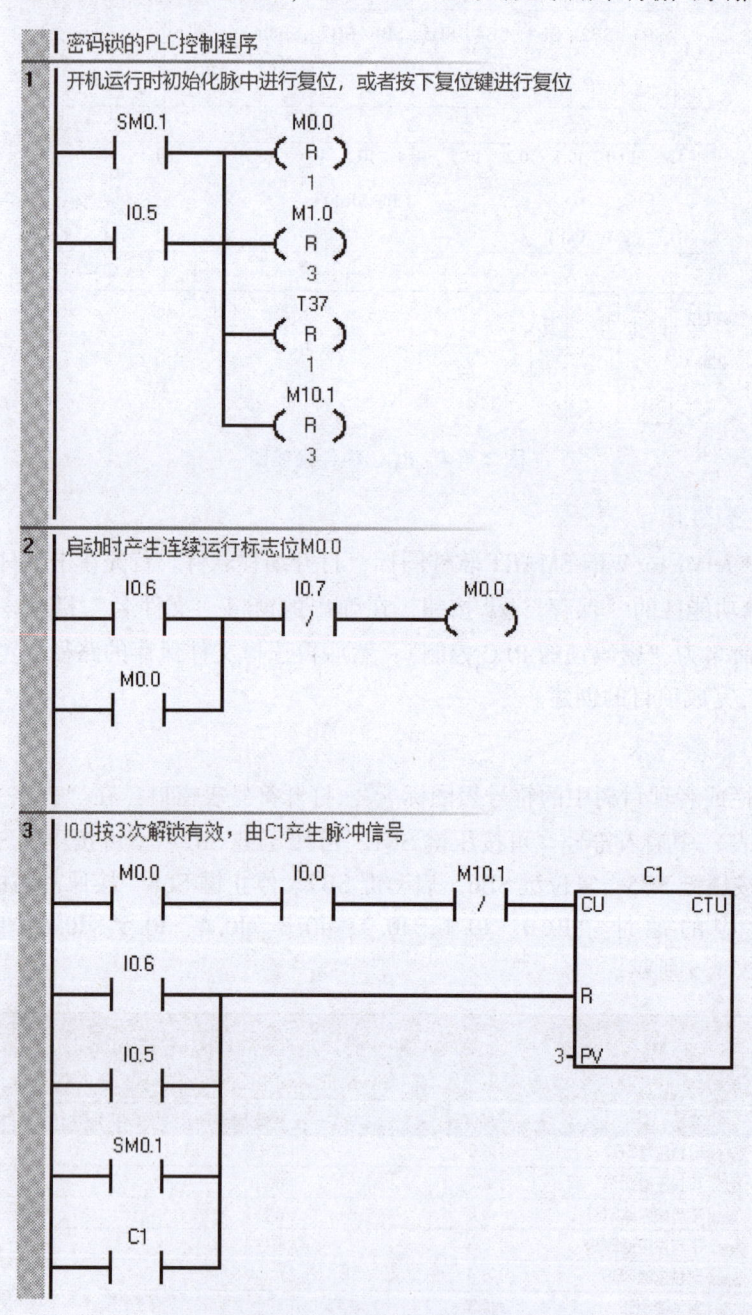

```
密码锁的PLC控制程序
1  开机运行时初始化脉中进行复位，或者按下复位键进行复位
   SM0.1         M0.0
   ─┤├──┬──────( R )
        │        1
   I0.5 │       M1.0
   ─┤├──┼──────( R )
        │        3
        │       T37
        ├──────( R )
        │        1
        │       M10.1
        └──────( R )
                 3

2  启动时产生连续运行标志位M0.0
   I0.6    I0.7         M0.0
   ─┤├──┬──┤/├─────────( )
        │
   M0.0 │
   ─┤├──┘

3  I0.0按3次解锁有效，由C1产生脉冲信号
   M0.0   I0.0   M10.1      ┌─────────┐
   ─┤├────┤├─────┤/├────────┤CU    CTU│
                            │         │
   I0.6                     │         │
   ─┤├─────────────────┬────┤R        │
                       │    │         │
   I0.5                │  3─┤PV       │
   ─┤├──┐              │    └─────────┘
        │              │
   SM0.1│              │
   ─┤├──┤              │
        │              │
   C1   │              │
   ─┤├──┘
```

图 2.4.6 密码锁的 PLC 控制梯形图程序

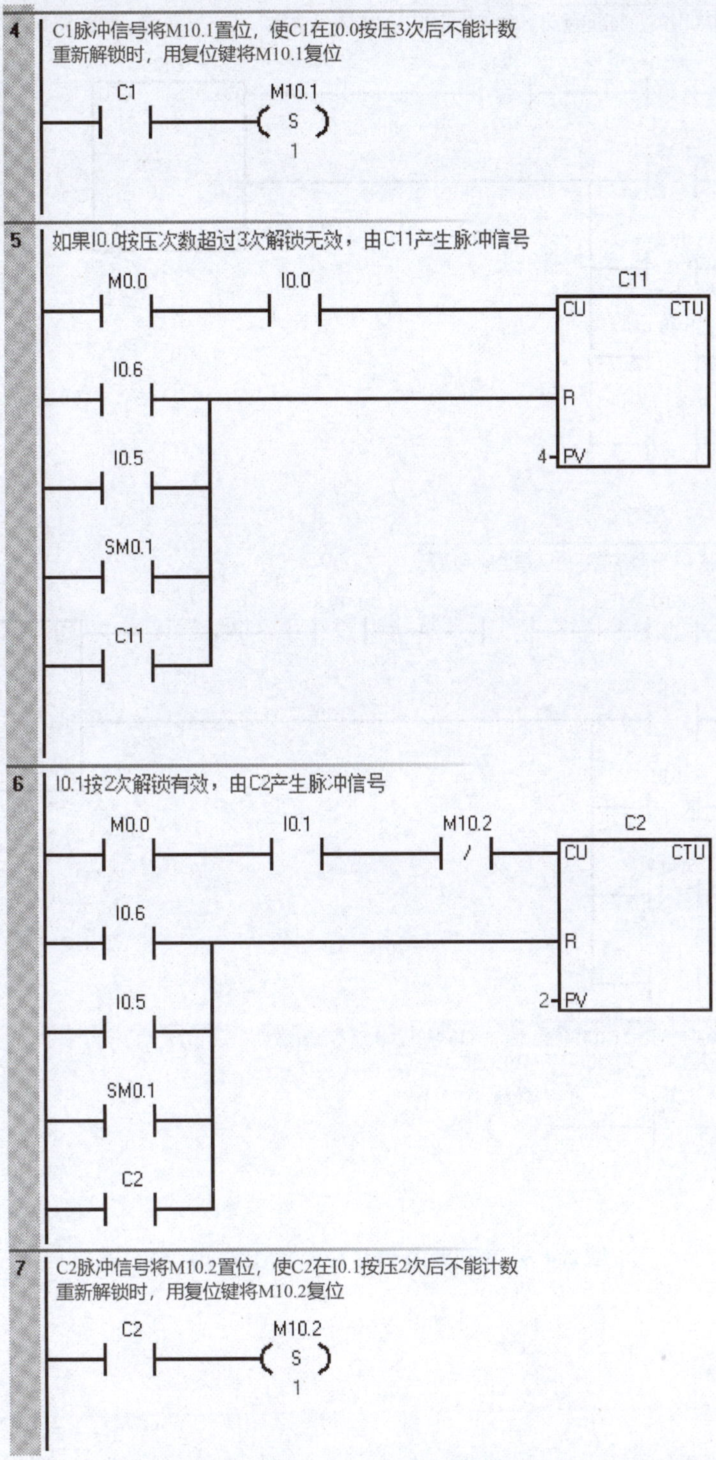

4　C1脉冲信号将M10.1置位，使C1在I0.0按压3次后不能计数
　　重新解锁时，用复位键将M10.1复位

```
    C1              M10.1
────┤ ├───────────（ S ）
                     1
```

5　如果I0.0按压次数超过3次解锁无效，由C11产生脉冲信号

```
    M0.0    I0.0            ┌─────────┐
────┤ ├──────┤ ├────────────┤CU    CTU│ C11
                            │         │
    I0.6                    │         │
────┤ ├──┬──────────────────┤R        │
         │                  │         │
    I0.5 │                4─┤PV       │
────┤ ├──┤                  └─────────┘
         │
    SM0.1│
────┤ ├──┤
         │
    C11  │
────┤ ├──┘
```

6　I0.1按2次解锁有效，由C2产生脉冲信号

```
    M0.0    I0.1    M10.2       ┌─────────┐
────┤ ├──────┤ ├─────┤/├────────┤CU    CTU│ C2
                                │         │
    I0.6                        │         │
────┤ ├──┬──────────────────────┤R        │
         │                      │         │
    I0.5 │                    2─┤PV       │
────┤ ├──┤                      └─────────┘
         │
    SM0.1│
────┤ ├──┤
         │
    C2   │
────┤ ├──┘
```

7　C2脉冲信号将M10.2置位，使C2在I0.1按压2次后不能计数
　　重新解锁时，用复位键将M10.2复位

```
    C2              M10.2
────┤ ├───────────（ S ）
                     1
```

图 2.4.6　密码锁的 PLC 控制梯形图程序（续）

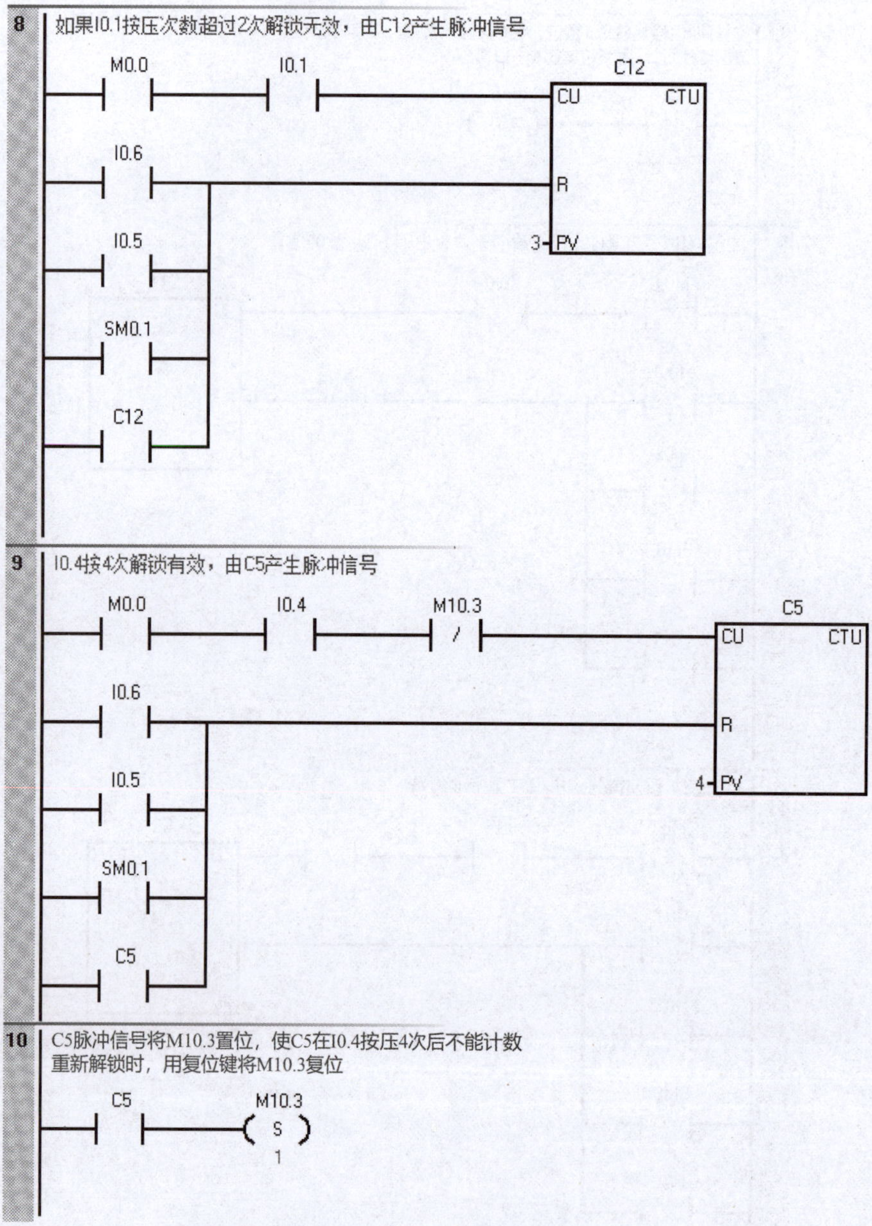

8 如果I0.1按压次数超过2次解锁无效，由C12产生脉冲信号

9 I0.4按4次解锁有效，由C5产生脉冲信号

10 C5脉冲信号将M10.3置位，使C5在I0.4按压4次后不能计数
重新解锁时，用复位键将M10.3复位

图 2.4.6　密码锁的 PLC 控制梯形图程序（续）

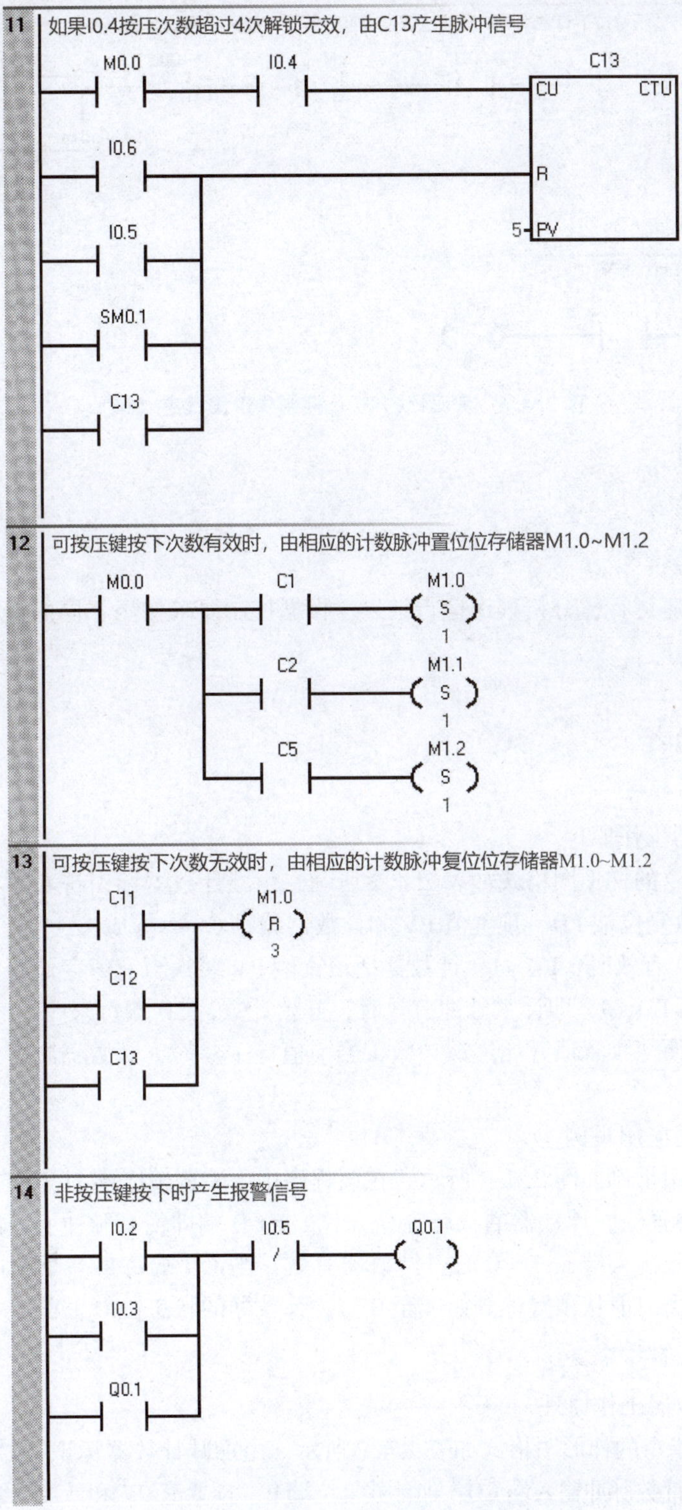

图 2.4.6 密码锁的 PLC 控制梯形图程序（续）

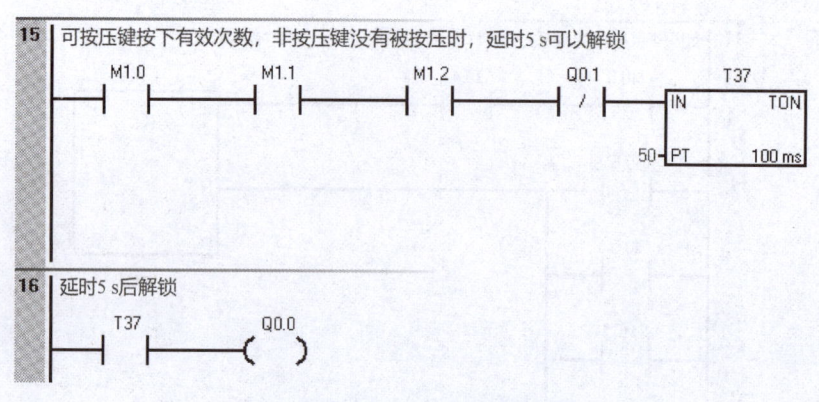

```
15  可按压键按下有效次数,非按压键没有被按压时,延时5 s可以解锁
    M1.0      M1.1      M1.2      Q0.1              T37
    ─┤├──────┤├────────┤├────────┤/├────────────IN   TON
                                              50─PT   100 ms

16  延时5 s后解锁
    T37      Q0.0
    ─┤├──────( )
```

图 2.4.6 密码锁的 PLC 控制梯形图程序（续）

7. 项目下载

下载程序。

8. 调试程序

在线监控程序运行，分析程序运行结果，根据控制要求按压不同的键，调试程序以满足控制要求。

拓展提升

1. 减计数器指令

1) 减计数器工作原理

减计数器指令的梯形图格式如表 2.4.2 所示，由减计数器标识符 CTD、减计数脉冲输入端 CD、减计数复位端 LD、预置值 PV 和计数器编号 C×××构成。

当复位端 LD 有效时，LD=1，计数器把预置值 PV 装入当前值存储器，计数器状态位复位（置0）。当 LD=0，即计数脉冲有效时，开始计数，CD 端每来一个输入脉冲上升沿，减计数的当前值便从预置值开始递减计数，当前值等于 0 时，计数器状态位置位（置1），停止计数。

2) 减计数器应用举例

减计数器应用举例如图 2.4.7 所示。在该程序中，装载输入端 I1.0 有效时，即 I1.0=1，当前值等于预置值，计数器的状态置 0，计数器 CD 端即使有脉冲上升沿，计数器也不减 1 计数；当装载输入端 I1.0=0 时，计数器有效，当 CD 端每来一个脉冲的上升沿，当前值减 1 计数，当前值从预置值开始减至 0 时，计数器的状态位 C_bit=1，Q0.0=1。

2. 加减计数器指令

1) 加减计数器工作原理

加减计数器指令的梯形图格式如表 2.4.2 所示，由加减计数器标识符 CTUD、加计数脉冲输入端 CU、减计数脉冲输入端 CD、加计数复位端 R、预置值 PV 和计数器编号 C×××构成。

当 R=0 时，计数脉冲有效；当 CU 端（CD 端）有上升沿输入时，计数器当前值加 1（减 1）。当计数器当前值等于或大于预置值时，C_bit 置 1，即其常开触点闭合。当 R=1 时，计数器复位，即当前值清零，C_bit 也清零。加减计数器计数范围：-32 767~32 767。

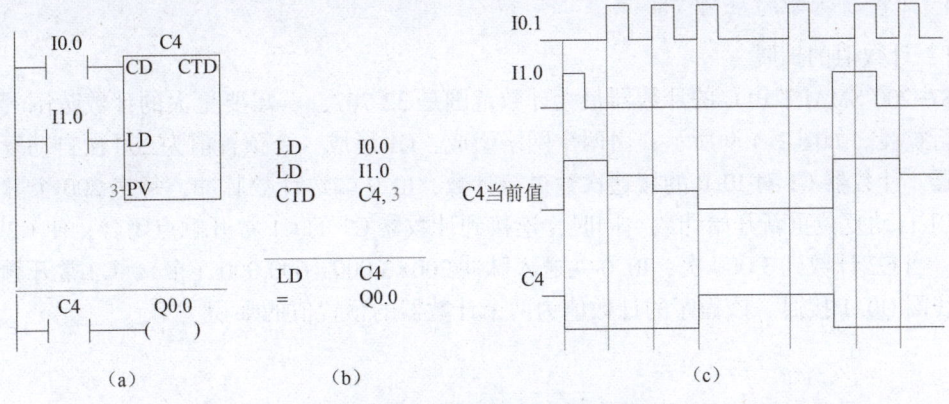

图 2.4.7 减计数器应用举例

(a) 梯形图；(b) 语句表；(c) 时序图

2）加减计数器应用举例

加减计数器指令应用示例如图 2.4.8 所示。加减计数器在复位信号 I0.3 接通时，计数器不工作，计数器当前值清零停止计数工作，C50 的常开触点复位断开，线圈 Q0.0 没有输出。当复位信号 I0.3 断开时，计数器 C50 可以工作。

每当一个增计数脉冲来到，计数器的当前值加 1，当前值等于或大于预置值时，计数器的常开触点接通，线圈 Q0.0 有输出信号。这时再来增计数脉冲，计数器的当前值仍然继续累加，直到最大 32 767 停止计数。

每来一个减计数脉冲，当前值减 1，当前值小于预置值时，计数器常开触点断开，线圈 Q0.0 没有输出。如果再来减计数脉冲，当前值仍然继续递减，直到-32 767，停止计数。

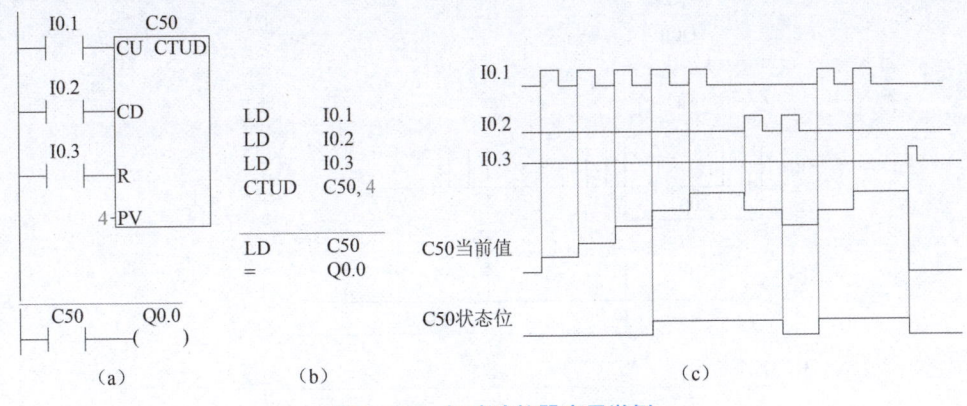

图 2.4.8 加减计数器应用举例

(a) 梯形图；(b) 语句表；(c) 时序图

3. 使用计数器指令的注意事项

（1）在同一个程序中，不能使用两个相同的计数器编号，否则会导致程序执行时出错，无法实现控制目的。

（2）在使用指令语句程序时，应当注意加/减计数输入、复位信号输入/装载信号输入的指令先后顺序不能颠倒。

4. 计数器指令的应用

1）计数值的扩展

S7-200 SMART PLC 的计数器最大计数范围是 32 767，若需要更大的计数范围，则需要进行扩展。如图 2.4.9 所示，由两个网络组成，C1 形成一个预置值为 200 次自动复位的计数器。计数器 C1 对 I0.0 的接通次数进行计数，I0.0 端送计数脉冲，每来 200 个脉冲信号，C1 自动复位重新开始计数。同时，连接到计数器 C2 的 C1 常开触点闭合，使 C2 计数一次，当 C2 计数到 3 000 次，I0.0 共送入脉冲 200×3 000＝600 000（个），C2 常开触点闭合，线圈 Q0.1 接通。该程序的计数值为两个计数器的预置值的乘积。

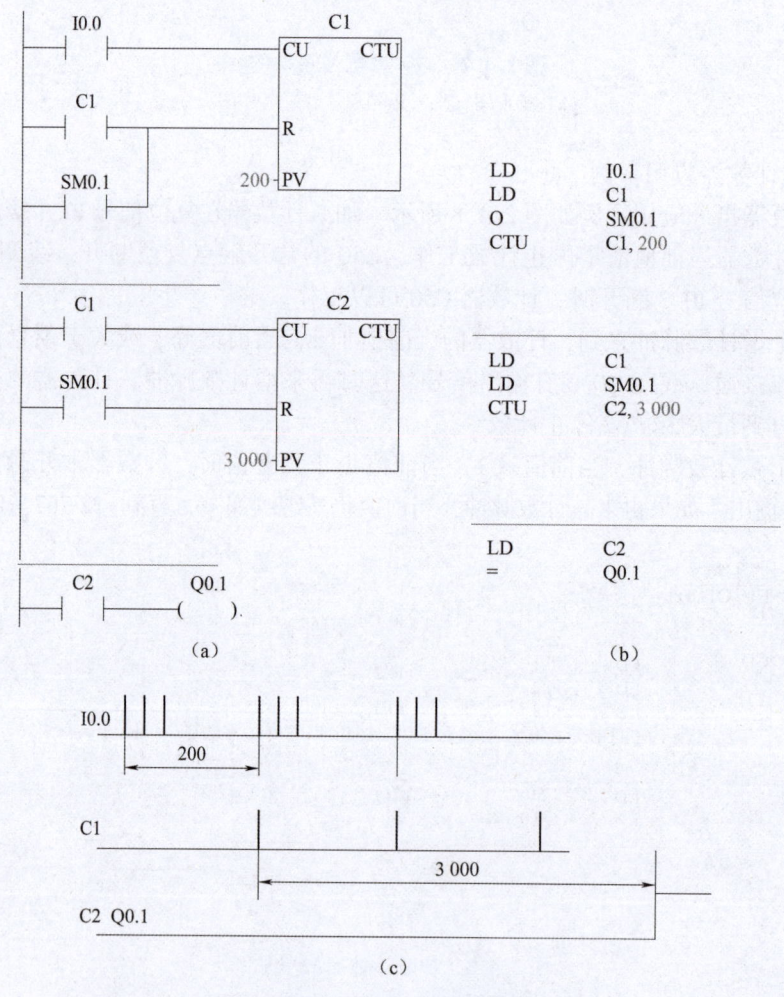

```
I0.0              C1
─┤├──────────┬──CU  CTU
             │
  C1         │
─┤├──────────┤
             │
  SM0.1      │
─┤├──────────┴──R
         200─PV


  C1              C2
─┤├──────────┬──CU  CTU
             │
  SM0.1      │
─┤├──────────┴──R
       3 000─PV


  C2       Q0.1
─┤├────────( )
```

```
LD      I0.1
LD      C1
O       SM0.1
CTU     C1, 200


LD      C1
LD      SM0.1
CTU     C2, 3 000


LD      C2
=       Q0.1
```

(a)   (b)

(c) 时序图（I0.0、C1、C2 Q0.1，间隔 200、3 000）

图 2.4.9　计数器扩展

(a) 梯形图；(b) 语句表；(c) 时序图

2）定时时间的扩展

在上一个任务中讨论了定时器串联来扩展定时时间的方法，如果需要更长的定时时间，可以使用如图 2.4.10 所示的程序。第一行程序是一个脉冲信号发生器，脉冲周期等于 T37 的设定值 60 s。I0.0 接通时，其常开触点接通，T37 开始定时，60 s 后 T37 时间到，其常闭触点断开，使 T37 自身复位，复位后 T37 当前值为 0，同时它的常闭触点接通，使 T37 的 IN 输入端再接通，又开始定时，T37 周而复始的这样工作，每隔 60 s 接通一个机器扫描周期的脉冲，直到 I0.0 变为 OFF 停止工作。T37 产生的脉冲信号送给 C28 计数器，记满 60 次后 C28 当前值等于设定值 60，相当于从 I0.0 接通时起延长时间 1 h，其常开触点闭合，Q0.0 有输出。

用这种方法可以使定时时间大大延长。设 T37 和 C28 预置值分别是 PT=K_T 和 PV=K_C，对于 100 ms 定时器总的设定时间为：$T=0.1K_T K_C(s)$。

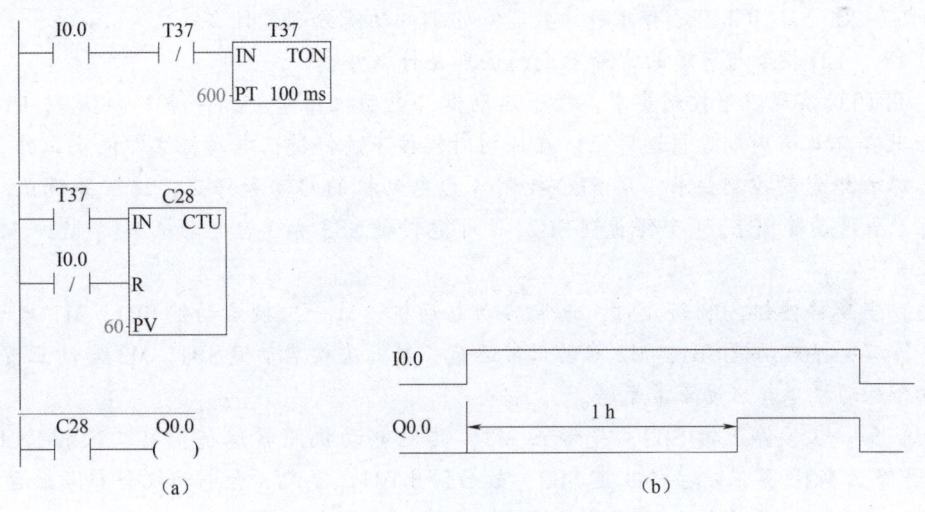

图 2.4.10　定时器与计数器使定时时间扩展

(a) 梯形图；(b) 时序图

5. 分频电路

图 2.4.11 所示为一个二分频电路。将脉冲信号加到 I0.0 端，在第一个脉冲的上升沿到来时，M0.0 产生一个扫描周期的脉冲，使 M0.0 的常开触点闭合，由于 Q0.0 的常开触点断开，M0.1 线圈断开，其常闭触点 M0.1 闭合，Q0.0 的线圈接通并自锁；第二个脉冲上升沿到来时，M0.0 又产生一个扫描周期的脉冲，M0.0 的常开触点又接通一个扫描周期，此时 Q0.0 的常开触点闭合，M0.1 线圈通电，其常闭触点 M0.1 断开，Q0.0 线圈断

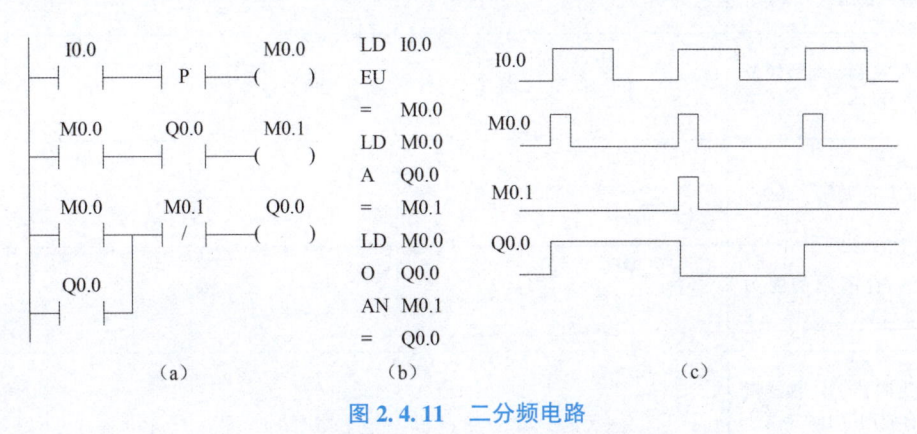

图 2.4.11　二分频电路

(a) 梯形图；(b) 语句表；(c) 时序图

开；直至第三个脉冲到来时，M0.0 的常开触点又接通一个扫描周期，由于 Q0.0 的常开触点断开，M0.1 线圈断开，其常闭触点 M0.1 闭合，Q0.0 的线圈又接通并自锁。之后不断重复上述过程，由时序图分析可见，输出信号 Q0.0 的周期是输入信号 I0.0 周期的 2 倍，输出信号是输入信号的二分频。

思考练习

1. 简述 EU、ED 指令的功能。
2. S7-200 SMART PLC 有几种计数器？它们的功能分别是什么？
3. EU、ED 指令与普通的常开触点的区别是什么？
4. 用 PLC 实现以下控制要求：按下启动键，电动机正转 15 s—停 3 s—反转 15 s—停 3 s，如此循环 4 个周期后自动停止。在任何时候按下急停键，电动机立即停止工作。
5. 根据给定的控制要求，用 PLC 控制 3 台电动机的启动和停止，编程并调试。已知系统有 1 个启动键 SB1，1 个停止键 SB2，1 个急停键 SB3 和 3 台电动机 M1、M2、M3。控制要求如下：

（1）当急停按钮 SB3 断开时，正常启动电动机。第一次按启动键 SB1，M1 启动正常运行；第二次按启动键 SB1，M2 启动正常运行；第三次按启动键 SB1，M3 启动正常运行。至此 3 台电动机全部启动正常运转。

（2）第一次按停止键 SB2，先停止 M3，其他电动机照常运行；第二次按停止按钮 SB2，再停止 M2；第三次按停止键 SB2，最后停止 M1。至此 3 台电动机全部停止运行。

（3）当急停键 SB3 接通时，所有电动机都停止运行，启动无效。

学习评价

密码锁的 PLC 控制任务学习评价如表 2.4.4 所示。

表 2.4.4　密码锁的 PLC 控制任务学习评价

学习内容	学习成果		评分表	
	出现的问题和解决方法	主要收获	学习小组评分	教师评分
EU、ED 指令及计数器指令理解与使用（15%）				
利用基本指令编写较复杂程序（20%）				
程序的功能调试（20%）				
解决综合问题的能力（30%）				
完成定时器、计数器指令的综合应用（15%）				

项目三 专用设备的 PLC 控制

引导语

在快速发展的工业 4.0 时代，可编程逻辑控制器（PLC）作为智能制造领域的核心驱动力，正引领着工业生产向智能化、高效化方向迈进。本项目精心设计了四个子任务：冲床冲压工件的 PLC 控制、钻孔专用机床的 PLC 控制、液体混合装置的 PLC 控制和机械手的 PLC 控制。在一系列的实践探索中，学生不仅可深入学习 PLC 控制系统的设计原理、编程技巧与调试方法，更能在解决实际问题的过程中，锻炼创新思维与问题解决能力。同时，技术实践的每一个环节都渗透着对学生品德修养的培育。学生们在追求技术卓越的同时，也深刻体会到科技创新对于国家发展的重要性；在团队合作与项目执行过程中，更能体现学生诚信、敬业的职业道德风貌。让我们一起走进项目三专用设备的 PLC 控制吧。

任务 3.1 冲床冲压工件的 PLC 控制

任务目标

知识目标

1. 熟悉顺序控制程序设计方法。
2. 熟悉顺序功能图的组成及画法。
3. 知道顺序功能图的基本结构。
4. 掌握采用启保停电路设计单序列结构顺序功能图的方法。

技能目标

1. 能够绘制顺序功能图。
2. 能够采用启保停电路设计单序列结构顺序功能图，完成程序编制。
3. 能够进行顺序控制程序的编写和项目下载、运行调试。

素养目标

1. 养成安全、操作规范的劳动意识。
2. 养成具有工程思维的良好职业素养。

任务描述

在该项任务中学习顺序控制程序的设计方法及顺序功能图的绘制，并熟练应用启保停电路的设计方法设计顺序控制程序。

某冲床的运动示意图如图 3.1.1 所示。初始状态时，机械手在最左边，限位开关 I0.4=1；冲头在最上面，限位开关 I0.3=1；机械手 Q0.0 线圈失电。

按下启动键 I0.0=1，Q0.0 接通为 ON，工件被夹紧并保持夹紧状态。2 s 之后 Q0.1 接通为 ON，机械手右行，直至碰撞到右限位开关 I0.1=1，之后将按顺序完成以下动作：冲头下行—冲头上行—机械手左行—机械手松开—延时 2 s 后，系统返回初始状态。

控制系统中有四个限位开关，分别控制工件的右行、左行位置，冲头的上行、下行位置。工件的左右运行用一台三相电动机 M1 控制，输出负载用两个交流接触器 KM1（右行）和 KM2（左行）控制。冲头的上下运行用另一台三相电动机 M2 控制，输出负载也用两个交流接触器 KM3（下行）和 KM4（上行）控制。在输出点够用的情况下，控制机械手的夹紧和放松装置最好用双线圈电磁阀。如果夹紧/放松装置采用单线圈电磁阀，当工作中突然掉电时，线圈断电而松开手爪，工件极易掉落在工作台上，造成工件损坏甚至引起安全事故。该系统采用双线圈电磁阀，用 Y1（夹紧）和 Y2（放松）控制。当 Y1 得电时，完成夹紧动作，在 Y2 得电之前，Y1 即使断电也是保持夹紧状态。当 Y2 得电时，机械手松开工件。

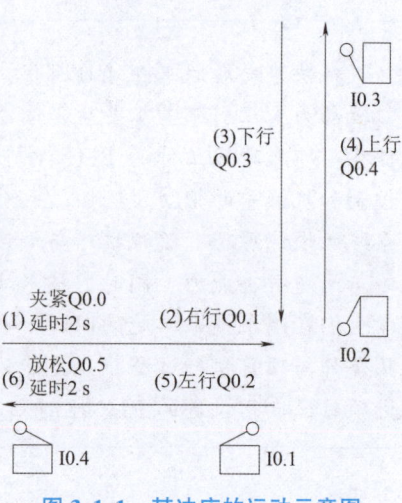

图 3.1.1　某冲床的运动示意图

知识储备

3.1.1　顺序控制设计法

用经验设计法设计梯形图时，没有一套固定的方法和步骤可以遵循，具有很大的试探性和随意性，必须不断摸索和积累设计经验。对于不同的控制系统，用经验法编写程序在修改某一局部程序时，往往对系统的其他部分产生意想不到的影响，系统越是复杂，越是会给系统的维修与改进带来麻烦，程序阅读也不是很方便。

顺序控制方法就是一种针对工业生产过程中的典型顺序控制，使用顺序功能图来指导编程的方法，它通用并且容易掌握。使用顺序控制设计法时，首先应根据系统的工艺过程画出顺序功能图，然后根据顺序功能图画出梯形图。有的 PLC 生产厂家为用户提供了顺序功能图语言，在编程软件中生成顺序功能图后便能完成编程工作，如 S7-1500 的 S7-GRAPH 是典型的顺序功能图语言。

现在也有一些 PLC 没有配备顺序功能图语言，可以使用顺序功能图描述系统功能，再根据顺序功能图来设计梯形图程序。

1. 顺序控制程序设计方法的基本思路

所谓顺序控制，就是按照生产工艺预先规定的顺序，在各个输入信号的作用下，根据内部状态和时间的顺序，在生产过程中各个执行机构自动地、有序地进行操作。

顺序设计法最基本的思路是将系统的一个工作周期划分为若干个顺序相连的阶段，这些阶段称为步（Step），并用编程元件（如内部位存储器 M 和顺序控制继电器 S）来代表各步。步是根据输出量的状态变化来划分的，在任何一步之内，各输出量的接通和断开的状态不变，但是相邻两步输出量总的状态是不同的。这样的划分方法使得代表各步的编程元件的状态与各输出量的状态之间有着极为简单的逻辑关系。

2. 步的划分和步的转换

根据系统的输出量的状态来划分步，只要输出量的状态发生变化就在该处划出一步。系统不能总停留在一步之内，从当前步进入下一步称为步的转换。使系统由当前步进入下一步的信号称为转换条件，转换条件可以是外部的输入信号，如按钮、指令开关、限位开关的接通和断开等，也可以是 PLC 内部产生的信号，如定时器、计数器常开触点的接通等，也可以是若干个信号的与、或、非逻辑组合。

3.1.2 顺序功能图

1. 顺序功能图的组成

顺序功能图又称顺序流程图，包含以下五个要素。

1）步

表示系统的某一工作状态，用矩形方框表示。

2）初始步

与系统的初始状态相对应的步称为初始步，初始状态一般是系统等待启动命令的相对静止的状态，用双线方框表示。每一个顺序功能图都有初始步。

3）步的动作

可以将一个控制系统划分为被控系统和施控系统，如在数控车床控制系统中，数控装置是施控系统，而车床是被控系统。对于被控系统，在某一步中要完成某些"动作"，对于施控系统来说则要向被控系统发出某些"命令"。这里将命令或者动作统一称为动作，并用矩形框中的文字或者符号表示，该矩形框与相应的步调符号相连。在每一步之内只标出状态为 ON 的输出位。

动作命令分为非存储型和存储型两种。存储型动作是用置位、复位指令完成的。当系统处于某一步所在的阶段时，该步处于活动状态，称该步为"活动步"。步处于活动状态时，相应的动作被执行；处于不活动状态时，相应的非存储型动作被停止执行（输出元件为 OFF 状态）。对于存储型动作，当由活动步转为不活动步时，动作继续，直到动作被复位为止。

4）有向连线

在顺序功能图中把每一步按照它们成为活动步的先后顺序用直线连接起来。步的活动状态习惯的进展方向是从上到下或者从左到右，在这两个方向的有向连线上的箭头可以省略。如果不是上述方向，应在有向连线上用箭头标明进展方向。如果在画图时有向连线必须中断，应该在有向连线中断之处标明下一步的标号和所在的页数。

5）转换和转换条件

转换表示从一个状态到另一个状态的变化，即从一步转移到另一步。用有向连线表示转移的方向，在两步之间的有向连线上再用一段短的横线表示这个转移，成为转换。与转换对应的相关逻辑条件是转换条件，当此条件成立时，称为条件使能。转换条件是指系统从一个状态向下一个状态转移到必要条件。

转换实现的条件有：该转换所有的前级步都是活动步；相应的转换条件得到满足。

转换完成后的操作是：使所有由有向连线与相应转换符号相连的后续步都变为活动步；使所有由有向连线与相应转换符号相连的前级步都变为不活动步。

2. 顺序功能图的画法

如图 3.1.2 所示，控制锅炉的波形图给出了控制锅炉的鼓风机和引风机的要求。按下了启动键 I0.0 之后，应先启动引风机，延时 12 s 后再启动鼓风机。按下了停止键 I0.1 之后，应先停止鼓风机，10 s 之后再停止引风机。根据 Q0.0 和 Q0.1 ON/OFF 的状态变化，在一个工作周期里可以分为三步，分别用 M0.1~M0.3 来代表这三步，还应设置一个等待启动的初始步，用 M0.0 表示。在系统的顺序功能图中，用矩形方框表示各步，方框中的数字表示该步的编号，可以用代表该步的编程元件的地址作为步的编号，这样在依据顺序功能图设计梯形图时较为方便。

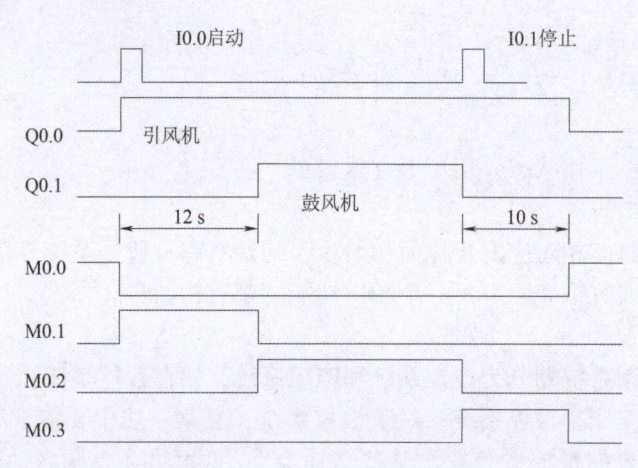

图 3.1.2 控制锅炉的波形图

在顺序功能图 3.1.3（a）中注明了相关的要素，输出点没有使用置位和复位指令，属于非存储型的动作。由控制要求可知 M0.1~M0.3 步引风机都工作，则在图 3.1.3（a）中 M0.1~M0.3 的三步都有 Q0.0 的输出动作。而在图 3.1.3（b）中使用了置位和复位指令控制存储型动作。M0.0 初始步用的是复位指令将 Q0.0 的输出复位。在 M0.1 这步用的是置位指令将 Q0.0 置位为 1，由于置位指令有保持功能，所以在 M0.2 和 M0.3 两步中不需要写出 Q0.0 输出。实际上在这两步转换为不活动状态时，Q0.0 的动作仍然是继续的，直到 M0.0 初始步接通，Q0.0 的动作才被复位。

3. 顺序功能图的基本结构

1）单序列

单序列顺序功能图是由一系列相继触发的步组成的，每一步后面都只有一个转换，每一个转换后面也只有一个步。图 3.1.3 就是单序列的顺序功能图。

2）选择序列

图 3.1.4 所示为选择分支开始，图 3.1.5 所示为选择分支结束。

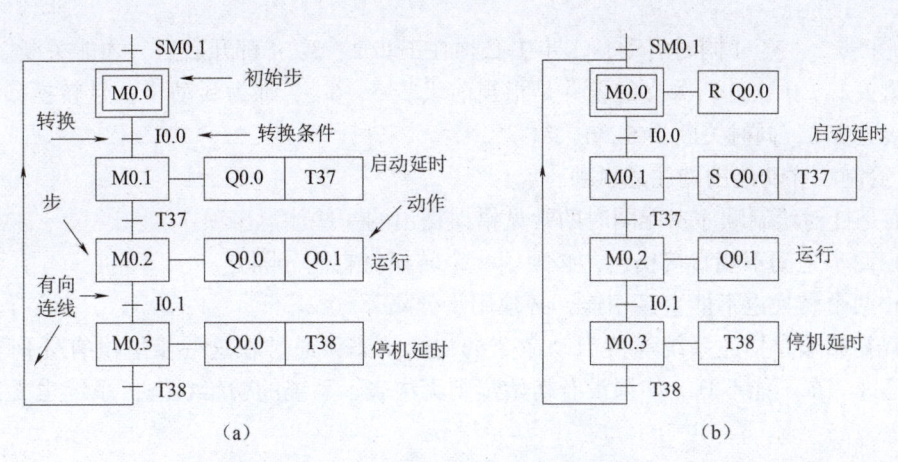

图 3.1.3　锅炉控制顺序功能图
(a) 非存储型动作的顺序功能图；(b) 存储型动作的顺序功能图

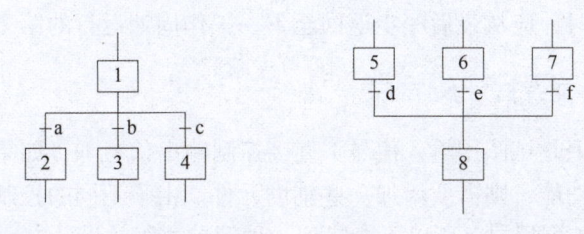

图 3.1.4　选择分支开始　　　**图 3.1.5　选择分支结束**

选择分支开始是指一个前级步后面紧接着若干个后续步可供选择，各分支都有各自的转换条件，在图中则表示为代表转换条件的短画线在各自分支中。

选择分支结束，又称选择分支合并，是指几个选择分支在各自的转换条件成立时转换到一个公共步上。

在图 3.1.4 中，假设 1 为活动步，若转换条件 a=1，则执行工步 2；若转换条件 b=1，则执行工步 3；若转换条件 c=1，则执行工步 4。即哪个条件满足，则选择相应的分支，同时关断上一步。选择序列只能允许选择其中一个分支。

在图 3.1.5 中，如果步 5 为活动步，转换条件 d=1，则工步 5 向工步 8 转换；如果步 6 为活动步，转换条件 e=1，则工步 6 向工步 8 转换；如果步 7 为活动步，转换条件 f=1，则工步 7 向工步 8 转换。

3) 并行序列

图 3.1.6 所示为并行分支的开始，图 3.1.7 所示为并行分支的结束，也称合并。

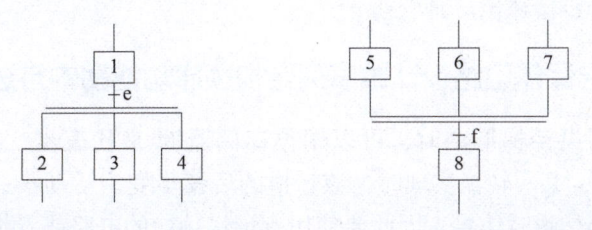

图 3.1.6　并行分支的开始　　　**图 3.1.7　并行分支的结束**

并行分支的开始是指当转换条件实现后，同时使多个后续步激活。为了强调转换的同步实现，水平连线用双线表示。在图 3.1.6 中，当工步 1 处于激活状态时，若转换条件

e=1，则工步2、3、4同时启动，工步1必须在工步2、3、4都开启后，才能关断。

在图3.1.7中，并行分支的合并是指当前级步5、6、7都为活动步，且转换条件f成立时，接通步8，同时关断步5、6、7。

4）绘制顺序功能图的注意事项

下面是针对绘制顺序功能图时的常见错误提出的一些注意事项：

（1）两步之间不能直接相连，必须用一个转换将它们分隔开。

（2）两个转换也不能直接相连，必须用步分隔开。

（3）初始步是描述系统等待启动命令的初始状态，通常在这一步里没有任何输出动作。但是这一步不能不画，如果没有初始步则无法表示系统的初始状态，系统也无法返回停止状态。

（4）自动控制系统应能多次重复执行同一工艺过程，因此顺序功能图应是一个闭环。单周期操作中，完成一次工艺过程之后，应从最后一步返回初始步，系统停留在初始状态。在连续工作方式时，应从最后一步返回至下一工作周期运行的第一步。

3.1.3 顺序控制设计法的特点

经验设计法实际上是试图用输入信号I直接控制输出信号Q，如果无法直接控制，为了实现记忆、互锁等功能，则需要增加一些辅助元件。由于不同的控制系统的输出量Q和输入量I之间的关系各不相同，所以不能找到一种简单通用的设计方法。

顺序控制设计法是用输入量I控制代表各步编程元件（如内部位存储器M或者是顺序控制继电器S），再用它们控制输出量Q。步是根据输出量Q的状态划分的，M或S与Q之间具有简单的"与"或相等的逻辑关系，输出电路的设计相对经验设计法简单很多。任何复杂系统代表的各步的M、S存储器位的控制电路，其设计方法都是相同的，并且容易掌握，所以顺序控制设计法具有简单、规范、通用的优点。

3.1.4 顺序功能图转换为梯形图的方法

根据控制系统的工艺要求画出顺序功能图后，需要将顺序功能图转化为PLC能执行的梯形图程序。转换的方法有三种：

（1）采用启保停电路设计方法。

（2）采用置位（S）、复位（R）指令的设计方法。

（3）采用顺序控制继电器（SCR）指令的设计方法。

在此项目中将重点讲述第一种方法。

3.1.5 采用启保停电路设计单序列结构顺序功能图的方法

根据顺序功能图设计梯形图时，可以用位存储器M来代表步。某一步为活动步时，对应的存储器位为1，某一转换实现时，该转换的后续步变为活动步，前级步变为不活动步。许多转换条件都是瞬时信号，因此要使用有记忆功能的电路或者指令来控制代表各步的存储器位。

下面通过图3.1.3（a）介绍使用启保停电路设计方法对单序列结构的顺序功能图进行程序设计的方法。画出的单序列梯形图程序如图3.1.8所示。以初始步M0.0为例，由顺序功能图可知：M0.3 是它的前级步，两者之间的转换条件是 T38 常开触点，所以将 M0.3 和 T38 的常开触点串联，作为 M0.0 的启动条件。在给 PLC 刚接通电时系统应处于初始状态，应将 M0.0 置为 ON，否则系统无法工作，故将仅在第一个扫描周期接通的 SM0.1 常开触点与启动电路并联。M0.0 的后续步是 M0.1，用 M0.1 的常闭触点与 M0.0 的线圈串联，当 M0.1 接通为 ON 时，M0.0 的线圈"断电"，初始步变为不活动步。

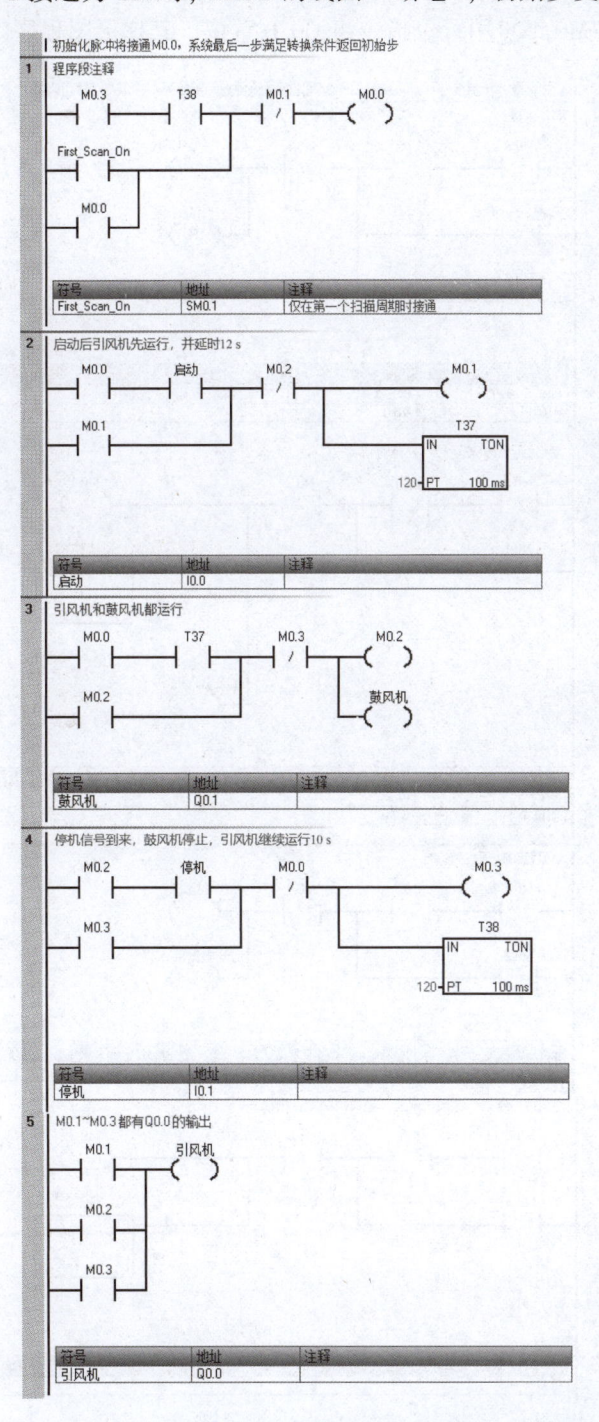

图 3.1.8　鼓风机和引风机非存储型动作输出的顺序控制梯形图程序

网络3中的Q0.1仅在M0.2步为ON，这时可以将Q0.1与M0.2的线圈并联。当某一输出点在多步中都为ON时，应将各有关步的常开触点并联来驱动该输出点的线圈。网络5中的输出点Q0.0在M0.1、M0.2、M0.3这三步中均有动作输出，则用M0.1、M0.2、M0.3的常开触点并联来驱动Q0.0的线圈。

根据图3.1.3（b）的顺序功能图，Q0.0的输出为存储型动作，在M0.0步用复位指令将Q0.0复位，在M0.1步用置位指令将Q0.0置位，其梯形图程序如图3.1.9所示。

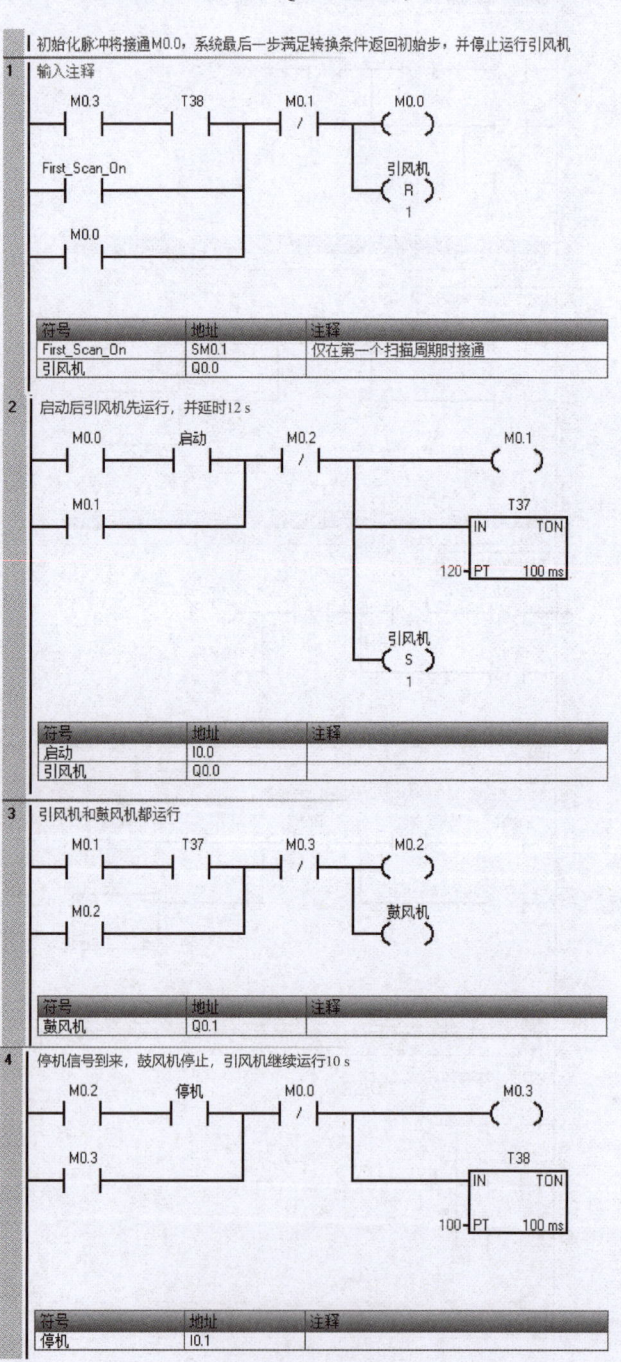

图3.1.9　鼓风机和引风机存储型动作输出的顺序控制梯形图程序

任务实施

1. 任务分析

分析控制要求可见，该项任务中的冲压设备运行属于典型的顺序控制，可以采用经验设计法设计，也可以采用顺序控制的设计方法编写程序。而采用顺序控制法更容易理解，同时也提高了程序设计的效率。在这个项目中，将重点介绍顺序控制方法及顺序功能图的绘制。

2. I/O 地址分配

根据上述任务分析，对输入/输出量进行分配，如表 3.1.1 所示。

表 3.1.1　I/O 地址分配

信号类型	描述	PLC 地址
DI	SB 启动按钮	I0.0
	SQ1 右限位开关	I0.1
	SQ2 下限位开关	I0.2
	SQ3 上限位开关	I0.3
	SQ4 左限位开关	I0.4
DO	Y1 夹紧电磁阀线圈	Q0.0
	KM1 右行继电器线圈	Q0.1
	KM2 左行继电器线圈	Q0.2
	KM3 下行继电器线圈	Q0.3
	KM4 上行继电器线圈	Q0.4
	Y2 放松电磁阀线圈	Q0.5

3. 外部硬件接线图

本任务实施采用 S7-200 SMART CPU SR40（AC/DC/RLY，交流电源/直流输入/继电器输出）进行接线和编程调试，外部硬件接线图如图 3.1.10 所示。

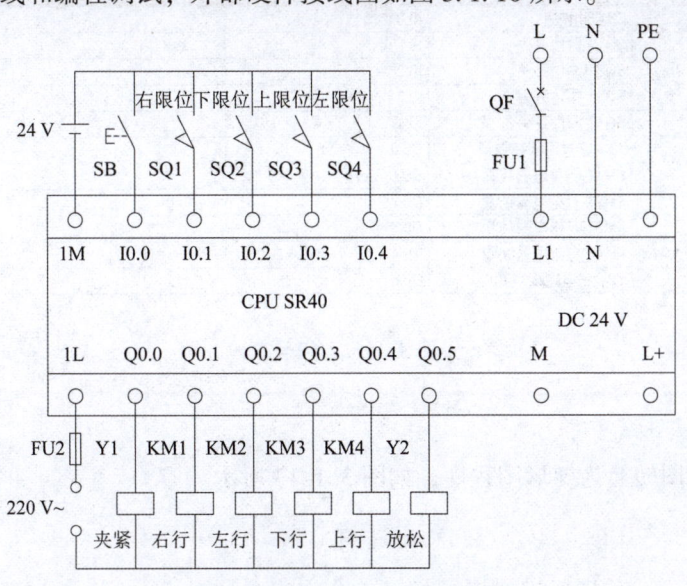

图 3.1.10　外部硬件接线图

4. 绘制顺序功能图

根据控制要求，绘制冲床控制系统的顺序功能图，如图 3.1.11 所示。

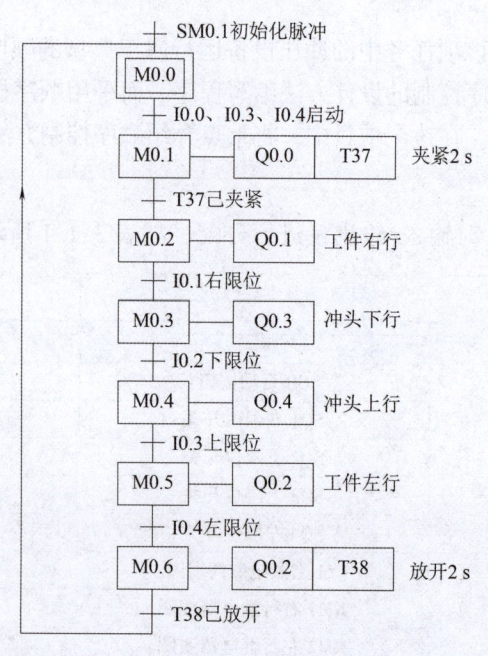

```
    ┌─ SM0.1初始化脉冲
    │   ┌─────┐
    │   │ M0.0│
    │   └─────┘
    │    ─ I0.0、I0.3、I0.4启动
    │   ┌─────┐  ┌─────┐  ┌───┐
    │   │ M0.1│──│ Q0.0│──│T37│  夹紧2 s
    │   └─────┘  └─────┘  └───┘
    │    ─ T37已夹紧
    │   ┌─────┐  ┌─────┐
    │   │ M0.2│──│ Q0.1│  工件右行
    │   └─────┘  └─────┘
    │    ─ I0.1右限位
    │   ┌─────┐  ┌─────┐
    │   │ M0.3│──│ Q0.3│  冲头下行
    │   └─────┘  └─────┘
    │    ─ I0.2下限位
    │   ┌─────┐  ┌─────┐
    │   │ M0.4│──│ Q0.4│  冲头上行
    │   └─────┘  └─────┘
    │    ─ I0.3上限位
    │   ┌─────┐  ┌─────┐
    │   │ M0.5│──│ Q0.2│  工件左行
    │   └─────┘  └─────┘
    │    ─ I0.4左限位
    │   ┌─────┐  ┌─────┐  ┌───┐
    │   │ M0.6│──│ Q0.2│──│T38│  放开2 s
    │   └─────┘  └─────┘  └───┘
    │    ─ T38已放开
    └────┘
```

图 3.1.11 冲床控制系统的顺序功能图

5. 编辑 PLC 符号表

根据任务分析，编辑符号表，如图 3.1.12 所示。

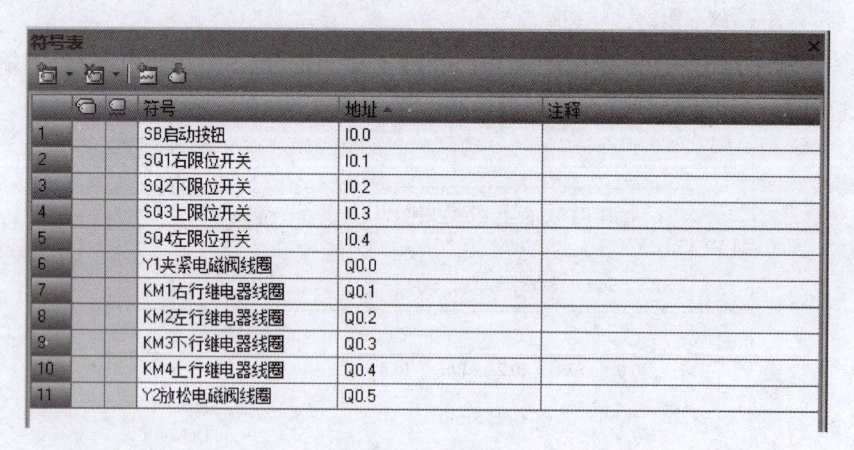

	符号	地址	注释
1	SB启动按钮	I0.0	
2	SQ1右限位开关	I0.1	
3	SQ2下限位开关	I0.2	
4	SQ3上限位开关	I0.3	
5	SQ4左限位开关	I0.4	
6	Y1夹紧电磁阀线圈	Q0.0	
7	KM1右行继电器线圈	Q0.1	
8	KM2左行继电器线圈	Q0.2	
9	KM3下行继电器线圈	Q0.3	
10	KM4上行继电器线圈	Q0.4	
11	Y2放松电磁阀线圈	Q0.5	

图 3.1.12 符号表

6. 设计梯形图程序

将顺序功能图转换为梯形图程序，如图 3.1.13 所示。

1 系统初始步

符号	地址	注释
First_Scan_On	SM0.1	仅在第一个扫描周期时接通

2 夹紧并延时

符号	地址	注释
SB启动按钮	I0.0	
SQ1右限位开关	I0.1	
SQ2下限位开关	I0.2	
Y1夹紧电磁阀线圈	Q0.0	

3 工件右行

符号	地址	注释
KM1右行继电器线圈	Q0.1	

4 冲头下行

符号	地址	注释
KM3下行继电器线圈	Q0.3	
SQ4左限位开关	I0.4	

5 冲头上行

符号	地址	注释
KM4上行继电器线圈	Q0.4	
SQ3上限位开关	I0.3	

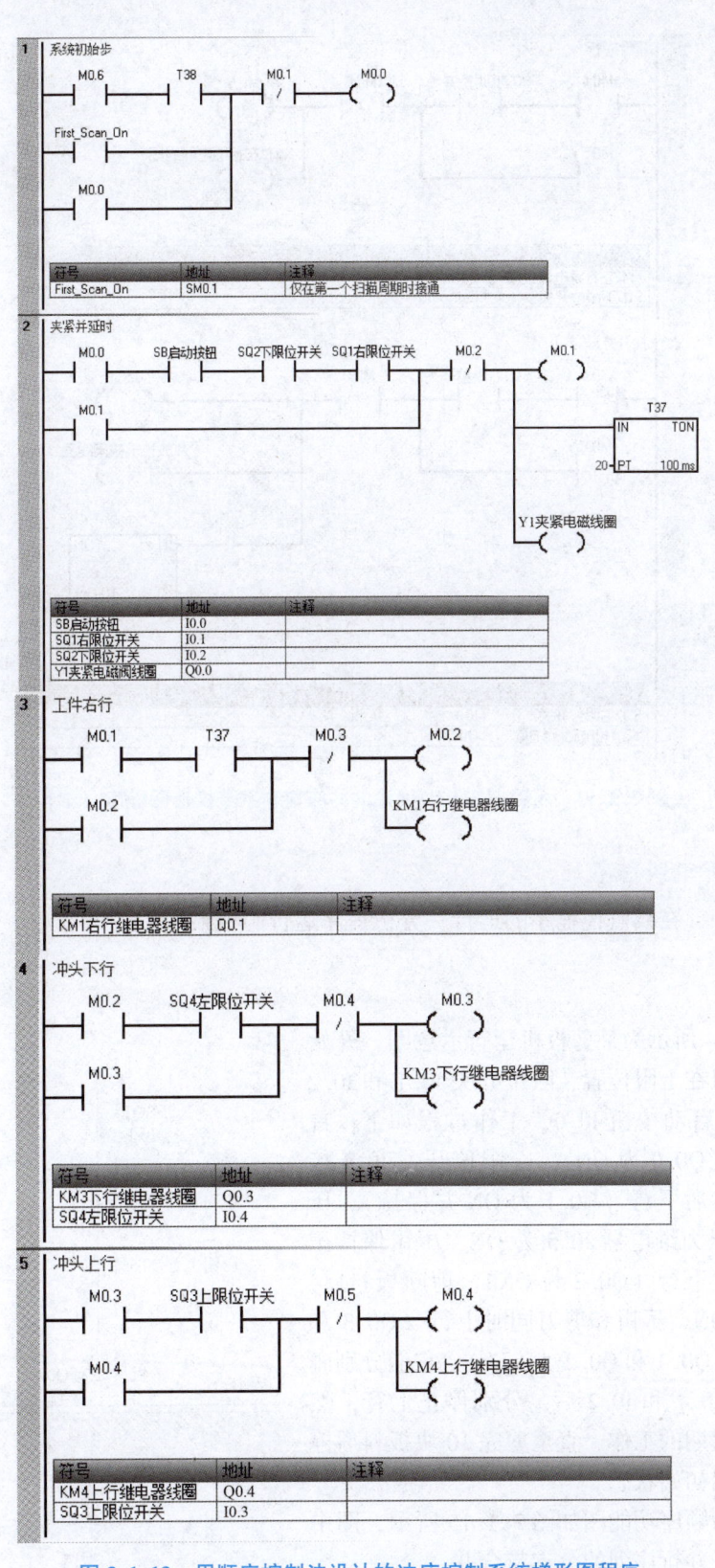

图 3.1.13　用顺序控制法设计的冲床控制系统梯形图程序

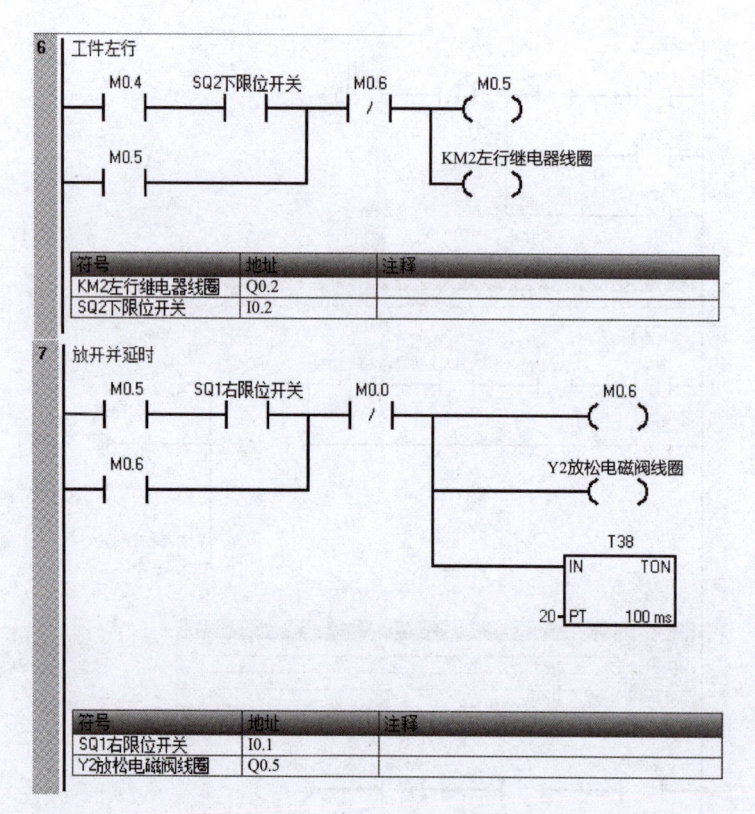

图 3.1.13 用顺序控制法设计的冲床控制系统梯形图程序（续）

7. 运行并调试程序

下载程序，在线监控程序的运行，分析程序运行的结果。

拓展提升

图 3.1.14 所示为某剪板机运行示意图，开始时压钳和剪刀在上限位置，限位开关 I0.1 和 I0.2 为 ON。按下启动按钮 I0.0，工作过程如下：首先板料右行（Q0.0 为 ON），至限位开关 I0.4 接通后停止，然后下行（Q0.1 为 ON 并保持），压紧板料后，压力继电器 I0.5 为 ON，压钳保持压紧，剪刀开始下行（Q0.2 为 ON）。剪断板料后，I0.3 接通为 ON，压钳和剪刀同时上行（Q0.3 和 Q0.4 为 ON，Q0.1 和 Q0.2 为 OFF），它们分别碰到限位开关 I0.1 和 I0.2 后，分别停止上行，然后开始下一周期的工作，直至剪完 10 块板料后停止工作并回到初始状态。

剪板机的顺序功能图如图 3.1.15 所示，图中有选择序列、并行序列的分支与合并。

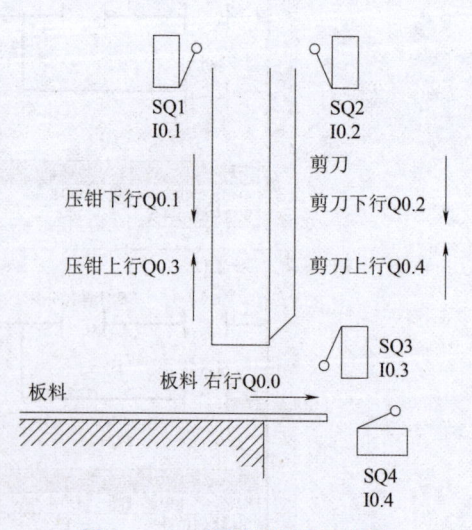

图 3.1.14 剪板机运行示意图

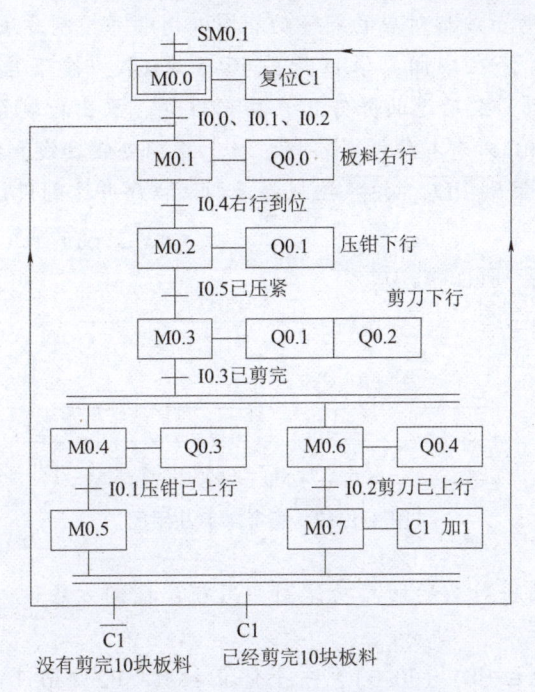

```
           SM0.1
            ┼
         ┌─────┐   ┌──────┐
         │ M0.0│───│复位C1│
         └─────┘   └──────┘
          ─┼─ I0.0、I0.1、I0.2
         ┌─────┐   ┌─────┐
         │ M0.1│───│ Q0.0│  板料右行
         └─────┘   └─────┘
          ─┼─ I0.4右行到位
         ┌─────┐   ┌─────┐
         │ M0.2│───│ Q0.1│  压钳下行
         └─────┘   └─────┘
          ─┼─ I0.5已压紧                剪刀下行
         ┌─────┐   ┌─────┐   ┌─────┐
         │ M0.3│───│ Q0.1│───│ Q0.2│
         └─────┘   └─────┘   └─────┘
          ─┼─ I0.3已剪完
  ┌─────┐   ┌─────┐         ┌─────┐   ┌─────┐
  │ M0.4│───│ Q0.3│         │ M0.6│───│ Q0.4│
  └─────┘   └─────┘         └─────┘   └─────┘
   ─┼─ I0.1压钳已上行         ─┼─ I0.2剪刀已上行
  ┌─────┐                   ┌─────┐   ┌─────┐
  │ M0.5│                   │ M0.7│───│C1 加1│
  └─────┘                   └─────┘   └─────┘
     ─┼─ C̄1                   ─┼─ C1
   没有剪完10块板料         已经剪完10块板料
```

图 3.1.15　剪板机的顺序功能图

从根据控制要求画出的顺序功能图分析可知：步 M0.0 是初始步，加计数器 C1 用来控制剪料的次数，每次工作循环中 C1 的当前值加 1。没有剪完 10 块板料时，C1 的当前值小于预置值 10，其常闭触点闭合，转换条件 $\overline{C1}$ 满足，将返回步 M0.1，重新开始下一周期的工作。剪完 10 块板料后，C1 的当前值等于设定值 10，其常开触点闭合，转换条件 C1 满足，将返回初始步 M0.0，等待下一次启动命令。

步 M0.5 和 M0.7 是等待步，它们用来同时结束两个并行序列。只要步 M0.5 和 M0.7 都是活动步，当转换条件满足时，就会发生步 M0.5 和 M0.7 到步 M0.0 或者 M0.1 的转换，步 M0.5、M0.7 同时变为不活动步，而步 M0.0 或 M0.1 变为活动步。

思考练习

1. 构成顺序功能图的基本要素有哪几项？
2. 顺序功能图的基本结构有哪些？
3. 转换实现的条件是什么？转换实现时应完成哪些操作？
4. 画出图 3.1.16 所示波形对应的顺序功能图。

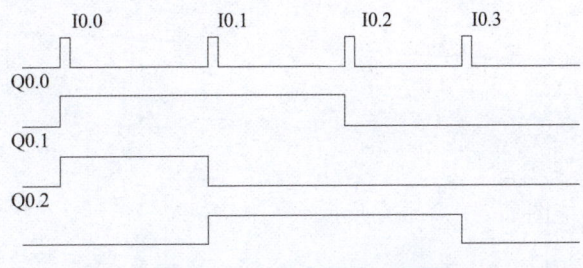

图 3.1.16　思考练习 4 用图

5. 画出图 3.1.17 所示波形对应的顺序功能图并用顺序控制方法设计梯形图程序。

小车在初始状态时停在中间，限位开关 I0.2 为 ON，按下启动按钮 I0.0，小车按图 3.1.17 所示顺序运动，最后返回并停止在初始位置。画出控制系统的顺序功能图，并根据控制要求，画出 PLC 外部接线图并在模拟板上正确安装接线，编写梯形图程序及指令语句表。正确编写并下载到 PLC，按照控制要求调试程序并达到设计要求。

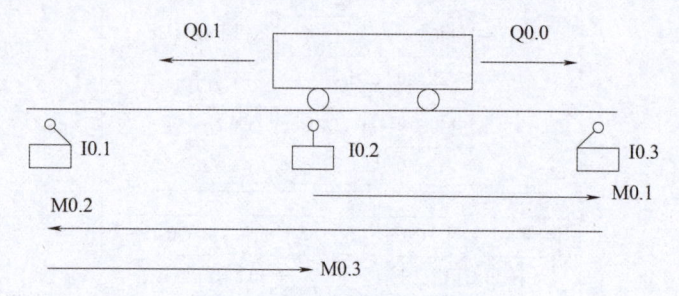

图 3.1.17　思考练习 5 用图

6. 根据控制要求画出对应的顺序功能图，用顺序控制方法设计梯形图程序，并在实验面板上模拟调试运行。

设备：一个启动按钮 SB1（I0.0），一个停止按钮 SB2（I0.1），一个手动排水按钮 SB3（I0.2），高水位开关 SL1（I0.3），低水位开关 SL2（I0.4）；进水电磁阀 YV1（Q0.0）、电动机正转接触器 KM1（Q0.1）、电动机反转接触器 KM2（Q0.2）、排水电磁阀 YV2（Q0.3）、脱水电磁离合器 YC1（Q0.4）。

控制要求：

（1）按下启动按钮开始注水，注水直到高水位开关接通，关水。

（2）2 s 后开始洗涤。洗涤时，正转 30 s，停 2 s，然后反转 30 s，停 2 s。

（3）如此循环 5 次后开始排水，水位下降至低水位开关由接通变断开时，开始脱水 30 s 并继续排水（脱水离合器合上，由电动机带动脱水筒正转甩干），即完成一次从进水到脱水的大循环过程。

（4）重复第（2）、（3）项，大循环共执行 3 次。

（5）大循环执行完成后，报警器（Q0.5）6 s 后结束全部过程并自动停机。

（6）按停止按钮可以实现停止进水、排水、脱水及报警；洗衣机停止工作之后，可以按下排水按钮以实现手动排水。

考核要求：根据给定的控制要求，给出 I/O 点的分配情况，并画出 PLC 控制 I/O 接线图，在模拟板上正确安装接线。画出顺序功能图，根据控制要求编写梯形图程序及指令语句程序，下载程序并调试运行。

学习评价

冲床冲压工件的 PLC 控制任务学习评价如表 3.1.2 所示。

表 3.1.2　冲床冲压工件的 PLC 控制任务学习评价

学习成果			评分表	
学习内容	出现的问题和解决方法	主要收获	学习小组评分	教师评分
能判断顺序功能图的基本结构（5%）				
能正确绘制顺序功能图（20%）				
能采用启保停电路设计方法编写顺序控制程序（50%）				
能完成程序的编写和下载、运行调试（25%）				

任务 3.2　钻孔专用机床的 PLC 控制

任务目标

知识目标

1. 掌握采用 S、R 指令设计单序列结构顺序功能图的方法。
2. 熟悉采用 S、R 指令设计选择序列和并行序列结构顺序功能图的方法。

技能目标

1. 能够采用 S、R 指令设计单序列结构顺序功能图，完成程序编制、下载、运行调试。
2. 能够采用 S、R 指令设计选择序列和并行序列结构顺序功能图，完成程序编制、下载、运行调试。

素养目标

1. 养成积极主动、认真负责的劳动态度。
2. 养成具有创新思维的良好职业素养。

任务描述

在该项任务中学习使用 S、R 指令设计顺序控制程序，并要求熟悉顺序控制设计方法。

某专用钻床用来加工圆盘状零件上均匀分布的 6 个孔，如图 3.2.1 所示。开始自动运行时两个钻头在最上面的位置，限位开关 I0.3 和 I0.5 为接通 ON。操作人员放好工件后，按下启动按钮 I0.0，Q0.0 变为接通 ON，工件被夹紧，夹紧后压力继电器 I0.1 为接通 ON，Q0.1 和 Q0.3 使两个钻头同时工作，分别钻到由限位开关 I0.2 和 I0.4 设定的深度时，Q0.2 和 Q0.4 使两钻头分别上行，升到限位开关 I0.3 和 I0.5 设定的起始位置时，分别停止上行，预置值为 3 的计数器 C0 当前值加 1。两钻头都上升到位后，若没有钻完 3 对孔，C0 的常闭触点闭合，Q0.5 使得工件旋转 120°。旋转到位时限位开关 I0.6 为接通 ON，旋转结束后又开始第 2 对孔的加工。3 对孔都钻完后，计数器的当前值等于设定值 3，C0 的常开触点闭合，Q0.6 接通使工件松开，松开到位时，限位开关 I0.7 为接通 ON，系统返回初始状态。

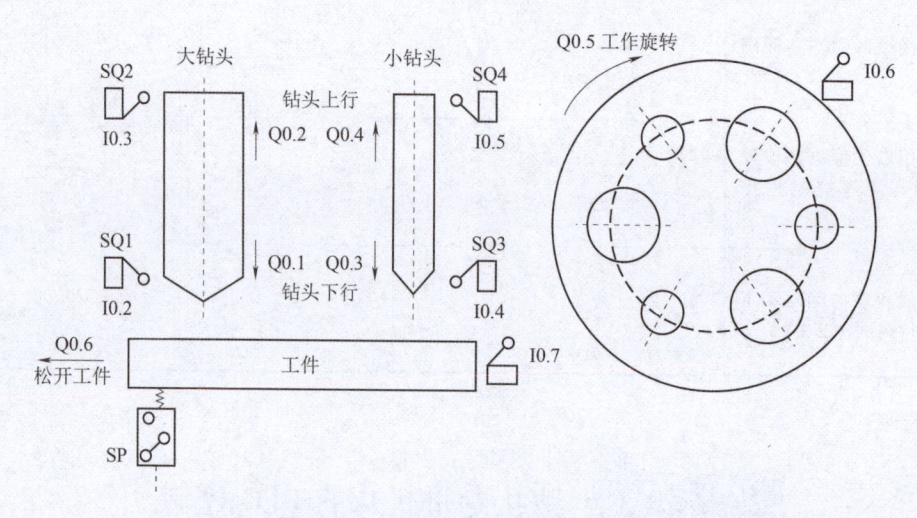

图 3.2.1 钻孔专用机床控制示意图

知识储备

3.2.1 使用 S、R 指令设计单序列顺序控制程序法

1. 使用 S、R 指令设计顺序控制程序的基本思路

在使用 S、R 指令编程方法时，用该转换所有前级步对应的存储器位的常开触点与转换对应的触点或电路串联，该串联电路就是启保停电路设计方法中的启动电路，用它来作为所有后续步对应的存储器位置位（使用置位指令）和使所有前级步对应的存储器位复位（使用复位指令）的条件。代表步的存储器位的控制电路都可以用这一原则来设计，每一个转换对应一个这样的控制置位和复位的电路块，有多少个转换就有多少个这样的电路块。这种设计方法特别有规律，梯形图与转换实现的基本规则之间有着严格的对应关系，在设计复杂的顺序功能图的梯形图程序时，既容易掌握又不容易出错。

2. 使用 S、R 指令设计顺序控制程序的梯形图

根据图 3.1.3（a）的锅炉控制顺序功能图，用 S、R 指令的方法设计梯形图程序，如图 3.2.2 所示。

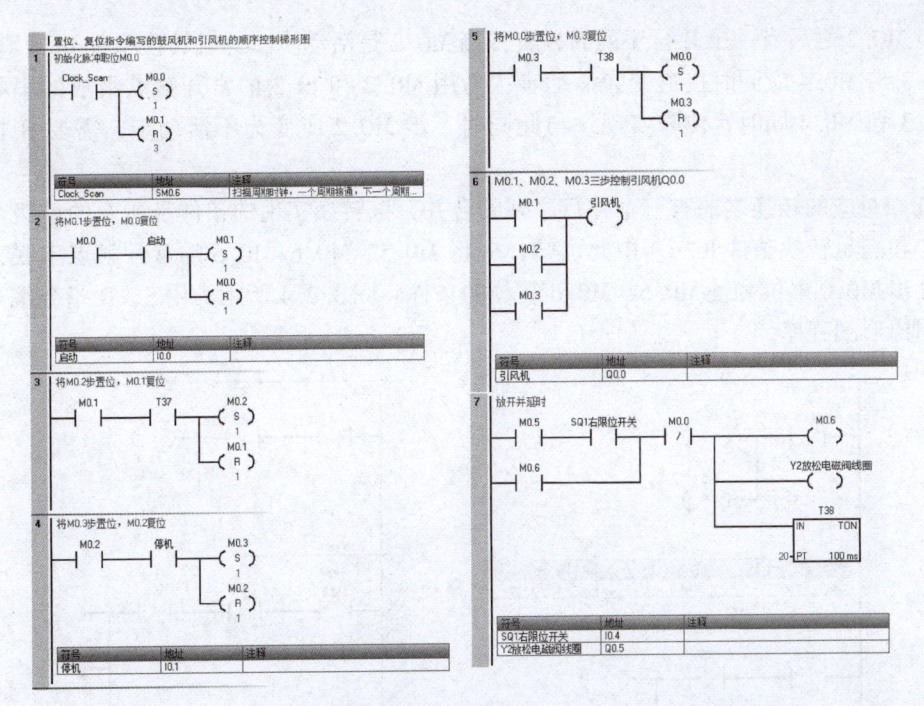

图 3.2.2 S、R 指令编写的鼓风机和引风机的顺序控制梯形图程序

3.2.2 使用 S、R 指令设计选择序列和并行序列顺序功能图的编程方法

图 3.2.3 所示为一个包含选择序列和并行序列的顺序功能图。除了 I0.3 和 I0.6 对应的转换以外，其余的转换均与并行序列无关，I0.0、I0.1、I0.2 对应的转换与选择序列的分支、合并有关，它们都只有一个前级步和一个后续步。与并行序列无关的转换对应的梯形图是非常标准的，每一个控制置位、复位的电路块都由前级步对应的一个存储器位的常开触点和转换条件对应的触点组成的串联电路、一条 S 指令和一条 R 指令组成。

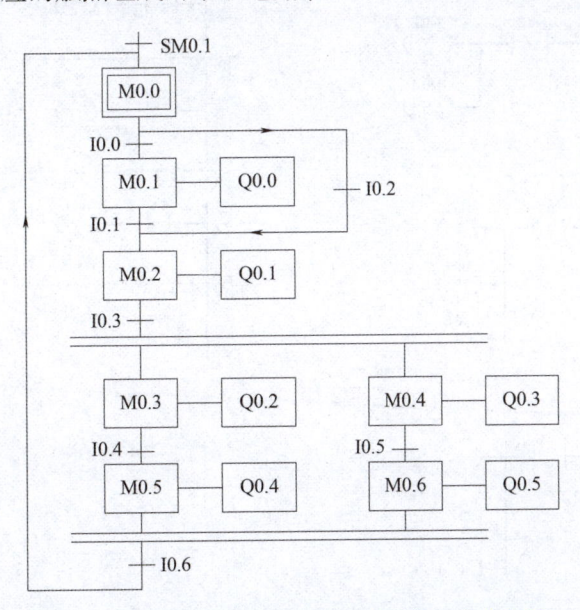

图 3.2.3 包含选择序列和并行序列的顺序功能图

步 M0.2 之后有一个并行序列的分支，当 M0.2 是活动步，并且转换条件 I0.3 满足时，步 M0.3 与 M0.4 应同时接通变为活动步，需用 M0.2 和 I0.3 的常开触点组成的串联电路使 M0.3 和 M0.4 同时置位来实现。与此同时，步 M0.2 应变为不活动步，需要 R 指令来实现。

I0.6 对应的转换之前有一个并行序列的合并，该转换实现的条件是所有的前级步都是活动步和满足转换条件 I0.6。由此可知，应将 M0.5、M0.6、I0.6 的常开触点串联，作为使后续步 M0.0 置位和使 M0.5、M0.6 复位的条件。图 3.2.4 所示为用 S、R 指令编写的顺序控制梯形图程序。

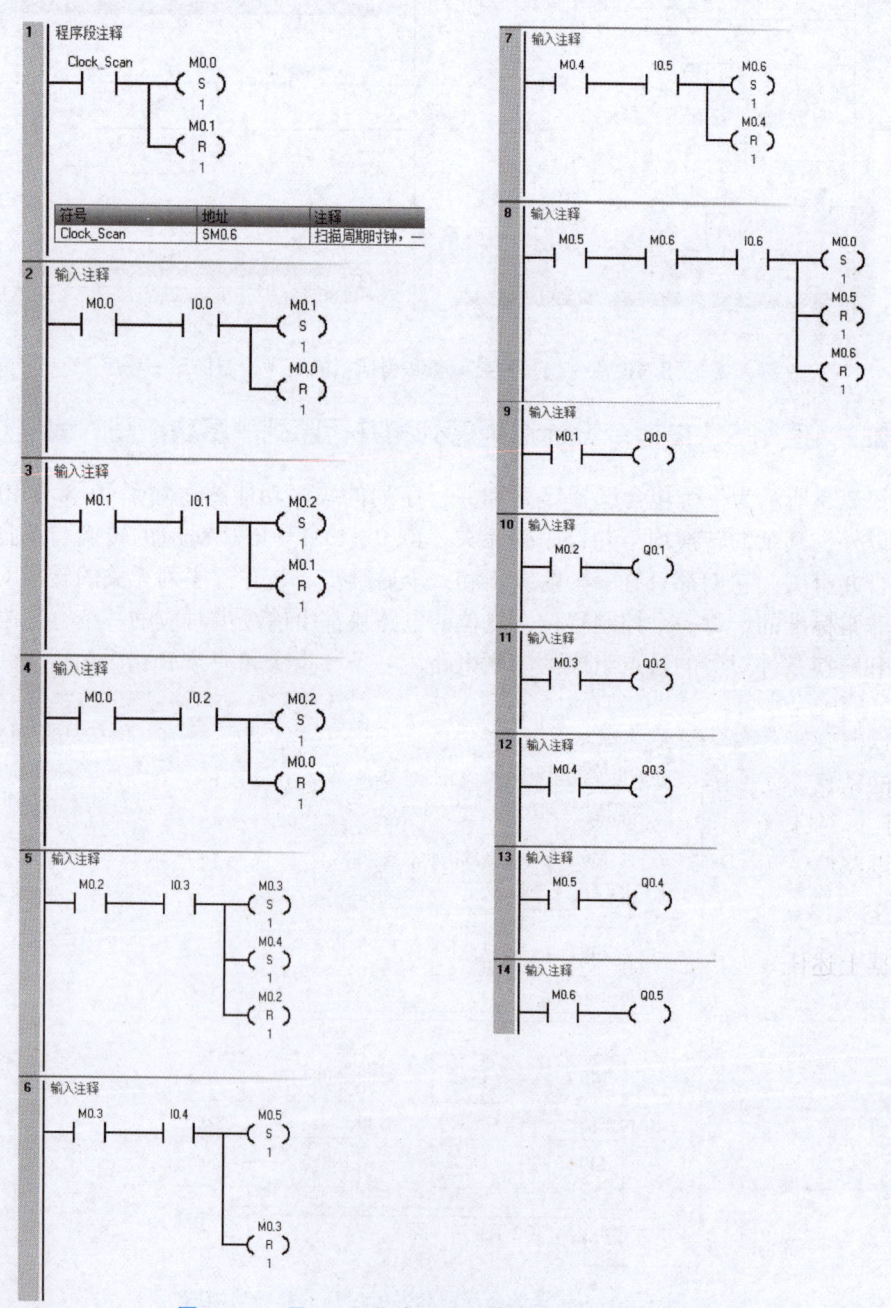

图 3.2.4　用 S、R 指令编写的顺序控制梯形图程序

某些控制要求有时需要并行序列的合并与并行序列的分支由一个转换条件同步实现，如图 3.2.5（a）所示，转换条件的上面是并行序列的合并，转换条件的下面是并行序列的分支，该转换实现的条件是所有前级步 M2.0 和 M2.1 都是活动步和转换条件 I0.5+I0.6 接通为 ON。因此，应将 I0.5 和 I0.6 的常开触点并联后再与 M2.0、M2.1 的常开触点串联，作为 M2.2、M2.3 置位和 M2.0、M2.1 复位的条件。其梯形图如图 3.2.5（b）所示。

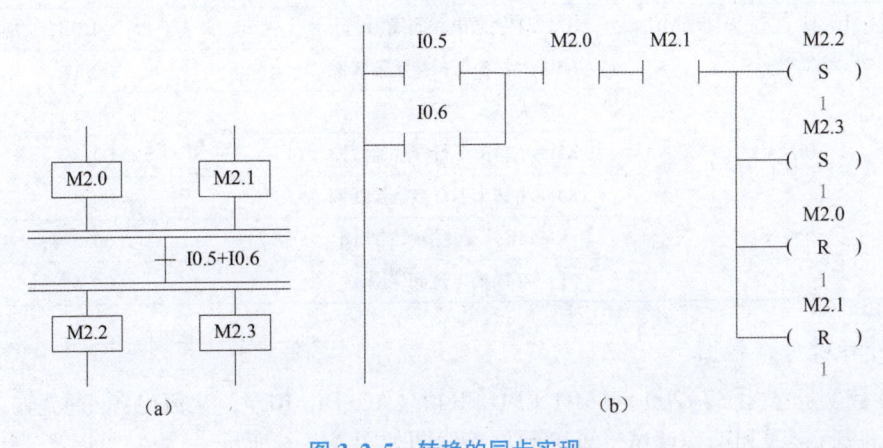

图 3.2.5 转换的同步实现
(a) 并行序列合并顺序功能图；(b) 梯形图

任务实施

1. 任务分析

分析控制要求，大小两个钻头的上行和下行分别用交流接触器 KM1（大钻头下行）、KM2（大钻头上行）、KM3（小钻头下行）、KM4（小钻头上行）来控制。工件的夹紧和放松用双线圈电磁阀控制，分别是用 Y1（夹紧）和 Y2（放松）电磁阀。交流接触器 KM5 控制工件的旋转。大钻头钻孔的深度由限位开关 SQ1 控制，SQ2 控制大钻头的初始位置；小钻头的钻孔深度由限位开关 SQ3 控制，SQ4 控制小钻头的初始位置。夹紧时压力继电器 SP 接通，工件旋转到位用 SQ5 控制，松开工件到位用限位开关 SQ6 控制。任务 3.1 使用启保停电路设计顺序控制程序，本任务将介绍使用 S、R 指令编程的顺序控制程序。

2. I/O 地址分配

根据上述任务分析，对输入/输出量进行分配，如表 3.2.1 所示。

表 3.2.1 I/O 地址分配

信号类型	描述	PLC 地址
DI	SB 启动按钮	I0.0
	SP 压力继电器开关	I0.1
	SQ1 大钻头下限位开关	I0.2
	SQ2 大钻头上限位开关	I0.3

续表

信号类型	描述	PLC 地址
DI	SQ3 小钻头下限位开关	I0.4
	SQ4 小钻头上限位开关	I0.5
	SQ5 旋转到位限位开关	I0.6
	SQ6 松开工件限位开关	I0.7
DO	Y1 夹紧电磁阀线圈	Q0.0
	KM1 大钻头下行接触器线圈	Q0.1
	KM2 大钻头上行接触器线圈	Q0.2
	KM3 小钻头下行接触器线圈	Q0.3
	KM4 小钻头上行接触器线圈	Q0.4
	KM5 工件旋转接触器线圈	Q0.5
	Y2 放松电磁阀线圈	Q0.6

3. 外部硬件接线图

本任务实施采用 S7-200 SMART CPU SR40（AC/DC/RLY，交流电源/直流输入/继电器输出）进行接线和编程调试，外部硬件接线图如图 3.2.6 所示。

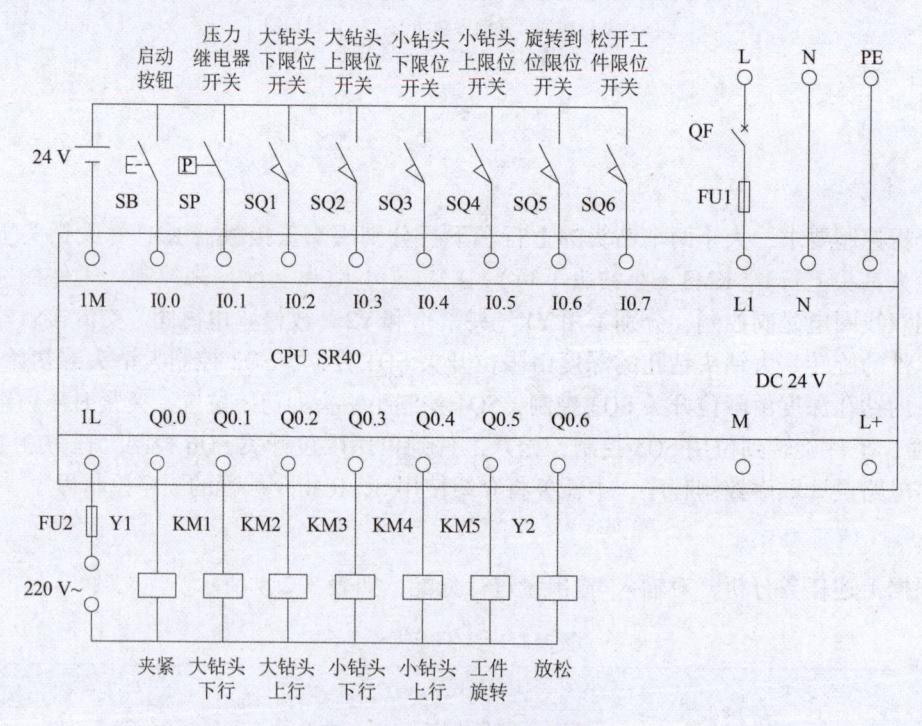

图 3.2.6 外部硬件接线图

4. 绘制顺序功能图

根据控制要求，绘制出冲床控制系统的顺序功能图，如图 3.2.7 所示。

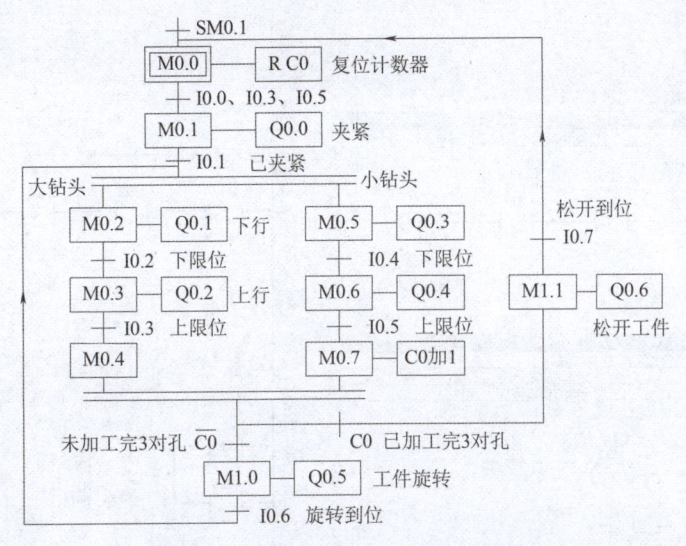

```
            ┬ SM0.1
        ┌─[M0.0]─[R C0]  复位计数器
        │   ┬ I0.0、I0.3、I0.5
        │  [M0.1]─[Q0.0]  夹紧
        │   ┬ I0.1  已夹紧
        │ 大钻头         小钻头              松开到位
        │                                  ┬ I0.7
        │  [M0.2]─[Q0.1] 下行    [M0.5]─[Q0.3]
        │   ┬ I0.2  下限位        ┬ I0.4  下限位
        │  [M0.3]─[Q0.2] 上行    [M0.6]─[Q0.4]    [M1.1]─[Q0.6]
        │   ┬ I0.3  上限位        ┬ I0.5  上限位   松开工件
        │  [M0.4]                [M0.7]─[C0加1]
        │
        │ 未加工完3对孔 C̄0    C0 已加工完3对孔
        │        [M1.0]─[Q0.5]  工件旋转
        │         ┬ I0.6  旋转到位
```

图 3.2.7　钻床控制系统的顺序功能图

5. 编辑 PLC 符号表

根据任务分析编辑符号表，如图 3.2.8 所示。

	符号	地址	注释
1	SB	I0.0	启动按钮
2	SP	I0.1	压力继电器开关
3	SQ1	I0.2	大钻头下限位开关
4	SQ2	I0.3	大钻头上限位开关
5	SQ3	I0.4	小钻头下限位开关
6	SQ4	I0.5	小钻头上限位开关
7	SQ5	I0.6	旋转到位限位开关
8	SQ6	I0.7	松开工件限位开关
9	Y1	Q0.0	夹紧电磁阀线圈
10	KM1	Q0.1	大钻头下行接触器线圈
11	KM2	Q0.2	大钻头上行接触器线圈
12	KM3	Q0.3	小钻头下行接触器线圈
13	KM4	Q0.4	小钻头上行接触器线圈
14	KM5	Q0.5	工件旋转接触器线圈
15	Y2	Q0.6	放松电磁阀线圈

图 3.2.8　符号表

6. 设计梯形图程序

将顺序功能图转换为梯形图程序，如图 3.2.9 所示。

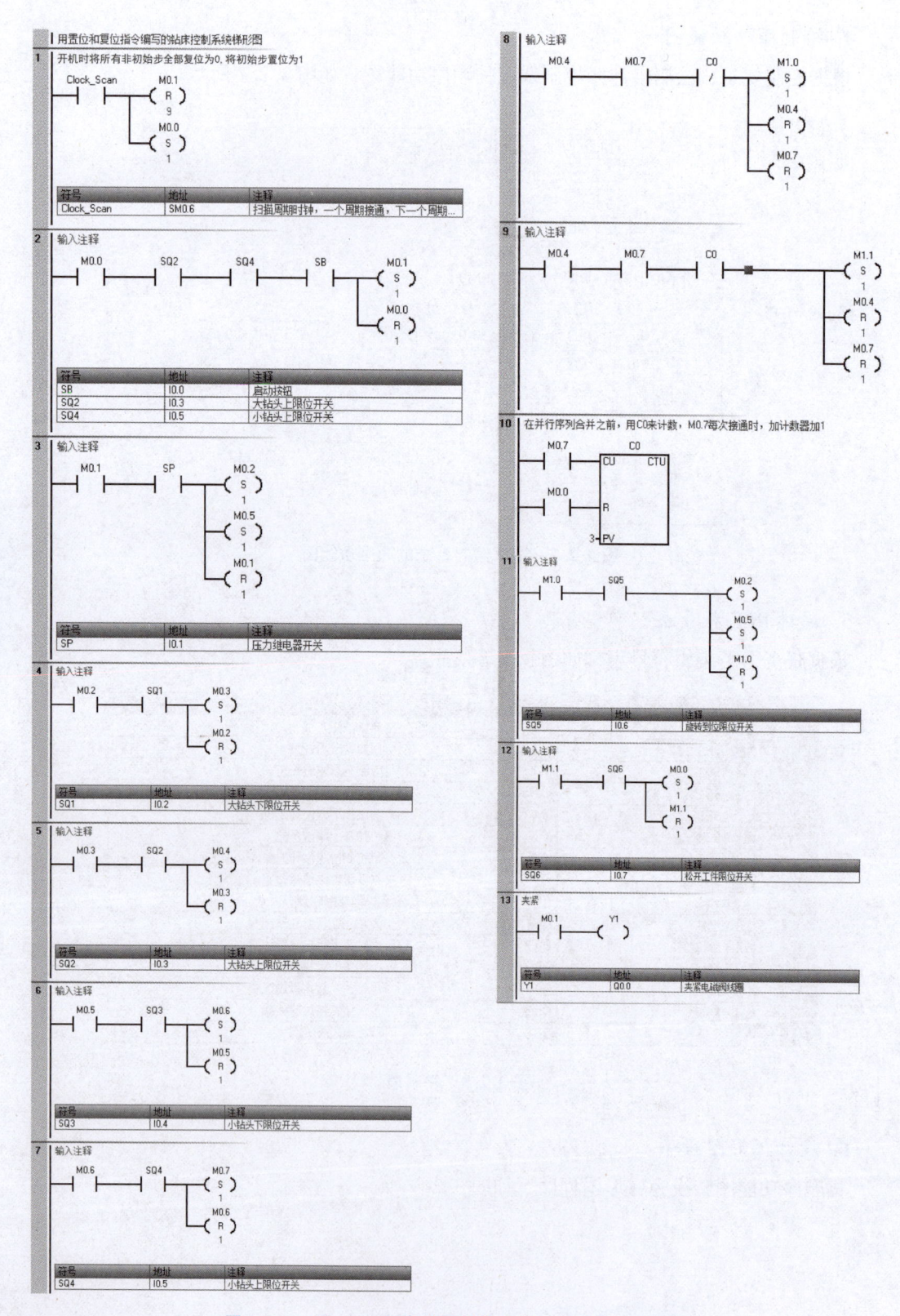

图 3.2.9　用 S、R 指令编写的钻床控制系统梯形图程序

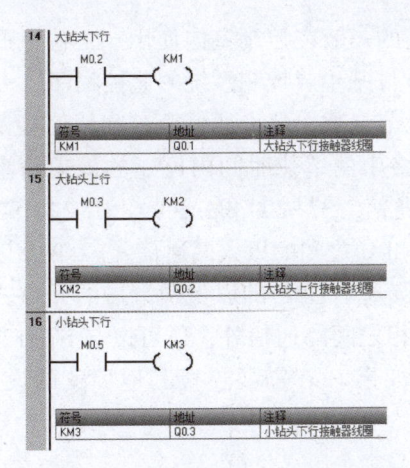

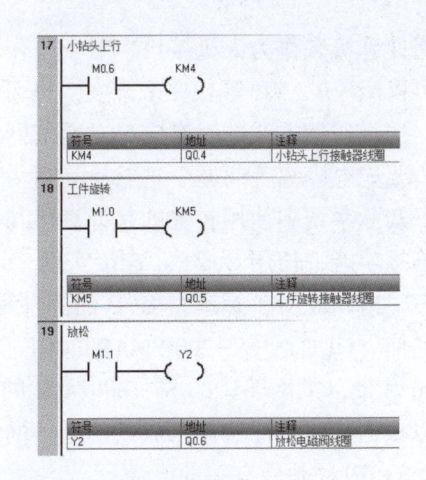

图 3.2.9　用 S、R 指令编写的钻床控制系统梯形图程序（续）

7. 运行并调试程序

下载程序，在线监控程序的运行，分析程序运行的结果。

思考：

（1）上述梯形图程序中的网络 10，计数器 C0 的 CU 端是否能连接 M0.4 的常开触点，相应的顺序功能图如何修改？

（2）并行序列顺序功能图转换为梯形图时，应注意哪些问题？

拓展提升

1. PLC 控制系统的设计与调试步骤

1）深入了解被控系统

这一环节是设计系统的基础。设计前应熟悉图样资料，进行深入调查研究，与工艺、机械方面的技术人员及现场操作的人员密切配合，共同探讨和解决设计中可能出现的问题。

被控对象的全部功能应详细了解，如机械部件的动作顺序、动作转换的条件、必要的保护和互锁；系统采用哪些工作方式运行（连续自动、单周期、单步、手动等）；设备内部机械、气动、液压、测量仪表、电气系统之间的关系；PLC 与其他智能设备（如 PLC、变频器、触摸屏、计算机等）之间的关系；PLC 是否要通信联网，是否需要显示哪些数据及显示方式；工业现场电源突然掉电及紧急情况的处理，安全电路的设计等。

对于大型复杂的控制系统，需要考虑将系统分解成几个独立的部分，各个部分用单独的 PLC 或其他装置来控制，以及考虑这些设备之间的通信方式。

2）人机接口及通信方式的选择

人机接口用于操作人员与 PLC 之间的信息交换。使用单台 PLC 的小型开关量控制系统一般用按钮、操作开关、指示灯和报警器来作为人机接口。PLC 本身的数字输入和数字显示功能较差，可以用 PLC 的数字量 I/O 点来显示数字的输入和显示，但是占用的 I/O 点比较多。为了实现小型 PLC 的低成本数据输入和显示，可以采用文本显示器，显示内容可以用编程软件方便的设置，还可以用文本显示器来修改用户程序中的一些变量参数，如西门子公司的 TD200。对于要求较高的大中型控制系统，可以选用较高档次的可编程终端，有的可以显示字符，有的可以显示单色或彩色的图形，有的还带有触摸键的功能。也可以采用计算机来作为人机接口，对于工作环境要求较高的一般在控制室内使用。上位机的程序可以用 VB、VC 等软件来开发，也可以使用组态软件来生成控制系统的监控程序。

选择通信方式的时候应考虑通信网络允许的最大节点数、最大通信距离和通信接口是否需要光电隔离等问题。选择通信速率时应考虑网络中的单位时间内可能的最大信息流量。实际系统中使用较多的是计算机与 PLC 之间的通信。S7-200 SMART CPU 支持 S7 单向连接功能，使用 Get/Put 连接实现 S7-200 SMART CPU 之间的以太网通信。V2.2 及以上的 S7-200 SMART 标准型 CPU 的固件和编程软件支持基于 CPU 的以太网端口的开放式用户通信（OUC）。S7-200 SMART CPU 除了能进行互相之间的通信外，还可以与 S7-1200/1500 和带以太网端口的 S7-300/400 的 CPU 通信。如果 PLC 需要连接其他厂家的设备，可以根据具体情况选用开放式的通信网络。

3）PLC 硬件有关的设计

（1）确定系统的输入元件和输出元件。

输入元件如被控系统中的按钮、限位开关、接近开关、传感器、变送器等。输出元件如继电器、接触器、电磁阀、指示灯等。根据这些内容列表统计、确定 PLC 的 I/O 点的分配情况。

（2）CPU 型号的选择。

S7-200 SMART 不同的 CPU 模块的性能有较大的差别，在选择 CPU 模块时，应考虑开关量、模拟量的扩展能力，程序存储器与数据存储器的容量，通信接口的个数，本机单元 I/O 的点数，在满足需要的条件下尽量降低硬件成本。

（3）I/O 模块的类型。

在了解和熟悉被控系统的基础上应确定哪些信号需要输入给 PLC，哪些负载由 PLC 驱动，分类统计出各输出量和输入量的性质，是数字量还是模拟量，是交流还是直流，以及电压的等级。选择 I/O 模块的型号和块数，I/O 模块的点数应留有一定的裕量以备系统的改进和扩充使用。

（4）绘制 PLC 外部硬件接线图。

根据输入/输出地址分配情况，画出 PLC 的外部硬件接线图，以及其他电气电路图和接线图。

（5）绘制控制柜的分布图和内部安装图。

（6）建立符号表。

符号表用来给存储器内的绝对地址命名。建立符号表后，可以在程序中显示各绝对地址的符号名，有利于程序的设计和阅读。

4）程序的设计

首先应根据总体的要求和控制系统的具体情况，较简单系统的梯形图可以用经验设计法，复杂的系统一般用顺序控制设计法设计。绘制出程序流程图或者数字量控制系统的顺序功能图并确定程序的基本结构，包括主程序、子程序、中断程序等。小型的数字量控制系统一般只有主程序。

5）程序的调试

一般是先对用户程序做模拟调试。模拟调试可以通过仿真软件来代替 PLC 硬件在计算机上调试程序。当前在网上流行的 S7-200 SMART 的仿真软件可以对 S7-20 SMART 的部分指令和功能仿真，可以作为学习和调试简单程序的工具。

用 PLC 硬件来调试程序时，用按钮、小开关来模拟 PLC 的实际输入信号。可以用它们发出操作指令，或者在适当的时候用它们来模拟实际的反馈信号，如限位开关触点的接通和断开。需要模拟量信号 I/O 时，可以用电位器和万用表配合进行。通过输出模块上各输出点对应的发光二极管的点亮与熄灭来观察输出信号是否符合控制要求。

完成硬件的安装和接线后，应对硬件的功能进行检查，观察各输入点的状态变化是否能送给 PLC。在编程软件中可以用状态图、状态表监视程序的运行，或者强制某些编程元件动作，观察对应的 PLC 的负载（如外部的电磁阀和接触器）的动作是否正常。

将 PLC 安装在控制现场后，接入实际的输入信号和负载。在联机总调试过程中可能会暴露出系统硬件（传感器、执行器、接线等）方面的问题，以及程序设计中的问题，尽可能在现场加以解决，直到完全符合控制要求。

6）整理技术文件

根据调试的最终结果整理出完整的技术文件，并提供给用户，以利于系统的维修和改造。技术文件应包括：

（1）PLC 外部硬件接线图和其他电气图样。

（2）PLC 的编程元件表，包括使用的输入位、输出位、位存储器、定时器、计数器和顺序功能图中的继电器等的地址、名称、功能以及定时器和计数器的设置值等。

（3）顺序功能图、带注释的梯形图程序和必要的总体文字说明。

2. 节省 PLC 输入、输出点数的方法

1）减少所需输入点数的方法

（1）分时分组输入。

一般系统中设置有"自动"和"手动"两种工作方式，两种方式不能同时执行。可将两种方式的输入分组，从而减少实际输入点的数量。如图 3.2.10 所示，PLC 通过 I1.0 识别"手动"和"自动"，供自动程序和手动程序切换用。若图中没有二极管，则系统处于自动状态时，S1、S2、S3 闭合，S4 断开，这时电流从 L+ 端子流出，经 S3、S1、S2 形成的寄生闭合回路流入 I0.1 端子，使输入位 I0.1 错误地变为接通状态。各开关串入二极管后，则切断寄生回路。

（2）输入触点的合并。

将相同功能的常闭触点串联或者常开触点并

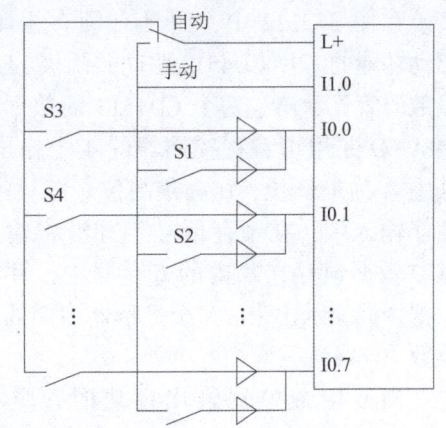

图 3.2.10　分时分组输入

联，作为一个整体输入 PLC，占用了一个输入点。如图 3.2.11 所示，某负载可在多处启动和停止，将三个启动信号并联，三个停止信号串联，分别送入 PLC 的两个输入点。一般多点操作的启动/停止按钮、保护、报警信号可采用这种方式。

（3）将信号设置在 PLC 之外。

系统的某些输入信号，如手动操作按钮、保护动作后需要手动复位的热继电器常闭触点提供的信号，可以设置在 PLC 外部的输出驱动电路中。

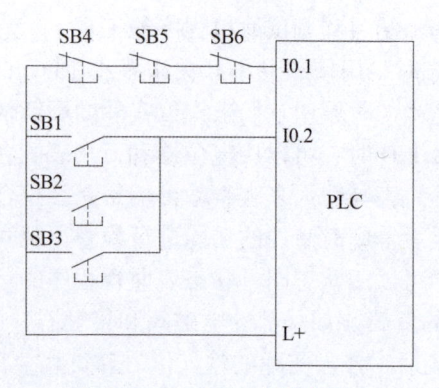

图 3.2.11　输入点的合并

2) 减少所需输出点数的方法

(1) 减少所需数字量输出点的方法。

在输出功率允许的条件下，通、断状态完全相同的多个负载并联后，可以共用一个输出点。通过外部的或者 PLC 控制的转换开关的切换，一个输出点可以控制两个或者多个不同时工作的负载。用一个输出点控制指示灯常亮或者闪烁，可以显示两种不同的信息。

在需要用指示灯显示 PLC 驱动的负载（如接触器线圈）状态时，可以将指示灯与负载并联，并联时指示灯与负载的额定电压应相同，总电流不应该超过允许值，可以选择电流小、工作可靠的指示灯和发光二极管等。

(2) 减少数字显示所需输出点的方法。

如果直接用数字量输出点来控制多位 LED 七段数码管显示器，所需的点数占用很多。在图 3.2.12 中，用具有锁存、译码、驱动功能的芯片 CD4513 驱动共阴极 LED 七段数码管显示器。两个 CD4513 的数据输入端 A~D 共用可编程控制器的 4 个输出端，其中 A 为最低位，D 为最高位。LE 是锁存使能输入端，在锁存信号上升沿将输入的 BCD 数据锁存在片内的寄存器中，并将该数据译码显示出来。N 个显示器占用的输出点数 $P=4+N$。

当使用继电器输出模块时，应在与 CD4513 相连的 PLC 各输出端与"地"之间分别接一个几千欧的电阻，以避免在输出继电器的触点断开时 CD4513 的输入端悬空。

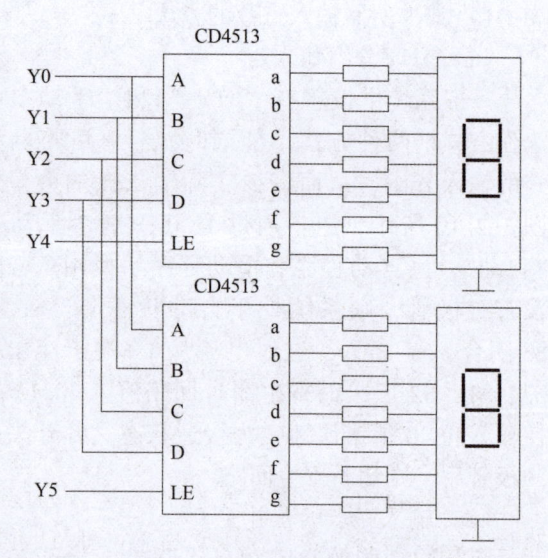

图 3.2.12　PLC 数字显示电路

当输出继电器的状态发生变化时，其触点可能抖动，因此应先将数据输出信号输出，待该信号稳定后，再用 LE 信号的上升沿将数据锁存进 CD4513。

思考练习

1. 画出图 3.2.13 所示波形对应的顺序功能图并用顺序控制方法设计梯形图程序。

某组成机床动力头进给运动示意图如图 3.2.13 所示，假设动力头在初始状态停在左边，限位开关 I0.1 接通为 ON，按下启动按钮 I0.0 之后，Q0.0 和 Q0.2 为 1，动力头向右快速进给（简称快进），碰到限位开关 I0.2 后变为工作进给（简称工进），Q0.0 为 ON，碰到限位开关 I0.3 之后，暂停 6 s，6 s 后 Q0.2 和 Q0.1 为 ON，工作台快速退回（简称快退），返回初始位置后停止运动。画出控制系统的顺序功能图。根据控制要求，画出 PLC 外部接线图并在模拟板上正确安装接线，编写梯形图程序及语句表。

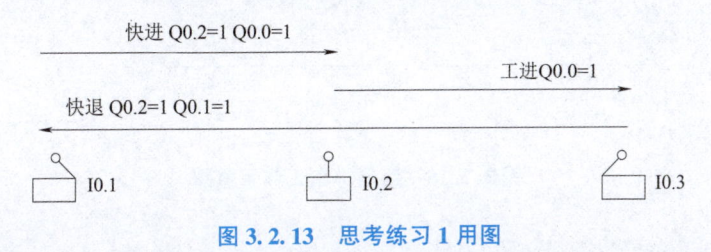

图 3.2.13　思考练习 1 用图

2. 画出图 3.2.14 波形图对应的顺序功能图并用顺序控制方法设计梯形图程序。

如图 3.2.14 所示信号灯控制系统的波形图，在 PLC 通电运行时，红灯先点亮，I0.0 接通后，红、绿、黄三种信号灯按图中所示顺序依次点亮。画出控制系统的顺序功能图。根据控制要求，画出 PLC 外部接线图并在模拟板上正确安装接线，编写梯形图程序及指令语句程序。

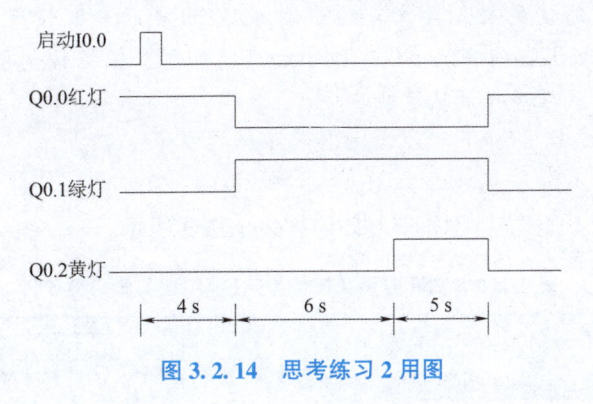

图 3.2.14　思考练习 2 用图

3. 根据控制要求画出对应的顺序功能图，用顺序控制方法设计梯形图程序，并在实验面板上模拟调试运行。

控制要求：

启动按钮 SB1 用来开启运料小车，停止按钮 SB2 用来停止运料小车。按下 SB1 小车从原位启动（初始位置时 SQ1 需接通），KM1 接触器吸合使小车向前运行直到碰到 SQ2 开关停止下来，KM2 接触器吸合使甲料斗装料 5 s，然后小车继续向前运行直到碰到 SQ3 开关才停止，此时 KM3 接触器吸合使乙料斗装料 3 s，随后 KM4 接触器吸合使小车返回原点直到碰到 SQ1 开关停止运行，KM5 接触器吸合使小车卸料 5 s 后完成一次循环。运料小车工作示意图如图 3.2.15 所示。

工作方式：小车工作分连续循环与单周期两种。连续循环方式：当整个周期结束时没有按下停止按钮，则自动开始下一周期的运行；单周期方式：在工作时有按下停止按钮，则等待整个周期结束后才能返回初始状态，需重新按下启动按钮才能工作。

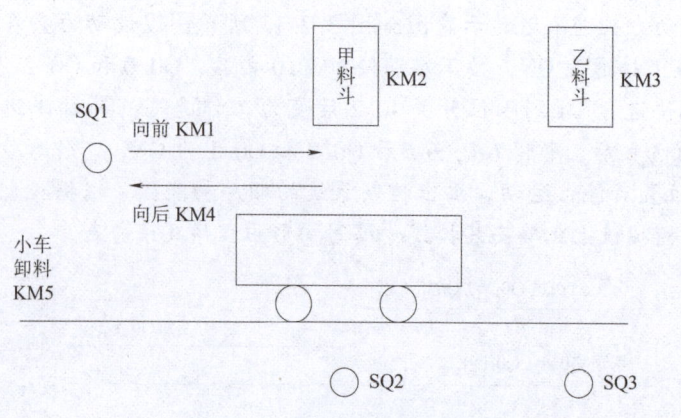

图 3.2.15　运料小车工作示意图

输入/输出点的分配情况如下：
启动按钮 SB1：I0.0；向前接触器 KM1：Q0.0；
停止按钮 SB2：I0.1；甲装料接触器 KM2：Q0.1；
限位开关 SQ1：I0.2；乙装料接触器 KM3：Q0.2；
限位开关 SQ2：I0.3；向后接触器 KM4：Q0.3；
限位开关 SQ3：I0.4；小车卸料接触器 KM5：Q0.4。

考核要求：根据给定的控制要求，给出输入/输出点的分配情况，并画出 PLC 控制 I/O 接线图，在模拟板上正确安装接线。画出顺序功能图，根据控制要求编写梯形图程序及指令语句程序，下载程序并调试运行。

学习评价

钻孔专用机床的 PLC 控制任务学习评价如表 3.2.2 所示。

表 3.2.2　钻孔专用机床的 PLC 控制任务学习评价

学习内容	学习成果		评分表	
	出现的问题和解决方法	主要收获	学习小组评分	教师评分
能采用 S、R 指令设计单序列顺序控制程序（5%）				
能采用 S、R 指令设计并行和选择序列顺序控制程序（20%）				
能采用 S、R 指令设计方法编写复杂顺序控制程序（50%）				
能完成程序的编写、下载及运行调试（25%）				

任务 3.3　液体混合装置的 PLC 控制

任务目标

知识目标

1. 掌握采用 SCR 指令进行顺序控制程序设计的方法。
2. 了解子程序的功能及编写程序。

技能目标

能够采用 SCR 指令设计顺序控制程序,完成程序编制、下载和运行调试。

素养目标

1. 养成一丝不苟、规范操作的劳动态度。
2. 养成具有成长思维的良好职业素养。

任务描述

如图 3.3.1 所示三种液体混合搅拌装置控制系统示意图,具体控制要求如下:

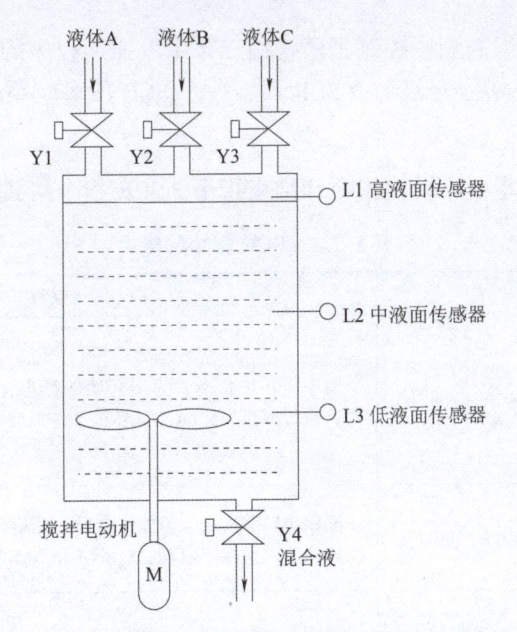

图 3.3.1　三种液体混合搅拌装置控制系统示意图

1. 初始状态

容器是空的,阀门 Y1~Y4 均为关闭,没有液体进入,液面传感器 L1、L2、L3 均为关闭,搅拌电动机 M 停止运行。

2. 启动运行

按下启动按钮,系统控制要求如下:

阀门 Y1 打开，注入液体 A，当液面达到低液面，传感器 L3 接通时，Y1 阀门关闭，Y2 打开，注入 B 液体；当中液面，传感器 L2 接通时，Y2 关闭，Y3 阀门打开，注入液体 C；当液面到达高液面，传感器 L1 接通时，Y3 关闭，搅拌电动机开始运行，搅拌混合液体。

经 30 s 搅拌均匀后，搅拌电动机停止运行，阀门 Y4 打开，放出混合液体。当液面下降至低液面，传感器 L3 关断时，再经过 10 s，容器排空，Y4 关闭。

3. 工作方式

1) 连续运行

操作人员在按下启动按钮之后启动系统工作，运行过程中如果没有按动停止按钮，则在一个工作周期结束时阀门 Y4 关闭，阀门 Y1 打开，自动开始下一个周期的工作。

2) 单周期运行

在系统工作时，操作人员若按下停止按钮，系统需完成当前工作周期返回初始状态，等待重新启动系统工作。

知识储备

3.3.1 SCR 指令

SCR 指令专门用于编制顺序控制程序，用三条指令描述程序的顺序控制步进状态。顺序控制程序被 SCR 指令划分为若干个 SCR 段，一个 SCR 段对应顺序功能图中的一步。

1. 指令内容

SCR 指令包括装载指令、转换指令和结束指令。SCR 指令格式如表 3.3.1 所示。

表 3.3.1　SCR 指令的格式

LAD	STL	说明
??.?　SCR	LSCR S_bit	顺序步开始指令，为步开始的标志，该步的状态元件的位置为 1 时，执行该步。S_bit 为该步的顺序控制状态元件
??.?　—(SCRT)	SCRT S_bit	顺序步转移指令，使能有效时，关断当前步，进入下一步。该指令由转换条件的接点启动，S_bit 为下一步的顺序控制状态元件
—(SCRE)	SCRE	顺序步结束指令，为步结束的标志

1) 顺序步开始指令（LSCR）

表示一个 SCR 步（段）的开始。指令中的操作数 S_bit 为顺序控制继电器 S 的地址，如当顺序控制继电器位 S0.0 为 1 状态时，该段程序步执行，反之则不执行。

2) 顺序步转移指令（SCRT）

表示 SCR 段之间的转换，即步活动状态的转换。使能输入有效时，将当前步的顺序控制继电器位变为 0 状态（不活动步），SCRT 指定的后续步顺序控制继电器变为 1 状态（活动步）。

3）顺序步结束指令（SCRE）

SCRE 为顺序步结束指令，顺序步的处理程序在 LSCR 和 SCRE 之间。

2. 使用 SCR 指令的注意事项

（1）步进控制指令只对 SCR 状态元件有效，为了保证程序的可靠运行，驱动状态元件 S 的信号应采用短脉冲。

（2）不能把同一编号的状态元件用于不同的程序组织块中。例如，在主程序中使用了 S0.2，在子程序中就不能再使用了。

（3）不能在 SCR 指令段之间使用 JMP 和 LBL 指令，不能跳入或者跳出 SCR 段。但可以使用跳转和标号指令在 SCR 段周围进行跳转。

（4）不能在 SCR 指令段中使用 FOR、NEXT 和 END 指令。

3.3.2 采用 SCR 指令设计选择序列和并行序列的方法

1. 选择序列的编程

如图 3.3.2 所示，步 S0.0 之后有一个选择分支。当 S0.0 为活动步时，可以有两种选择：当条件 I0.0 满足时，后续步 S0.1 接通变为活动步，S0.0 转为不活动步；当条件 I0.2 满足时，后续步 S0.2 接通变为活动步，S0.0 转为不活动步。当条件 I0.1 成立时，S0.1 变为不活动步，后续步 S0.3 转为活动步；当条件 I0.3 成立时，S0.2 变为不活动步，后续步 S0.3 转为活动步，实现了选择序列的合并。如图 3.3.3 所示为选择序列用 SCR 指令编写的梯形图程序。

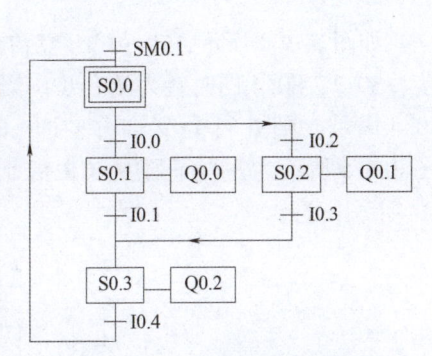

图 3.3.2 选择序列顺序功能图

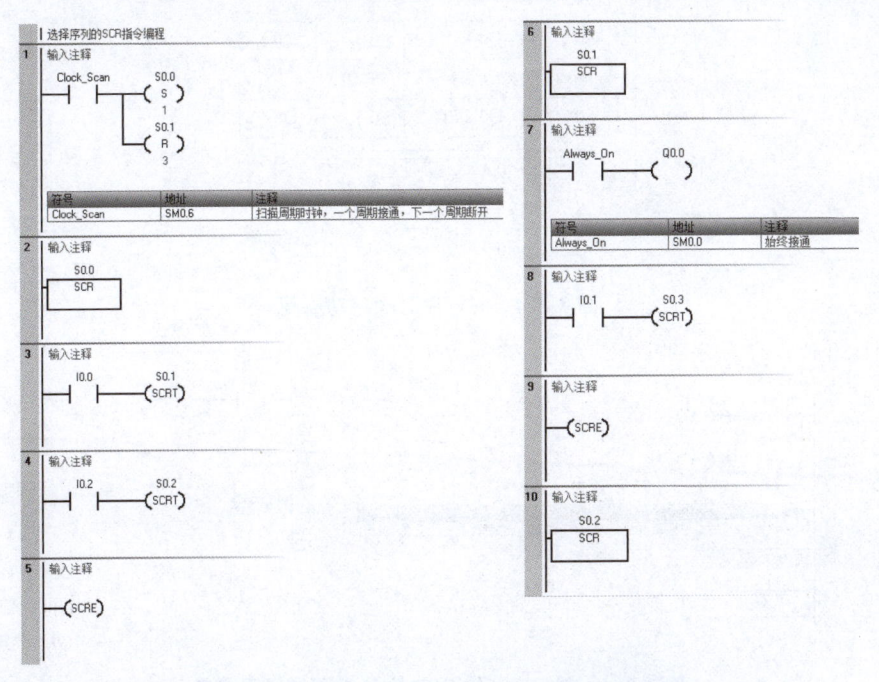

图 3.3.3 选择序列的 SCR 指令编程梯形图程序

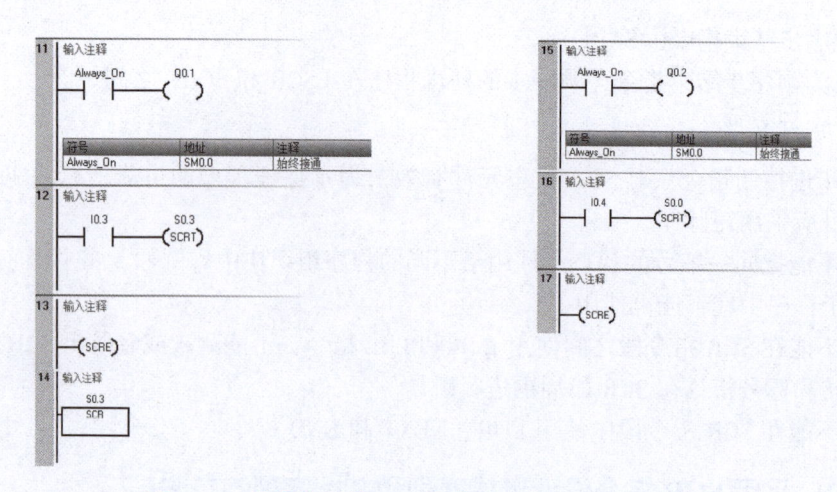

图 3.3.3　选择序列的 SCR 指令编程梯形图程序（续）

2. 并行序列的编程

如图 3.3.4 所示，步 S0.1 之后有一个并行分支。当 I0.1 条件满足，S0.1 变为不活动步，S0.2、S0.4 同时转为活动步。当并行序列执行到 S0.3 和 S0.5 为活动步时，若条件 I0.4 满足，则并行分支合并，即 S0.3 和 S0.5 变为不活动步，S0.6 转为活动步。如图 3.3.5 所示为并行序列用 SCR 指令编写的梯形图程序。

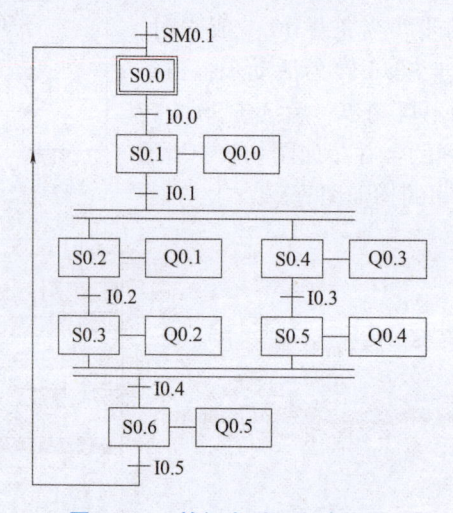

图 3.3.4　并行序列顺序功能图

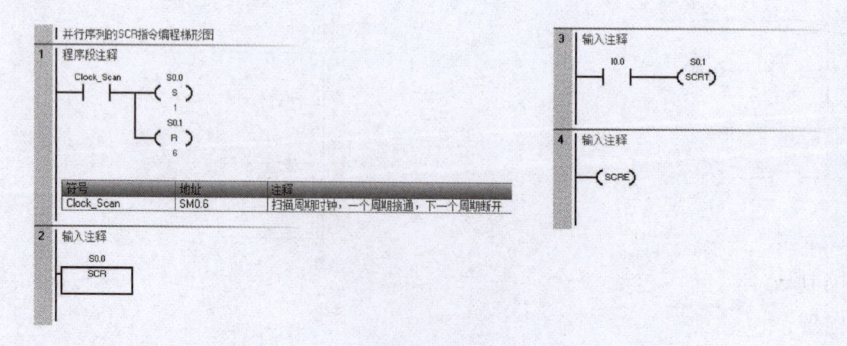

图 3.3.5　并行序列的 SCR 指令编程梯形图程序

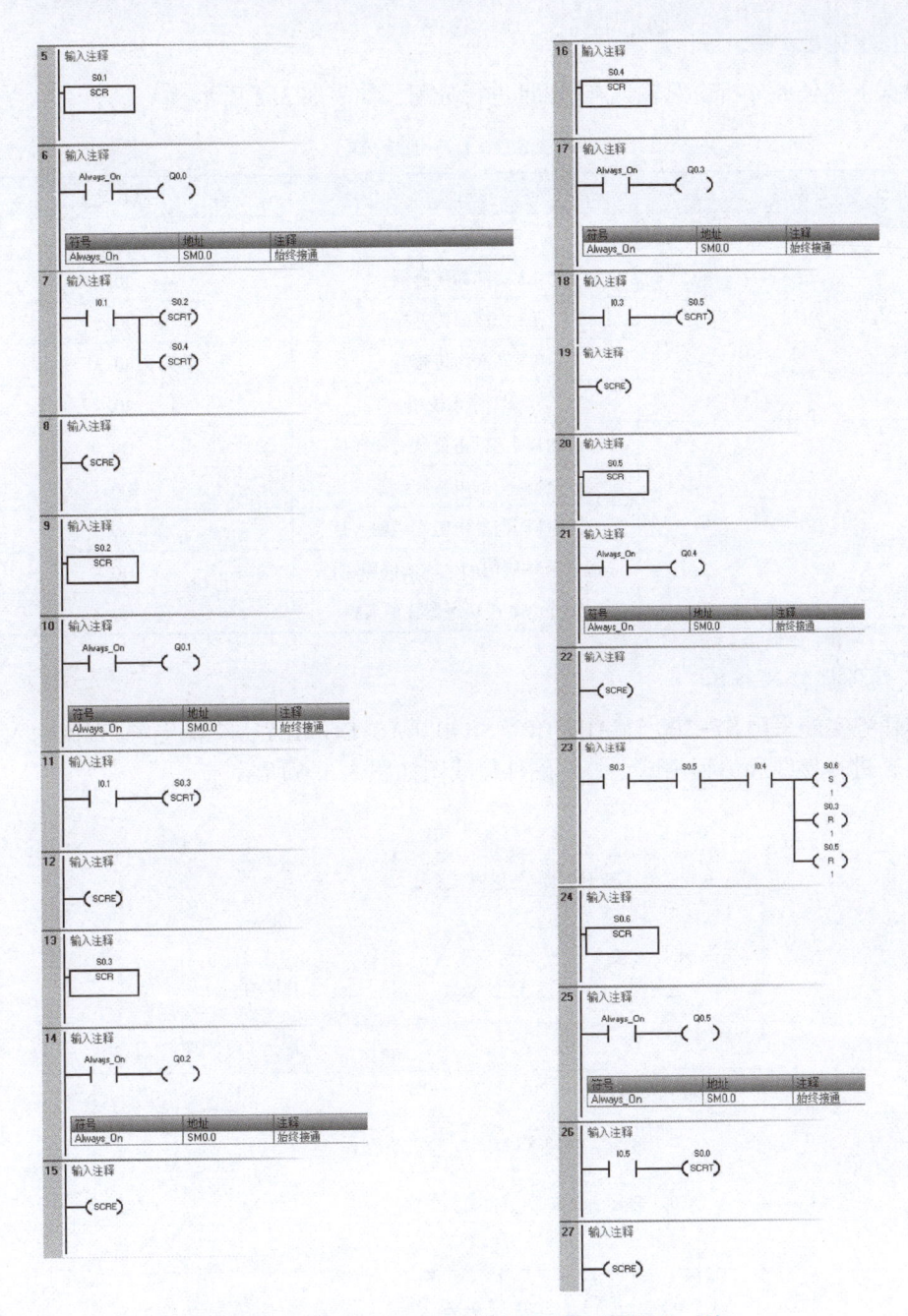

图 3.3.5　并行序列的 SCR 指令编程梯形图程序（续）

任务实施

1. 任务分析

分析控制要求可知，这是一个典型的工业顺序控制系统。在运用 PLC 进行顺序控制时，除了启保停电路设计方法、S 和 R 指令编程方法之外，还常常采用 SCR 指令编程，这是一种由功能图设计梯形图的步进型指令。在本任务的程序设计中将使用 SCR 指令。

2. I/O 地址分配

根据上述任务分析，对输入/输出量进行分配，如表 3.3.2 所示。

表 3.3.2 I/O 地址分配

信号类型	描述	PLC 地址
DI	SB1 启动按钮	I0.0
	L1 高液面传感器	I0.1
	L2 中液面传感器	I0.2
	L3 低液面传感器	I0.3
	SB2 停止按钮	I0.4
DO	A 液体阀门的电磁阀线圈 Y1	Q0.0
	B 液体阀门的电磁阀线圈 Y2	Q0.1
	C 液体阀门的电磁阀线圈 Y3	Q0.2
	混合液体阀门的电磁阀线圈 Y4	Q0.3
	搅拌电动机接触器线圈 KM	Q0.4

3. 外部硬件接线图

本任务实施采用 S7-200 SMART CPU SR40（AC/DC/RLY，交流电源/直流输入/继电器输出）进行接线和编程调试，外部硬件接线图如图 3.3.6 所示。

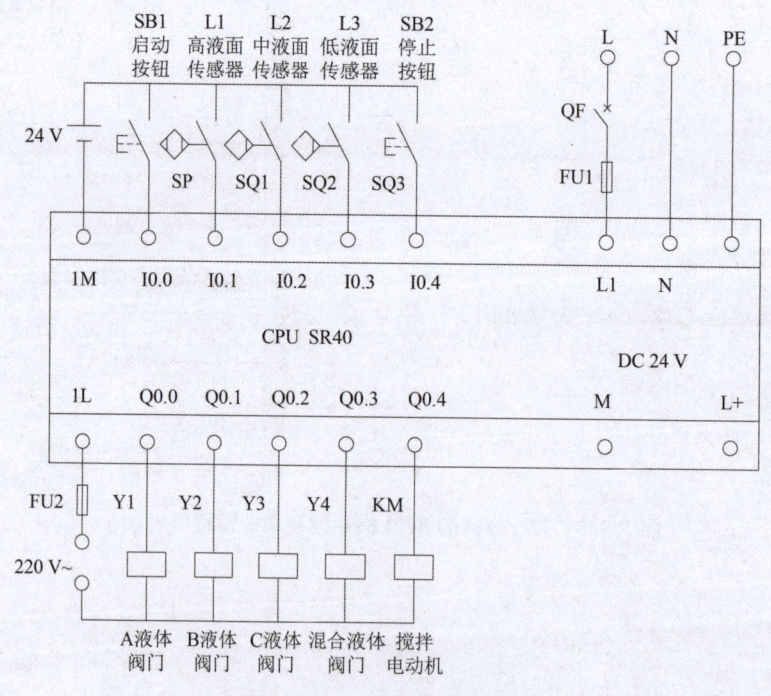

图 3.3.6 外部硬件接线图

4. 绘制顺序功能图

根据控制要求，绘制出液体混合装置控制系统的顺序功能图，如图 3.3.7 所示。

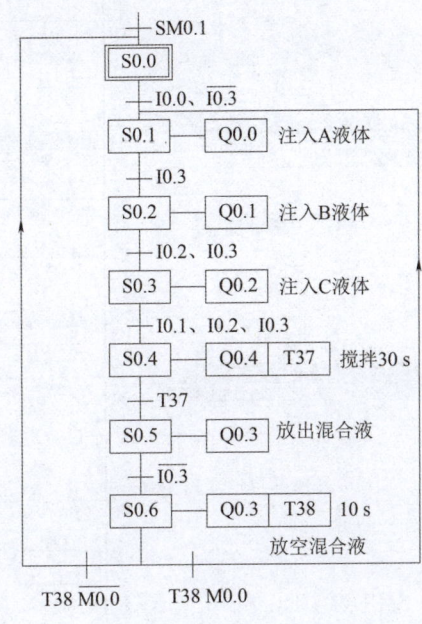

```
        ┬ SM0.1
       ┌─┴─┐
       │S0.0│
       └─┬─┘
         ├─ I0.0、I̅0̅.̅3̅
       ┌─┴─┐   ┌───┐
       │S0.1├──┤Q0.0│  注入A液体
       └─┬─┘   └───┘
         ├─ I0.3
       ┌─┴─┐   ┌───┐
       │S0.2├──┤Q0.1│  注入B液体
       └─┬─┘   └───┘
         ├─ I0.2、I0.3
       ┌─┴─┐   ┌───┐
       │S0.3├──┤Q0.2│  注入C液体
       └─┬─┘   └───┘
         ├─ I0.1、I0.2、I0.3
       ┌─┴─┐   ┌───┐ ┌──┐
       │S0.4├──┤Q0.4│ │T37│  搅拌30 s
       └─┬─┘   └───┘ └──┘
         ├─ T37
       ┌─┴─┐   ┌───┐
       │S0.5├──┤Q0.3│  放出混合液
       └─┬─┘   └───┘
         ├─ I̅0̅.̅3̅
       ┌─┴─┐   ┌───┐ ┌──┐
       │S0.6├──┤Q0.3│ │T38│  10 s
       └─┬─┘   └───┘ └──┘
                      放空混合液
      T38 M̅0̅.̅0̅  T38 M0.0
```

图 3.3.7 液体混合装置控制系统的顺序功能图

5. 编辑 PLC 符号表

根据任务分析编辑符号表，如图 3.3.8 所示。

	符号	地址	注释
1	S1	I0.0	启动按钮
2	L1	I0.1	高液面传感器
3	L2	I0.2	中液面传感器
4	L3	I0.3	低液面传感器
5	S2	I0.4	停止按钮
6	Y1	Q0.0	A液体阀门的电磁阀线圈
7	Y2	Q0.1	B液体阀门的电磁阀线圈
8	Y3	Q0.2	C液体阀门的电磁阀线圈
9	Y4	Q0.3	混合液体阀门的电磁阀线圈
10	KM	Q0.4	搅拌电机接触器线圈

图 3.3.8 符号表

6. 设计梯形图程序

根据上述顺序功能图，用 SCR 指令编写相应的梯形图程序，如图 3.3.9 所示。

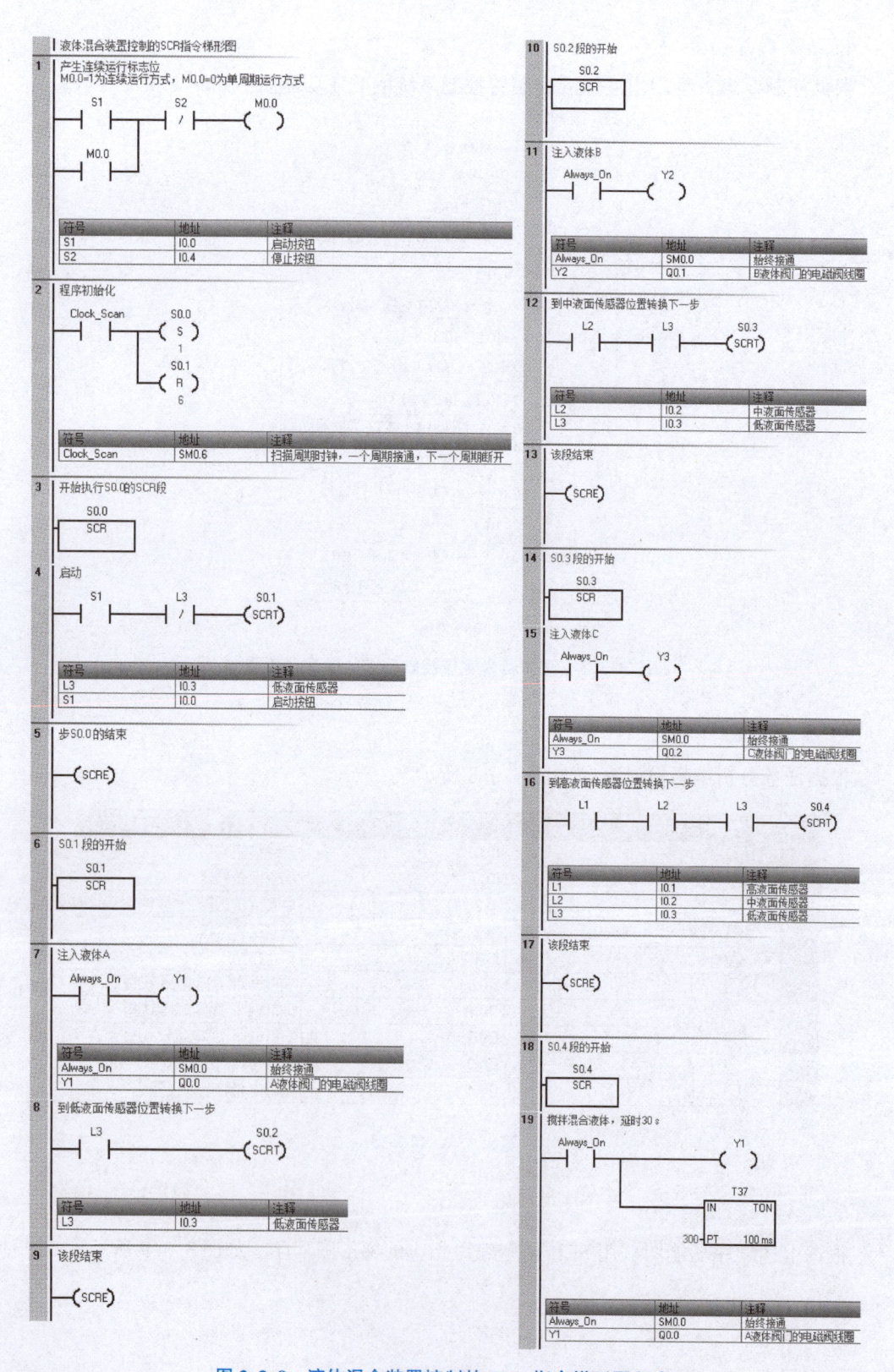

图 3.3.9　液体混合装置控制的 SCR 指令梯形图程序

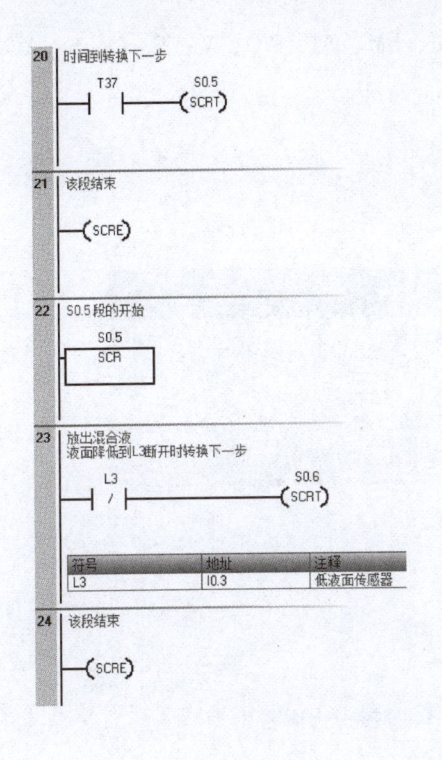

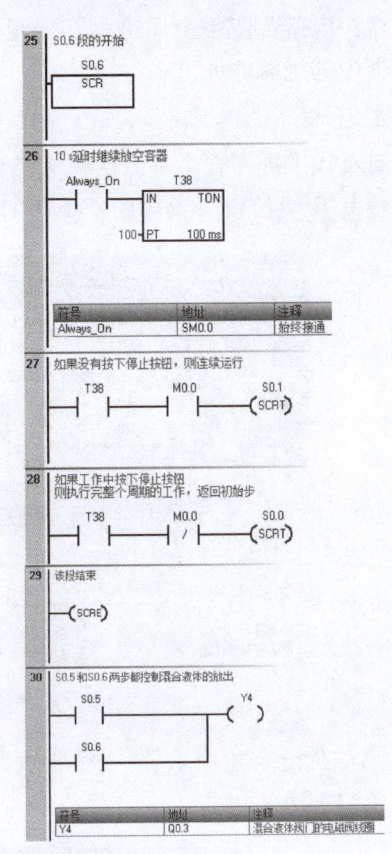

图 3.3.9　液体混合装置控制的 SCR 指令梯形图程序（续）

7. 运行并调试程序

下载程序，在线监控程序的运行，分析程序运行的结果。

思考：

（1）如果将图 3.3.7 中的 S 元件替换为 M 元件，如何用启保停电路的设计方法或者使用 S、R 指令设计顺序控制梯形图程序？

（2）将顺序功能图转换为梯形图程序的三种方法：采用启保停电路设计法、采用 S 和 R 指令设计法、采用 SCR 指令设计法，它们各有什么特点？

拓展提升

1. 子程序的概念及作用

通常将具有特定功能并且多次使用的程序段作为子程序。使用子程序可以将程序分为容易管理的小块，使程序结构简单清晰。通过使用较小的程序块，可对这些区域和整个程序简单地进行调试和故障排除。子程序也常用于需要多次反复执行相同任务的地方，只要写一次子程序，别的程序在需要子程序时调用它，而无需重写该程序。因为只在需要时才调用程序块，可以更有效地使用 PLC 资源，所用的程序块可能无需每次都执行扫描。

在程序中使用子程序，必须执行以下三项任务：建立子程序；如果有局部变量，在子程序中需要定义局部变量的参数；从适当的 POU（主程序或者另一个子程序）调用子程序。如果程序中只引用参数和局部变量，可以将子程序移植到其他项目中。为了方便移植子程序，应避免使用全局符号和变量，如 I、Q、M、SM、AI、AQ、V、T、C、S、AC 等存储器中的绝对地址。

2. 子程序的建立

可采用下列任意一种方法建立子程序：

（1）从"编辑"菜单中选择"对象→子程序"，如图 3.3.10 所示。

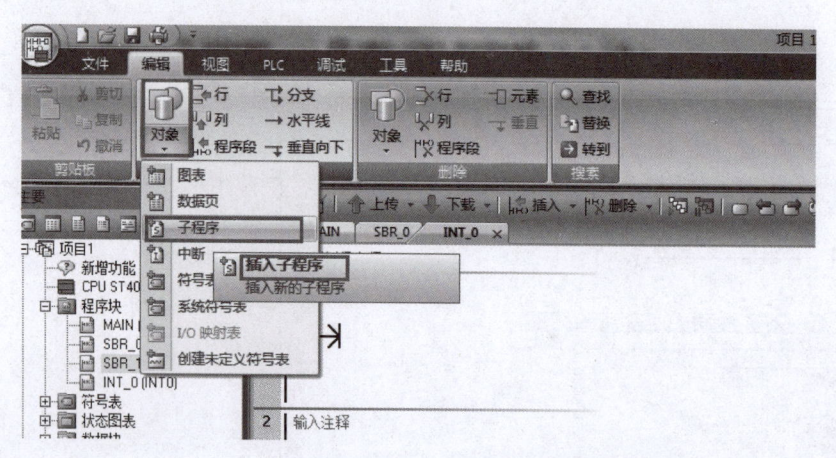

图 3.3.10　从"编辑"菜单中选择"对象→子程序"

（2）在指令树中右击"程序块"图标，并从弹出菜单选择"插入→子程序"，如图 3.3.11 所示。

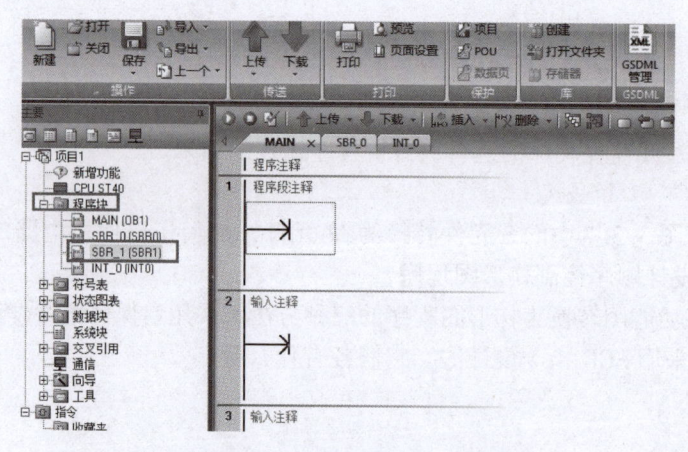

图 3.3.11　在指令树中插入子程序

（3）在"程序编辑器"窗口右击，并从弹出菜单选择"插入→子程序"，如图 3.3.12 所示。

程序编辑器将从原来的程序组织单元（POU）显示更改为新的子程序，程序编辑器底部会出现一个新的子程序的标签。此时，可以对新的子程序编程。

用右键双击指令树中的子程序图标，在弹出的菜单中选择"重新命名"，可修改子程序的名称。如果为子程序指定一个符号名，如"自动运行"，该符号名会出现在指令树的"调用子程序"文件夹中。

可以使用子程序的局部变量表为子程序定义参数。注意：程序中每个 POU 都有一个

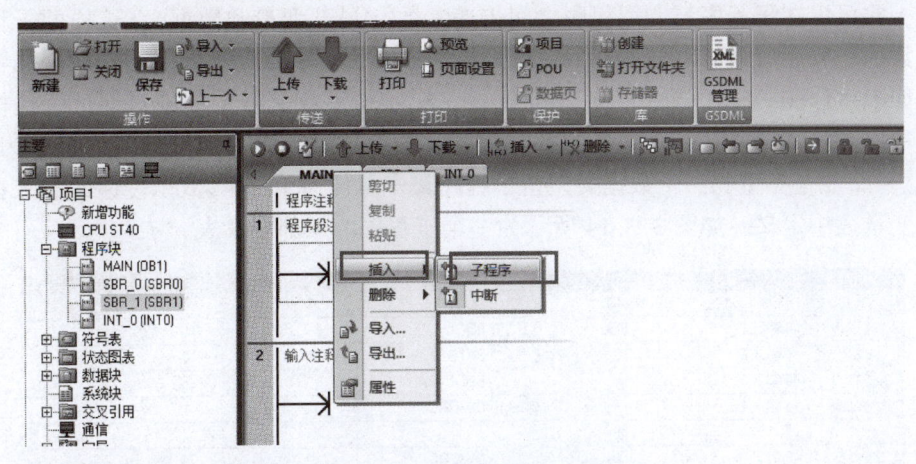

图 3.3.12 从程序编辑器插入子程序

独立的局部变量表，必须在选择该子程序标签后出现的局部变量表中为该子程序定义局部变量，即编辑局部变量表时，必须确保已选择适当的标签。每个子程序最多可以定义 16 个输入、输出参数。

3. 子程序的调用

子程序有子程序调用和子程序返回两大类指令。子程序返回又分为条件返回和无条件返回。调用子程序时将执行子程序的全部指令，然后返回调用程序中子程序调用指令的下一条指令处。子程序调用指令格式如图 3.3.13 所示。

CALL SBRn：子程序调用指令。在梯形图中为指令方框盒的形式。子程序的编号 n 从 0 开始，随着子程序个数的增加自动生成。操作数 n：0~63。

CRET：子程序条件返回指令，条件成立时结束该子程序，返回到原调用指令 CALL 的下一条指令。

RET：子程序无条件返回指令，子程序必须以本指令结束，由编程软件自动生成。

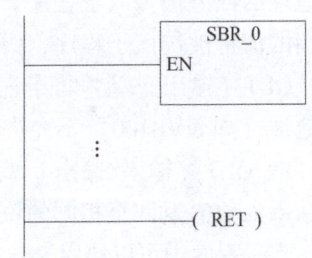

图 3.3.13 子程序调用指令格式

在梯形图程序中调用插入子程序调用指令时，首先打开程序编辑器视图窗口中需要调用子程序的 POU，找到需要调用子程序的地方。在指令树的最下面单击打开子程序文件夹，将需要调用的子程序的图标从指令树拖放到程序编辑器窗口中；或者将光标置于程序编辑器视图中，然后双击指令树中的调用指令。

指令使用说明：

子程序可以多次被调用，也可以嵌套，最多为 8 层。

子程序调用指令用在主程序和其他子程序、中断程序中，但是不能在子程序中调用自己。子程序的无条件返回指令在子程序的最后网络段，梯形图指令系统能够自动生成子程序的无条件返回指令，用户无需输入。

4. 调用带参数的子程序

1）带参数的子程序的概念与作用

当子程序用于需要多次反复执行相同任务的地方时，可以在子程序调用指令中包含相应参数，它可以在子程序与调用程序之间传递参数（局部变量和数据），这样的子程序称为带参数的子程序（可移动子程序）。为了方便移植子程序，应避免使用任何全局符号和变量，如 I、Q、M、SM、AI、AQ、V、T、C、S、AC 等存储器中的绝对地址。这样可以导出子程序并将其导入另一个项目中。子程序中的参数必须有一个符号名（最多为 23 个字符）、一个变量类型和一个数据类型，子程序最多可传递 16 个参数。传递的参数在子程序局部变量表中定义。如图 3.3.14 所示为一个子程序的局部变量表。

	地址	符号	变量类型	数据类型	注释
1		EN	IN	BOOL	
2	L0.0	输入1	IN	BOOL	
3	LB1	输入2	IN	BYTE	
4	L2.0	输入3	IN	BOOL	
5	LD3	输入4	IN	DWORD	
6			IN		
7	LD7	INOUT	IN_OUT	DWORD	
8			IN_OUT		
9	LD11	输出	OUT	REAL	
10			TEMP		

图 3.3.14　一个子程序的局部变量表

2）变量的类型

局部变量表中的变量有 IN、OUT、IN_OUT 和 TEMP 四种类型。

IN（输入）型：将指定位置的参数传入子程序。如果参数是直接寻址（如 VB10），则在指定位置的数值被传入子程序。如果参数是间接寻址，如 *AC0，则表示地址指针指定地址的数值被传入子程序。如果参数是数据常量（如 16#1221）或地址（如 &VB214），它们的值将被传入子程序，"#"为常量描述符，"&"为地址描述符。

OUT（输出）型：将子程序的结果数值返回至指定的参数位置。常量（如 16#1027）和地址（如 &VB100）不允许用作输出参数。

IN_OUT（输入/输出）型：将指定参数位置的初始数值传入子程序，并将子程序的执行结果的数值返回至相同的位置。输入/输出型的参数不允许使用常量和地址。

在子程序中可以使用 IN、IN_OUT、OUT 类型的变量和调用子程序 POU 之间传递参数。

TEMP 型：局部存储变量，不能用来传递参数，只能用于子程序内部暂时存储中间运算结果。

3）数据类型

局部变量表中的数据类型包括能流、位（布尔）、字节、字、双字、整数、双整数和实数型。

（1）能流：仅用于位（布尔）输入。能流输入必须用在局部变量表中其他类型输入之前，只有输入参数允许使用。在梯形图中表达形式为用触点（位输入）将左侧母线和子程序的指令盒连接起来。如图 3.3.15（a）中的 EN（使能输入）和 IN1（输入1）使用布尔逻辑。

（2）布尔：该数据类型用于位输入和输出。如图 3.3.15（a）中的 IN3（输入3）是布尔输入。

（3）字节、字、双字：这些数据类型分别用于 1、2 或 4 个字节不带符号的输入或输出参数。

（4）整数、双整数：这些数据类型分别用于 2 个或 4 个字节带符号的输入或输出参数。

（5）实数：该数据类型用于单精度（4 个字节）浮点数值。

```
        SBR_0
I0.1 ──┤ ├── EN
I0.2 ──┤ ├── 输入1
VB20 ─── 输入2    输出 ─── VD300
I0.3 ─── 输入3
&VB200 ─── 输入4
*AC1 ─── INOUT

(a)
```

```
1  程序段注释
   LD    I0.1
   =     L60.0
   LD    I0.2
   =     L63.7
   LD    L60.0
   CALL  SBR_0, L63.7, VB20, I0.3, &VB200, *AC1, VD300
```

符号	地址	注释
SBR_0	SBR0	子程序注释

(b)

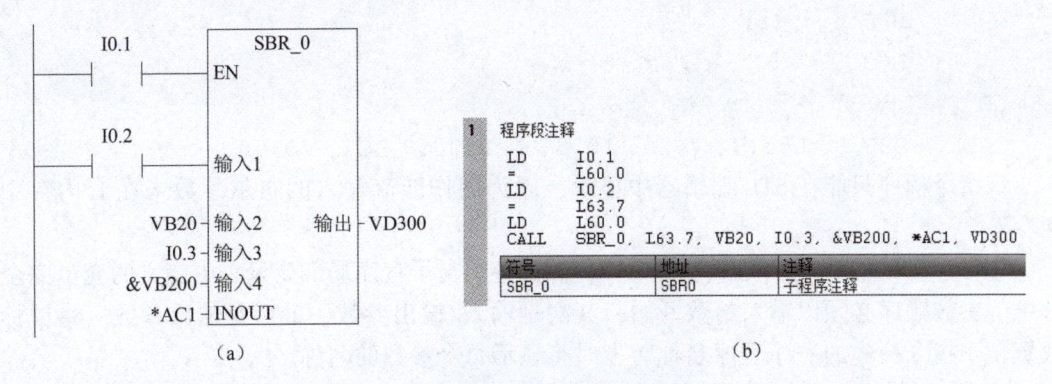

图 3.3.15　带参数的子程序的调用

(a) 梯形图；(b) 指令语句表

4）建立带参数的子程序的局部变量表

局部变量表隐藏在程序显示区，将梯形图显示区向上拖动，可以露出局部变量表，在局部变量表输入变量名称、变量类型、数据类型等参数以后，双击指令树中子程序，在梯形图显示区显示出带参数的子程序调用指令盒。

局部变量表变量类型的修改方法：用光标选中变量类型区，右击弹出一个下拉菜单，单击选中的类型，在变量类型区光标所在处可以得到选中的类型。

子程序传递的参数放在子程序的局部存储器（L）中，局部变量表最左列是系统指定的每个被传递参数的局部存储器地址。

5）带参数子的程序调用指令格式

在 LAD 程序的 POU 中插入调用指令：

第一步，打开程序编辑器窗口中所需的 POU，光标滚动至调用子程序的网络处。

第二步，在指令树中，打开"子程序"文件夹然后双击。

第三步，为调用指令参数指定有效的操作数。有效操作数为存储器的地址、常量、全局变量以及调用指令所在的 POU 中的局部变量。对于梯形图程序，在子程序局部变量表中为该子程序定义参数后，将生成客户化的调用指令块，指令块中自动包含子程序的输入参数和输出参数。

子程序调用时，输入参数被复制到局部存储器。子程序完成时，从局部存储器复制输出参数到指令的输出参数地址。如果在使用子程序调用指令后修改了该子程序的局部变量表，调用指令则无效。必须删除无效调用，并用反映正确参数的最新调用指令代替该调用。子程序和调用程序共用累加器，不会因使用子程序对累加器执行保存或恢复操作。

带参数子程序调用的 LAD 指令格式如图 3.3.15（b）所示，图中的 STL 主程序是由编程软件 STEP7-Micro/WIN 从 LAD 程序建立的 STL 代码。注意：系统保留局部变量存储器 L 内存的 4 个字节（LB60~LB63），用于调用参数。在图中，L 内存（如 L60、L63.7）被用于保存布尔输入参数，此类参数在 LAD 中被显示为能流输入。图 3.3.15（b）是由编程软件从 LAD 图形建立的 STL 代码，可在 STL 视图中显示。

若用 STL 编辑器输入与图 3.3.15 相同的子程序，语句表编程的调用程序为：

```
LD      I0.1
=       L60.0
LD      I0.2
=       L63.7
LD      L60.0
CALL    SBR_0, L63.7, VB20, I0.3, &VB200, *AC1, VD300
```

该指令程序只能在 STL 编辑器中显示,因为用作能流输入的布尔参数未在 L 内存中保存。

在带参数的"调用子程序"指令中,参数必须与子程序局部变量表中定义的变量完全匹配。参数顺序必须以输入参数开始,其次是输入/输出参数,最后是输出参数。将鼠标放置位于指令树中的"子程序名称"上时将显示每个参数的名称。

6) 带参数的子程序调用举例一

创建一个名为 EXAMPLE 的子程序,先在该子程序的局部变量表中定义局部变量,如图 3.3.16 所示有以下几个:一个名为"输入值"的双字输入变量,一个名为"输出值"的双字输出变量和一个名为"暂存值"的双字临时变量。在图 3.3.17(a)的子程序中,输入变量被乘以 3 000,再除以 50,运算结果作为子程序的输出变量。

	地址	符号	变量类型	数据类型	注释
1		EN	IN	BOOL	
2	LD0	输入值	IN	DINT	
3			IN		
4			IN_OUT		
5	LD4	输出值	OUT	DINT	
6	LD8	暂存值	TEMP	DINT	

图 3.3.16 局部变量表

(a)

(b)

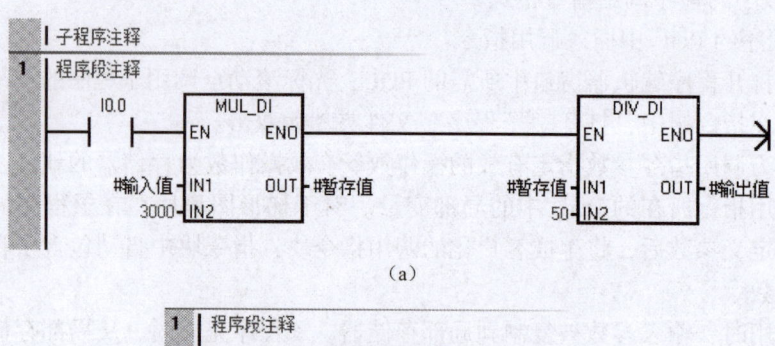

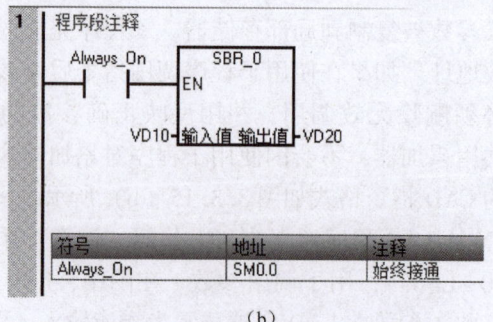

图 3.3.17 带参数的子程序调用举例一
(a)子程序的梯形图;(b)主程序梯形图

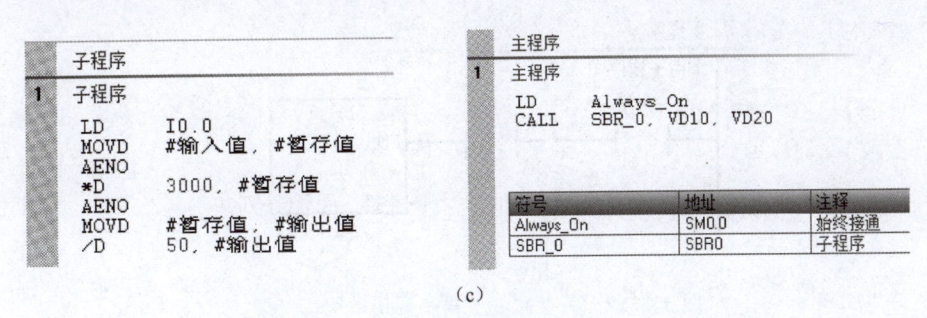

```
子程序
1 子程序
    LD      I0.0
    MOVD    #输入值, #暂存值
    AENO
    *D      3000, #暂存值
    AENO
    MOVD    #暂存值, #输出值
    /D      50, #输出值
```

```
主程序
1 主程序
    LD      Always_On
    CALL    SBR_0, VD10, VD20
```

符号	地址	注释
Always_On	SM0.0	始终接通
SBR_0	SBR0	子程序

(c)

图 3.3.17 带参数的子程序调用举例一（续）

(c) 指令语句表

7) 带参数的子程序调用举例二

设计求圆周长的子程序，输入量为半径（<10 000 的整数），输出量为圆周长（双字整数）。在 I0.0 的上升沿调用该子程序，半径为 500 mm，计算结果存放在 VD10 中。局部变量表如图 3.3.18 所示，梯形图如图 3.3.19 所示。

	地址	符号	变量类型	数据类型	注释
1		EN	IN	BOOL	
2	LW0	半径	IN	INT	
3			IN		
4			IN_OUT		
5	LD2	圆周长	OUT	DINT	
6	LD6	暂存变量	TEMP	DINT	

图 3.3.18 局部变量表

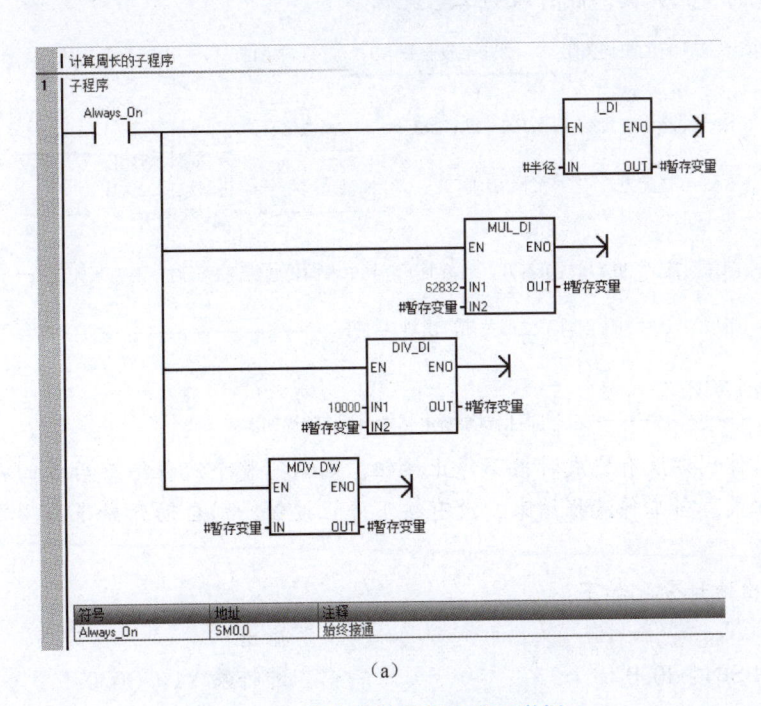

计算周长的子程序

1 子程序

Always_On ── I_DI (EN/ENO) #半径→IN OUT→#暂存变量

MUL_DI (EN/ENO) 62832→IN1 #暂存变量→IN2 OUT→#暂存变量

DIV_DI (EN/ENO) 10000→IN1 #暂存变量→IN2 OUT→#暂存变量

MOV_DW (EN/ENO) #暂存变量→IN OUT→#暂存变量

符号	地址	注释
Always_On	SM0.0	始终接通

(a)

图 3.3.19 带参数的子程序调用举例二

(a) 子程序

```
    | 主程序
  1 | 调用子程序
         I0.0              SBR_0
        ─┤ ├──┤P├──────────┤EN
                      500 ─┤半径  圆周长├─ VD10
```

(b)

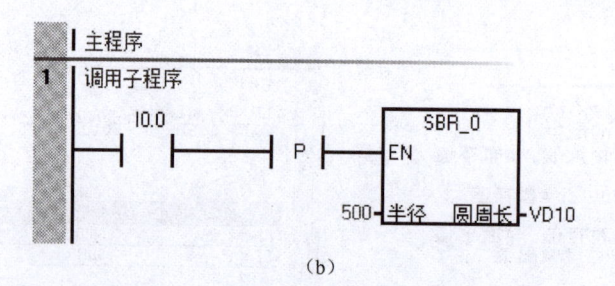

图 3.3.19　带参数的子程序调用举例二（续）
(b) 主程序

思考练习

1. S7-200 PLC 的顺序控制继电器指令有哪些？使用时应注意哪些问题？
2. 如何使用顺序控制继电器指令编写顺序控制程序？
3. 根据控制要求画出对应的顺序功能图，用顺序控制方法设计梯形图程序，并在实验面板上模拟调试运行。

有一混料罐装有两个进料泵控制两种液体的进罐，装有一个出料泵控制混合料出罐，另有一个混料泵用于搅拌液料，罐体上装有三个液位检测开关 SQ1、SQ2、SQ3 分别送出罐内液位低、中、高的检测信号，罐内与检测开关对应处都有一只装有磁钢的浮球作为液面指示器（浮球到达开关位置时开关吸合，离开时开关释放）。

在操作面板设有一个混料配方选择开关 SA1，用于选择配方 1 或者配方 2。设有一个启动按钮 SB1，当按动 SB1 时，混料罐就按给定的工艺流程开始运行。设有一个停止按钮 SB2 作为流程的停止开关。混料罐的工艺流程如下：

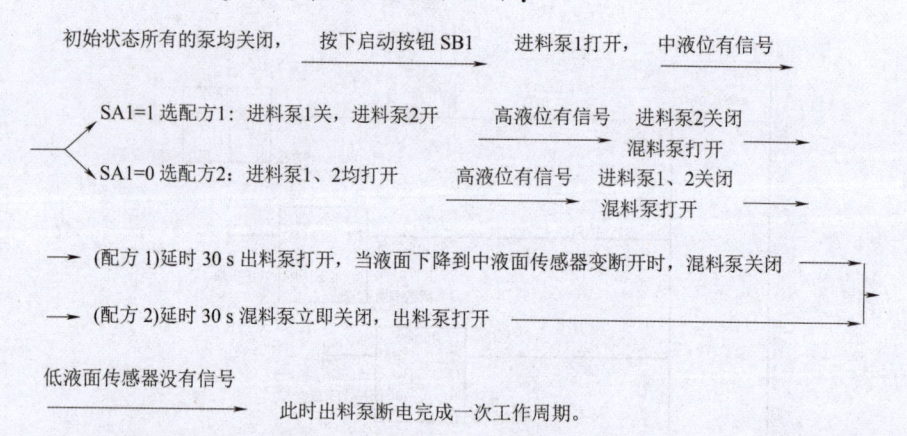

```
初始状态所有的泵均关闭，按下启动按钮 SB1 → 进料泵1打开，→ 中液位有信号
    ↗ SA1=1 选配方1: 进料泵1关，进料泵2开 → 高液位有信号 → 进料泵2关闭
                                                            混料泵打开
    ↘ SA1=0 选配方2: 进料泵1、2均打开 → 高液位有信号 → 进料泵1、2关闭
                                                        混料泵打开

 → (配方1)延时 30 s 出料泵打开，当液面下降到中液面传感器变断开时，混料泵关闭
 → (配方2)延时 30 s 混料泵立即关闭，出料泵打开

 低液面传感器没有信号
        → 此时出料泵断电完成一次工作周期。
```

当一个工作周期没有完成时按下停止按钮，则需待整个流程结束后返回初始状态，为单周期运行方式。当工作流程结束，没有按下停止按钮，则自动开始下一周期的工作，为连续运行方式。

输入/输出地址分配如下：

输入
启动按钮 SB1：I0.0
停止按钮 SB2：I0.1
低液位检测开关 SQ1：I0.2

输出
进料泵 Y1：Q0.0
进料泵 Y2：Q0.1
混料泵 Y3：Q0.2

中液位检测开关 SQ2：I0.3　　　　　　　出料泵 Y4：Q0.3
高液位检测开关 SQ3：I0.4
配方选择开关 SA1：I0.5

考核要求：根据给定的控制要求，给出输入/输出点的分配情况，并画出 PLC 控制 I/O 接线图，在模拟板上正确安装接线。画出顺序功能图，根据控制要求编写梯形图程序及指令语句程序，下载程序并调试运行。

学习评价

液体混合装置的 PLC 控制任务学习评价如表 3.3.3 所示。

表 3.3.3　液体混合装置的 PLC 控制任务学习评价

学习内容	学习成果		评分表	
	出现的问题和解决方法	主要收获	学习小组评分	教师评分
能采用 SCR 指令设计单序列顺序控制程序（5%）				
能采用 SCR 指令设计并行和选择序列顺序控制程序（10%）				
能完成单周期连续运行程序控制编程（20%）				
能使用子程序进行编程（20%）				
能采用 SCR 设计方法编写复杂顺序控制程序（20%）				
能完成程序的编写、下载和运行调试（25%）				

任务 3.4　机械手的 PLC 控制

任务目标

知识目标

掌握采用启保停电路设计法编写顺序控制程序设计的方法。

技能目标

1. 能够采用启保停电路设计法设计顺序控制程序，完成程序编写、下载和运行调试。
2. 能够熟练绘制顺序功能图。

素养目标
1. 养成安全用电、规范操作的意识。
2. 养成具备工程思维的良好职业素养。

任务描述

一个将工件由 A 处传送到 B 处的机械手，上升/下降和左行/右行的执行用双线圈二位电磁阀推动气缸完成。双线圈二位电磁阀工作原理是：当某个电磁阀线圈通电，就一直保持现有的机械动作，如一旦下降的电磁阀线圈通电，机械手下降，即使线圈再断电，仍保持现有的下降动作状态，直到相反方向的线圈通电为止。另外，夹紧/放松由单线圈二位电磁阀推动气缸完成，线圈通电执行夹紧动作，线圈断电时执行放松动作。设备装有上、下限位和左、右限位开关，它的工作过程如图 3.4.1 所示，有八个动作。

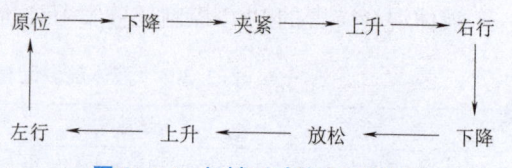

图 3.4.1 机械手动作流程说明

如图 3.4.2 所示，该任务的模拟控制实验面板中的 YV1、YV2、YV3、YV4、YV5、HL 分别接主机的输出点 Q0.0、Q0.1、Q0.2、Q0.3、Q0.4、Q0.5；SB1、SB2 分别接主机的输入点 I0.0、I0.5；SQ1、SQ2、SQ3、SQ4 分别接主机的输入点 I0.1、I0.2、I0.3、I0.4。面板图中的启动、停止用动断按钮来实现，限位开关用钮子开关来模拟，电磁阀和原位指示灯用发光二极管来模拟。

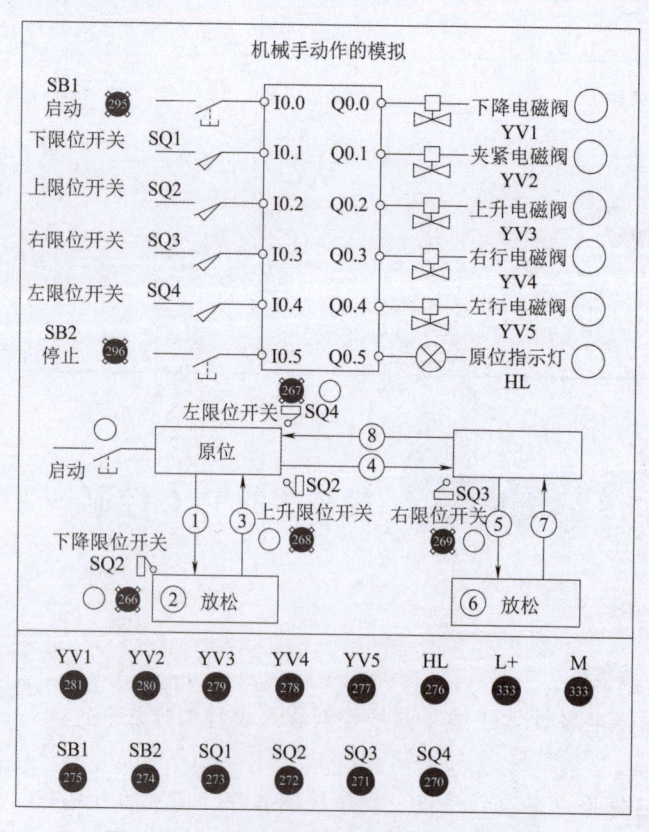

图 3.4.2 机械手动作的模拟控制实验面板

要求在调试运行时，当操作人员按下启动按钮之后，系统开始工作，运行过程中如果没有按下停止按钮，则在一个工作周期结束时会自动开始下一个周期的工作。在系统工作时，操作人员若按下停止按钮，系统需完成当前工作周期返回初始位置，原位指示灯点亮。

知识储备

3.4.1 设置连续运行标志位

使用 M 位存储器作为连续运行和单周期运行控制的标志位。

针对任务控制要求中的单周期运行和连续运行，在编程时可以采用 M 位存储器产生连续运行标志位，如图 3.4.3 中的 M20.0=1 时，表示系统将连续循环工作；当 M20.0=0 时，则表示结束当前周期运行之后，系统将返回初始状态，等待操作人员重新按下启动按钮。

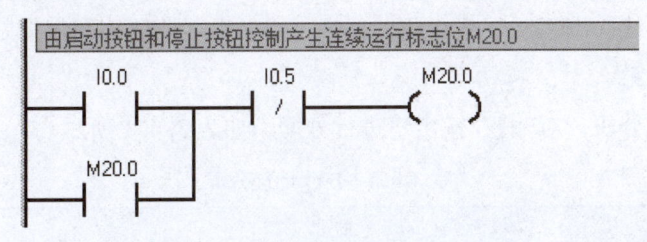

图 3.4.3 连续运行标志位的梯形图

3.4.2 绘制顺序功能图

根据控制要求，绘制出机械手工作的顺序功能图，如图 3.4.4 所示。M10.0 为系统的初始步，系统若不是连续运行，机械手回到左上方初始位置时，原位指示灯点亮。当操纵人员按下启动按钮，M20.0 为 1，系统由初始状态转为工作状态开始工作，由 M10.1 控制机械手下降。当下限位开关 I0.1 接通为 1 时，转到 M10.2 控制机械手完成夹紧动作，并适当延时夹持住工件。当延时时间 T37 接通为 1，转到步 M10.3 控制机械手夹持工件上升。当上限位开关 I0.2 接通为 1 时，转到步 M10.4 控制机械手夹持工作往右行。当右限位开关 I0.3 接通为 1 时，转到步 M10.5 控制机械手夹持工件再次下降。当下限位开关 I0.1 接通为 1 时，转到步 M10.6 控制机械手放松工件，并适当延时。当定时器 T38 接通为 1 时，转到步 M10.7 控制机械手再一次上升。当上限位开关 I0.2 接通时，转到步 M11.0 控制机械手往左行，回到初始左上

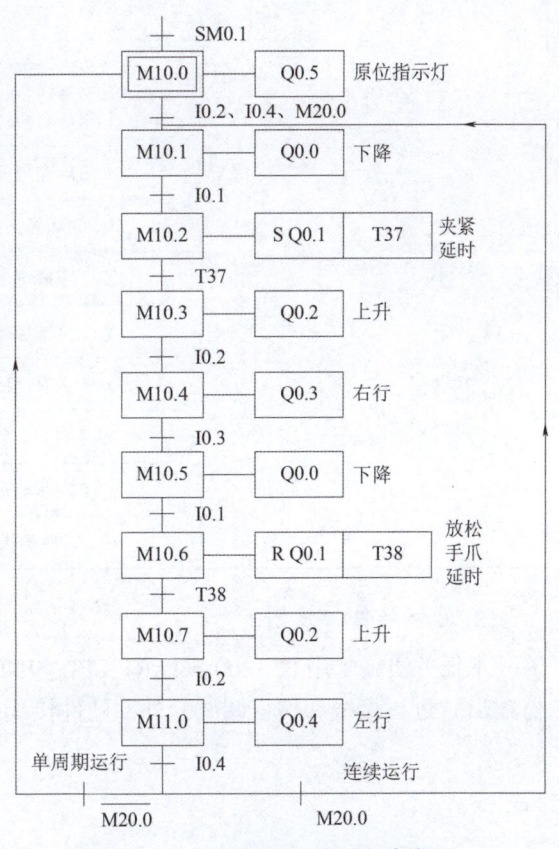

图 3.4.4 机械手运行的顺序功能图

方位置。操作人员在机械手运行过程中若没有按下停止按钮，则 M20.0 = 1，系统将由最后一步转到 M10.1 开始继续循环工作。若按下停止按钮，连续运行标志位 M20.0 = 0，则系统将返回初始步 M10.0，等待操作人员按下启动按钮重新启动系统工作。

任务实施

1. 任务分析

随着工业自动化水平日益提高，众多工业企业均面临着传统生产线的改造和重新设计问题。为了熟悉工业现场典型的顺序控制编程，在之前的任务中，我们已经分别学习了采用启保停电路设计法、采用 S 和 R 指令设计法、采用 SCR 指令设计法。在本任务中，以工程中机械手动作流水线操作为例，用启保停电路设计法进一步熟悉编程。注意：在教学过程中应该多增加操作实践环节，通过用一个机械手动作的模拟实验箱来编程和调试，指导学生进行外部接线、编程、下载和调试程序，使学生逐渐熟练顺序控制的应用。

2. I/O 地址分配

根据上述任务分析，对输入/输出量进行分配，如表 3.4.1 所示。

表 3.4.1 I/O 地址分配

信号类型	描述	PLC 地址
DI	SB1 启动按钮	I0.0
	SQ1 下限位开关	I0.1
	SQ2 上限位开关	I0.2
	SQ3 右限位开关	I0.3
	SQ4 左限位开关	I0.4
	SB2 停止按钮	I0.5
DO	YV1 下降电磁阀线圈	Q0.0
	YV2 夹紧电磁阀线圈	Q0.1
	YV3 上升电磁阀线圈	Q0.2
	YV4 右行电磁阀线圈	Q0.3
	YV5 左行电磁阀线圈	Q0.4
	HL 原位指示灯	Q0.5

3. 外部硬件接线图

本任务实施采用 S7-200 SMART CPU SR40（AC/DC/RLY，交流电源/直流输入/继电器输出）进行接线和编程调试，外部硬件接线图如图 3.4.5 所示。

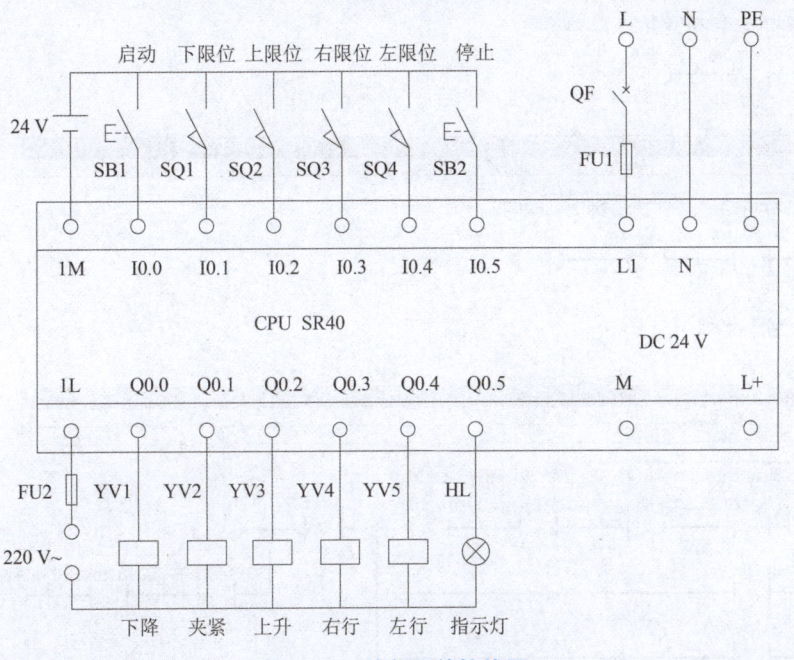

图 3.4.5　外部硬件接线图

4. 编辑 PLC 符号表

根据任务分析编辑符号表，如图 3.4.6 所示。

	符号	地址	注释
1	SB1启动按钮	I0.0	
2	SQ1下限位开关	I0.1	
3	SQ2上限位开关	I0.2	
4	SQ3右限位开关	I0.3	
5	SQ4左限位开关	I0.4	
6	SB2停止按钮	I0.5	
7	YV1下降电磁阀线圈	Q0.0	
8	YV2夹紧电磁阀线圈	Q0.1	
9	YV3上升电磁阀线圈	Q0.2	
10	YV4右行电磁阀线圈	Q0.3	
11	YV5左行电磁阀线圈	Q0.4	
12	HL原位指示灯	Q0.5	

图 3.4.6　符号表

5. 设计梯形图程序

根据上述顺序功能图（图 3.4.4），用启保停电路设计法编写相应的梯形图程序，如图 3.4.7 所示。

1 初始脉冲中将移位寄存器复位(不包含初始步)

```
First_Scan_On        M10.0
    ┤├──────────────( R )
                       8
```

符号	地址	注释
First_Scan_On	SM0.1	仅在第一个扫描周期时接通

2 由启动按钮和停止按钮控制连续运行标志位M20.0

```
SB1启动按钮  SB2停止按钮      M20.0
    ┤├────────┤/├──────────( )
    
   M20.0
    ┤├
```

符号	地址	注释
SB1启动按钮	I0.0	
SB2停止按钮	I0.5	

3 回原点位置初始步M10.0=1时,指示灯亮,单周期运行时返回此步

```
M11.0   SQ2上限位开关  SQ4左限位开关  M20.0    M10.1     M10.0
 ┤├─────────┤├──────────┤├───────────┤/├──────┤/├──────( )

First_Scan_On                              SQ2上限位开关 SQ4左限位开关 HL原位指示灯
 ┤├                                            ┤├──────────┤├──────────( )

M10.0
 ┤├
```

符号	地址	注释
First_Scan_On	SM0.1	仅在第一个扫描周期时接通
SQ2上限位开关	I0.2	
SQ4左限位开关	I0.4	
HL原位指示灯	Q0.5	

4 下降,连续运行时也返回此步

```
M10.0   SQ2上限位开关  SQ4左限位开关  M20.0    M10.2     M10.1
 ┤├─────────┤├──────────┤├───────────┤├───────┤/├──────( )

M11.0   SQ2上限位开关  SQ4左限位开关  M20.0
 ┤├─────────┤├──────────┤├───────────┤├

M10.1
 ┤├
```

符号	地址	注释
SQ2上限位开关	I0.2	
SQ4左限位开关	I0.4	

5 机械手夹紧

```
M10.1   SQ1下限位开关   M10.3    M10.2
 ┤├─────────┤├──────────┤/├──────( )

M10.2                              T37
 ┤├                            IN     TON
                          10 — PT    100 ms

                              YV2夹紧电磁阀线圈
                                   ( S )
                                     1
```

符号	地址	注释
SQ1下限位开关	I0.1	
YV2夹紧电磁阀线圈	Q0.1	

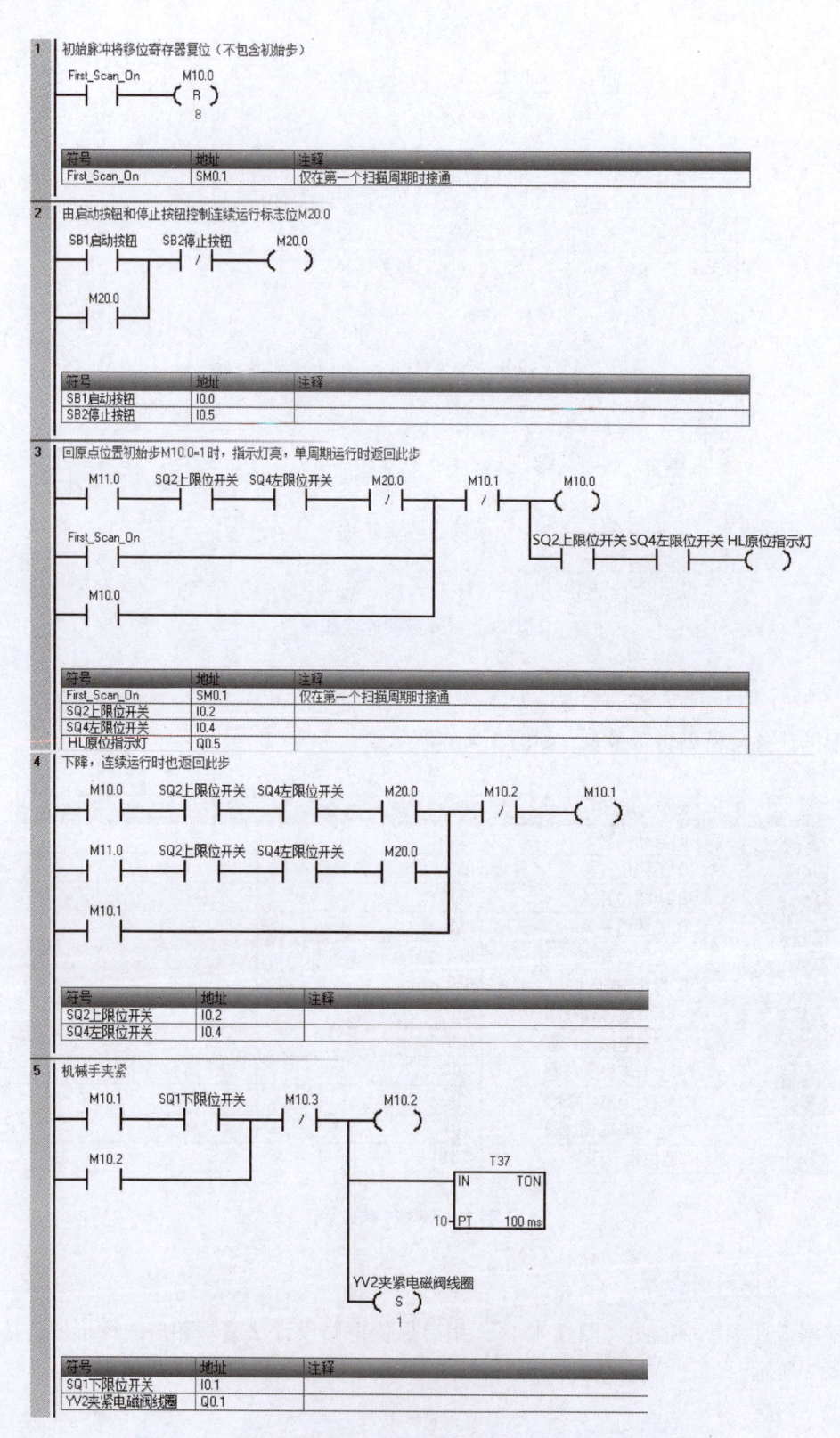

图 3.4.7 用启保停电路设计法编写的机械手运行的梯形图程序

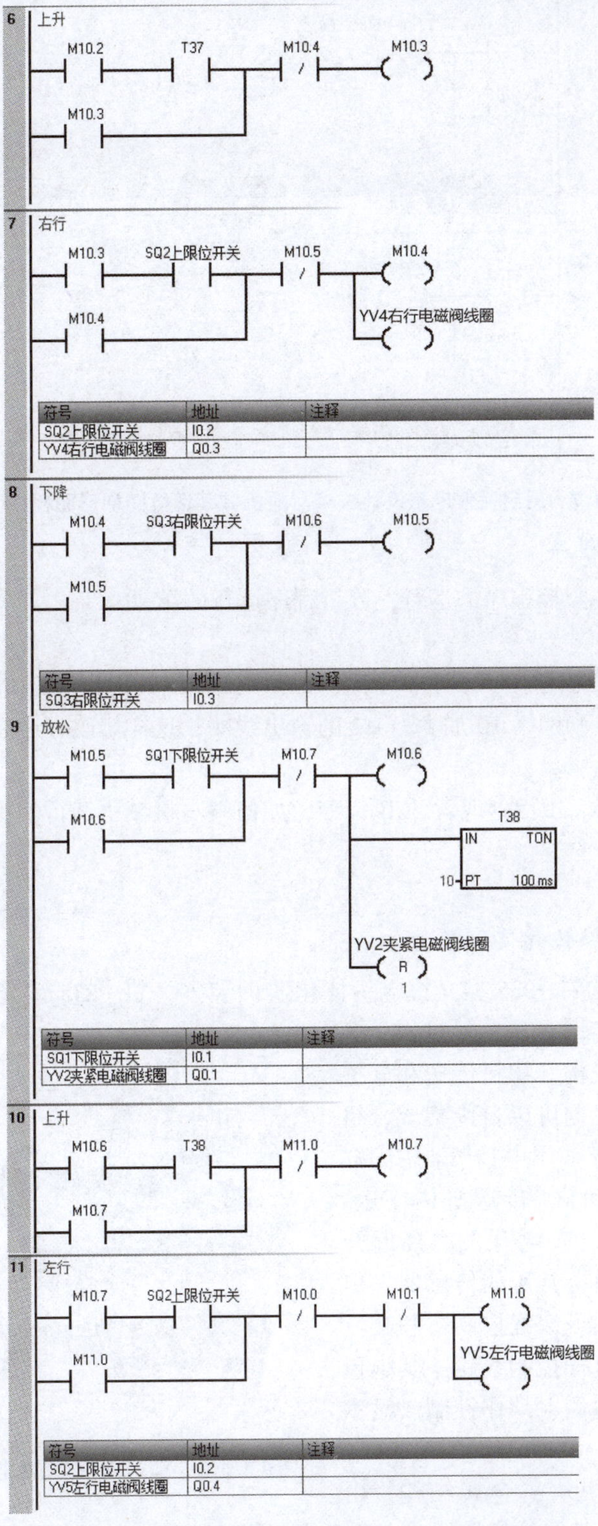

6 上升

```
M10.2    T37    M10.4         M10.3
──┤├──────┤├─────┤/├──────────( )
M10.3
──┤├──
```

7 右行

```
M10.3   SQ2上限位开关   M10.5         M10.4
──┤├────────┤├──────────┤├──────────( )
                                     YV4右行电磁阀线圈
M10.4                                ( )
──┤├──
```

符号	地址	注释
SQ2上限位开关	I0.2	
YV4右行电磁阀线圈	Q0.3	

8 下降

```
M10.4   SQ3右限位开关   M10.6         M10.5
──┤├────────┤├──────────┤/├──────────( )
M10.5
──┤├──
```

符号	地址	注释
SQ3右限位开关	I0.3	

9 放松

```
M10.5   SQ1下限位开关   M10.7         M10.6
──┤├────────┤├──────────┤/├──────────( )
M10.6                              T38
──┤├──                           IN    TON
                             10-PT   100 ms

                             YV2夹紧电磁阀线圈
                             ( R )
                               1
```

符号	地址	注释
SQ1下限位开关	I0.1	
YV2夹紧电磁阀线圈	Q0.1	

10 上升

```
M10.6    T38    M11.0         M10.7
──┤├──────┤├─────┤/├──────────( )
M10.7
──┤├──
```

11 左行

```
M10.7   SQ2上限位开关   M10.0   M10.1     M11.0
──┤├────────┤├──────────┤/├─────┤/├────────( )
                                         YV5左行电磁阀线圈
M11.0                                    ( )
──┤├──
```

符号	地址	注释
SQ2上限位开关	I0.2	
YV5左行电磁阀线圈	Q0.4	

图 3.4.7　用启保停电路设计法编写的机械手运行的梯形图程序（续）

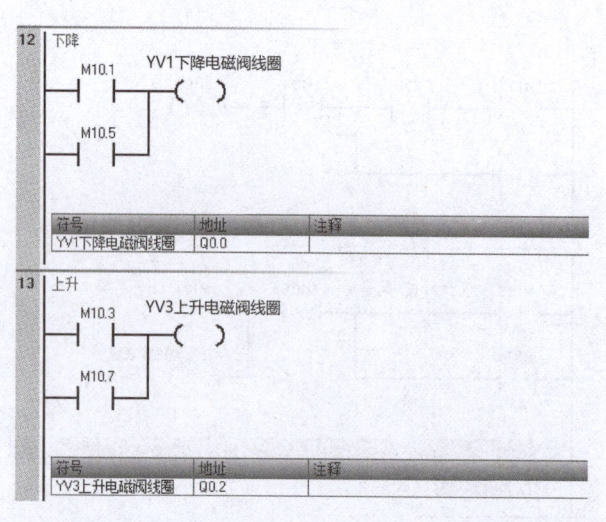

图 3.4.7　用启保停电路设计法编写的机械手运行的梯形图程序（续）

6. 运行并调试程序

下载程序，在线监控程序的运行，分析程序运行的结果。

思考：

（1）上述梯形图程序中可否去掉网络 12 和网络 13？在网络 4 和网络 8 中加上 Q0.0 的输出线圈，网络 6 和网络 10 加上 Q0.2 的输出线圈，这样修改程序之后，在运行调试时会导致什么情况发生？

（2）如果采用 S、R 指令或者 SCR 指令，如何编写机械手运行的梯形图程序？

拓展提升

1. 了解光机电一体化实训装置

图 3.4.8 所示为 YL-235 型光机电一体化实训装置。YL-235 型光机电一体化实训装置由铝合金导轨式实训台、上料机构、上料检测机构、搬运机构、物料传送和分拣机构等组成。各个机构可以自由集成、组装和调试。机械部分采用电控气阀-气缸驱动，物料采用电动机-传送机构输送。检测采用磁性开关、光电开关、接近开关、行程开关等工业上常用的传感器发出检测信号。控制采用可编程控制器和交流变频器以及配套的电气控制线路。其中包括动作指令、自动检测、动作控制、显示和报警。

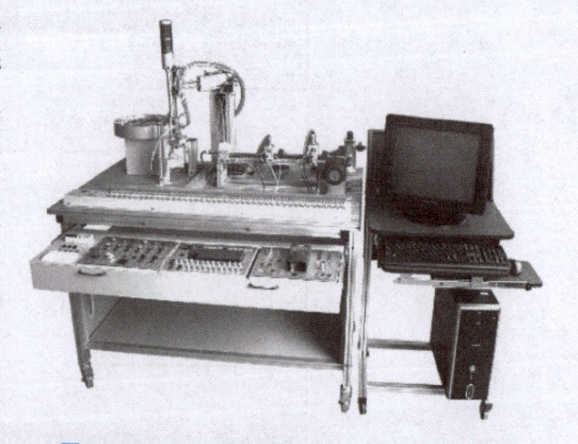

图 3.4.8　YL-235 型光机电一体化实训装置

控制系统采用模块组合式结构，由 PLC 模块、变频器模块、按钮模块、电源模块、接线端子排和各种传感器等组成。各种模块可按实训需要进行组合、安装、调试。系统的控制部分采用可编程控制器，执行机构由气动电磁阀-气缸构成的气压驱动装置，实现了物料搬运和物料分拣整个系统的自动运行。

1) 送料机构

图 3.4.9 所示为送料机构装置，由以下设备组成。

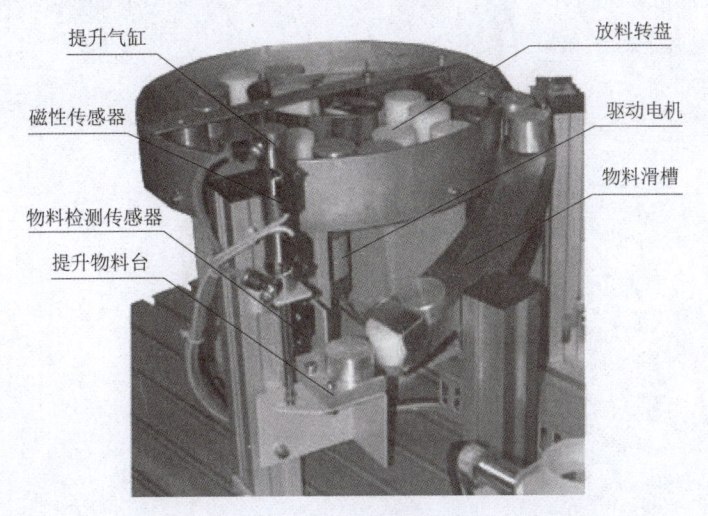

图 3.4.9　送料机构装置

放料转盘：转盘中放置两种物料，一种金属物料、一种非金属物料。

驱动电机：电机采用 24 V 直流减速电机，转速 10 r/min，转矩 30 kg/cm，用于驱动放料转盘的旋转。

物料滑槽：放料转盘旋转时，物料互相推挤趋向入料口，物料则从入料口顺着滑槽落到提升台上。

提升物料台：将物料和滑槽有效分离，并确保每次只上一个物料。

物料检测传感器：为光电漫反射型传感器，是为 PLC 提供一个输入信号，如果有物料在提升台上，就会驱动提升气缸提升物料。

磁性传感器：用于气缸的位置检测，检测提升物料台的气缸上升和下降是否到位，为此在上点和下点各有一个传感器，当检测到气缸准确到位后给 PLC 发出一个信号。

提升气缸：提升气缸使用的是双向电控气阀。当提升物料电控气阀得电，提升物料台上升；当下降物料台的电控气阀得电，则提升物料台下降。

2) 机械手的搬运机构

图 3.4.10 所示为机械手搬运机构，由以下设备组成。整个搬运机构能完成四个自由度动作：手臂伸缩、手臂旋转、手爪上下、手爪夹紧和放松。

手爪提升气缸：采用双向电控气阀控制，气缸伸出或缩回可任意定位。

磁性传感器：检测手爪提升气缸处于上升或下降的位置是否到位。

手爪：抓取物料由双向电控气阀控制，当夹紧电控气阀得电，手爪夹紧磁性传感器有信号输出，指示灯亮；当放松电控气阀得电，手爪松开，夹紧磁性传感器没有信号输出，指示灯灭。

手臂旋转气缸：机械手臂的正反转（左右转）由双向电控气阀控制。当左转电控气阀得电，手臂执行左转；当右转电控气阀得电，执行手臂右转。

接近传感器：机械手臂右转和左转到位后，接近传感器给 PLC 发出信号。

双杆手臂伸出/缩回气缸：机械手臂的伸出、缩回由双向电控气阀控制。气缸上装有

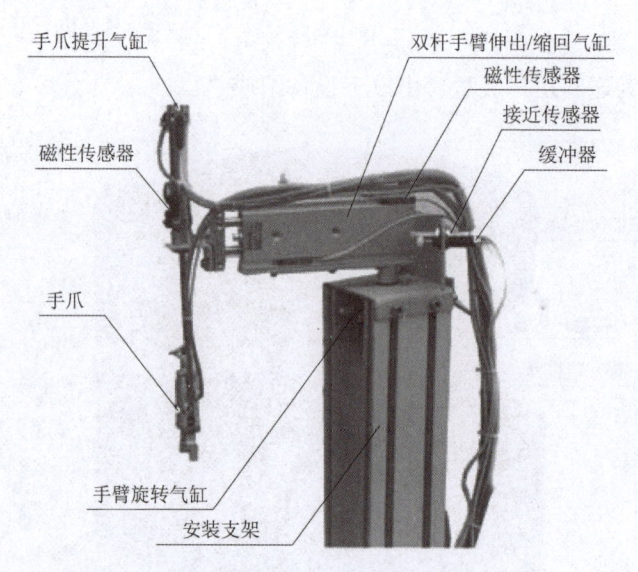

图 3.4.10　机械手搬运机构

两个磁性传感器，检测气缸伸出或缩回位置。

缓冲器：旋转气缸高速右转和左转到位时，起缓冲减速作用。

3）物料传送和分拣机构

图 3.4.11 所示为物料传送和分拣机构，由以下几部分组成。

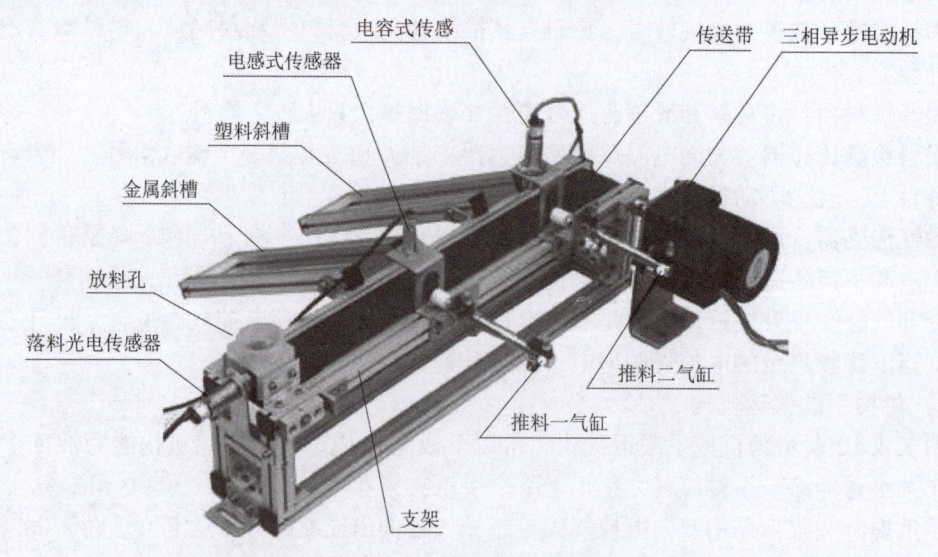

图 3.4.11　物料传送和分拣机构

落料光电传感器：检测是否有物料到传送带上，并给 PLC 一个输入信号。

放料孔：放料孔使得物料落料位置定位。

金属斜槽：放置金属物料。

塑料斜槽：放置非金属物料。

电感式传感器：检测金属材料，检测距离为 3~5 mm。

电容式传感器：用于检测非金属材料，检测距离为 5~10 mm。

三相异步电动机：驱动传送带转动，由变频器控制。

推料气缸：将物料推入料槽，推料一气缸和推料二气缸分别由两个单向电控气阀控制。当单向电控气阀得电时，执行推杆推出的动作；当单向电控气阀断电时，推杆缩回。

2. 了解气动原理

该装置气动主要分为两部分：

气动执行元件部分有单出杆气缸、单出双杆气缸、旋转气缸。

气动控制元件部分有单控电磁换向阀、双控电磁换向阀、磁性限位传感器。

图 3.4.12 所示为气动原理图。其中手臂的左右旋转、手臂的伸出/缩回、手爪的提升/下降、物料台的提升和下降、手爪夹紧/放松均采用双向电控阀，推料一气缸和推料二气缸处采用单向电控阀控制。

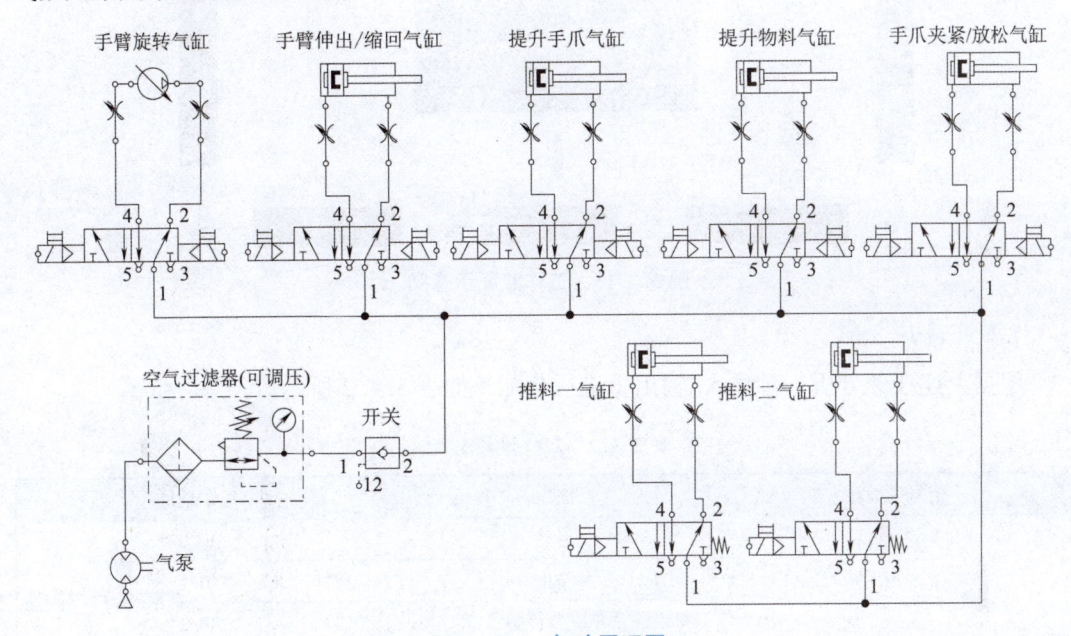

图 3.4.12 气动原理图

双向电控阀用来控制气缸进气和出气，从而实现气缸的伸出、缩回运动。气缸的正确运动使物料分拣到相应的位置，只要交换进出气的方向就能改变气缸的伸出（缩回）运动，气缸两侧的磁性开关可以识别气缸是否已经运动到位。电控阀内装的红色指示灯有正负极性，如果极性接反了也能正常工作，但指示灯不会亮。单向电控阀用来控制气缸单个方向运动，实现气缸的伸出、缩回运动。两种电控阀的区别是：双向电控阀初始位置是任意的，可以随意控制两个位置，而单控阀初始位置是固定的，只能控制一个方向。

3. 了解设备的控制要求

如图 3.4.13 所示为工作流程，按下启动按钮后，PLC 启动送料电动机驱动放料盘旋转，物料由斜槽滑到物料提升位置，物料检测光电传感器开始检测；如果送料电动机运行 6 s 后，物料检测光电传感器仍未检测到物料，则说明送料机构已经无物料，这时要停机并报警；当物料检测光电传感器检测到有物料，将给 PLC 发出信号，由 PLC 驱动上料双向电磁阀提升物料，机械手臂伸出手爪下降抓物，然后手爪提升手臂缩回，手臂向右旋转到右限位，手臂伸出，手爪下降将物料放到传送带上。此时，物料台下降，为下一次送料做好准备。传送带输送物料时，磁性传感器根据物料性质（金属和非金属），分别由PLC控制相应电磁阀使气缸动作，对物料进行分拣。在连续工作方式下，机械手返回原位重新开始下一个流程。如果在工作过程中操作人员按下停止按钮，则待完成一个工作周期后返回初始状态，等待操作人员重新按下启动按钮开始下一个新的工作周期。

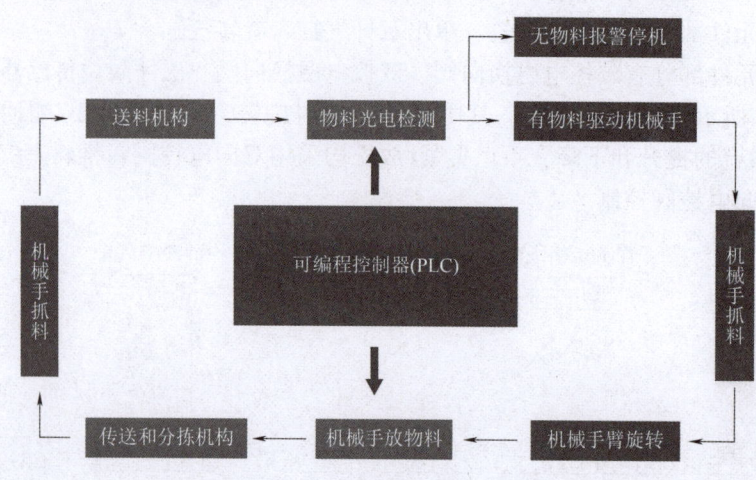

图 3.4.13　工作流程示意图

4. I/O 地址分配

根据上述任务分析，对输入/输出量进行分配，如表 3.4.2 所示。

表 3.4.2　I/O 地址分配

信号类型	描述	PLC 地址
DI	启动	I0.0
	停止	I0.1
	手爪夹紧传感器	I0.2
	旋转左限位接近开关	I0.3
	旋转右限位接近开关	I0.4
	伸出臂前点限位开关	I0.5
	缩回臂后点限位开关	I0.6
	手爪提升上限位开关	I0.7
	手爪下降下限位开关	I1.0
	上料气缸上限位开关	I1.1
	上料气缸下限位开关	I1.2
	物料检测光电开关	I1.3
	推料一气缸后限位开关	I1.4
	推料一气缸前限位开关	I1.5
	推料二气缸后限位开关	I1.6
	推料二气缸前限位开关	I1.7
	电感式传感器（推料一传感器）	I2.0

续表

信号类型	描述	PLC 地址
DI	电容式传感器（推料二传感器）	I2.1
	传送带物料检测光电传感器	I2.2
	总复位开关	I2.3
DO	转盘电机	Q0.0
	推料一气缸（推出）	Q0.1
	推料二气缸（推出）	Q0.2
	旋转气缸左转	Q0.3
	旋转气缸右转	Q0.4
	臂气缸伸出	Q0.5
	臂气缸缩回	Q0.6
	手爪上升	Q0.7
	手爪下降	Q1.0
	物料台上升	Q1.1
	物料台下降	Q1.2
	手爪放松	Q1.3
	手爪夹紧	Q1.4
	变频器（5端子）	Q1.5
	启动指示绿灯	Q1.6
	停止指示红灯	Q1.7

5. 了解 Siemens MM420 变频器参数设置

利用 MM420 的基本操作面板（BOP）可以改变变频器的各个参数。如表 3.4.3 所示，快速调试时变频器驱动三相异步电动机的参数设置，可按以下数据进行调试。

表 3.4.3 MM420 变频器快速调试参数设置

序号	参数号	设置值	说明
1	P0010	30	调出出厂设置参数
2	P0970	1	恢复出厂值
3	P0003	3	参数访问级
4	P0004	0	参数过滤器
5	P0010	1	快速调试
6	P0100	0	工频选择
7	P0304	380 V	电动机的额定电压
8	P0305	0.17 A	电动机的额定电流
9	P0307	0.03 kW	电动机的额定功率
10	P0310	50 Hz	电动机的额定频率
11	P0311	1 395 r/min	电动机的额定速度
12	P0700	2	选择命令源
13	P1000	1	选择频率设定值
14	P1080	0 Hz	电动机最小频率
15	P1082	50.00 Hz	电动机最大频率

续表

序号	参数号	设置值	说明
16	P1120	1 s	斜坡上升时间
17	P1121	1 s	斜坡下降时间
18	P3900	1	结束快速调试
19	P0003	3	检查 P0003 是否是"3"
20	P1040	10 Hz	频率设置

6. 机械手自动运行的顺序功能图

根据控制要求，绘制出机械手自动运行的顺序功能图，如图 3.4.14 所示。

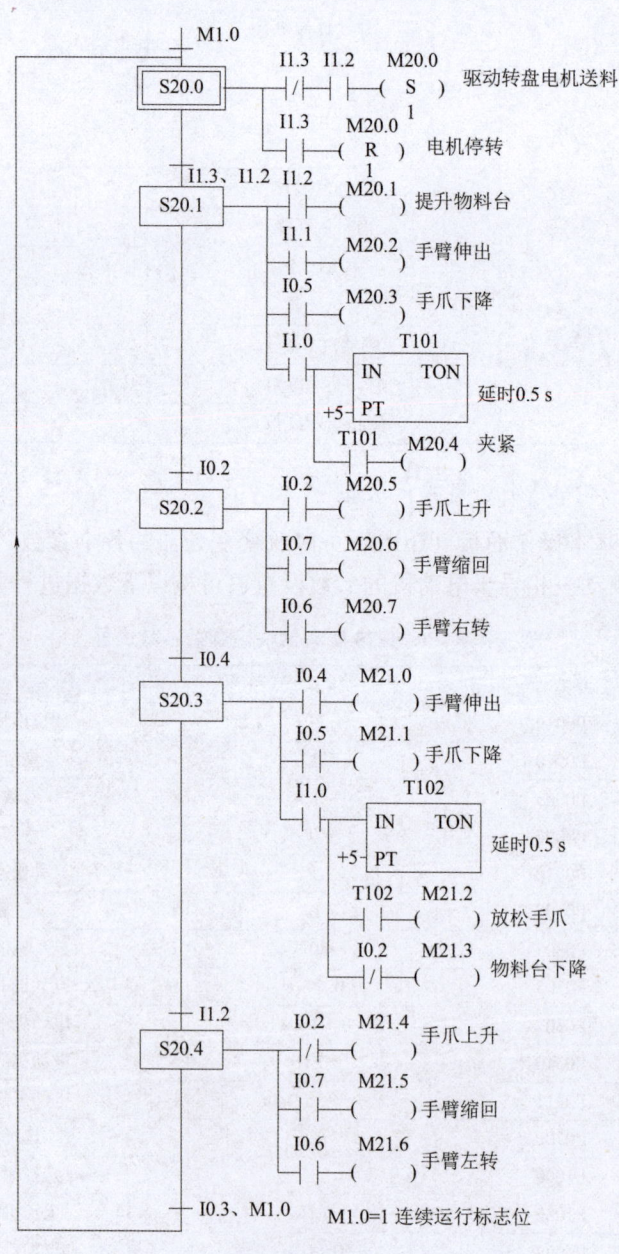

图 3.4.14 机械手自动运行的顺序功能图

思考练习

1. 使用顺序控制结构，编写出实现红、黄、绿三种颜色信号灯循环显示程序（要求循环间隔时间为 0.5 s），画出该程序设计的顺序功能图，并编写梯形图程序。

2. 用 PLC 构成液体混合控制系统，如图 3.4.15 所示。控制要求如下：按下启动按钮，电磁阀 Y1 接通，开始注入液体 A。待液面传感器 L3 接通，表示液体到了 L3 的高度，电磁阀 Y2 也接通，同时注入液体 A 和 B。待液面传感器 L2 接通，表示液体到了 L2 的高度，Y1 阀门关闭，停止注入液体 A，电磁阀 Y2 继续接通注入 B 液体。待液面传感器 L1 接通，表示液面到了 L1 的高度，Y2 阀门关闭，停止注入 B 液体，并开启搅拌机 M。搅拌 20 s 之后停止搅拌，同时 Y3 为 ON，开始放出混合液体。至液体传感器 L3 由接通变为断开时，再经 6 s 停止放出剩余的混合液体。同时电磁阀 Y1 再次接通，注入液体 A，开始循环工作。若操作过程中按下停止按钮，待一个工作周期的所有操作完成之后才停止，重新启动系统需再按下启动按钮。要求列出 I/O 分配表，画出顺序功能图。

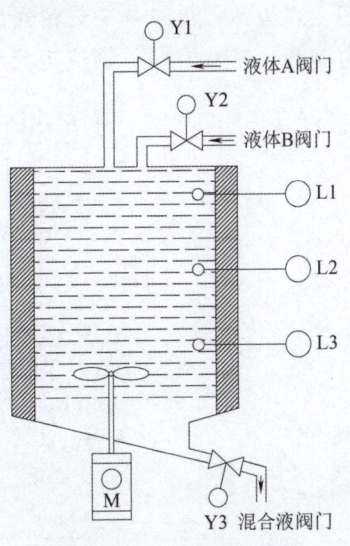

图 3.4.15　液体混合模拟控制系统示意图

3. 机械手工作示意图如图 3.4.16 所示：

（1）机械手"取与放"搬运系统，定义原点为左上方所到达的极限位置，其左限位开关闭合，上限位开关闭合，机械手处于放松状态。

（2）搬运过程时机械手把工件从 A 搬到 B 处。

（3）上升和下降，左行和右行均由双线圈电磁阀气缸来实现。

（4）当工件处于 B 处上方准备下放时，为了确保安全，用光电开关检测 B 处有无工件。只有在 B 处无工件时才能发出下放信号。

（5）机械手工作过程：启动机械手下降到 A 处位置—夹紧工件—夹住工件上升到顶端—机械手横向移动到右端—进行光电检测—下降到 B 处位置—机械手放松，把工件放到 B 处—机械手上升到顶端—机械手横向移动返回到左端原点处。

（6）系统启动用按钮 SB1，停止运行用按钮 SB2。当工作过程中按下停止按钮，若手爪放松的状态，机械手立即返回初始状态；如果手爪夹紧，则待手爪放松后完成当前周期的运行再返回初始状态，等待重新按下启动按钮才能启动系统。当工作过程中没有按下停止按钮，则一个周期结束后自动开始下一周期的运行。

输入/输出地址分配如下：

启动按钮 SB1：I0.0　　　　下降电磁阀 YV1：Q0.0
停止按钮 SB2：I0.1　　　　上升电磁阀 YV2：Q0.1
下降限位开关 SQ1：I0.2　　右行电磁阀 YV3：Q0.2
夹紧限位开关 SQ2：I0.3　　左行电磁阀 YV4：Q0.3
上升限位开关 SQ3：I0.4　　夹紧电磁阀 YV5：Q0.4
右行限位开关 SQ4：I0.5　　放松电磁阀 YV6：Q0.5

放松限位开关 SQ5：I0.6

左行限位开关 SQ6：I0.7

光电检测开关 SQ7：I1.0

考核要求：根据给定的控制要求，给出 I/O 点的分配情况，并画出 PLC 控制 I/O 接线图，在模拟板上正确安装接线。画出顺序功能图，根据控制要求编写梯形图程序及指令语句程序，下载程序并调试运行。

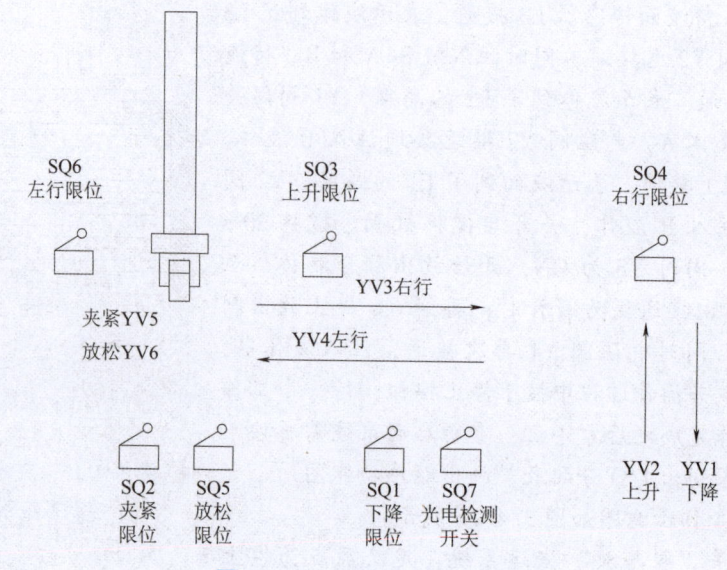

图 3.4.16　机械手工作示意图

学习评价

机械手的 PLC 控制任务学习评价如表 3.4.4 所示。

表 3.4.4　机械手的 PLC 控制任务学习评价

学习内容	学习成果		评分表	
	出现的问题和解决方法	主要收获	学习小组评分	教师评分
能采用启保停电路设计方法设计顺序控制程序（20%）				
能熟练绘制顺序功能图（20%）				
能设置运行标志位编写控制程序（15%）				
能采用启保停电路设计方法编写机械手的控制程序（20%）				
能完成程序的编写、下载和运行调试（25%）				

项目四　灯光系统的 PLC 控制

引导语

彩灯不仅美化了我们的生活环境，还成了城市夜景中不可或缺的一部分。从霓虹灯管到采用白炽灯或荧光灯作为光源的大规模展示，它们让城市的夜晚变得更加生动多彩。基于 PLC 应用的彩灯控制系统能够精确地控制灯光的变化，包括灯泡的亮灭、闪烁速度、亮度调节以及灯光的动态流向，从而创造出丰富多彩的视觉效果。本项目包括 PLC 在灯光控制系统中的应用、交通信号灯的 PLC 控制、抢答器的 PLC 控制、自动售货机的 PLC 控制四个任务。通过这些实践活动，学生将深入理解 PLC 的功能指令，并学会如何将这些知识应用于实际场景中，创造更多有趣且实用的应用案例。让我们一起开始这场关于 PLC 控制技术的探索之旅吧！

任务 4.1　PLC 在灯光控制系统中的应用

任务目标

知识目标

1. 掌握 S7-200 SMART PLC 的数据类型。

2. 掌握传送指令（MOV）、左/右移位指令（SHL/SHR）、循环左/右移位指令（ROL/ROR）及其应用。

3. 掌握移位寄存器位（SHRB）指令及其应用。

技能目标

1. 能应用传送、移位等指令正确编写灯塔之光的 PLC 控制程序。

2. 掌握灯塔之光的 PLC 控制程序的调试方法。

素养目标

1. 培养爱国主义精神、民族自豪感。

2. 夯实安全第一意识，强调规范意识及责任意识，做到知行合一，提升逻辑思维能力。

任务描述

如图 4.1.1 所示，灯塔之光装置是 PLC 在灯光控制系统中的一个典型应用实例。它通过九盏彩灯不同的点亮、熄灭组合形式，让灯塔之光展现出不同的视觉效果。灯塔收敛型灯光控制要求如下：按下启动按钮，彩灯 L6、L7、L8、L9 亮，2 s 后熄灭；彩灯 L2、L3、L4、L5 亮，2 s 后熄灭；彩灯 L1 亮，2 s 后熄灭；彩灯 L6、L7、L8、L9 又点亮，2 s 后熄灭……如此循环下去，形成由外到内收敛型的灯光效果，直到按下停止按钮，所有灯全部熄灭。

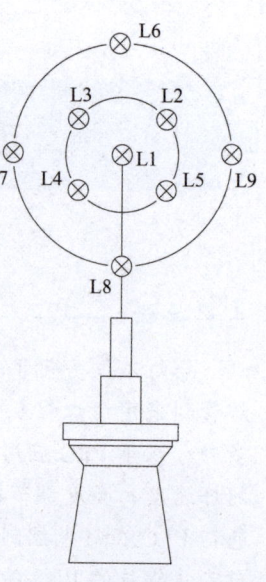

图 4.1.1 灯塔之光装置示意图

知识储备

4.1.1 数据长度及常用的数据类型

在计算机中使用的都是二进制数，数据长度可以分为字节、字、双字。如图 4.1.2 所示，其最基本的存储单位是位（bit），8 位二进制数组成 1 个字节（Byte），其中的第 0 位为最低位（LSB），第 7 位为最高位（MSB）。两个字节（16 位）组成 1 个字（Word），两个字（32 位）组成 1 个双字（Double word）。把位、字节、字和双字占用的连续位数称为长度。数据的长度与取值范围如表 4.1.1 所示。

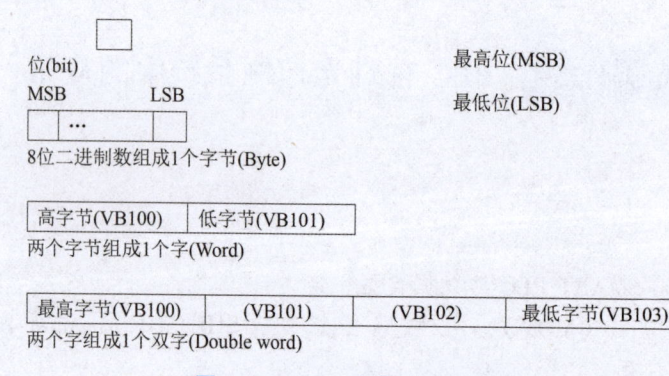

图 4.1.2 位、字节、字和双字

表 4.1.1 数据类型、长度及数据范围

数据的长度、类型	无符号整数范围 十进制	无符号整数范围 十六进制	符号整数范围 十进制	符号整数范围 十六进制
字节 B（8 位）	0~255	0~FF	−128~127	80~7F
字 W（16 位）	0~65 535	0~FFFF	−32 768~32 767	8 000~7FFF
双字 D（32 位）	0~4 294 967 295	0~FFFFFFFF	−2 147 483 648~2 147 483 647	80 000 000~7FFFFFFF
位（布尔型）	0、1			
实数	$-10^{38} \sim 10^{38}$			
字符串	每个字符串以字节形式存储，最大长度为 255 个字节，第一个字节中定义该字符串的长度			

S7-200 PLC 的数据类型可以是字符串、布尔型（0 或 1）、整数型和实数型（浮点数）等。任何类型的数据都是以一定格式采用二进制的形式保存在存储器中的。可以用一位二进制数的两种不同取值（0 或 1）来表示开关量的两种不同状态，如触点的断开和接通、线圈的断电和得电等。在 S7-200 梯形图中，可以用"位"来描述它们。如果该位为 1，则表示对应的线圈是得电状态，线圈的触点为转换状态（常开触点闭合，常闭触点断开）；如果该位为 0，则表示对应线圈、触点的状态与前者相反。

4.1.2 数据处理指令

1. 传送指令

1）数据传送指令 MOV

用来传送单个的字节、字、双字、实数。单个数据传送指令 MOV 指令格式及功能如表 4.1.2 所示。

表 4.1.2　单个数据传送指令 MOV 指令格式及功能

LAD	MOV_B EN　ENO ????－IN　OUT－????	MOV_W EN　ENO ????－IN　OUT－????	MOV_DW EN　ENO ????－IN　OUT－????	MOV_R EN　ENO ????－IN　OUT－????
STL	MOVB　IN, OUT	MOVW　IN, OUT	MOVD　IN, OUT	MOVR　IN, OUT
操作数及数据类型	IN：VB、IB、QB、MB、SB、SMB、LB、AC、常量 OUT：VB、IB、QB、MB、SB、SMB、LB、AC	IN：VW、IW、QW、MW、SW、SMW、LW、T、C、AIW、常量、AC OUT：VW、T、C、IW、QW、SW、MW、SMW、LW、AC、AQW	IN：VD、ID、QD、MD、SD、SMD、LD、HC、AC、常量 OUT：VD、ID、QD、MD、SD、SMD、LD、AC	IN：VD、ID、QD、MD、SD、SMD、LD、AC、常量 OUT：VD、ID、QD、MD、SD、SMD、LD、AC
	字节	字、整数	双字、双整数	实数
功能	使能输入有效，即 EN=1 时，将一个输入 IN 的字节、字/整数、双字/双整数或实数送到 OUT 指定的存储器输出。在传送过程中不改变数据的大小。传送后，输入存储器 IN 中的内容不变			

如图 4.1.3 所示字传送指令的应用，当常开触点 I0.0 接通时，使能输入端有效，字传送指令将变量存储器 VW10 中的数据传送到输出映像寄存器 VW20 中。假如 VW10 中原先的数据为十六进制数 16#F216，那么该指令执行后，VW10 中的数据内容保持不变，VW20 也是十六进制数 16#F216。

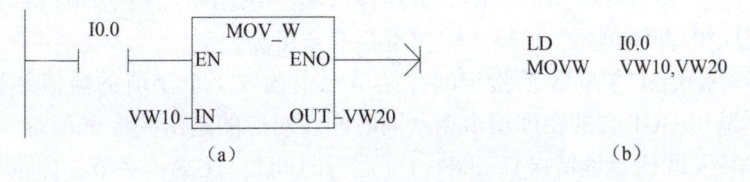

```
        I0.0      MOV_W
  ├──────┤ ├─────┤EN    ENO├──         LD    I0.0
                 │          │           MOVW  VW10,VW20
           VW10─┤IN    OUT├─VW20
              (a)                            (b)
```

图 4.1.3　字传送指令的应用

（a）梯形图；（b）语句表

2）块传送指令 BLKMOV

数据块传送指令 BLKMOV 将从输入地址 IN 开始的 N 个数据传送到输出地址 OUT 开始的 N 个单元中，N 的范围为 1~255，N 的数据类型为：字节。数据传送指令 BLKMOV 指令格式及功能如表 4.1.3 所示。

表 4.1.3　数据传送指令 BLKMOV 指令格式及功能

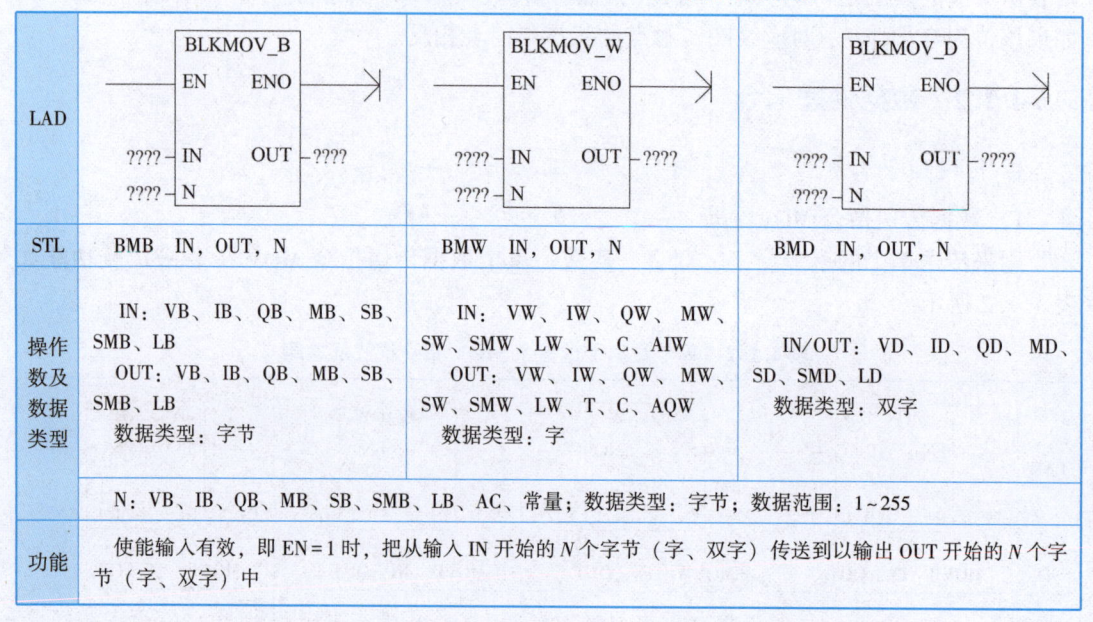

LAD	BLKMOV_B EN　ENO ????－IN　OUT－???? ????－N	BLKMOV_W EN　ENO ????－IN　OUT－???? ????－N	BLKMOV_D EN　ENO ????－IN　OUT－???? ????－N
STL	BMB IN, OUT, N	BMW IN, OUT, N	BMD IN, OUT, N
操作数及数据类型	IN：VB、IB、QB、MB、SB、SMB、LB OUT：VB、IB、QB、MB、SB、SMB、LB 数据类型：字节	IN：VW、IW、QW、MW、SW、SMW、LW、T、C、AIW OUT：VW、IW、QW、MW、SW、SMW、LW、T、C、AQW 数据类型：字	IN/OUT：VD、ID、QD、MD、SD、SMD、LD 数据类型：双字
	N：VB、IB、QB、MB、SB、SMB、LB、AC、常量；数据类型：字节；数据范围：1~255			
功能	使能输入有效，即 EN＝1 时，把从输入 IN 开始的 N 个字节（字、双字）传送到以输出 OUT 开始的 N 个字节（字、双字）中			

使 ENO＝0 的错误条件：0006（间接寻址错误）、0091（操作数超出范围）。

字节块传送指令的应用如图 4.1.4 所示，程序举例：将变量存储器 VB20 开始的 4 个字节（VB20~VB23）中的数据，移至 VB200 开始的 4 个字节中（VB200~VB203）。

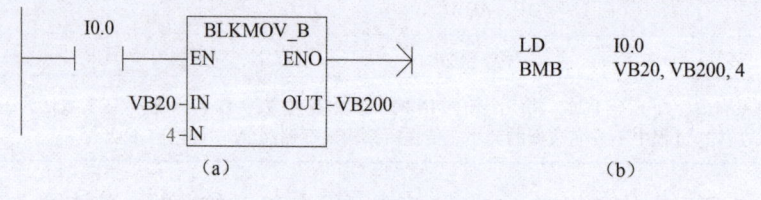

```
    I0.0      BLKMOV_B              LD    I0.0
─────┤ ├─────┤EN    ENO├───         BMB   VB20, VB200, 4
           VB20─IN    OUT─VB200
              4─N
        (a)                            (b)
```

图 4.1.4　字节块传送指令的应用

(a) 梯形图；(b) 语句表

3）字节立即传送指令（立即读写指令）

字节立即读指令（MOV_BIR）读取实际输入端 IN 给出的 1 个字节的数值，并将结果写入 OUT 所指定的存储单元，但输入映像寄存器未更新。

字节立即写指令从输入 IN 所指定的存储单元中读取 1 个字节的数值并写入（以字节为单位）实际输出 OUT 端的物理输出点，同时刷新对应的输出映像寄存器。使 ENO＝0 的错误条件：0006（间接寻址错误）、SM4.3（运行时间）。注意：字节立即读写指令无法存取扩展模块。字节立即读写指令格式及功能如表 4.1.4 所示。

表 4.1.4 字节立即读写指令格式及功能

LAD	STL	功能及说明
MOV_BIR EN　ENO ????─IN　OUT─????	BIR IN, OUT	功能：字节立即读 IN：IB OUT：VB、IB、QB、MB、SB、SMB、LB、AC 数据类型：字节
MOV_BIW EN　ENO ????─IN　OUT─????	BIW IN, OUT	功能：字节立即写 IN：VB、IB、QB、MB、SB、SMB、LB、AC、常量 OUT：QB 数据类型：字节

4）字节交换指令

字节交换指令用来交换输入字 IN 的最高位字节和最低位字节。字节交换指令格式及功能如表 4.1.5 所示。

表 4.1.5 字节交换指令格式及功能

LAD	STL	功能及说明
SWAP EN　ENO ????─IN	SWAP IN	功能：使能输入 EN 有效时，将输入字 IN 的高字节与低字节交换，结果仍放在 IN 中。 　IN：VW、IW、QW、MW、SW、SMW、T、C、LW、AC。数据类型：字

字节交换指令应用如图 4.1.5 所示。

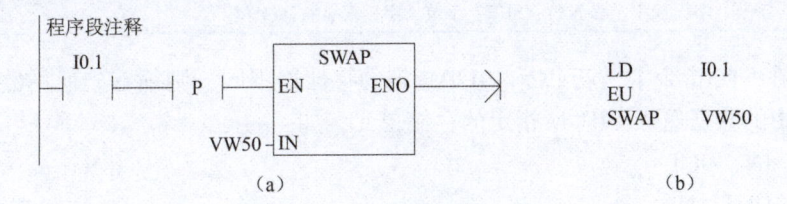

```
程序段注释
I0.1                SWAP
─┤ ├─┤P├──────┤EN   ENO├─         LD    I0.1
                                   EU
           VW50─┤IN                SWAP  VW50
       (a)                              (b)
```

图 4.1.5 字节交换指令应用
(a) 梯形图；(b) 语句表

程序执行结果：
指令执行之前，VW50 中的字为：D6C3。
指令执行之后，VW50 中的字为：C3D6。

2. 移位指令

1）移位指令

移位指令包括左移位（SHL）和右移位（SHR）指令，其指令格式及功能如表 4.1.6 所示。

移位指令是将输入 IN 中的各位数值向左或者向右移动 N 位后，将结果送给输出 OUT 中，移位指令对移出的位自动补 0。如果移动的位数 N 大于或者等于最大允许值（对于字节操作为 8 位，字操作为 16 位，双字操作为 32 位），实际移动的位数就为最大允许值。如果移位次数大于 0，最后一次移出的位保存在溢出存储器位 SM1.1 中，如果移位结果为

0，那么零标志位 SM1.0 置 1。按移位数据的长度又分为字节型、字型、双字型三种。字节操作是无符号的，而对于字、双字操作，当使用有符号数据类型时，符号位也被移位。

表 4.1.6　移位指令格式及功能

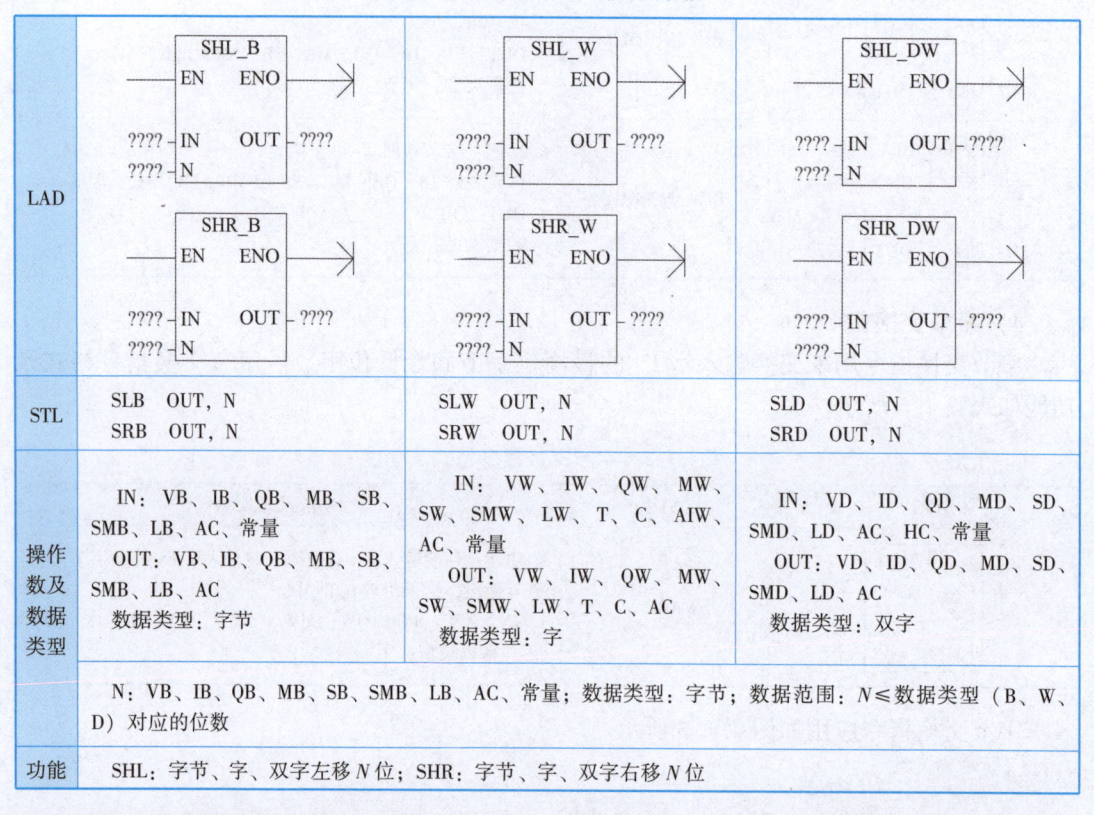

LAD	SHL_B / SHR_B 指令框 EN ENO ???? - IN OUT - ???? ???? - N	SHL_W / SHR_W 指令框 EN ENO ???? - IN OUT - ???? ???? - N	SHL_DW / SHR_DW 指令框 EN ENO ???? - IN OUT - ???? ???? - N
STL	SLB OUT, N SRB OUT, N	SLW OUT, N SRW OUT, N	SLD OUT, N SRD OUT, N
操作数及数据类型	IN：VB、IB、QB、MB、SB、SMB、LB、AC、常量 OUT：VB、IB、QB、MB、SB、SMB、LB、AC 数据类型：字节	IN：VW、IW、QW、MW、SW、SMW、LW、T、C、AIW、AC、常量 OUT：VW、IW、QW、MW、SW、SMW、LW、T、C、AC 数据类型：字	IN：VD、ID、QD、MD、SD、SMD、LD、AC、HC、常量 OUT：VD、ID、QD、MD、SD、SMD、LD、AC 数据类型：双字
	N：VB、IB、QB、MB、SB、SMB、LB、AC、常量；数据类型：字节；数据范围：$N \leq$ 数据类型（B、W、D）对应的位数		
功能	SHL：字节、字、双字左移 N 位；SHR：字节、字、双字右移 N 位		

说明：在 STL 指令中，若 IN 和 OUT 指定的存储器不同，则须首先使用数据传送指令 MOV 将 IN 中的数据送入 OUT 所指定的存储单元，如：

MOVB IN, OUT
SLB OUT, N

2）循环移位指令

循环移位指令包括循环左移位指令（ROL）和循环右移位指令（ROR），其指令格式及功能如表 4.1.7 所示。

表 4.1.7　循环移位指令格式及功能

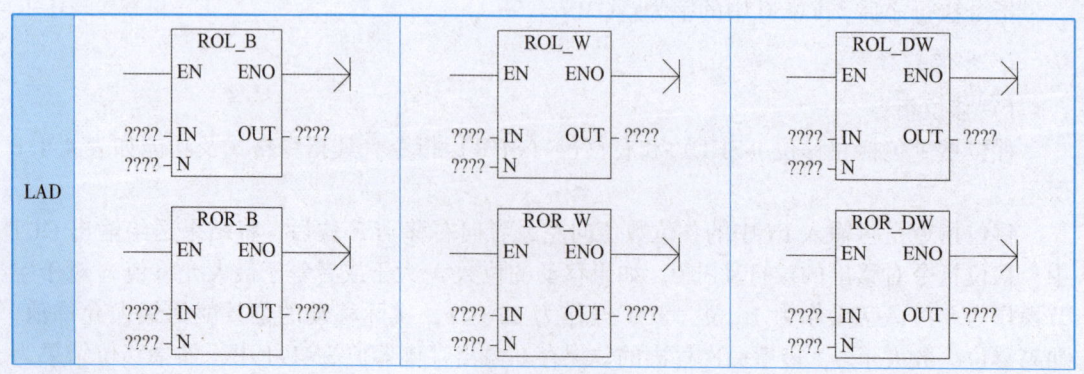

LAD	ROL_B / ROR_B 指令框 EN ENO ???? - IN OUT - ???? ???? - N	ROL_W / ROR_W 指令框 EN ENO ???? - IN OUT - ???? ???? - N	ROL_DW / ROR_DW 指令框 EN ENO ???? - IN OUT - ???? ???? - N

续表

STL	RLB OUT, N RRB OUT, N	RLW OUT, N RRW OUT, N	RLD OUT, N RRD OUT, N
操作数及数据类型	IN：VB、IB、QB、MB、SB、SMB、LB、AC、常量 OUT：VB、IB、QB、MB、SB、SMB、LB、AC 数据类型：字节	IN：VW、IW、QW、MW、SW、SMW、LW、T、C、AIW、AC、常量 OUT：VW、IW、QW、MW、SW、SMW、LW、T、C、AC 数据类型：字	IN：VD、ID、QD、MD、SD、SMD、LD、AC、HC、常量 OUT：VD、ID、QD、MD、SD、SMD、LD、AC 数据类型：双字
	N：VB、IB、QB、MB、SB、SMB、LB、AC、常量；数据类型：字节		
功能	ROL：字节、字、双字循环左移 N 位；ROR：字节、字、双字循环右移 N 位		

说明：在 STL 指令中，若 IN 和 OUT 指定的存储器不同，则须首先使用数据传送指令 MOV 将 IN 中的数据送入 OUT 所指定的存储单元，如：

MOVB　　IN, OUT

RLB　　　OUT, N

循环移位是将移位数据存储单元的首尾相连，在使能输入有效时，将 IN 输入数（字节、字或双字）循环左移或者循环右移 N 位后，将结果输出到 OUT 所指定的存储单元中。循环移位是环形的，即被移出的位将返回到另外一端空出来的位置。移出的最后一位的数值送溢出标志位 SM1.1。当需要移位的数值是零时，零标志位 SM1.0 为 1。

字节操作是无符号的，而对于字、双字操作，当使用有符号数据类型时，符号位也被移位。

如果操作数是字节，当移位次数 $N \geq 8$ 时，则在执行循环移位前，先对 N 进行模 8 操作（N 除以 8 后取余数），其结果 0~7 为实际移动位数。

如果操作数是字，当移位次数 $N \geq 16$ 时，则在执行循环移位前，先对 N 进行模 16 操作（N 除以 16 后取余数），其结果 0~15 为实际移动位数。如果操作数是双字，当移位次数 $N \geq 32$ 时，则在执行循环移位前，先对 N 进行模 32 操作（N 除以 32 后取余数），其结果 0~31 为实际移动位数。

进行上述模操作时，如果取模操作结果为 0，不进行循环移位。

程序应用举例，将 AC1 中的字循环右移 2 位，将 VW100 中的字左移 3 位。程序及运行结果如图 4.1.6 所示。

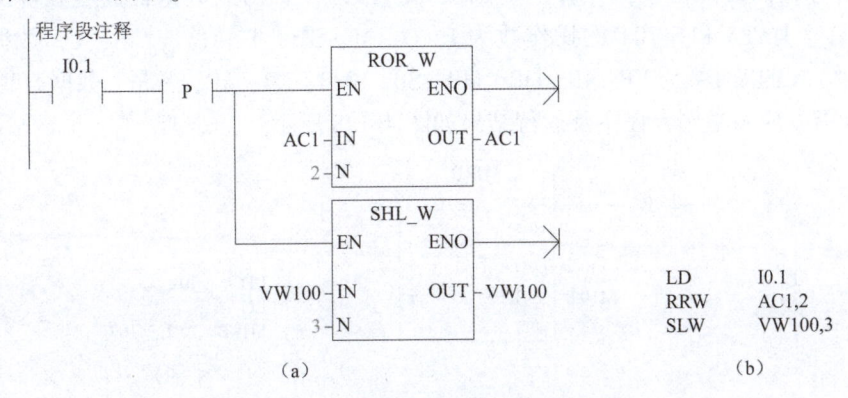

图 4.1.6　移位和循环移位指令的应用

(a) 梯形图；(b) 语句表

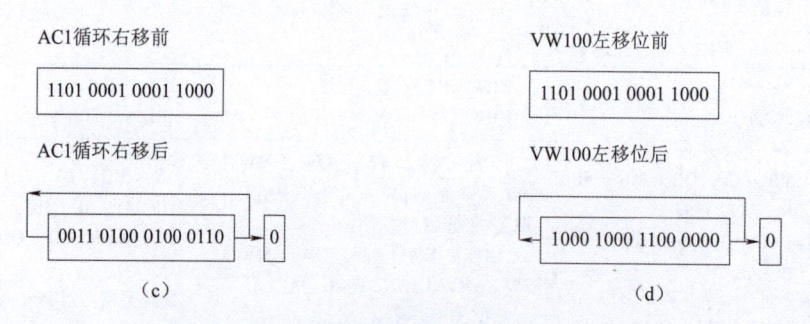

```
AC1循环右移前

1101 0001 0001 1000

AC1循环右移后

0011 0100 0100 0110  →0
```

```
VW100左移位前

1101 0001 0001 1000

VW100左移位后

1000 1000 1100 0000  →0
```

(c)   (d)

图 4.1.6　移位和循环移位指令的应用（续）
(c) 循环右移位指令功能图；(d) 左移位指令功能图

3）移位寄存器位指令

移位寄存器位（SHRB）指令是可以指定移位寄存器的长度和移位方向的移位指令。该指令将 DATA 数值移入移位寄存器，其指令格式如图 4.1.7 所示。

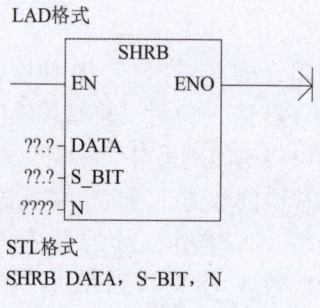

```
LAD格式

      ┌─────────┐
      │  SHRB   │
 ─────┤EN    ENO├──
      │         │
 ??.?─┤DATA     │
 ??.?─┤S_BIT    │
 ????─┤N        │
      └─────────┘

STL格式
SHRB DATA, S-BIT, N
```

图 4.1.7　SHRB 指令格式

梯形图中，EN 为使能输入端，连接移位脉冲信号，每次使能有效时，整个移位寄存器移动 1 位。DATA 为数据输入端，连接移入移位寄存器的二进制数值，执行指令时将该位的值移入寄存器。S_BIT 指定移位寄存器的最低位。

N 指定移位寄存器的长度和移位方向，移位寄存器的最大长度为 64 位，N 为正值表示左移位，输入数据（DATA）移入移位寄存器的最低位（S_BIT），并移出移位寄存器的最高位。移出的数据被放置在溢出内存位（SM1.1）中。N 为负值表示右移位，输入数据移入移位寄存器的最高位中，并移出最低位（S_BIT）。移出的数据被放置在溢出内存位（SM1.1）中。DATA 和 S_BIT 的操作数为 I、Q、M、SM、T、C、V、S、L，数据类型为布尔型变量。N 的操作数为 VB、IB、QB、MB、SB、SMB、LB、AC、常量，数据类型为字节。

SHRB 指令应用举例，程序及运行结果如图 4.1.8 所示。

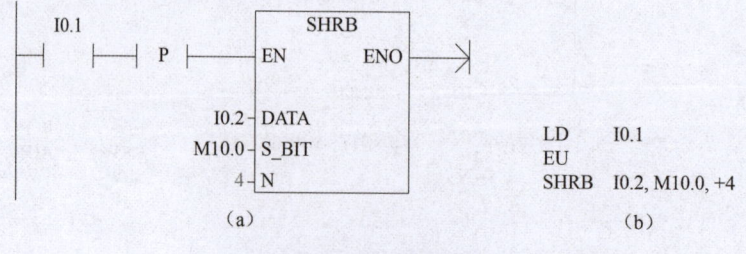

```
   I0.1          ┌─────────┐
───┤ ├──┤P├──────┤EN   ENO ├──
                 │  SHRB   │
           I0.2 ─┤DATA     │
           M10.0─┤S_BIT    │
              4 ─┤N        │
                 └─────────┘
        (a)
```

```
LD    I0.1
EU
SHRB  I0.2, M10.0, +4
        (b)
```

图 4.1.8　SHRB 指令的应用
(a) 梯形图；(b) 语句表

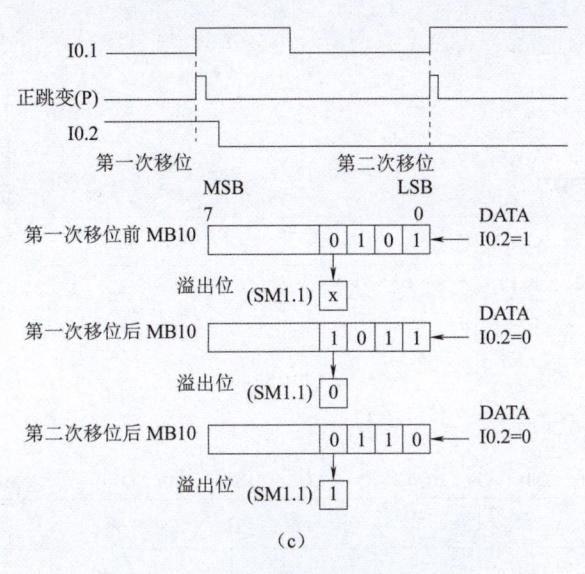

图 4.1.8　SHRB 指令的应用（续）

（c）时序图分析

任务实施

1. 任务分析

根据任务描述可知，9 盏彩灯分为 3 组依次点亮，间隔时间为 2 s。9 盏彩灯分别对应 PLC 的 9 个输入点，但是一个循环的步骤只有 3 步，这里用传送指令、移位指令来实现。

2. I/O 地址分配

根据任务分析，对输入/输出量进行分配，如表 4.1.8 所示。

表 4.1.8　I/O 地址分配

信号类型	描述	PLC 地址
DI	启动按钮 START1	I0.0
	停止按钮 STOP1	I0.1
DO	1 号彩灯 L1	Q0.0
	2 号彩灯 L2	Q0.1
	3 号彩灯 L3	Q0.2
	4 号彩灯 L4	Q0.3
	5 号彩灯 L5	Q0.4
	6 号彩灯 L6	Q0.5
	7 号彩灯 L7	Q0.6
	8 号彩灯 L8	Q0.7
	9 号彩灯 L9	Q1.0

3. 绘制 PLC 外部硬件接线图

PLC 外部硬件接线图如图 4.1.9 所示。

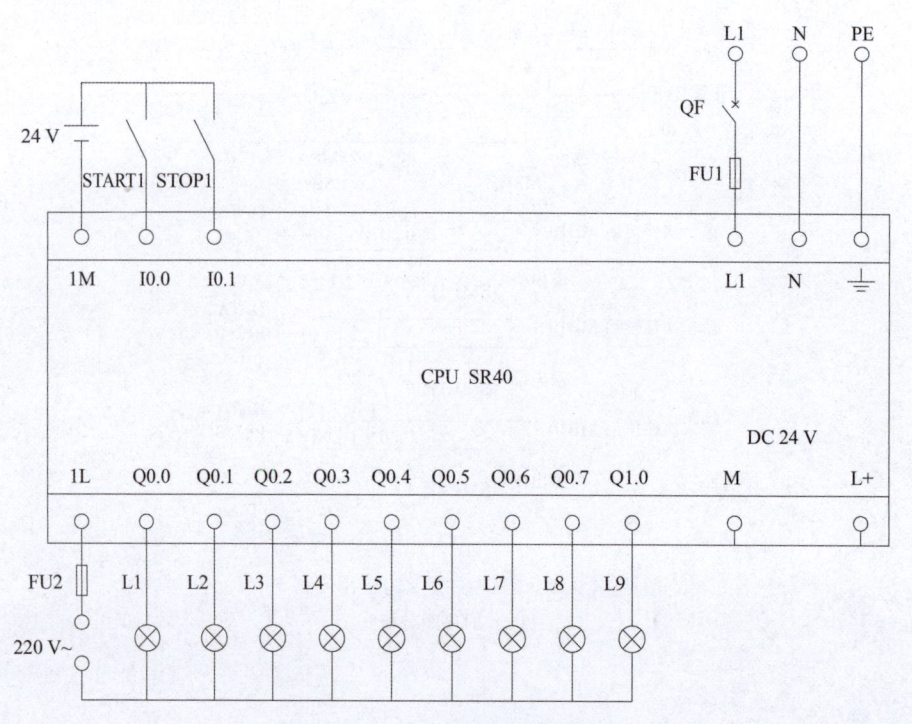

图 4.1.9　PLC 外部硬件接线图

4. 编辑符号表

符号表如图 4.1.10 所示。

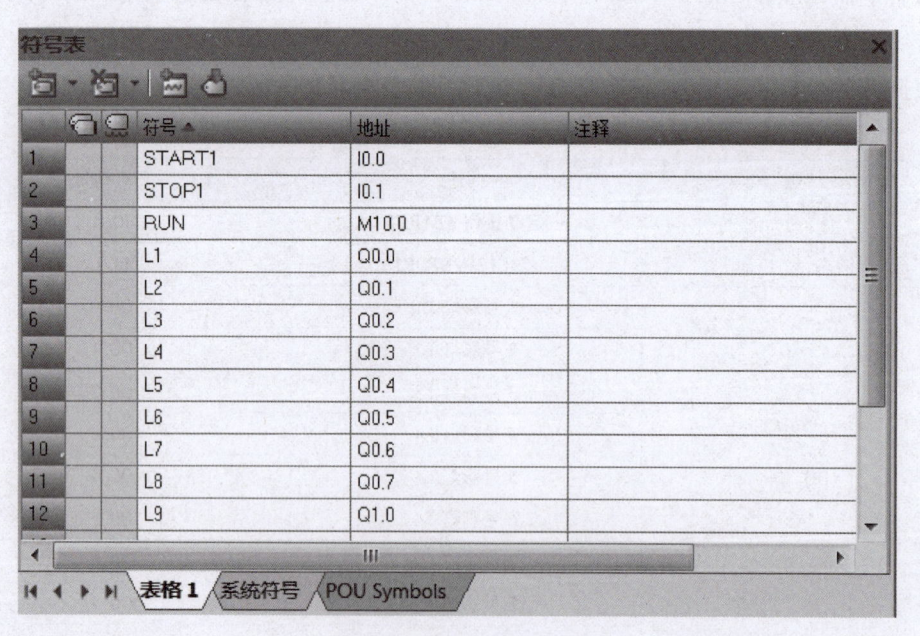

	符号	地址	注释
1	START1	I0.0	
2	STOP1	I0.1	
3	RUN	M10.0	
4	L1	Q0.0	
5	L2	Q0.1	
6	L3	Q0.2	
7	L4	Q0.3	
8	L5	Q0.4	
9	L6	Q0.5	
10	L7	Q0.6	
11	L8	Q0.7	
12	L9	Q1.0	

图 4.1.10　符号表

5. 编写梯形图程序

方法一：用传送和左移、右移指令完成，如图 4.1.11 所示。

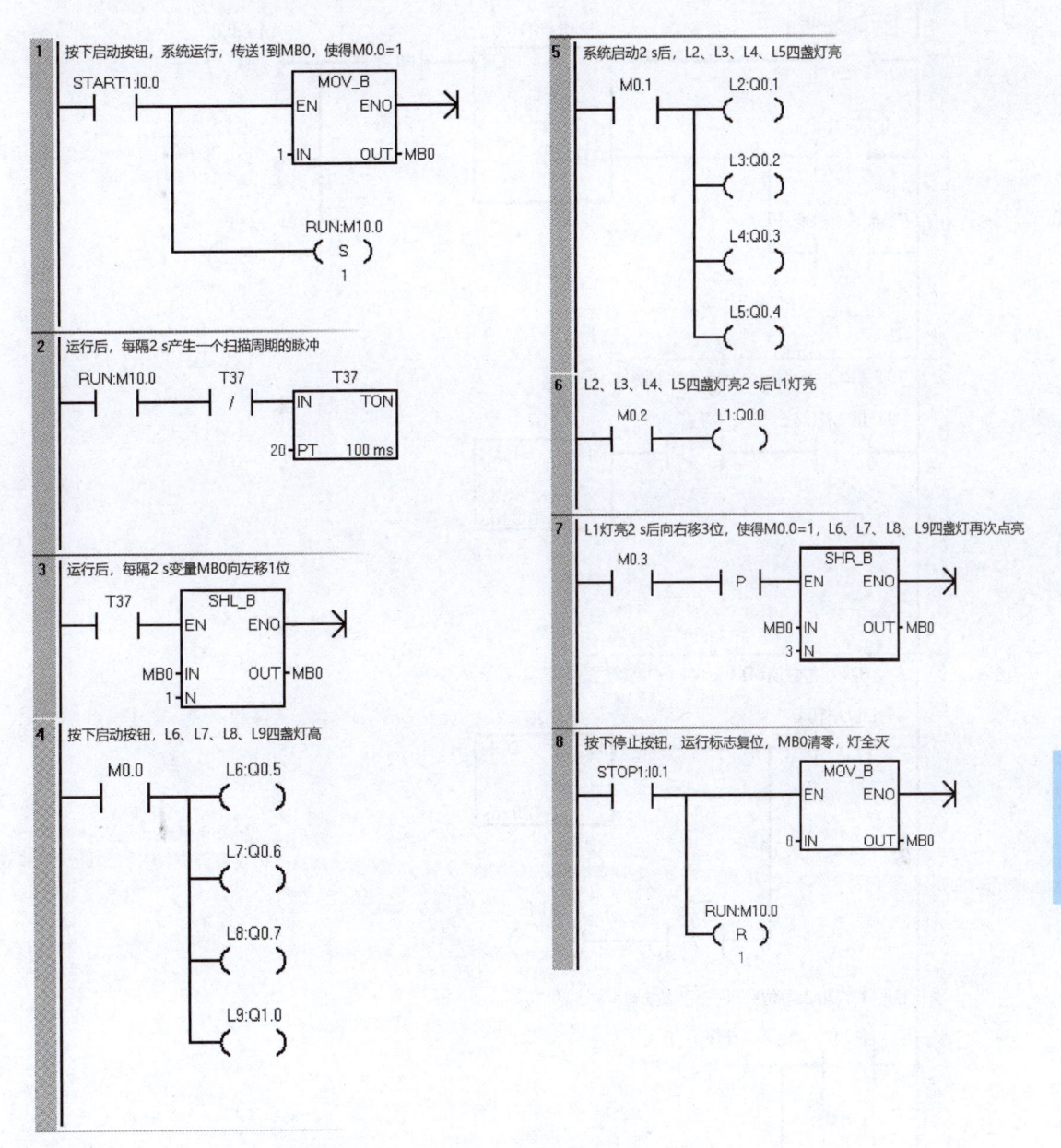

图 4.1.11 天塔之光 PLC 控制程序（方法一）

方法二：用移位寄存器指令（SHRB）完成，如图 4.1.12 所示。

1 按下启动按钮，系统启动，运行标志RUN得电保持，按下停止按钮，系统停止复位，九盏灯熄灭。

```
START1:I0.0         RUN:M10.0              L1:Q0.0
──┤├──────┬──────┤S    OUT├──┤NOT├──────( R )
          │        │   RS  │                 9
STOP1:I0.1│        │       │               M0.1
──┤├──────┤        ┤R1     │              ( R )
          │        │       │                 3
First_S~:SM0.1     │       │               M1.0
──┤├──────┘        └───────┘              ( R )
                                             1
```

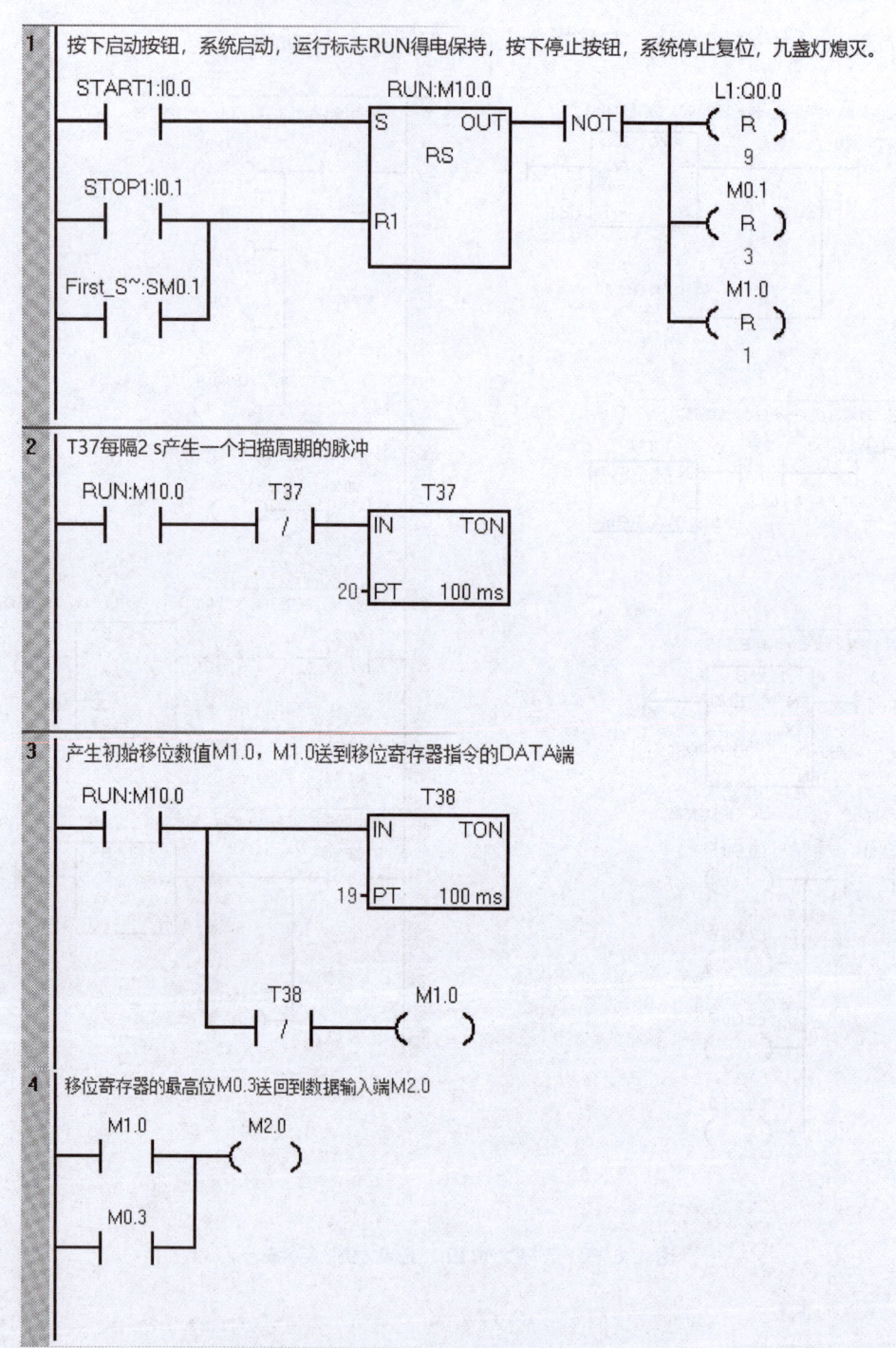

2 T37每隔2 s产生一个扫描周期的脉冲

```
RUN:M10.0    T37          T37
──┤├────────┤/├────────┤IN    TON│
                    20─┤PT  100 ms│
```

3 产生初始移位数值M1.0，M1.0送到移位寄存器指令的DATA端

```
RUN:M10.0                 T38
──┤├─────────┬─────────┤IN    TON│
             │      19─┤PT  100 ms│
             │
             │   T38            M1.0
             └──┤/├─────────────( )
```

4 移位寄存器的最高位M0.3送回到数据输入端M2.0

```
M1.0         M2.0
──┤├────┬────( )
        │
M0.3    │
──┤├────┘
```

图 4.1.12　天塔之光 PLC 控制程序（方法二）

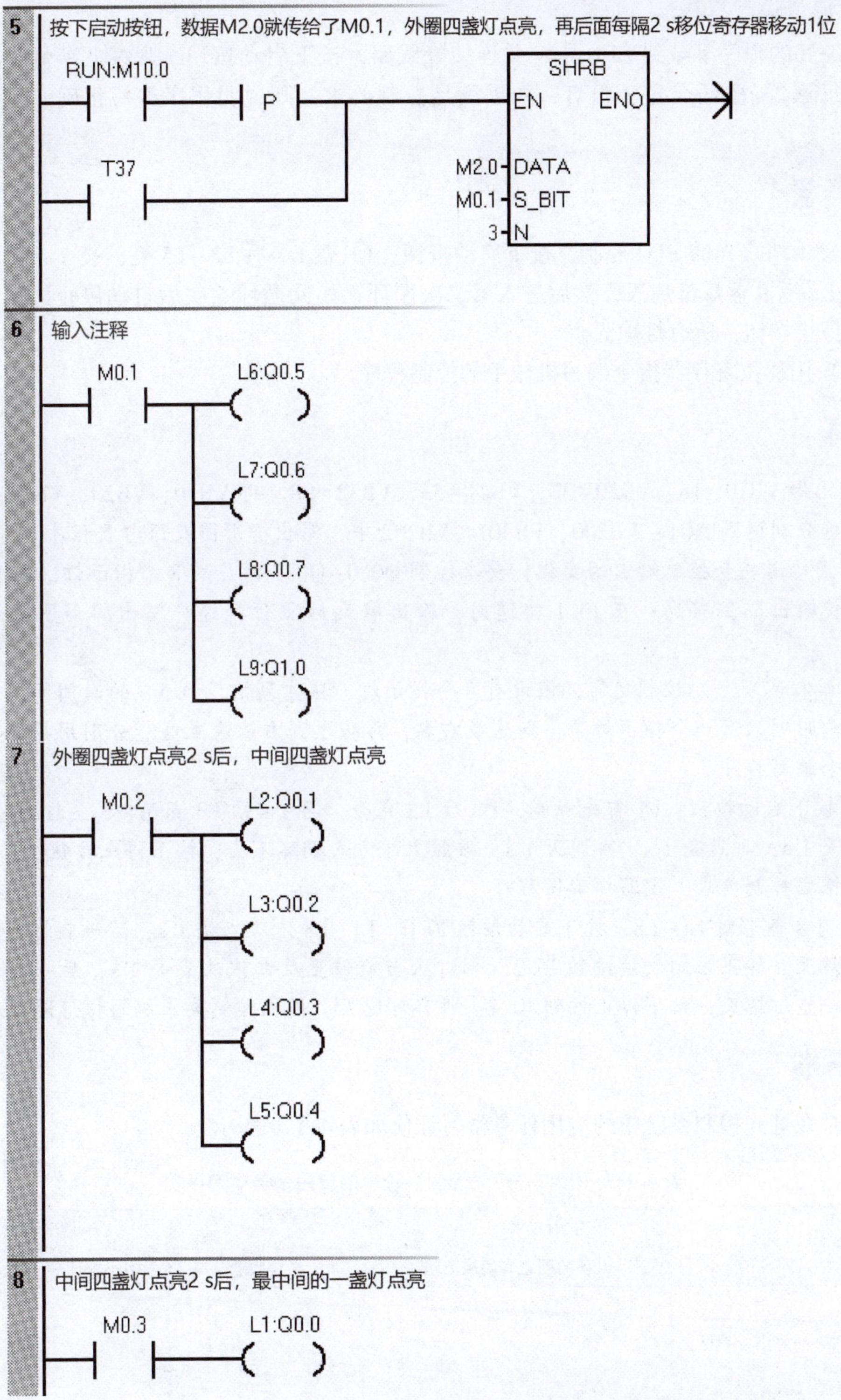

5 按下启动按钮,数据M2.0就传给了M0.1,外圈四盏灯点亮,再后面每隔2 s移位寄存器移动1位

```
RUN:M10.0
──┤ ├──┤P├──┬──────────┤EN    SHRB   ENO├──>
             │                              
  T37        │          M2.0─┤DATA         
──┤ ├────────┘          M0.1─┤S_BIT        
                           3─┤N            
```

6 输入注释

```
M0.1    L6:Q0.5
─┤ ├──┬──( )
       │
       │  L7:Q0.6
       ├──( )
       │
       │  L8:Q0.7
       ├──( )
       │
       │  L9:Q1.0
       └──( )
```

7 外圈四盏灯点亮2 s后,中间四盏灯点亮

```
M0.2    L2:Q0.1
─┤ ├──┬──( )
       │
       │  L3:Q0.2
       ├──( )
       │
       │  L4:Q0.3
       ├──( )
       │
       │  L5:Q0.4
       └──( )
```

8 中间四盏灯点亮2 s后,最中间的一盏灯点亮

```
M0.3    L1:Q0.0
─┤ ├─────( )
```

图 4.1.12 天塔之光 PLC 控制程序(方法二)(续)

6. 调试运行程序

将编好的程序下载到 CPU 中，并连接好线路，按下启动按钮，观察九盏灯是否按控制要求每隔 2 s 循环点亮 3 组灯，如果满足控制要求，则说明程序编写正确，控制要求实现。

任务拓展

（1）天塔之光的 PLC 控制，按下启动按钮，L1 亮 1 s 后 L2~L5 亮，亮 1 s 后 L6~L9 亮，亮 1 s 后 9 盏灯都熄灭，然后进入第二次循环，如此循环 5 次后自动停止。运行过程中按下停止按钮，所有灯熄灭。

（2）用移位寄存器指令编写机械手的控制程序。

思考练习

1. 已知 VB10＝18，VB20＝30，VB21＝33，VB32＝98。将 VB10、VB20、VB21、VB32 中的数据分别送到 AC1、VB200、VB201、VB202 中，写出梯形图及语句表程序。

2. 用传送指令控制输出的变化，要求控制 Q0.0~Q0.7 对应的 8 个指示灯，在 I0.0 接通时，使输出隔位接通；在 I0.1 接通时，输出取反后隔位接通。写出梯形图及语句表程序。

3. 编程实现下列控制功能，假设有 8 个指示灯，从左到右以 0.5 s 的时间间隔依次点亮，任意时刻只有一个指示灯亮，到达最右端，再从左到右依次点亮。分别用循环指令和传送指令编写程序。

4. 按下启动按钮，L1 首先点亮，1 s 后 L2 点亮，再 1 s 后 L3 点亮，3 盏灯同时亮 1 s 后都熄灭 1 s，再点亮 1 s，再熄灭 1 s，按照上述方式循环下去；按下停止按钮，3 盏灯都熄灭。根据控制要求，编写梯形图程序。

5. 有 8 盏彩灯 L1~L8，按下启动按钮 I0.0，L1~L8 依次点亮 1 s，后一盏灯亮的同时前一盏灯灭，按下方向切换按钮 I0.2，彩灯从当前位置反向依次点亮 1 s，后一盏灯亮的同时前一盏灯熄灭，按下停止按钮 I0.1，所有灯熄灭。根据控制要求编写梯形图程序。

学习评价

PLC 在灯光控制系统中的应用任务学习评价如表 4.1.9 所示。

表 4.1.9　PLC 在灯光控制系统中的应用任务学习评价

学习内容	学习成果		评分表	
	出现的问题和解决方法	主要收获	学习小组评分	教师评分
传送指令的应用（15%）				
移位指令在灯光系统中的应用（20%）				

续表

学习成果			评分表	
学习内容	出现的问题和解决方法	主要收获	学习小组评分	教师评分
循环移位指令的应用（15%）				
移位寄存器位指令的应用（25%）				
移位指令和移位寄存器位指令在顺序控制中的应用（25%）				

任务4.2　交通信号灯的 PLC 控制

任务目标

知识目标

1. 掌握比较指令及其应用。
2. 掌握时钟指令及其应用。
3. 掌握系统块的应用。

技能目标

1. 能根据控制要求完成交通信号灯控制系统硬件接线和程序设计。
2. 掌握交通信号灯的 PLC 控制程序的调试方法。

素养目标

1. 养成守时遵规的良好习惯。
2. 遵守操作规范，夯实安全第一意识。

任务描述

交通信号灯一般指的是指挥交通运行的信号灯，它是加强交通道路管理、减少交通事故、提高道路使用效率和改善交通状况的重要工具。尤其十字路口的交通，需要一个稳定的交通信号灯控制系统。交通信号灯是如何实现红、绿、黄三种颜色信号灯交替变化，并在四个方向协调工作的呢？如果再增加行人信号灯，或者考虑不同时段的不同信号灯规则，这些看似复杂的要求，在 PLC 中是如何实现的呢？

这里以一个具体的交通信号灯分时段控制系统为例。具体控制要求如下：

图 4.2.1 所示为十字路口交通信号灯结构示意图，图 4.2.2 所示为交通灯控制时序图。

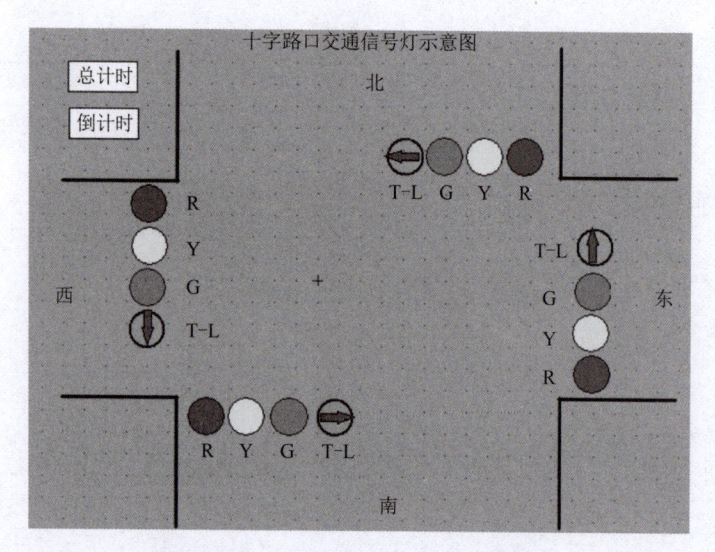

图 4.2.1　十字路口交通信号灯示意图

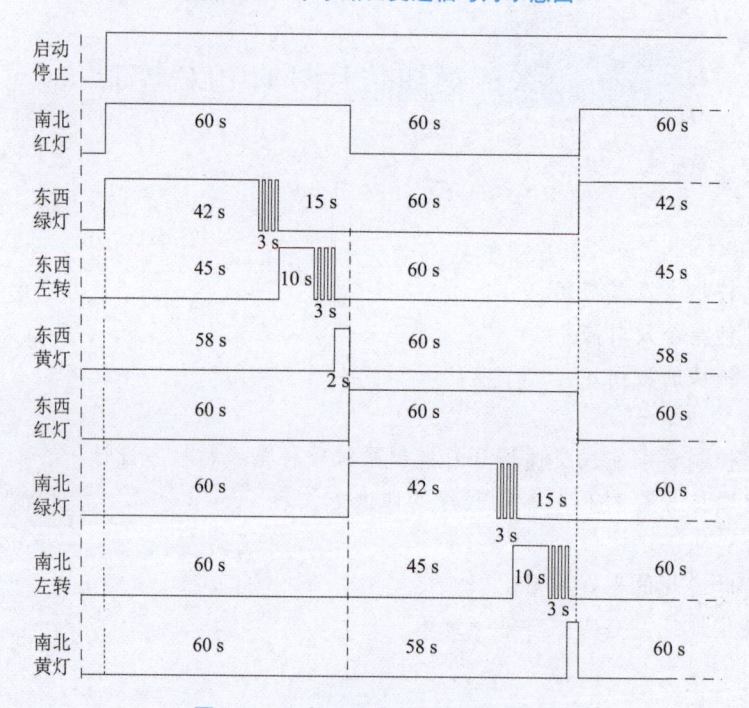

图 4.2.2　交通信号灯控制的时序图

1. 启停控制

启动开关 ON，系统工作；启动开关 OFF，则系统停止工作。

2. 控制对象

东西方向红灯 2 个，南北方向红灯 2 个，东西方向黄灯 2 个，南北方向黄灯 2 个，东西方向绿灯 2 个，南北方向绿灯 2 个，东西方向左转弯绿灯 2 个，南北方向左转弯绿灯 2 个，相对方向同颜色灯同步执行。

3. 控制规律

（1）正常时段的控制时序如图 4.2.2 所示（正常时段为 6 点到 19 点）。

(2) 晚间时段按提示警告方式运行，控制规律为：东、南、西、北四个黄灯全部闪亮，其余灯全部熄灭，黄灯闪亮按亮 0.4 s、暗 0.6 s 的规律反复循环。晚上时段为 19 点到 6 点。

(3) 倒计时数码管显示时间。

知识储备

4.2.1 比较指令

比较指令是将两个操作数按指定的条件比较，操作数可以是字节、整数、双整数，也可以是实数，在梯形图中用带参数和运算符的触点表示比较指令，比较条件成立时，触点就闭合，否则断开。字节比较操作是无符号的，整数、双整数和实数比较操作都是有符号的。比较指令格式如表 4.2.1 所示。

表 4.2.1 比较指令格式

STL	LAD	说明
LD□×× IN1，IN2	IN1 ─┤××□├─ IN2	比较触点接左母线
LD N A□×× IN1，IN2	N IN1 ─┤├─┤××□├─ IN2	比较触点的"与"

LD N
O□×× IN1，IN2
	N
	─┤├─
	  IN1
	├─┤××□├─
	  IN2
		比较触点的"或"

使用说明

"××"表示比较运算符：＝＝ 等于、＜小于、＞大于、＜＝ 小于等于、＞＝ 大于等于、＜＞不等于。

"□"表示操作数 N1、N2 的数据类型及范围。

B（Byte）：字节比较（无符号整数），如 LDB＝MB2，MB4

I（INT）/W（Word）：整数比较，（有符号整数），如 AW＞＝VW2，VW12
注意：LAD 中用"I"，STL 中用"W"。

DW（Double Word）：双字的比较（有符号整数），如 OD＜＝VD24，MD10

R（Real）：实数的比较（有符号的双字浮点数，仅限于 CPU214 以上）

N1、N2 操作数的类型包括 I、Q、M、SM、V、S、L、AC、VD、LD、常数。

4.2.2 比较指令的应用

1. 用通电延时的定时器和比较指令组成占空比可调的脉冲发生器

如图 4.2.3 所示，在程序段 1 中 M0.0 和 T37 组成了一个脉冲发生器，使 T37 的当前值按图中所示的波形变化。比较指令用来产生脉冲宽度可调的方波，Q0.0 为 0 的时间取决于程序段 3 中比较指令"LDW>=T37,6"中的第 2 个操作数的值。T37 定时 1 s，在定时当前值小于 0.6 s 之内，由于比较条件不满足，所以 Q0.0 没有输出，在定时当前值等于或大于 0.6 s 之内，比较条件成立，Q0.0 有输出。

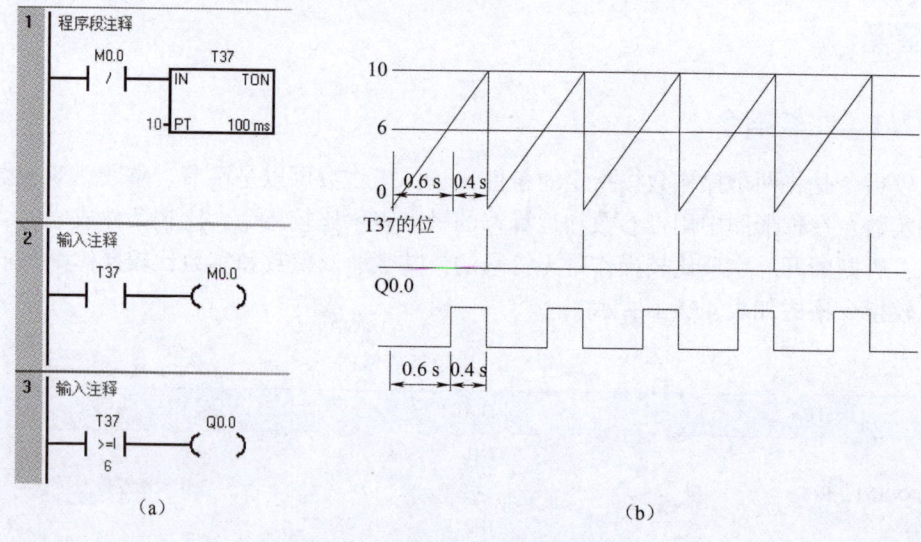

图 4.2.3　自复位接通延时定时器
(a) 梯形图；(b) 时序图

2. 整数和实数的比较

如图 4.2.4 所示，当 I0.0 接通，VW20>+10 000 时，则 Q0.1 有输出；当 VW30 与 VW10 中的数值相等时，Q0.2 有输出；当 +16 000 000>VD2 时，Q0.3 有输出；当 VD40≥2.0128E-005 时，Q0.4 有输出。

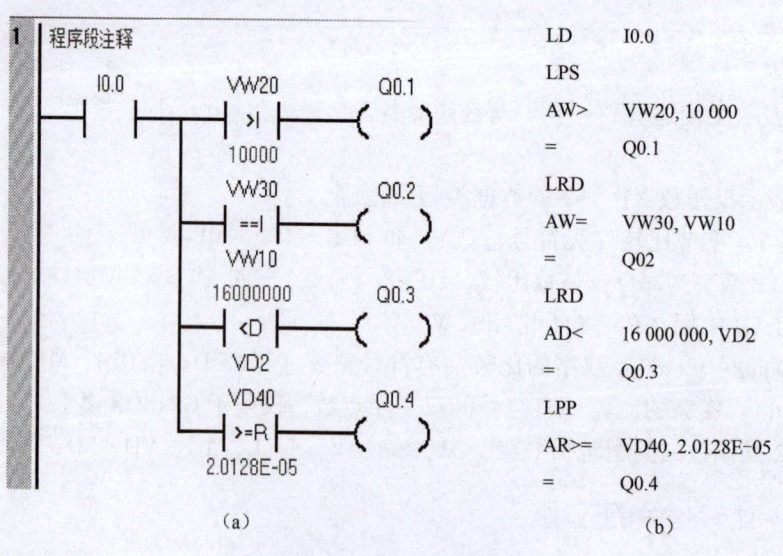

```
LD    I0.0
LPS
AW>   VW20, 10 000
=     Q0.1
LRD
AW=   VW30, VW10
=     Q02
LRD
AD<   16 000 000, VD2
=     Q0.3
LPP
AR>=  VD40, 2.0128E-05
=     Q0.4
```

图 4.2.4　整数和实数的比较
(a) 梯形图；(b) 语句表

4.2.3 时钟指令及其应用

S7-200 SMART 实时时钟可以提供年、月、日、时、分、秒的日期/时间数据。

利用时钟指令可以调用系统实时时钟或根据需要设定时钟，这对于实现控制系统的运行监视、运行记录以及所有与实时时间有关的控制都十分方便。常用的时钟操作指令有两种，即设置实时时钟和读取实时时钟指令。

1. 设置实时时钟和读取实时时钟指令

常用读取和设置实时时钟指令格式及功能如表 4.2.2 所示。

表 4.2.2 常用读取和设置实时时钟指令格式及功能

梯形图 LAD	语句表 STL	说明
READ_RTC EN ENO T	TODR T	读取实时时钟指令从 CPU 读取当前时间和日期，并将其装载到从字节地址 T 开始的 8 字节时钟缓冲区中
SET_RTC EN ENO T	TODW T	设置实时时钟指令通过由 T 分配的 8 字节时间缓冲区数据将新的时间和日期写入 CPU
READ_RTCX EN ENO T	TODRX T	读取扩展实时时钟指令从 CPU 读取当前时间、日期和夏令时组态，并将其装载到从字节地址 T 开始的 19 字节时钟缓冲区中
SET_RTCX EN ENO T	TODWX T	设置实时时钟指令使用字节地址 T 分配的 19 字节时间缓冲区数据将新的时间、日期和夏令时组态写入 CPU 中

说明：输入操作数 T 用来指定 8 字节时钟缓冲区的起始地址，数据类型为字节，操作数有 IB、QB、VB、MB、SMB、SB、LB、*VD、*LD、*AC。

2. 读取和设置扩展实时时钟指令

读取扩展实时时钟指令 TODRX 和设置扩展实时时钟指令 TODWX 用于读/写实时时钟的夏令时时间和日期。我国不使用夏令时，出口设备可以根据不同的国家对夏令时的时区偏移量进行修正。

3. 读写时钟指令缓冲区格式

时钟缓冲区的格式如表 4.2.3 所示。

表 4.2.3 时钟缓冲区的格式

T 字节	说明	数据值
0	年	00~99（BCD 值）20××年；其中××是 T 字节 0 中的两位数 BCD 值
1	月	01~12（BCD 值）
2	日	01~31（BCD 值）
3	小时	00~23（BCD 值）

续表

T字节	说明	数据值
4	分	00~59（BCD值）
5	秒	00~59
6	保留	始终设置为00
7	星期几	01~07（BCD值）

说明：

（1）T就是缓冲区的起始字节地址，可以由用户自由设置（在CPU允许的V存储区范围内）。如果设置T为VB10，那么读取时钟后，"年"的信息就会保存在VB10中，"月"保存在VB11中。

（2）所有日期和时间值必须采用BCD格式分配。例如，对于年来说，16#24表示2024年；对于日期来说，16#24表示24号；对于小时来说，16#10表示上午10点。星期的表示范围是1~7，1表示星期日，以此类推，7表示星期六，0表示禁用星期。

（3）不能同时在主程序和中断程序或子程序中使用读写时钟指令，否则会产生致命错误，中断程序的实时时钟指令将不被执行。

4. 设置时钟指令举例

要求设置时间2024年4月20日9时30分，用16进制（BCD）格式输入写时间，分别放在VB20开始的连续8个字节中。设置时钟指令梯形图如图4.2.5所示。

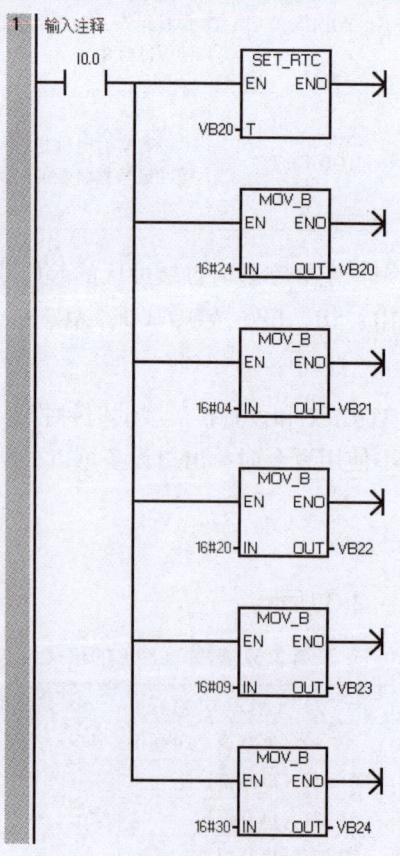

图4.2.5 设置时钟指令梯形图

5. 用实时时钟指令控制路灯的定时接通和断开

要求 20 点开灯，6 点关灯，时钟缓冲区从 VB0 开始。实时时钟控制路灯的接通和断开程序如图 4.2.6 所示。

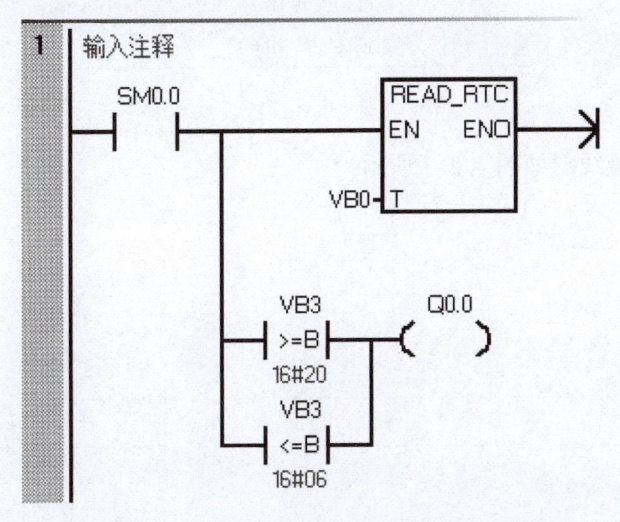

图 4.2.6　实时时钟控制路灯的接通和断开程序

任务实施

1. 任务分析

根据控制要求，在正常时段，也就是 6 点到 19 点，交通灯运行一个周期的时间为 120 s，在前 60 s 内，南北红灯亮 60 s，同时东西绿灯亮 42 s，闪烁 3 s，然后东西左转灯亮 10 s，闪烁 3 s，之后东西黄灯亮 2 s，然后进入后 60 s。在后 60 s 内，东西红灯亮 60 s，南北绿灯亮 42 s，闪烁 3 s，然后南北左转灯亮 10 s，闪烁 3 s，之后东西黄灯亮 2 s，这样一个周期结束，又重新开始，往复循环，直到断开控制开关，交通灯熄灭。晚间时段即 19 点到 6 点，南北方向和东西方向的黄灯按 1 Hz 的频率闪烁。编写程序时有多种方法，本例中用了比较指令来实现，时段分区用了实时时钟指令。

2. I/O 地址分配

根据任务分析，对输入/输出量进行分配，如表 4.2.4 所示。

表 4.2.4　I/O 地址分配

信号类型	描述	PLC 地址
DI	启动开关 SD	I0.0
DO	南北向绿灯 HL1	Q0.0
DO	南北向黄灯 HL2	Q0.1
DO	南北向红灯 HL3	Q0.2
DO	东西向绿灯 HL4	Q0.3
DO	东西向黄灯 HL5	Q0.4

续表

信号类型	描述	PLC 地址
DO	东西向红灯 HL6	Q0.5
	南北向左转 HL7	Q0.6
	东西向左转 HL8	Q0.7

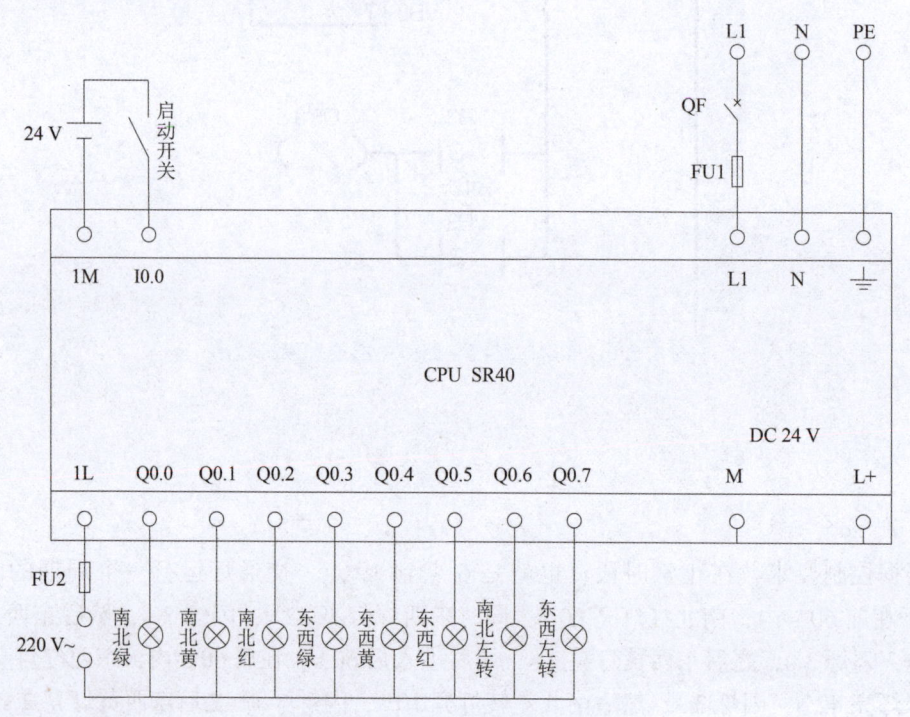

3. PLC 外部硬件接线图

PLC 外部硬件接线图如图 4.2.7 所示。

图 4.2.7　PLC 外部硬件接线图

4. 编辑符号表

符号表如图 4.2.8 所示。

5. 日期和时间的设置

与 PLC 建立起通信连接后，单击"PLC"菜单功能区"修改"中的"设置时钟"按钮，打开"CPU 时钟操作"对话框，如图 4.2.9 所示。

可以看到 CPU 中的日期和时间。单击"读取 CPU"按钮，显示出 CPU 实时时钟的日期和时间的当前值。修改日期和时间的设定值后，单击"设置"按钮，设置的日期和时间被下载到 CPU。

单击"读取 PC"按钮，显示出动态变化的计算机实时时钟的日期和时间。单击"设置"按钮，显示的日期和时间被下载到 CPU。

		符号	地址	注释
1		启动开关	I0.0	
2		南北绿灯	Q0.0	
3		南北黄灯	Q0.1	
4		南北红灯	Q0.2	
5		东西绿灯	Q0.3	
6		东西黄灯	Q0.4	
7		东西红灯	Q0.5	
8		南北左转	Q0.6	
9		东西左转	Q0.7	
10		正常时段	M10.0	
11		晚间时段	M20.0	

图 4.2.8　符号表

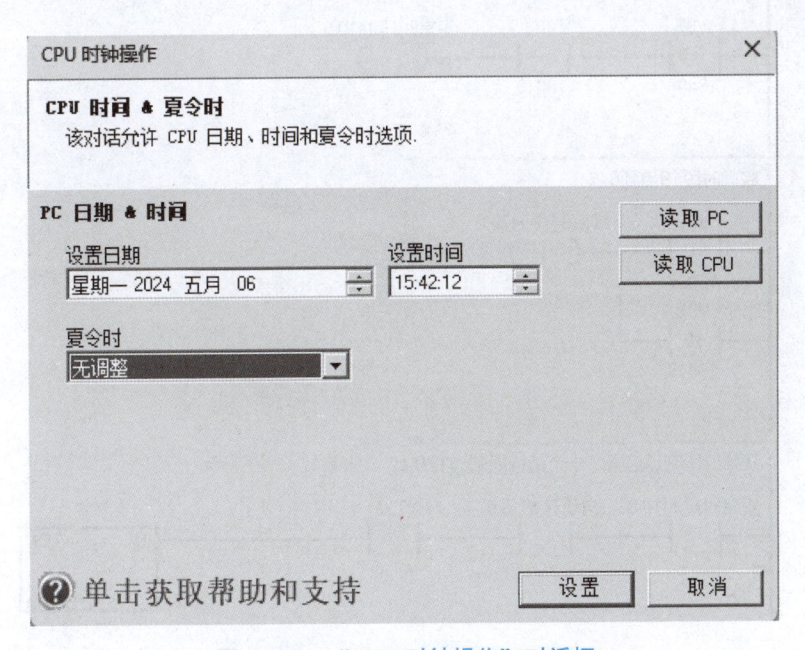

图 4.2.9　"CPU 时钟操作"对话框

6. 梯形图程序

根据控制要求编写梯形图程序，如图 4.2.10 所示。

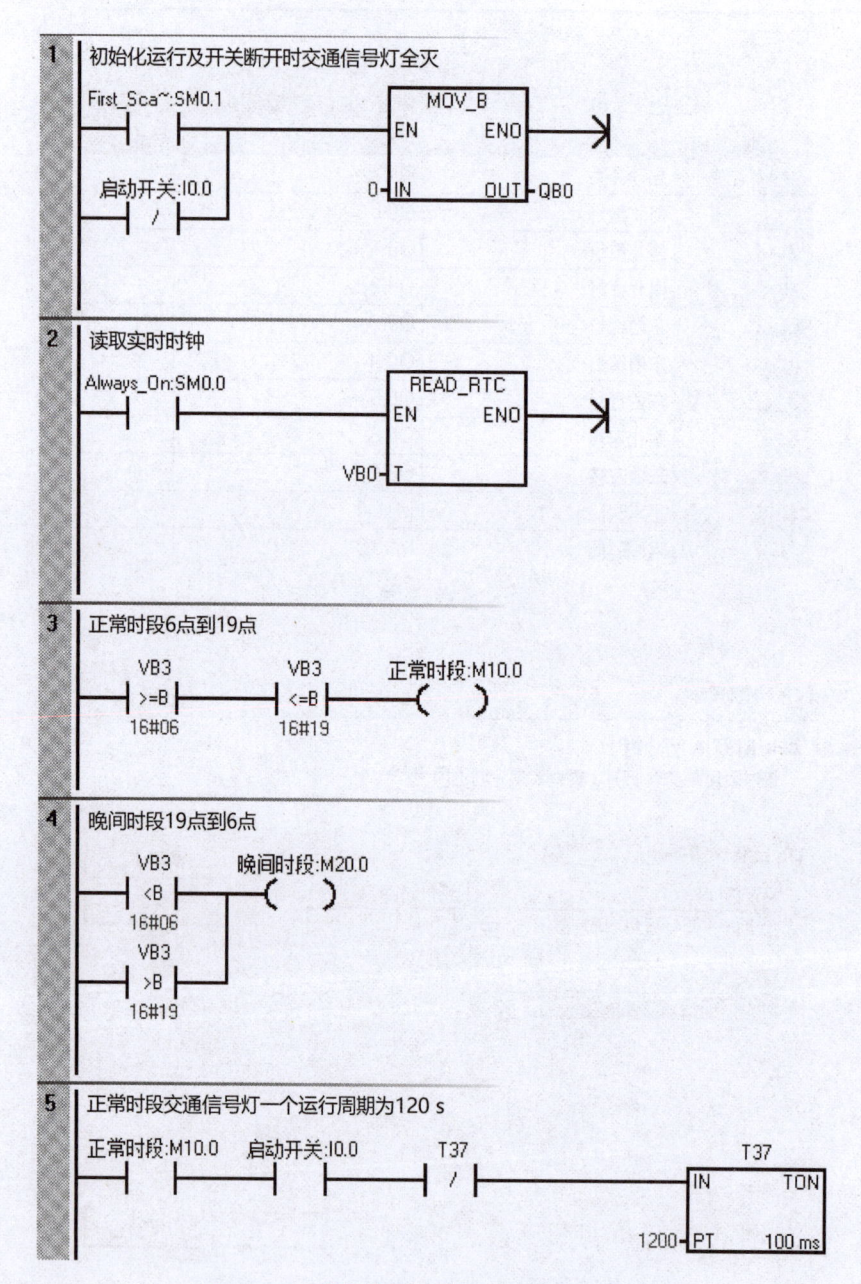

图 4.2.10　交通信号灯的 PLC 控制梯形图程序

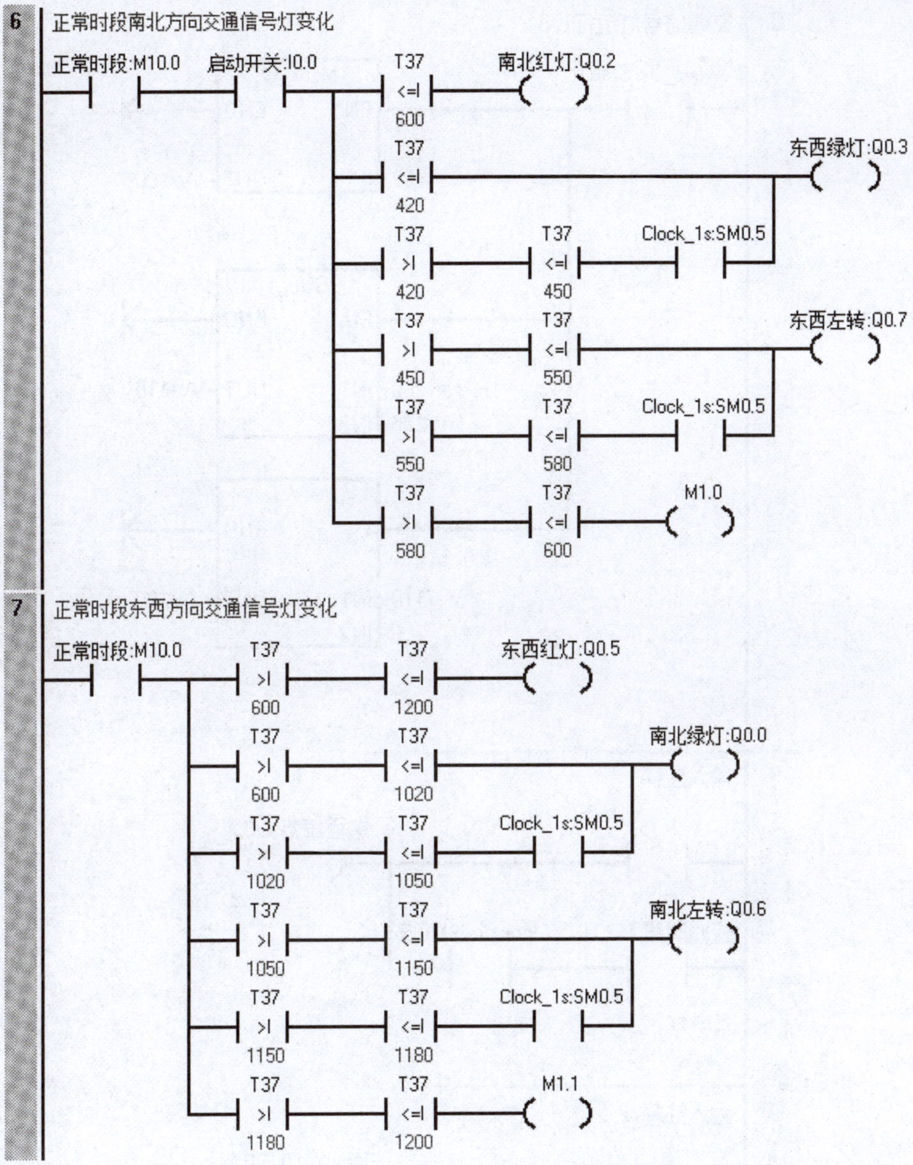

6 正常时段南北方向交通信号灯变化

```
正常时段:M10.0   启动开关:I0.0        T37         南北红灯:Q0.2
   ──┤├────────────┤├──────┬──┤<=│├────────────( )
                           │    600
                           │     T37                           东西绿灯:Q0.3
                           ├──┤<=│├─────────────────────────────( )
                           │    420
                           │     T37          T37       Clock_1s:SM0.5
                           ├──┤>│├───────┤<=│├──────────┤├──────( )  东西绿灯(闪)
                           │    420         450
                           │     T37          T37                东西左转:Q0.7
                           ├──┤>│├───────┤<=│├───────────────────( )
                           │    450         550
                           │     T37          T37       Clock_1s:SM0.5
                           ├──┤>│├───────┤<=│├──────────┤├──────( )
                           │    550         580
                           │     T37          T37                M1.0
                           └──┤>│├───────┤<=│├───────────────────( )
                                580         600
```

7 正常时段东西方向交通信号灯变化

```
正常时段:M10.0     T37          T37       东西红灯:Q0.5
   ──┤├────────┬──┤>│├───────┤<=│├────────( )
              │    600         1200
              │    T37          T37             南北绿灯:Q0.0
              ├──┤>│├───────┤<=│├──────────────( )
              │    600         1020
              │    T37          T37       Clock_1s:SM0.5
              ├──┤>│├───────┤<=│├───────────┤├──
              │   1020         1050
              │    T37          T37             南北左转:Q0.6
              ├──┤>│├───────┤<=│├──────────────( )
              │   1050         1150
              │    T37          T37       Clock_1s:SM0.5
              ├──┤>│├───────┤<=│├───────────┤├──
              │   1150         1180
              │    T37          T37             M1.1
              └──┤>│├───────┤<=│├──────────────( )
                  1180         1200
```

图 4.2.10　交通信号灯的 PLC 控制梯形图程序（续）

8 交通信号灯运行计时

Always_On:SM0.0 —| |— MOV_W: EN, T37→IN, OUT→VW100

SUB_I: EN, +1200→IN1, VW100→IN2, OUT→VW110

DIV_I: EN, VW110→IN1, +10→IN2, OUT→VW120

9 输入注释

M1.0 ——————————— 东西黄灯:Q0.4 ( )
晚间时段:M20.0 — Clock_1s:SM0.5

10 输入注释

M1.1 ——————————— 南北黄灯:Q0.1 ( )
晚间时段:M20.0 — Clock_1s:SM0.5

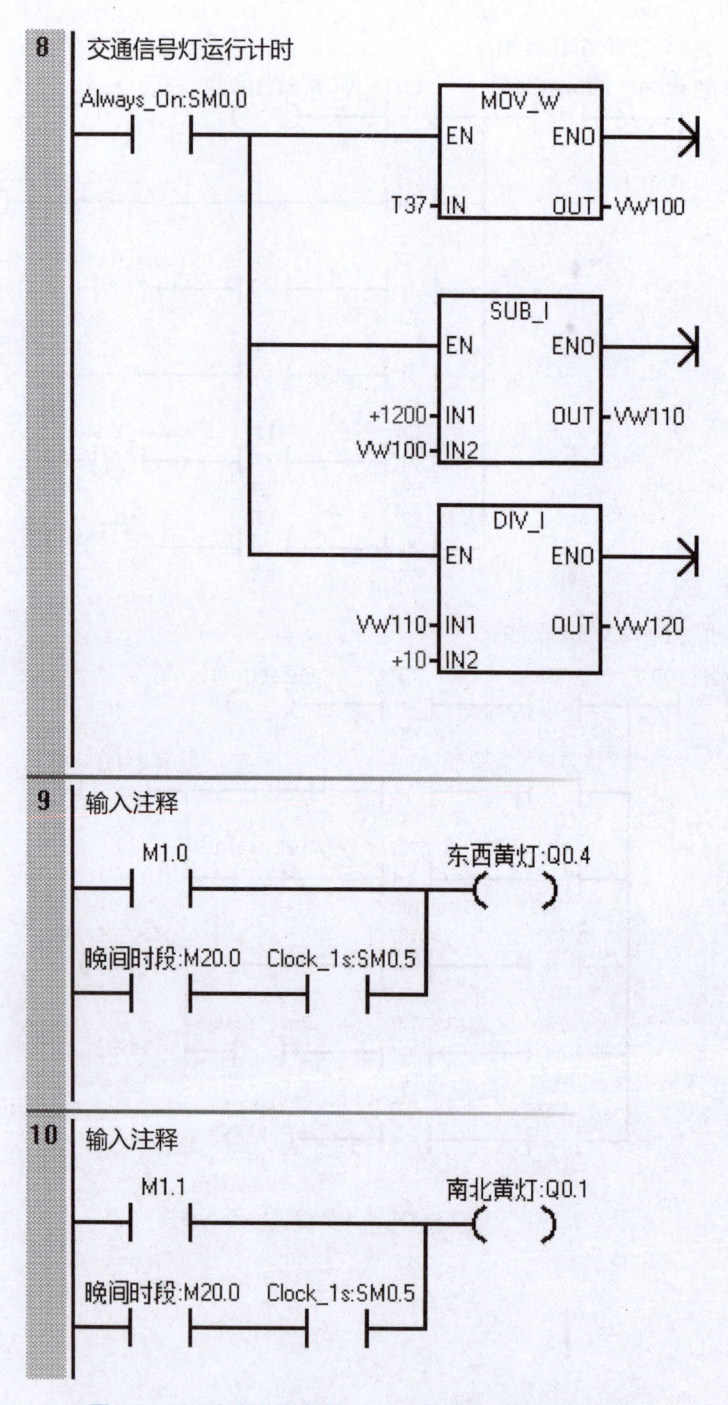

图 4.2.10 交通信号灯的 PLC 控制梯形图程序（续）

7. 调试程序

在 6 点到 19 点，下载程序并运行，观察红绿交通灯是否按任务描述的要求运行，如果符合要求，则此白天时间段程序正确；在晚间时段，即 19 点到 6 点，南北方向和东西方向的黄灯是否按 1 Hz 的频率闪烁，如是则晚间时间段程序正确。

拓展提升

1. 在原来任务的基础上，增加以下功能需求

（1）增加一个南北方向强制通行按钮，当按下此按钮时，南北方向变成绿灯，东西方向强制变成红灯。

（2）南北方向绿灯亮 10 s 后，红绿灯恢复正常，重新计时循环。同理，东西方向也可设置强行通行按钮，工作过程如上。

根据控制要求，编写梯形图程序。

2. 台车呼车控制要求

一部电动运输车供六个加工点使用。小车的控制要求如下：PLC 上电之后，车停在某个加工点（下称工位），若无用车呼叫（下称呼车）时，则各工位的指示灯亮，表示各工位可以呼车。工作人员按本工位的呼车按钮呼车时，各位的指示灯均灭，此时其他工位呼车无效。如果停车位呼车时，小车不动，呼车工位号大于停车位时，小车向高位行驶；当呼车位号小于停车位号时，小车自动向低位行驶；当小车到呼车工位时自动停车。停车时间为 30 s 供呼车工位使用，其他工作不能呼车。从安全角度出发，停电再来电时，小车不会自行启动。呼车系统示意图如图 4.2.11 所示。

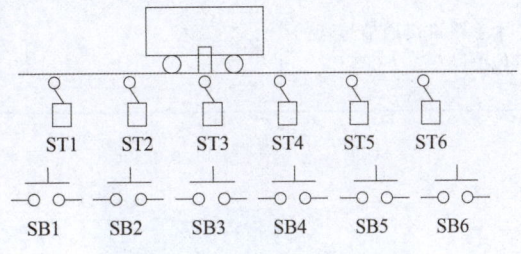

图 4.2.11 呼车系统示意图

思考练习

1. 四盏灯 L1、L2、L3、L4，合上开关后，亮灯顺序为 L1—L2—L3—L4—L1、L2—L3、L4—全亮…循环，中间间隔 1 s，编写梯形图程序。

2. 按下启动按钮，三台电动机按照 M1、M2、M3 的顺序启动，按下停止按钮后，电动机按照 M1—M2—M3 的顺序停止，启动时间间隔 6 s，停止时间间隔 3 s，用比较指令编写梯形图程序。

3. 设计五相步进电动机的 PLC 控制系统。

图 4.2.12 所示为一台以五相十拍方式运行的步进电动机，控制要求如下：按下启动按钮 SB1，定子磁极 A 通电，2 s 后磁极 A 和 B 同时通电，再 2 s 后磁极 B 通电（同时磁极 A 断电），各相磁极通电情况如图 4.2.12 所示，时间间隔为 2 s，依次循环往复执行，直至按下停止按钮 SB2，定子磁极断电，步进电动机停止运行。以下是按照通电的先后顺序显示出定子磁极的工作情况：

$$\rightarrow A \xrightarrow{2s} AB \xrightarrow{2s} B \xrightarrow{2s} BC \xrightarrow{2s} C \xrightarrow{2s} CD \xrightarrow{2s} D \xrightarrow{2s} DE \xrightarrow{2s} E \xrightarrow{2s} EA \rightarrow$$

图 4.2.12 控制要求示意图

学习评价

交通信号灯的 PLC 控制任务学习评价如表 4.2.5 所示。

表 4.2.5　交通信号灯的 PLC 控制任务学习评价

学习成果			评分表	
学习内容	出现的问题和解决方法	主要收获	学习小组评分	教师评分
实时时钟指令的应用（25%）				
比较指令的应用（40%）				
十字路口交通信号灯的其他编程方法（35%）				

任务 4.3　抢答器的 PLC 控制

任务目标

知识目标

1. 掌握跳转与标号指令的应用。
2. 掌握七段显示译码指令的应用。
3. 掌握七段数码管的驱动方法。

技能目标

1. 能根据控制要求，完成抢答器的 PLC 控制程序的编写及调试。
2. 能用多种方法完成抢答器 PLC 程序的编写与调试。

素养目标

1. 培养实事求是、精益求精、锲而不舍的品质。
2. 培养善于发现问题、解决问题的能力。

任务描述

优先级别判断器的 PLC 控制主要用于竞赛提问的抢答装置中。用 PLC 实现一个五组抢答的控制，有五组抢答席和一个主持人席，每组抢答席都有一个抢答按钮。要求参赛者在允许抢答时，按下 5 个抢答按钮 SB1~SB5 中的任意一个按钮后，显示器能及时显示该组的编号，并使蜂鸣器发出声响，蜂鸣器响 2 s 后停止，同时锁住抢答器，其他各组按键无效，直至主持人按下复位按钮 SB6 才能进入下一轮抢答。

知识储备

4.3.1 跳转与标号指令

JMP：跳转指令，使能输入有效时，把程序的执行跳转到同一程序指定的标号（n）处执行。

LBL：指定跳转的目标标号。

操作数 n：0~255。

JMP/LBL 指令格式如图 4.3.1 所示。图中，当触发信号 I0.0 接通时，跳转指令线圈有能流通过，跳转指令使程序转到与 JMP 指令编号相同的标号 LBL 处，顺序执行标号指令以下的程序，而跳转指令与标号指令之间的程序不执行。若触发信号 I0.0 断开，跳转指令 JMP 线圈没有能流通过，将顺序执行跳转指令与标号指令之间的程序。

必须强调的是：跳转指令及标号必须同在主程序内或在同一子程序内，同一中断服务程序内，不可由主程序跳转到子程序或中断服务程序，也不可由子程序或中断服务程序跳转到主程序。另外，可以在顺序控制 SCR 指令程序段中使用跳转指令，但是相应的标号指令也必须在同一个 SCR 段中。

如图 4.3.2 所示，当 JMP 条件满足（即 I0.0 为 ON）时，程序跳转执行 LBL 标号以后的指令，而在 JMP 和 LBL 之间的指令一概不执行。当 I0.0 为 ON，I0.2 为 ON 时，输出 Q0.2 为 0。

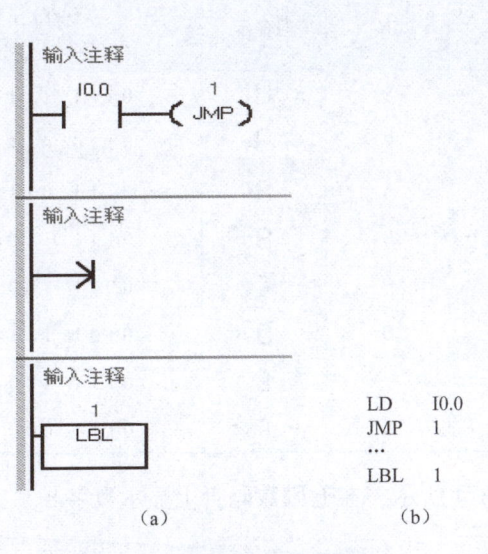

图 4.3.1 JMP/LBL 指令格式
(a) 梯形图；(b) 语句表

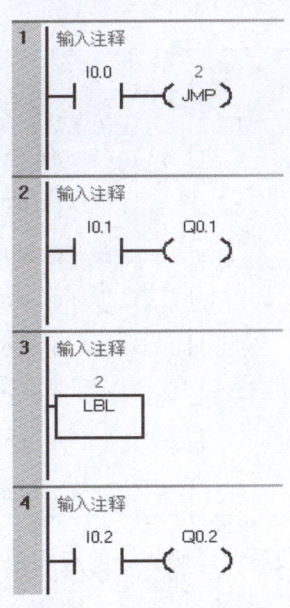

图 4.3.2 跳转指令示例

当 JMP 条件不满足时，不执行跳转，I0.1 接通则 Q0.1 有输出。例如，先将 I0.0 断开为 OFF，不执行跳转指令，则当 I0.1、I0.2 都为 ON 时，输出 Q0.1、Q0.2 为 ON。然后将 I0.0 接通，条件成立执行跳转。此时应注意：不管 I0.1 是接通还是断开，输出 Q0.1 会保持跳转之前的状态不变。

4.3.2 七段显示译码指令

如图4.3.3所示，七段数码管显示器的a、b、c、d、e、f、g段分别对应于字节的第0位~第6位，字节的某位为1时，其对应的段点亮；输出字节的某位为0时，其对应的段熄灭。将字节的第7位补0，则构成与七段数码管显示器相对应的8位编码，称为七段显示码。

七段显示译码指令SEG将输入（IN）中指定的字符（字节）低4位确定的十六进制数（16#0~F）转换生成点亮七段数码管各段的代码，并送到输出（OUT）指定的变量中。其指令格式及功能如表4.3.1所示，七段显示码组成及数字0~9、字母A~F与七段显示码的对应关系如图4.3.3和表4.3.2所示。

图4.3.3 七段显示码组成

表4.3.1 七段显示译码指令格式及功能

LAD	STL	功能及操作数
SEG EN ENO ????—IN OUT—????	SEG IN, OUT	功能：将输入字节（IN）的低4位确定的16进制数（16#0~F），产生相应的七段显示码，送入输出字节OUT。 IN：VB、IB、QB、MB、SB、SMB、LB、AC、常量。 OUT：VB、IB、QB、MB、SMB、LB、AC。 IN/OUT 的数据类型：字节

表4.3.2 与七段显示码对应的代码

IN	段显示	(OUT) -gfe dcba	IN	段显示	(OUT) -gfe dcba
0	0	0011 1111	8	8	0111 1111
1	1	0000 0110	9	9	0110 0111
2	2	0101 1011	A	A	0111 0111
3	3	0100 1111	B	B	0111 1100
4	4	0110 0110	C	C	0011 1001
5	5	0110 1101	D	D	0101 1110
6	6	0111 1101	E	E	0111 1001
7	7	0000 0111	F	F	0111 0001

七段显示译码指令的应用举例如图4.3.4所示，在七段数码管上显示数字8。

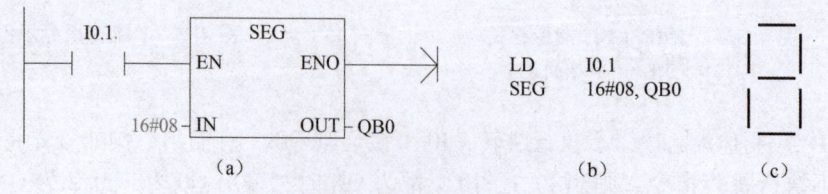

```
   I0.1       SEG
   ─┤├──────┤EN  ENO├─        LD   I0.1
                             SEG  16#08, QB0
          16#08─┤IN  OUT├─QB0
        (a)                    (b)              (c)
```

图4.3.4 七段显示译码指令的应用
(a) 梯形图；(b) 语句表；(c) 数码管显示

任务实施

1. 任务分析

根据控制要求，输入点有五个抢答按钮和一个复位按钮，输出点有一个蜂鸣器和一个七段数码管显示器。对应七段数码管显示器的每一段都应分配一个输出端子。各组抢答器之间应采用电气互锁，以保证某一组获得抢答权后，其余各组即使按下抢答按钮也无效。主持人席位上的复位按钮不仅要将抢答器复位，同时也将七段数码管显示器复位。

抢答程序可采用启保停电路设计法，七段数码管显示器驱动程序的设计采用了三种不同的方法，可以按字符驱动，也可以按段驱动，或者用七段显示译码指令来实现显示功能。其中有部分程序使用了跳转与标号指令。

2. I/O 地址分配

根据任务分析，对输入/输出量进行分配，如表 4.3.3 所示。

表 4.3.3　I/O 地址分配

信号类型	描述	PLC 地址
DI	第一组抢答按钮 SB1	I0.0
	第二组抢答按钮 SB2	I0.1
	第三组抢答按钮 SB3	I0.2
	第四组抢答按钮 SB4	I0.3
	第五组抢答按钮 SB5	I0.4
	主持人复位按钮 SB6	I0.5
DO	a 段	Q0.0
	b 段	Q0.1
	c 段	Q0.2
	d 段	Q0.3
	e 段	Q0.4
	f 段	Q0.5
	g 段	Q0.6
	蜂鸣器	Q1.0

3. 绘制 PLC 外部硬件接线图

根据五组抢答及数码管显示器控制要求和 I/O 分配情况，绘制 PLC 外部硬件接线图，如图 4.3.5 所示。

4. 编写符号表

符号表如图 4.3.6 所示。

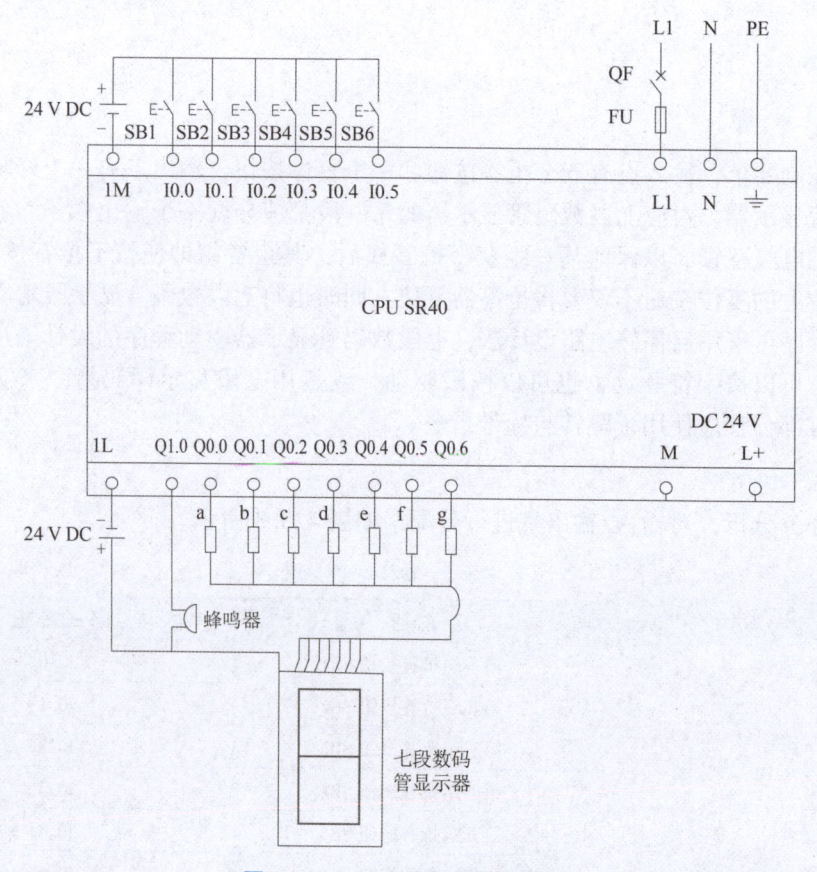

图 4.3.5 PLC 外部硬件接线图

		符号	地址	注释
1		第一组抢答按钮	I0.0	
2		第二组抢答按钮	I0.1	
3		第三组抢答按钮	I0.2	
4		第四组抢答按钮	I0.3	
5		第五组抢答按钮	I0.4	
6		主持人复位按钮	I0.5	
7		a段	Q0.0	
8		b段	Q0.1	
9		c段	Q0.2	
10		d段	Q0.3	
11		e段	Q0.4	
12		f段	Q0.5	
13		g段	Q0.6	
14		蜂鸣器	Q1.0	

图 4.3.6 符号表

5. 设计梯形图程序

（1）方法一：按字符驱动数码管的抢答器控制梯形图程序，如图4.3.7所示。

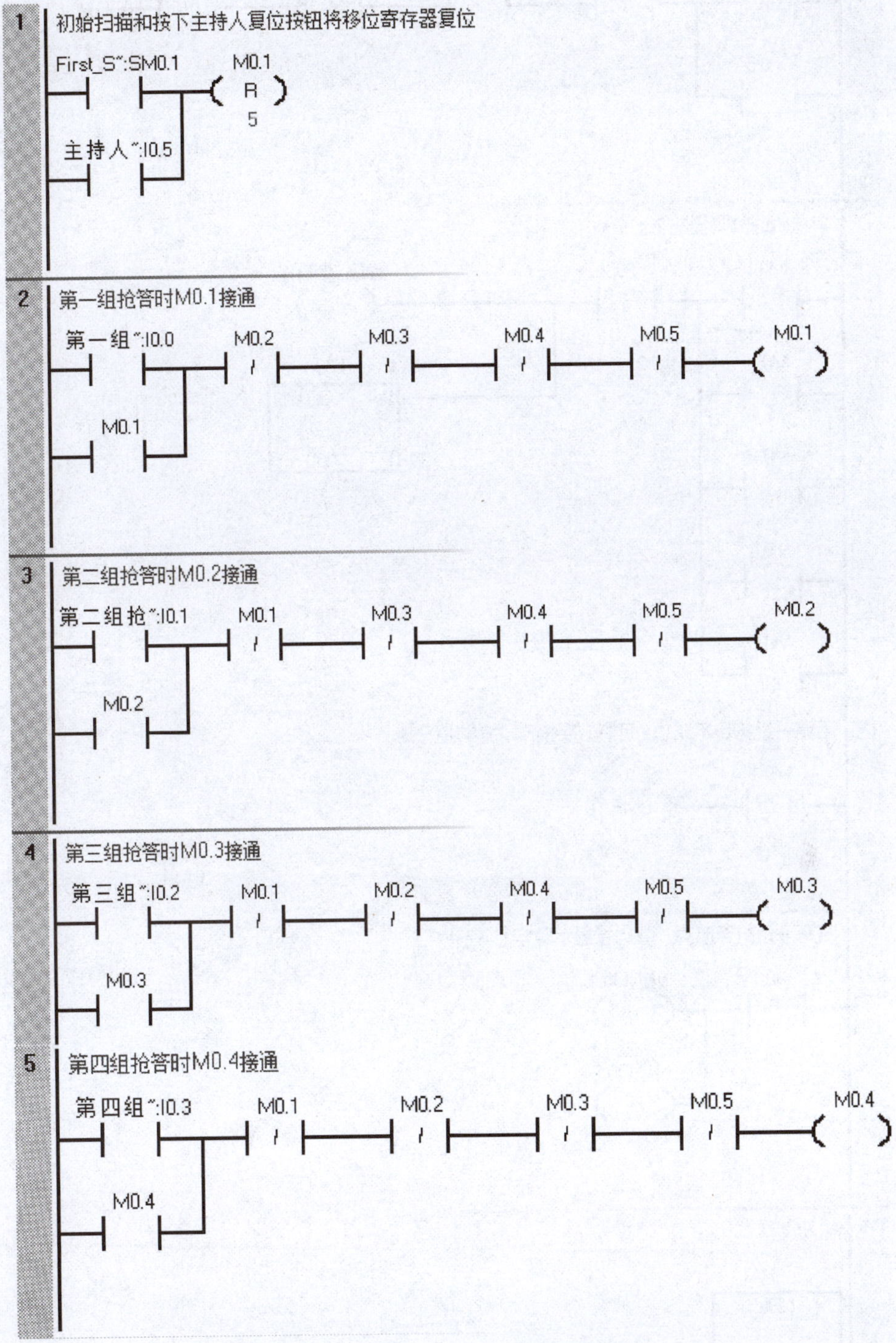

1 初始扫描和按下主持人复位按钮将移位寄存器复位
```
First_S":SM0.1    M0.1
───┤├──────┬──( R )
             │    5
主持人":I0.5 │
───┤├───────┘
```

2 第一组抢答时M0.1接通
```
第一组":I0.0   M0.2   M0.3   M0.4   M0.5   M0.1
───┤├──────┬──┤/├───┤/├───┤/├───┤/├──( )
           │
   M0.1    │
───┤├─────┘
```

3 第二组抢答时M0.2接通
```
第二组抢":I0.1  M0.1   M0.3   M0.4   M0.5   M0.2
───┤├──────┬──┤/├───┤/├───┤/├───┤/├──( )
           │
   M0.2    │
───┤├─────┘
```

4 第三组抢答时M0.3接通
```
第三组":I0.2   M0.1   M0.2   M0.4   M0.5   M0.3
───┤├──────┬──┤/├───┤/├───┤/├───┤/├──( )
           │
   M0.3    │
───┤├─────┘
```

5 第四组抢答时M0.4接通
```
第四组":I0.3   M0.1   M0.2   M0.3   M0.5   M0.4
───┤├──────┬──┤/├───┤/├───┤/├───┤/├──( )
           │
   M0.4    │
───┤├─────┘
```

图4.3.7 抢答器的PLC控制梯形图程序

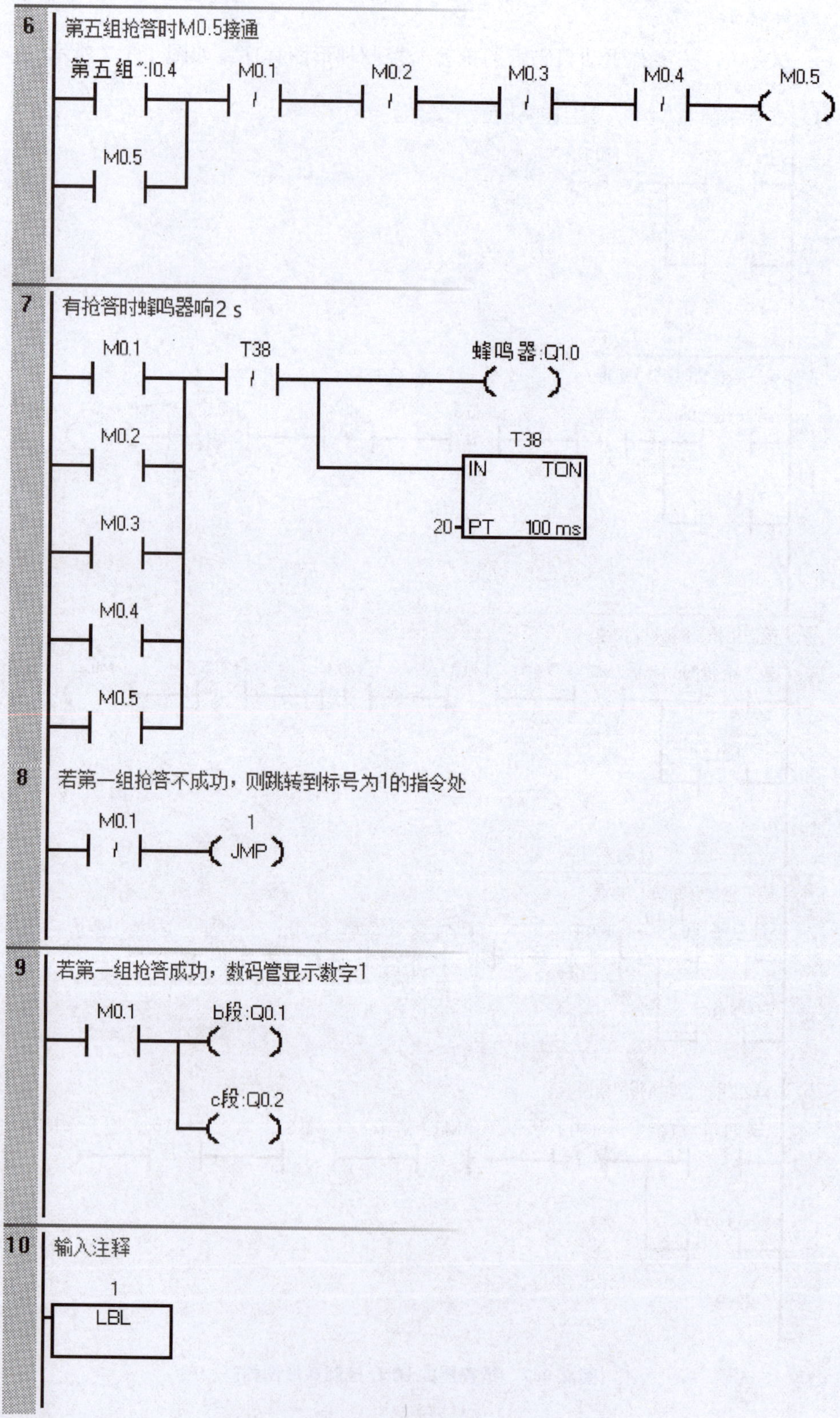
6
第五组抢答时M0.5接通
第五组~:I0.4
M0.1
M0.2
M0.3
M0.4
M0.5
M0.5
7
有抢答时蜂鸣器响2 s
M0.1
T38
蜂鸣器:Q1.0
M0.2
T38
IN
TON
M0.3
20
PT
100 ms
M0.4
M0.5
8
若第一组抢答不成功，则跳转到标号为1的指令处
M0.1
1
JMP
9
若第一组抢答成功，数码管显示数字1
M0.1
b段:Q0.1
c段:Q0.2
10
输入注释
1
LBL

图 4.3.7　抢答器的 PLC 控制梯形图程序（续）

| 11 | 若第二组抢答不成功,则跳转到标号为2的指令处 | 16 | 输入注释 |

```
    M0.2            2
    ─│/├──────────( JMP )

                    3
                  ┌─────┐
                  │ LBL │
                  └─────┘
```

| 12 | 若第二组抢答成功,数码管显示数字2 | 17 | 若第四组抢答不成功,则跳转到标号为4的指令处 |

```
    M0.2         a段:Q0.0              M0.4            4
    ─│ ├──────────( )                  ─│/├──────────( JMP )

                 b段:Q0.1
                  ( )

                 d段:Q0.3        18  第四组抢答成功,数码管显示数字4
                  ( )
                                     M0.4         b段:Q0.1
                 e段:Q0.4            ─│ ├──────────( )
                  ( )
                                                  c段:Q0.2
                 g段:Q0.6                          ( )
                  ( )
                                                  f段:Q0.5
                                                   ( )

                                                  g段:Q0.6
                                                   ( )
```

| 13 | 输入注释 | 19 | 输入注释 |

```
          2                                   4
        ┌─────┐                            ┌─────┐
        │ LBL │                            │ LBL │
        └─────┘                            └─────┘
```

| 14 | 若第三组抢答不成功,则跳转到标号为3的指令处 | 20 | 若第五组抢答不成功,则跳转到标号为5的指令处 |

```
    M0.3            3                      M0.5            5
    ─│/├──────────( JMP )                  ─│/├──────────( JMP )
```

| 15 | 若第三组抢答成功,数码管显示数字3 | 21 | 若第五组抢答成功,数码管显示数字5 |

```
    M0.3         a段:Q0.0              M0.5         a段:Q0.0
    ─│ ├──────────( )                  ─│ ├──────────( )

                 b段:Q0.1                           c段:Q0.2
                  ( )                                ( )

                 c段:Q0.2                           d段:Q0.3
                  ( )                                ( )

                 d段:Q0.3                           f段:Q0.5
                  ( )                                ( )

                 g段:Q0.6                           g段:Q0.6
                  ( )                                ( )
```

图 4.3.7 抢答器的 PLC 控制梯形图程序(续)

项目四 灯光系统的 PLC 控制

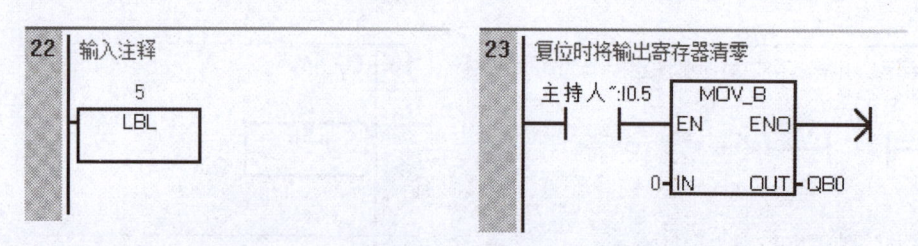

图 4.3.7 抢答器的 PLC 控制梯形图程序（续）

程序段 1 是初始复位的作用，程序段 2~程序段 6 是用启保停电路设计法编程，某一组获得抢答权后，其余各组再按下抢答按钮都是无效的。程序段 7 是控制蜂鸣器鸣响 2 s 停止。程序段 8~程序段 22 使用跳转和标号指令将每一组获得抢答权后按字符驱动显示该组的组号。例如，M0.1 为 1 时，第一组获得抢答权，M0.1 的常闭触点断开，不执行 JMP1，所以程序段 9 的显示数字 1 的程序可以被执行。但反之，若 M0.1 为 0，不是第一组获得抢答权，M0.1 的常闭触点接通，执行跳转指令，将程序段 9 的程序跳过不执行，执行程序段 10 后面的程序。

（2）方法二：按段驱动数码管的抢答器控制梯形图程序，如图 4.3.8 所示。程序段 1~程序段 7 同图 4.3.7。控制输出的状态表如表 4.3.4 所示。

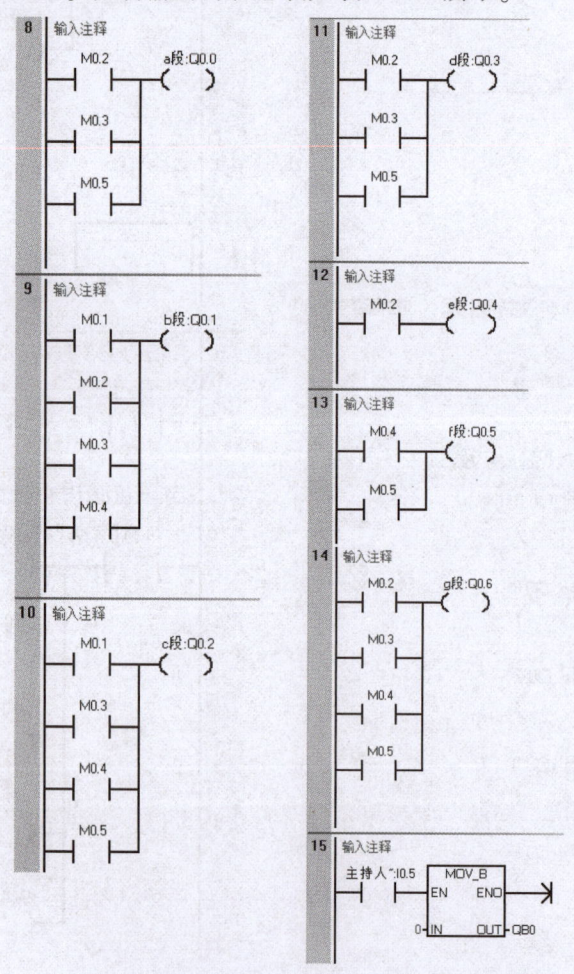

图 4.3.8 按段驱动数码管的抢答器控制梯形图程序

表 4.3.4 按段驱动数码管

步 输出	M0.1 显示数字 1	M0.2 显示数字 2	M0.3 显示数字 3	M0.4 显示数字 4	M0.5 显示数字 5
a 段 Q0.0		+	+		+
b 段 Q0.1	+	+	+	+	
c 段 Q0.2	+		+	+	+
d 段 Q0.3		+	+		+
e 段 Q0.4		+			
f 段 Q0.5				+	+
g 段 Q0.6		+	+	+	+

注："+"表示点亮。

（3）方法三：采用七段显示译码（SEG）指令驱动数码管的抢答器控制梯形图程序，如图 4.3.9 所示。程序段 1~程序段 7 同图 4.3.7。

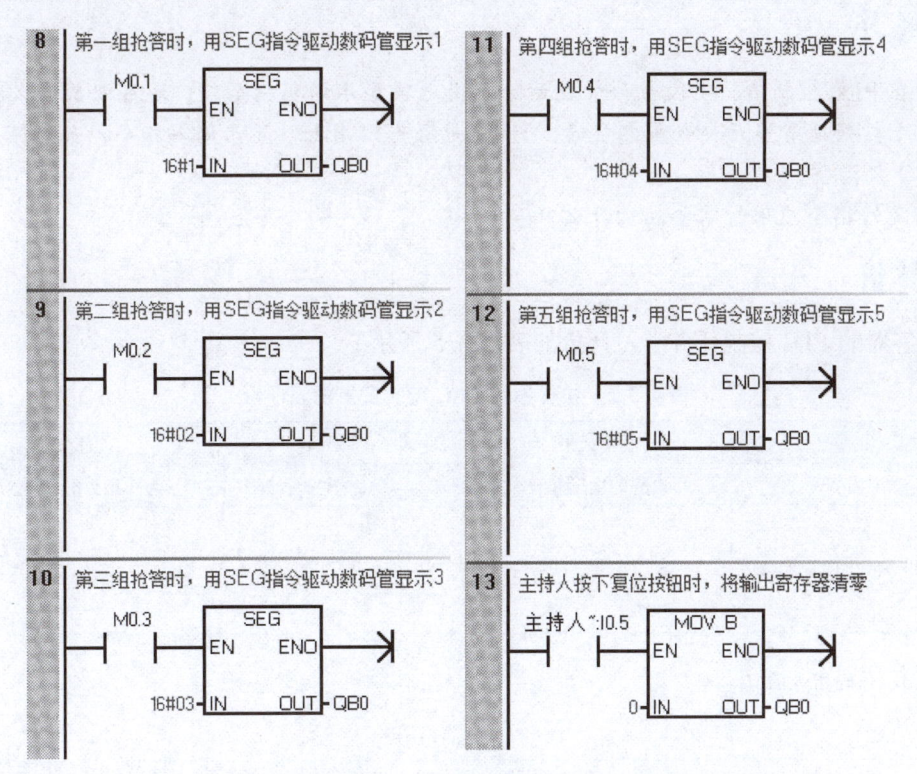

图 4.3.9 采用 SEG 指令驱动数码管的抢答器控制梯形图程序

6. 运行并调试程序

下载程序，在线监控程序运行。分析程序中运行结果，满足控制要求即可。

以上三个程序中获得抢答权的程序（程序段 1~程序段 7）相同，故图 4.3.8 和图 4.3.9 的这两个程序只给出数码管的驱动梯形图程序。比较三种方法，图 4.3.9 的梯形图程序简洁明了，更加便于阅读和理解程序。但是采用七段显示译码指令编程会受到数据进制的限制，例如，1 只数码管只能显示十六进制数 0~F 的数值符号，而有些符号却无法

项目四　灯光系统的 PLC 控制　195

显示出来，如字符"H"。程序的编制还可以采用数据传送指令驱动显示，使用这些指令编程有相当大的灵活性和技巧性，具体采用什么方法编程，可以根据不同的要求灵活应用，在编程练习中进行探索与总结。

拓展提升

（1）用七段数码管显示在一段时间内按过按键的最大键号数，并使得蜂鸣器响 2 s 后停止，在 10 s 时间内有键按下后，自动判断其按键号大于还是小于前面按下的按键号。如果是大于，则显示当前按下的按键号；如果小于，则显示原按键号不变。如果超过 10 s 后按键，则不管按键号是多少，均无效，需复位后方可重新按键。假设按键号数是 1~6 的数字，对应有六个按键。

（2）用 PLC 实现闪光频率的控制，要求闪光灯根据选择的按钮以相应频率闪烁。若按下"慢闪"按钮，闪光灯以 4 s 周期闪烁；若按下中闪按钮，闪光灯以 2 s 周期闪烁；若按下快速按钮，闪光灯以 1 s 周期闪烁。无论何时按下停止按钮，闪光灯熄灭。

思考练习

1. 在 PLC 控制中，七段数码管显示除了用七段显示译码指令外，还可以用什么指令？
2. 七段数码管显示，如果想显示"H"，是否可以用七段显示译码指令？如果不可以，需要用什么指令？
3. 跳转指令应用时需要注意什么？

学习评价

抢答器的 PLC 控制任务学习评价如表 4.3.5 所示。

表 4.3.5　抢答器的 PLC 控制任务学习评价

学习内容	学习成果		评分表	
	出现的问题和解决方法	主要收获	学习小组评分	教师评分
跳转指令的应用（20%）				
七段显示译码指令的应用（20%）				
抢答器的 PLC 控制的多种编程方法（50%）				
数码管显示器的类型及其适用场合（10%）				

任务 4.4　自动售货机的 PLC 控制

任务目标

知识目标
1. 掌握转换指令、算术运算指令及数学函数变换指令及其应用。
2. 掌握逻辑运算指令及其应用。

技能目标
能根据控制要求，完成自动售货机控制系统的设计和调试，并进行简单故障排除。

素养目标
1. 培养实事求是、精益求精、锲而不舍的品质。
2. 学会举一反三。

任务描述

自动售货机是机电一体化的自动化装置，它能根据投入的钱币，通过触摸控制按钮，使控制器启动相关位置的机械装置完成动作，将货物输出。

一般的自动售货机由钱币装置、指示装置、贮藏售货装置等组成。钱币装置是售货机的核心，其主要功能是确认投入钱币的真伪，分选钱币的种类，计算金额。如果投入的金额达到购买物品的数值即发出售货信号，并找出余钱。指示装置用以指示顾客所选商品的品种。贮藏售货装置保存商品，接收出售指示信号，把顾客选择的商品送至付货口。

本项目是对一个基于 PLC 的单物品自动售货控制系统的设计，具体控制要求如下：

（1）按下投币按钮 1 元、5 元、10 元，数码管显示投币金额为 1.0、5.0、10.0。

（2）显示金额减去所买货物金额后，数码管显示余额，可以一次多买，直到金额不足，灯 L1 以 1 Hz 频率闪烁，持续 2 s，提示当前余额不足。

（3）当投币金额不足时，如果继续投币则可连续购买。

（4）投币金额超过 10 元，数码管显示低 2 位，但可以继续购物。

（5）购物 4 s 后，如果没有再操作，则取物口灯亮，10 s 后取物口灯灭，有余额则退币口灯亮。

（6）如不买货物，按退币按钮，则退出全部金额，数码管显示为 0，退币口灯亮，10 s 后退币口灯灭。

知识储备

4.4.1　转换指令

可编程控制器中的主要数据包括字节、整数、双整数和实数，主要数制有十进制、十六进制、BCD 码、ASCII 码等。不同的指令对操作数的类型要求不同，因此在指令使用之前需要将操作数转化成相应的类型。

转换指令是对操作数的类型进行转换，并输出到指定目标地址中去。转换指令包括数据的类型转换、数据的译码和编码指令以及字符串类型转换指令。数据类型转换指令可将固定的一个数据用到不同类型要求的指令中，包括字节型数据与字整数之间的转换、字整数与双字整数之间的转换、双字整数与实数之间的转换、BCD 码与整数之间的转换等。

1. 数据类型转换指令

1）字节型数据与字整数之间的转换

其指令格式及功能如表 4.4.1 所示。

表 4.4.1 字节型数据与字整数之间的转换指令格式及功能

LAD	B_I EN ENO ???? — IN OUT — ????	I_B EN ENO ???? — IN OUT — ????
STL	BTI IN, OUT	ITB IN, OUT
操作数及数据类型	IN：VB、IB、QB、MB、SB、SMB、LB、AC、常量，数据类型：字节。 OUT：VW、IW、QW、MW、SW、SMW、LW、T、C、AC，数据类型：整数	IN：VW、IW、QW、MW、SW、SMW、LW、T、C、AIW、AC、常量，数据类型：整数。 OUT：VB、IB、QB、MB、SB、SMB、LB、AC，数据类型：字节
功能及说明	BTI 指令将字节数值（IN）转换成整数值，并将结果置入 OUT 指定的存储单元。因为字节不带符号，所以无符号扩展	ITB 指令将字整数（IN）转换成字节，并将结果置入 OUT 指定的存储单元。输入的字整数 0~255 被转换。超出部分导致溢出，SM1.1=1。输出不受影响

2）字整数与双字整数之间的转换

其指令格式及功能如表 4.4.2 所示。

表 4.4.2 字整数与双字整数之间的转换指令格式及功能

LAD	I_DI EN ENO ???? — IN OUT — ????	DI_I EN ENO ???? — IN OUT — ????
STL	ITD IN, OUT	DTI IN, OUT
操作数及数据类型	IN：VW、IW、QW、MW、SW、SMW、LW、T、C、AIW、AC、常量，数据类型：整数。 OUT：VD、ID、QD、MD、SD、SMD、LD、AC，数据类型：双整数	IN：VD、ID、QD、MD、SD、SMD、LD、HC、AC、常量，数据类型：双整数。 OUT：VW、IW、QW、MW、SW、SMW、LW、T、C、AC，数据类型：整数
功能及说明	ITD 指令将整数值（IN）转换成双整数值，并将结果置入 OUT 指定的存储单元。符号被扩展	DTI 指令将双整数值（IN）转换成整数值，并将结果置入 OUT 指定的存储单元。如果转换的数值过大，则无法在输出中表示，产生溢出，SM1.1=1，输出不受影响

3）双字整数与实数之间的转换

其指令格式及功能如表 4.4.3 所示。

表 4.4.3 双字整数与实数之间的转换指令格式及功能

LAD	DI_R EN ENO ???? — IN OUT — ????	ROUND EN ENO ???? — IN OUT — ????	TRUNC EN ENO ???? — IN OUT — ????
STL	DTR IN, OUT	ROUND IN, OUT	TRUNC IN, OUT
操作数及数据类型	IN：VD、ID、QD、MD、SD、SMD、LD、HC、AC、常量。 数据类型：双整数。 OUT：VD、ID、QD、MD、SD、SMD、LD、AC。 数据类型：实数	IN：VD、ID、QD、MD、SD、SMD、LD、AC、常量。 数据类型：实数。 OUT：VD、ID、QD、MD、SD、SMD、LD、AC。 数据类型：双整数	IN：VD、ID、QD、MD、SD、SMD、LD、AC、常量。 数据类型：实数。 OUT：VD、ID、QD、MD、SD、SMD、LD、AC。 数据类型：双整数
功能及说明	DTR 指令将 32 位带符号整数 IN 转换成 32 位实数，并将结果置入 OUT 指定的存储单元	ROUND 指令按小数部分四舍五入的原则，将实数（IN）转换成双整数值，并将结果置入 OUT 指定的存储单元	TRUNC（截位取整）指令按将小数部分直接舍去的原则，将 32 位实数（IN）转换成 32 位双整数，并将结果置入 OUT 指定存储单元

注意：不论是四舍五入取整，还是截位取整，如果转换的实数数值过大，无法在输出中表示，则产生溢出，即影响溢出标志位，使 SM1.1=1，输出不受影响。

4）BCD 码与整数之间的转换

其指令格式及功能如表 4.4.4 所示。

表 4.4.4 BCD 码与整数之间的转换指令格式及功能

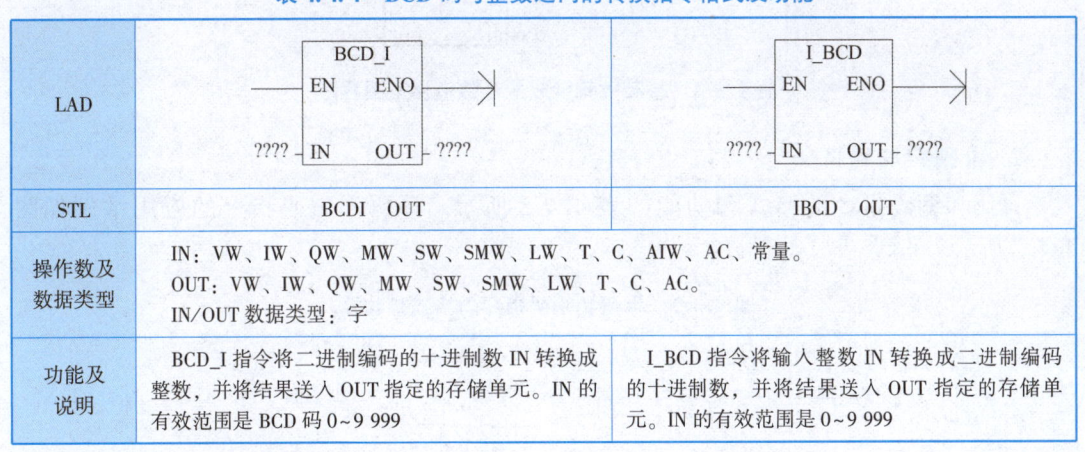

LAD	BCD_I EN ENO ???? — IN OUT — ????	I_BCD EN ENO ???? — IN OUT — ????
STL	BCDI OUT	IBCD OUT
操作数及数据类型	IN：VW、IW、QW、MW、SW、SMW、LW、T、C、AIW、AC、常量。 OUT：VW、IW、QW、MW、SW、SMW、LW、T、C、AC。 IN/OUT 数据类型：字	
功能及说明	BCD_I 指令将二进制编码的十进制数 IN 转换成整数，并将结果送入 OUT 指定的存储单元。IN 的有效范围是 BCD 码 0~9 999	I_BCD 指令将输入整数 IN 转换成二进制编码的十进制数，并将结果送入 OUT 指定的存储单元。IN 的有效范围是 0~9 999

在此应注意以下问题：

（1）数据长度为字的 BCD 格式的有效范围为 0~9 999（十进制），0000~9999（十六进制），0000 0000 0000 0000~1001 1001 1001 1001（BCD 码）。

（2）指令影响特殊标志位 SM1.6（无效 BCD）。

（3）在表 4.4.4 的 LAD 和 STL 指令中，IN 和 OUT 的操作数地址相同。若 IN 和 OUT 操作数地址不是同一个存储器，则对应的语句表指令为：

MOV　IN，OUT

BCDI　OUT

5) 数据类型转换指令应用举例

将保存在计数器 C10 中的整数英寸值转换成厘米数值,其梯形图程序如图 4.4.1 所示。

1 英寸 = 2.54 cm,当工作开关 I0.1 接通时,进行相关运算。先将 C10 中的英寸整数值转成双整数,再转成实数英寸值,乘法运算后转成实数厘米值,并保存至 AC0,最后转成整数厘米值,结果保存至 VW40 中。

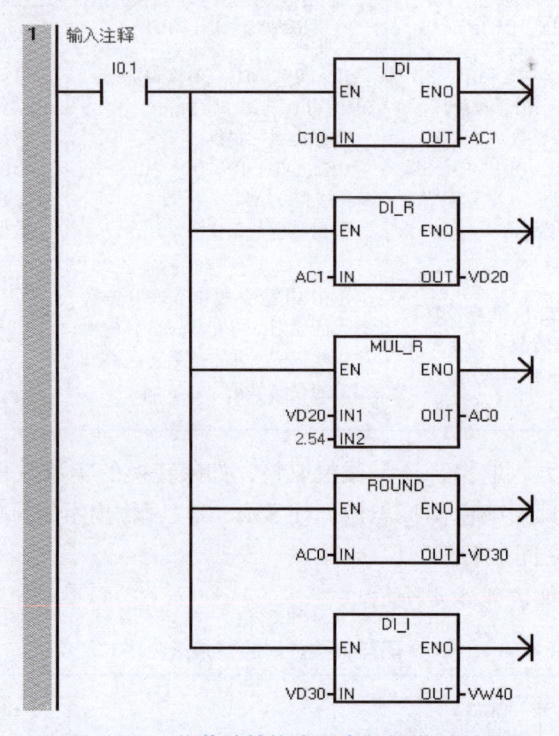

图 4.4.1 将英寸转换成厘米数值梯形图程序

2. 译码和编码指令

译码和编码指令的格式和功能如表 4.4.5 所示。译码和编码指令的应用举例如图 4.4.2 所示。

表 4.4.5 译码和编码指令的格式和功能

	DECO	ENCO
LAD	???? – IN OUT – ????	???? – IN OUT – ????
STL	DECO IN, OUT	ENCO IN, OUT
操作数及数据类型	IN:VB、IB、QB、MB、SMB、LB、SB、AC、常量。数据类型:字节。OUT:VW、IW、QW、MW、SMW、LW、SW、AQW、T、C、AC。数据类型:字	IN:VW、IW、QW、MW、SMW、LW、SW、AIW、T、C、AC、常量。数据类型:字。OUT:VB、IB、QB、MB、SMB、LB、SB、AC。数据类型:字节
功能及说明	译码指令根据输入字节(IN)的低 4 位表示的输出字的位号,将输出字的相对应的位,置位为 1,输出字的其他位均置位为 0	编码指令将输入字(IN)最低有效位(其值为 1)的位号写入输出字节(OUT)的低 4 位中

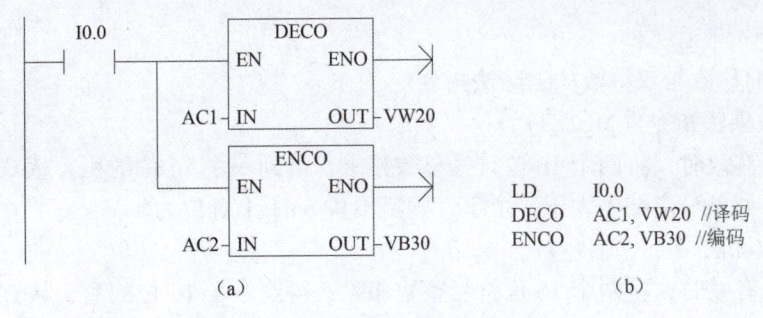

```
        I0.0           DECO
        ─┤├──────────┤EN   ENO├─
                      │         │
                 AC1─┤IN   OUT├─VW20
                      │         │
                      │  ENCO   │
                      ├┤EN   ENO├─
                      │         │               LD    I0.0
                      │         │               DECO  AC1,VW20  //译码
                 AC2─┤IN   OUT├─VB30            ENCO  AC2,VB30  //编码

              （a）                                 （b）
```

图 4.4.2　译码和编码指令的应用举例

（a）梯形图；（b）语句表

若 AC1 = 2，执行译码指令，则将输出字 VW20 的第二位置 1，VW20 中的二进制数为 2#0000 0000 0000 0100；若 AC2 = 2#0000 0000 0000 0100，执行编码指令，则输出字节 VB30 的数值为 2。

4.4.2　数学运算指令

数学运算指令包括算术运算指令、逻辑运算指令、数学函数变换指令、递增和递减指令等。

算术运算指令包括整数、双整数和实数的加、减、乘、除运算指令，整数乘法产生双整数指令和带余数的整数除法指令。逻辑运算指令包括逻辑与、或、非指令等。

1. 整数与双整数的加减法指令

1）整数加法（ADD_I）和减法（SUB_I）指令

该指令是使能输入有效时，将两个 16 位符号整数相加或相减，得到一个 16 位的结果输出到 OUT。

2）双整数加法（ADD_D）和减法（SUB_D）指令

该指令是使能输入有效时，将两个 32 位符号整数相加或相减，得到一个 32 位的结果输出到 OUT。

整数与双整数加减法指令格式如表 4.4.6 所示。

表 4.4.6　整数与双整数加减法指令格式

	ADD_I	SUB_I	ADD_DI	SUB_DI
LAD	EN ENO IN1 OUT IN2	EN ENO IN1 OUT IN2	EN ENO IN1 OUT IN2	EN ENO IN1 OUT IN2
STL	MOVW IN1, OUT +I IN2, OUT	MOVW IN1, OUT -I IN2, OUT	MOVD IN1, OUT +D IN2, OUT	MOVD IN1, OUT -D IN2, OUT
功能	IN1+IN2=OUT	IN1-IN2=OUT	IN1+IN2=OUT	IN1-IN2=OUT
操作数及数据类型	IN1/IN2：VW、IW、QW、MW、SW、SMW、T、C、AC、LW、AIW、常量、*VD、*LD、*AC。 OUT：VW、IW、QW、MW、SW、SMW、T、C、LW、AC、*VD、*LD、*AC。 IN/OUT 数据类型：整数		IN1/IN2：VD、ID、QD、MD、SMD、SD、LD、AC、HC、常量、*VD、*LD、*AC。 OUT：VD、ID、QD、MD、SMD、SD、LD、AC、*VD、*LD、*AC。 IN/OUT 数据类型：双整数	

2. 整数与双整数的乘除法指令

1) 简单的整数与双整数的乘除法指令

(1) 整数乘法指令（MUL_I）。

使能输入有效时，将两个16位符号整数相乘，得到一个16位的积，从OUT指定的存储单元输出。如果输出结果大于一个字，则溢出位SM1.1置位为1。

(2) 整数除法指令（DIV_I）。

使能输入有效时，将两个16位符号整数相除，得到一个16位的商，从OUT指定的存储单元输出，不保留余数。

(3) 双整数乘法指令（MUL_D）。

使能输入有效时，将两个32位符号整数相乘，得到一个32位的乘积，从OUT指定的存储单元输出。

(4) 双整数除法指令（DIV_D）。

使能输入有效时，将两个32位符号整数相除，得到一个32位的商，从OUT指定的存储单元输出，不保留余数。

2) 整数乘法产生双整数指令与带余数的整数除法指令

(1) 整数乘法产生双整数指令（MUL）。

使能输入有效时，将两个16位符号整数相乘，得到一个32位的乘积，从OUT指定的存储单元输出。

(2) 整数除法产生双整数指令（DIV）。

使能输入有效时，将两个16位符号整数相除，得到一个32位的结果，从OUT指定的存储单元输出，其中高16位放余数，低16位放商。

整数乘除法指令格式如表4.4.7所示。

整数与双整数乘除法指令操作数及数据类型和加减运算的相同。

表 4.4.7 整数乘除法指令格式

	MUL_I	DIV_I	MUL_DI	DIV_DI	MUL	DIV
LAD	EN ENO IN1 OUT IN2	EN ENO IN1 OUT IN2	EN ENO IN1 OUT IN2	EN ENO IN1 OUT IN2	EN ENO IN1 OUT IN2	EN ENO IN1 OUT IN2
SSTL	MOVW IN1, OUT *I IN2, OUT	MOVW IN1, OUT /I IN2, OUT	MOVD IN1, OUT *D IN2, OUT	MOVD IN1, OUT /D IN2, OUT	MOVW IN1, OUT MUL IN2, OUT	MOVW IN1, OUT DIV IN2, OUT
功能	IN1×IN2=OUT	IN1/IN2=OUT	IN1×IN2=OUT	IN1/IN2=OUT	IN1×IN2=OUT	IN1/IN2=OUT

3. 实数的加、减、乘、除运算指令

1) 实数加法（ADD_R）、减法（SUB_R）指令

将两个32位实数相加或相减，得到一个32位的实数结果，从OUT指定的存储单元输出。

2) 实数乘法（MUL_R）、除法（DIV_R）指令

使能输入有效时，将两个32位实数相乘（除），得到一个32位的积（商），从OUT

指定的存储单元输出。

操作数：IN1/IN2：VD、ID、QD、MD、SMD、SD、LD、AC、常量、*VD、*LD、*AC。
OUT：VD、ID、QD、MD、SMD、SD、LD、AC、*VD、*LD、*AC。数据类型：实数。
实数的加、减、乘、除法指令格式如表4.4.8所示。

表4.4.8 实数的加、减、乘、除法指令格式

LAD	ADD_R EN ENO IN1 OUT IN2	SUB_R EN ENO IN1 OUT IN2	MUL_R EN ENO IN1 OUT IN2	DIV_R EN ENO IN1 OUT IN2
SSTL	MOVR IN1, OUT +R IN2, OUT	MOVR IN1, OUT -R IN2, OUT	MOVR IN1, OUT *R IN2, OUT	MOVR IN1, OUT /R IN2, OUT
功能	IN1+IN2=OUT	IN1-IN2=OUT	IN1×IN2=OUT	IN1/IN2=OUT

4. 数学函数变换指令

1）平方根（SQRT）指令

对32位实数（IN）取平方根，得到一个32位的实数结果，从OUT指定的存储单元输出。

2）自然对数（LN）指令

对IN中的数值进行自然对数计算，并将结果置于OUT指定的存储单元中。求以10为底数的对数时，用自然对数除以2.302 585（约等于10的自然对数）。

3）自然指数（EXP）指令

将IN取以e为底的指数，并将结果置于OUT指定的存储单元中。

将"自然指数"指令与"自然对数"指令相结合，可以实现以任意数为底，任意数为指数的计算。求 y^x，输入以下指令：EXP(x LN(y))。

例如，求 2^3 = EXP(3 LN(2)) = 8；27的3次方根即 $27^{1/3}$ = EXP(1/3 LN(27)) = 3。

4）三角函数指令

将一个实数的弧度值从IN端输入，分别求SIN、COS、TAN，得到实数运算结果，从OUT指定的存储单元输出。

函数变换指令格式如表4.4.9所示。

表4.4.9 函数变换指令格式

LAD	SQRT EN ENO IN OUT	LN EN ENO IN OUT	EXP EN ENO IN OUT	SIN EN ENO IN OUT	COS EN ENO IN OUT	TAN EN ENO IN OUT
SSTL	SQRT IN, OUT	LN IN, OUT	EXP IN, OUT	SIN IN, OUT	COS IN, OUT	TAN IN, OUT
功能	SQRT(IN)=OUT	LN(IN)=OUT	EXP(IN)=OUT	SIN(IN)=OUT	COS(IN)=OUT	TAN(IN)=OUT
操作数及数据类型	IN：VD、ID、QD、MD、SMD、SD、LD、AC、常量、*VD、*LD、*AC； OUT：VD、ID、QD、MD、SMD、SD、LD、AC、*VD、*LD、*AC； 数据类型：实数					

使 ENO=0 的错误条件：0006（间接地址），SM1.1（溢出），SM4.3（运行时间）。

对标志位的影响：SM1.0（零），SM1.1（溢出），SM1.2（负数）。

5）数学函数变换指令举例

求 60° 的正弦值。

先将 60° 转换成弧度为（3.141 59/180）×60，再进行正弦值的运算，如图 4.4.3 所示。

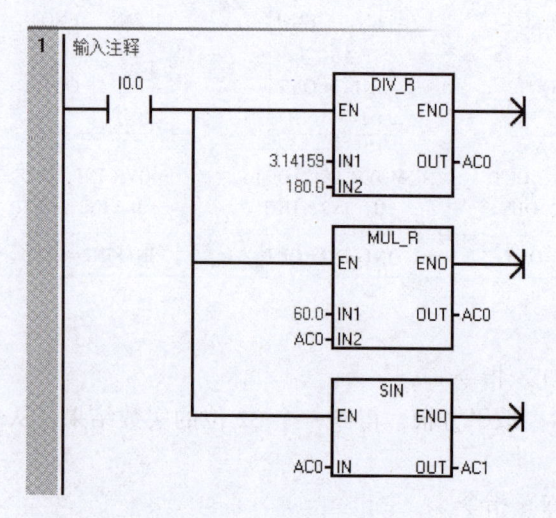

图 4.4.3　求 60° 的正弦值

5. 递增和递减指令

递增和递减指令是对无符号或者有符号整数进行自动加 1 或者自动减 1 的操作，数据长度可以是字节、字、双字。其中字节增减指令是对无符号数的操作，而字或双字的增减是对有符号数的操作。

1）递增指令

递增指令包括字节递增、字递增和双字递增指令。

其指令格式如表 4.4.10 所示。在梯形图中，指令功能是 IN+1=OUT；在语句表程序中表示为 OUT+1=OUT，即输入 IN 和输出 OUT 使用相同的存储单元。

2）递减指令

递减指令包括字节递减、字递减和双字递减指令。其指令格式如表 4.4.10 所示。若 IN 和 OUT 指定相同的存储单元，在梯形图中指令功能是 IN-1=OUT；在语句表程序中表示为 OUT-1=OUT。

6. 逻辑运算指令

逻辑运算是对无符号数进行的逻辑处理，主要包括逻辑与、逻辑或、逻辑异或和取反等运算指令。根据数据类型可以分为字节、字、双字的与、或、非、异或逻辑运算。

1）逻辑与（WAND）指令

将输入 IN1、IN2 按位相与，得到的逻辑运算结果放入 OUT 指定的存储单元。

2）逻辑或（WOR）指令

将输入 IN1、IN2 按位相或，得到的逻辑运算结果放入 OUT 指定的存储单元。

表 4.4.10　递增递减指令格式

LNAD	INC_B EN ENO IN OUT DEC_B EN ENO IN OUT		INC_W EN ENO IN OUT DEC_W EN ENO IN OUT		INC_DW EN ENO IN OUT DEC_DW EN ENO IN OUT	
STL	INCB OUT	DECB OUT	INCW OUT	DECW OUT	INCD OUT	DECD OUT
功能	字节加1	字节减1	字加1	字减1	双字加1	双字减1
操作及数据类型	IN：VB、IB、QB、MB、SB、SMB、LB、AC、常量、*VD、*LD、*AC。 OUT：VB、IB、QB、MB、SB、SMB、LB、AC、*VD、*LD、*AC。 IN/OUT 数据类型：字节		IN：VW、IW、QW、MW、SW、SMW、AC、AIW、LW、T、C、常量、*VD、*LD、*AC。 OUT：VW、IW、QW、MW、SW、SMW、LW、AC、T、C、*VD、*LD、*AC。 数据类型：整数		IN：VD、ID、QD、MD、SD、SMD、LD、AC、HC、常量、*VD、*LD、*AC。 OUT：VD、ID、QD、MD、SD、SMD、LD、AC、*VD、*LD、*AC。 数据类型：双整数	

3）取反（INV）指令

将输入 IN 按位取反，得到的逻辑运算结果放入 OUT 指定的存储单元。

4）逻辑异或（WXOR）指令

将输入 IN1、IN2 按位异或，得到的逻辑运算结果放入 OUT 指定的存储单元。

逻辑运算指令的格式如表 4.4.11 所示。

表 4.4.11　逻辑运算指令格式

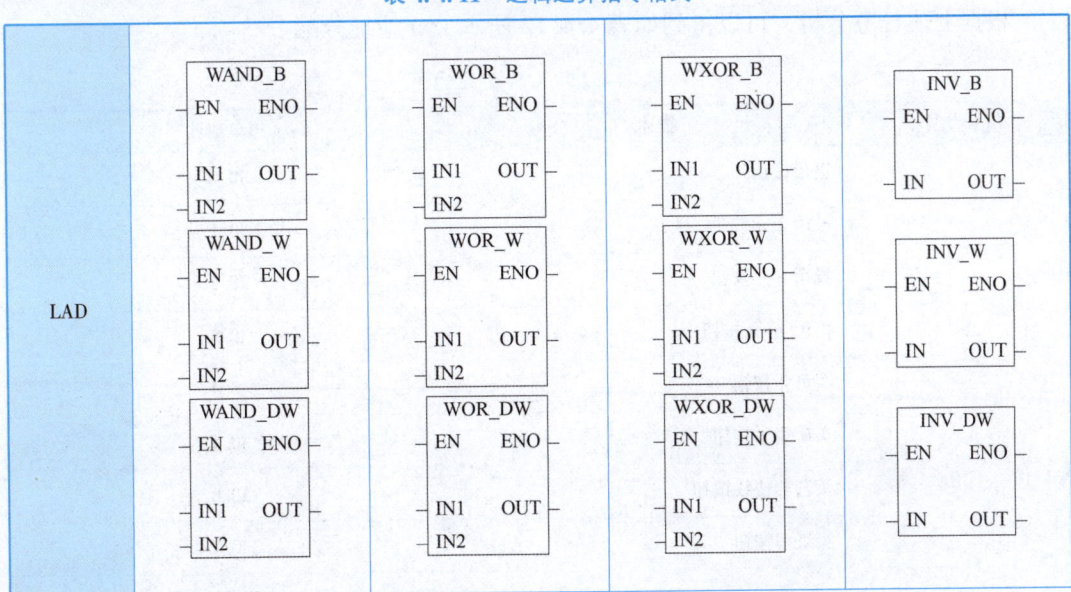

LAD	WAND_B EN ENO IN1 OUT IN2 WAND_W EN ENO IN1 OUT IN2 WAND_DW EN ENO IN1 OUT IN2	WOR_B EN ENO IN1 OUT IN2 WOR_W EN ENO IN1 OUT IN2 WOR_DW EN ENO IN1 OUT IN2	WXOR_B EN ENO IN1 OUT IN2 WXOR_W EN ENO IN1 OUT IN2 WXOR_DW EN ENO IN1 OUT IN2	INV_B EN ENO IN OUT INV_W EN ENO IN OUT INV_DW EN ENO IN OUT

项目四　灯光系统的 PLC 控制

续表

SSTL		ANDB IN1，OUT ANDW IN1，OUT ANDD IN1，OUT	ORB IN1，OUT ORW IN1，OUT ORD IN1，OUT	XORB IN1，OUT XORW IN1，OUT XORD IN1，OUT	INVB OUT INVW OUT INVD OUT
功能		IN1、IN2 按位相与	IN1、IN2 按位相或	IN1、IN2 按位异或	对 IN 取反
操作数	B	IN1/IN2：VB、IB、QB、MB、SB、SMB、LB、AC、常量、*VD、*AC、*LD。 OUT：VB、IB、QB、MB、SB、SMB、LB、AC、*VD、*AC、*LD			
	W	IN1/IN2：VW、IW、QW、MW、SW、SMW、T、C、AC、LW、AIW、常量、*VD、*AC、*LD。 OUT：VW、IW、QW、MW、SW、SMW、T、C、LW、AC、*VD、*AC、*LD			
	DW	IN1/IN2：VD、ID、QD、MD、SMD、AC、LD、HC、常量、*VD、*AC、SD、*LD。 OUT：VD、ID、QD、MD、SMD、LD、AC、*VD、*AC、SD、*LD			

任务实施

1. 任务分析

（1）每投一枚钱币，按其币值对已投币金额进行累加。

（2）每选购一货物，如果已投币金额大于或等于选购货物单价，则在已投币金额中减去货物金额，并售出货物；如果已投币金额小于选购货物单价，则灯 L1 闪烁指示投币不足，2 s 内可再投币继续购物。

（3）购物 4 s 后，如果没有再操作，则取物口灯亮，若有余额则退币口灯亮。取物口打开，10 s 后取物口关闭。

（4）如不买货物，按退币按钮，则退出全部金额，数码管显示为 0，退币口打开，10 s 后退币口关闭。

2. I/O 地址分配

根据上述任务分析，可以得到如表 4.4.12 所示 I/O 地址分配。

表 4.4.12 I/O 地址分配

信号类型	描述	PLC 地址
DI	退币按钮	I0.0
	投币 1 元按钮	I0.1
	投币 5 元按钮	I0.2
	投币 10 元按钮	I0.3
	买可乐按钮	I0.4
	买矿泉水按钮	I0.5
	买营养快线按钮	I0.6
	买纸巾按钮	I0.7

续表

信号类型	描述	PLC 地址
DO	数码管 A0	Q0.0
	数码管 B0	Q0.1
	数码管 C0	Q0.2
	数码管 D0	Q0.3
	数码管 A1	Q0.4
	数码管 B1	Q0.5
	数码管 C1	Q0.6
	数码管 D1	Q0.7
	报警信号灯	Q1.0
	退币口	Q1.1
	取物口	Q1.2

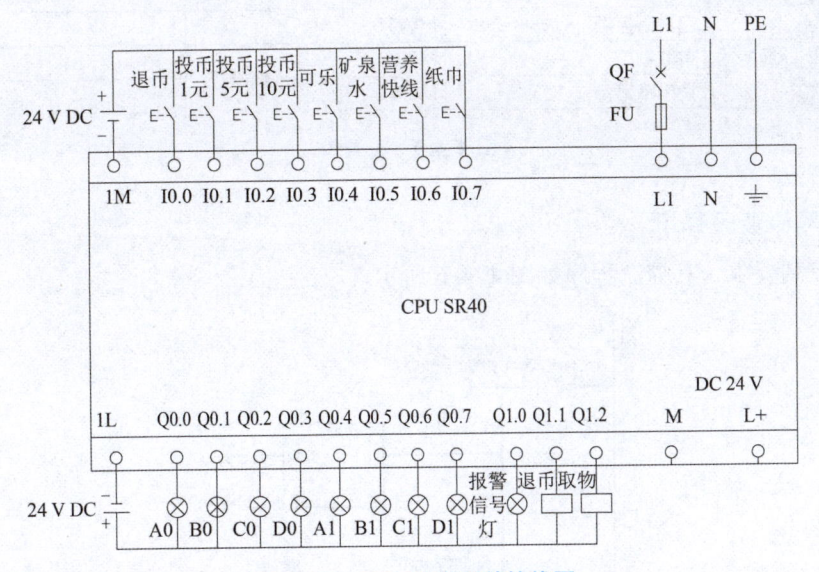

3. PLC 外部硬件接线图

PLC 外部硬件接线图如图 4.4.4 所示。

图 4.4.4　PLC 外部硬件接线图

4. 编辑符号表

符号表如图 4.4.5 所示。

符号表

		符号	地址	注释
1		退币按钮	I0.0	
2		投币1元按钮	I0.1	
3		投币5元按钮	I0.2	
4		投币10元按钮	I0.3	
5		买可乐按钮	I0.4	
6		买矿泉水按钮	I0.5	
7		买营养快线按钮	I0.6	
8		买纸巾按钮	I0.7	
9		A0	Q0.0	
10		B0	Q0.1	
11		C0	Q0.2	
12		D0	Q0.3	
13		A1	Q0.4	
14		B1	Q0.5	
15		C1	Q0.6	
16		D1	Q0.7	
17		报警信号灯	Q1.0	
18		退币口	Q1.1	
19		取物口	Q1.2	
20		已投币金额	MW10	
21		有取物	M2.1	
22		投币不足	M2.0	

图 4.4.5 符号表

5. 编写梯形图程序

根据控制要求，其控制程序如图 4.4.6 所示。

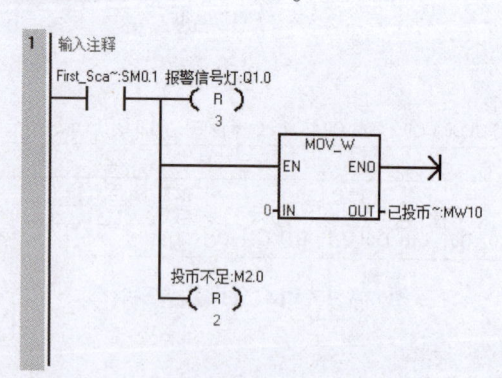

图 4.4.6 自动售货机的 PLC 控制程序

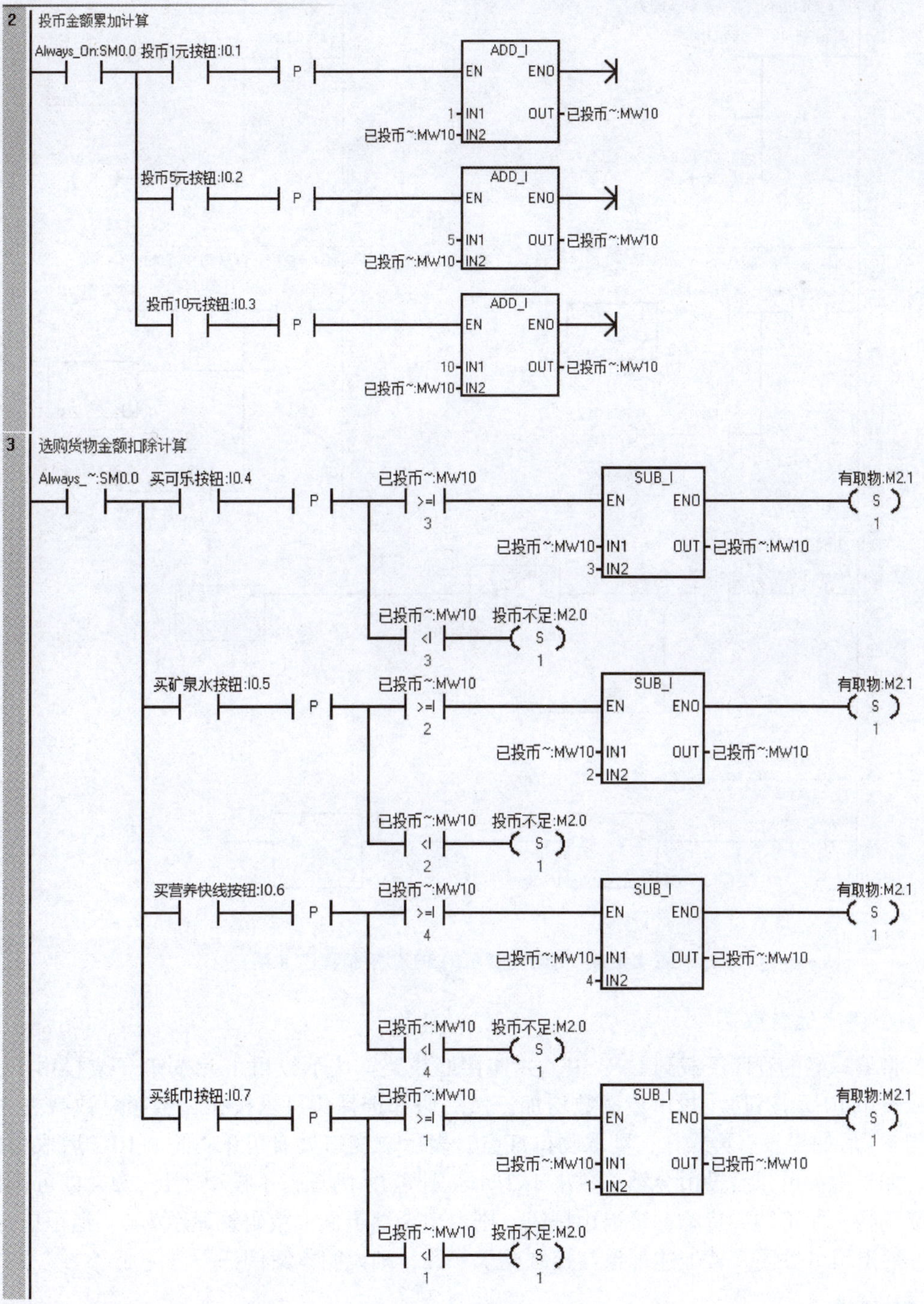

图 4.4.6　自动售货机的 PLC 控制程序（续）

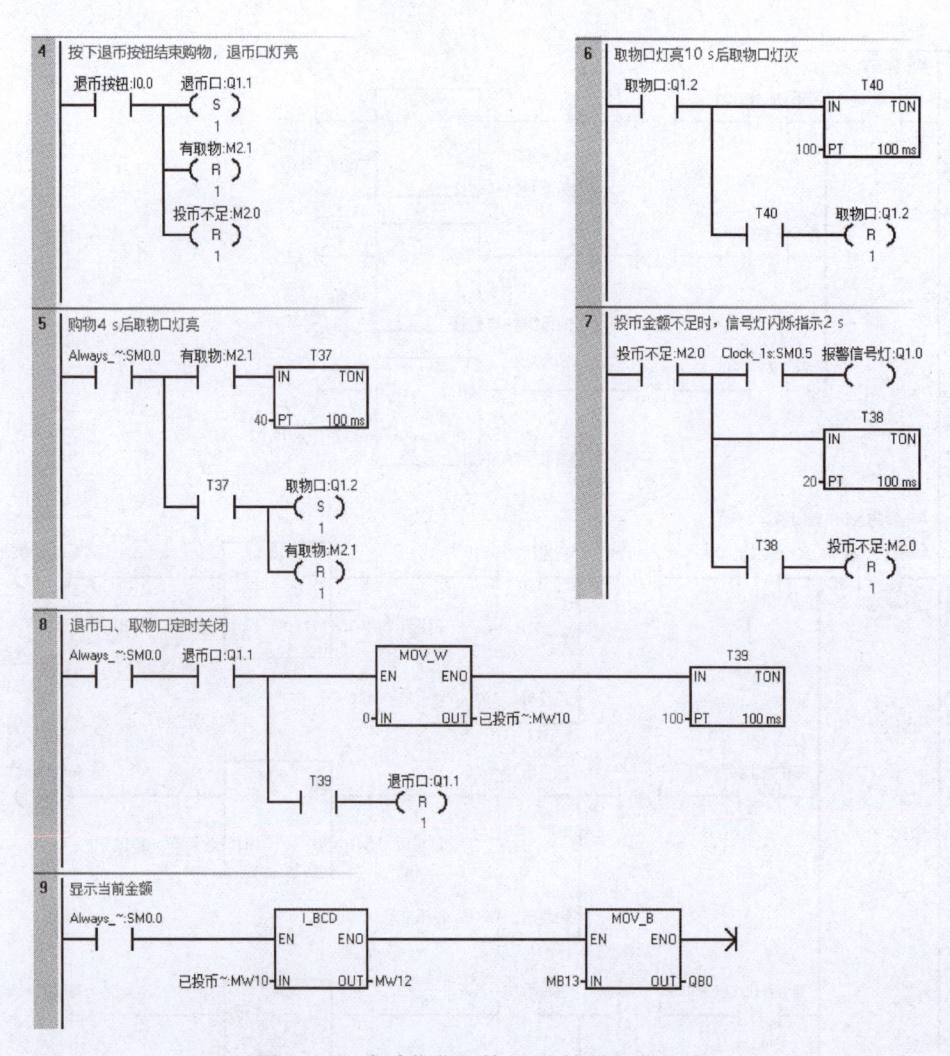

图 4.4.6　自动售货机的 PLC 控制程序（续）

6. 调试运行程序

将编写好的程序下载到 CPU 中，并连接好线路。按下投币 1 元按钮（或投币 5 元按钮或投币 10 元按钮），投币金额数增加，然后假如选择买可乐按钮，金额总数减去 3 元，购物 4 s 后如果没有再操作，则取物口灯亮，表示取物口处有可乐可取，10 s 后取物口关闭。如果购买可乐后投币金额总数小于 3 元，则灯 L1 闪烁指示投币不足，2 s 内可再投币继续购物。如不购买货物，按退币按钮，则退出全部金额，数码管显示为 0，退币口打开，10 s 后退币口关闭。若上述现象与控制要求一致，则说明本案例任务已完成。

拓展提升

实际的自动售货机控制除了先投币后挑选货物，再取货退币的方式，还有先挑选货物后投币，再取货退币的方式。如果采用第二种方式控制，PLC 程序该如何调整？将货物金额和投币金额加减运算方式直接对调处理就可以吗？

提示：

采用第二种方式控制，投币金额将可能出现负数。

(1) 显示设定为需投币金额。

(2) 在设定处理时，设定操作条件和不同处理途径。

(3) 投币余额用指示灯辅助提示。

思考练习

1. 用数据类型转换及算术运算指令将厘米数转换成英寸数值，已知 1 英寸 = 2.54 cm。

2. 做 500×20+300÷15 的运算，并将结果送至 VW50 存储。

3. 设计一个程序，将 16#85 传送到 VB0，16#23 传送到 VB10，并完成以下操作：求 VB0 与 VB10 的逻辑"与"，结果送至 VB20 存储；求 VB0 与 VB10 的逻辑"或"，结果送至 VB30 存储；求 VB0 逻辑"取反"，结果送至 VB40 存储。

4. 半径（<10 000 的整数）存储在 VW100 中，取圆周率为 3.141 6，用实数运算指令计算圆周长，运算结果四舍五入转换为整数后，存放在 VW200 中。

5. 使用逻辑运算指令将 MW0 和 MW10 合并后分别送到 MD20 的低字和高字中。

6. 用 PLC 实现 9 s 倒计时控制，要求按下启动按钮后，数码管显示 9，然后按每秒递减显示，减到 0 时停止。无论何时按下停止按钮，数码管显示当前值，再次按下启动按钮，数码管依然从数字 9 开始递减显示。

学习评价

自动售货机的 PLC 控制任务学习评价如表 4.4.13 所示。

表 4.4.13　自动售货机的 PLC 控制任务学习评价

学习内容	学习成果		评分表	
	出现的问题和解决方法	主要收获	学习小组评分	教师评分
数据类型转换指令的应用（20%）				
译码和编码指令的应用（10%）				
算术运算指令的应用（10%）				
数学函数变换指令的应用（20%）				
逻辑运算指令的应用（20%）				
自动售货机的其他编程方法（20%）				

项目五　PLC 和触摸屏的综合控制

引导语

工业自动控制系统采用标准工业计算机软硬件平台构建集成系统，取代传统的封闭式系统，实现了工业设施的自动化运行、过程监测和管理控制。新系统具有适应性强、开放性好、易于扩展、经济高效以及开发周期短等显著优势。在数据采集和过程控制方面，专用软件 MCGSPro 功能全面且操作简便，提供良好的工作可视性。此外，利用 MCGSPro 组态软件，可以轻松连接 MCGSTPC 触摸屏与其他硬件设备，实现现场数据采集、处理和控制设备的开发。工业自动控制系统还广泛应用于工业现场总线、西门子 S7 通信以及 PLC 中断程序，进一步提升了其灵活性和功能性，使用户能够便捷设计并部署所需的应用系统。让我们携手踏上学习的旅程，共同探索工业设计的无限魅力与工整之美。

任务 5.1　三相异步电动机正反转组态控制

任务目标

知识目标

1. 认识 MCGSPro 组态软件的主要功能及组成。
2. 认识 MCGSTPC 的结构和硬件接口。
3. 理解系统设计的基本思路和方法。

技能目标

1. 能够进行 MCGSPro 组态软件的安装。
2. 能够正确完成本任务的设计。

素养目标

1. 培养自立自强、努力拼搏的精神。
2. 学会发现工业设计之美。

任务描述

某工厂需要设计生产线监控系统，其中一项任务就是需要对一个三相异步电动机进行正反转监控。通过与工作人员交流得知，需要实现以下功能：①可通过控制开关实现电动机的正反转和停止；②可通过触摸屏实现电动机的正反转和停止；③可通过触摸屏监控电动机的运行状态。

如图 5.1.1 所示，电动机正反转控制系统是组态控制系统中的一个典型应用实例。本任务从昆仑通态 MCGSTPC 触摸屏的软硬件组成及性能入手，学习 MCGSTPC 触摸屏如何监控 PLC 控制系统。

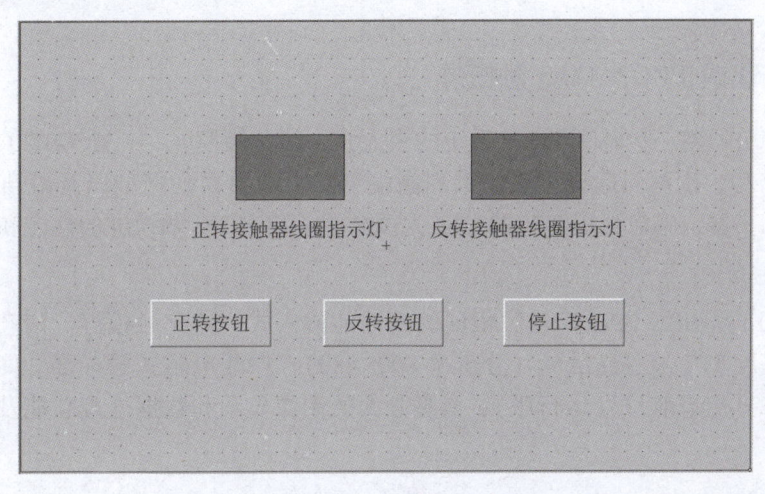

图 5.1.1　电动机正反转控制系统界面示意图

知识储备

5.1.1　组态软件、人机界面和触摸屏

组态监控系统软件，译自英文 SCADA，即 Supervisory Control and Data Acquisition（数据采集与监视控制）。它是指一些数据采集与过程控制的专用软件。它们处在自动控制系统监控层一级的软件平台和开发环境，使用灵活的组态方式，为用户提供快速构建工业自动控制系统监控功能的、通用层次的软件工具。工业自动化组态软件是工业过程控制的核心软件平台，广泛应用于工业各领域中，并且在国防、科研等领域也有很好的应用，市场容量很大。

人机界面，译自英文 HMI，即 Human Machine Interaction，泛指人和机器在信息交换和功能上接触或互相影响的领域或界面。在控制领域，人机界面一般特指用于操作人员与控制系统之间进行对话和相互作用的专用设备。人机界面可以在恶劣的工业环境中长时间连续运行，是 PLC 的最佳搭档。

人机界面可以用字符、图形和动画动态地显示现场数据和状态，操作人员可以通过人机界面来控制现场的被控对象。此外，人机界面还有报警、用户管理、数据记录、趋势图、配方管理、显示和打印报表、通信等功能。

触摸屏是人机界面的发展方向，主要用于完成现场数据的采集与监测、处理与控制。用户可以在触摸屏的屏幕上生成满足自己要求的触摸式按键。触摸屏使用直观方便，易于操作。画面上的按钮和指示灯可以取代相应的硬件元件，减少 PLC 需要的 I/O 点数，降低系统的成本，提高设备的性能和附加价值。

人机界面产品即触摸屏，包含 HMI 硬件和相应的专用画面组态软件，一般情况下，不同厂家的 HMI 硬件使用不同的画面组态软件，连接的主要设备种类是 PLC；不仅有使用在 HMI 系统中的组态软件，还有运行于 PC 硬件平台、Windows 操作系统下的通用组态软件产品，和 PC 或工控机一起也可以组成 HMI 产品。通用的组态软件支持的设备种类非常多，如各种 PLC、PC 板卡、仪表、变频器、模块等设备，并且由于 PC 的硬件平台性能强大（主要反映在速度和存储容量上），通用组态软件的功能也强很多，适用于大型的监控系统中。

5.1.2　认识 TPC7032Kt 触摸屏

昆仑通态公司新一代基于 Linux 系统的嵌入式一体化触摸屏——MCGSTPC 触摸屏，包括 E 系列经济型、K 系列标准型、G 系列高端型、N 系列物联网型以及最新发布的 T 系列。由于产品丰富，本教材以 TPC7032Kt 为例介绍 MCGSTPC 触摸屏的性能和使用。

1. 性能特点

TPC7032Kt 是 CPU 为 4 核 800 MHz 的高性能嵌入式一体化触摸屏。该产品设计采用了 7 英寸高亮度 TFT 液晶显示屏（分辨率 800×480），四线电阻式触摸屏。同时还预装了 MCGSPro 嵌入式组态软件（运行版），具备强大的图像显示和数据处理功能及丰富的通信接口。

2. 产品外观

TPC7032Kt 产品外观尺寸为 226 mm×163 mm；机柜开孔为 215 mm×152 mm；显示屏尺寸为 155 mm×88 mm；整体为工程塑料结构，采用嵌入式安装方式；工作温度为 0～45 ℃；工作湿度为 5%～90%（无冷凝）。TPC7032Kt 产品外观如图 5.1.2 所示。

图 5.1.2　TPC7032Kt 产品外观

3. 外部接口

TPC7032Kt 的外部接口包括 1 个以太网接口（LAN）、2 个 USB 接口、1 个串口以及 1 个电源接口，如图 5.1.3 所示。

以太网接口用于上传或下载工程、对运行环境进行升级，也可和其他设备进行通信；USB1 为主口，采用 USB2.0 接口，支持通过 U 盘更新触摸屏运行环境、工程、系统，以及数据导入和导出等功能；USB2 为从口，用于上传或下载工程；串口可进行 RS485 通信，也可以进行 RS232 通信，具体串口引脚定义如图 5.1.4 及表 5.1.1 所示。使用 24 V 直流电源给 TPC 供电，开机启动后屏幕出现"正在启动"提示进度条，此时不需要任何操作系统即自动进入工程运行界面，如图 5.1.5 所示。

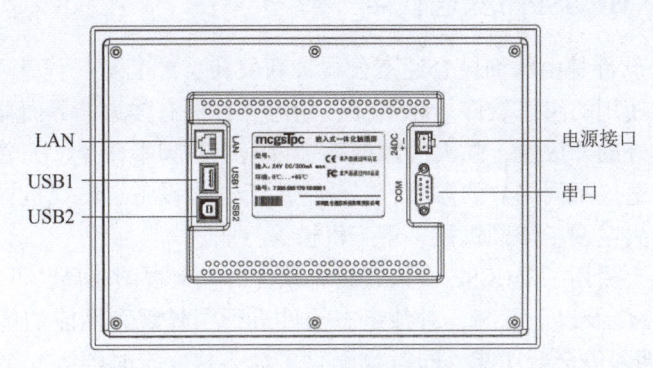

图 5.1.3　TPC7032Kt 产品接口

图 5.1.4　串口引脚定义

表 5.1.1　串口引脚定义

接口	PIN	引脚定义
COM1	2	RS232 RXD
	3	RS232 TXD
	5	GND
COM2	7	RS485 +
	8	RS485 −
COM3	4	RS485 +
	9	RS485 −
COM4	1	RS485 +
	6	RS485 −
COM9	7	RXD+
	8	RXD−
	4	TXD+
	9	TXD−

注：COM9 和 COM2、COM3 不可同时使用。

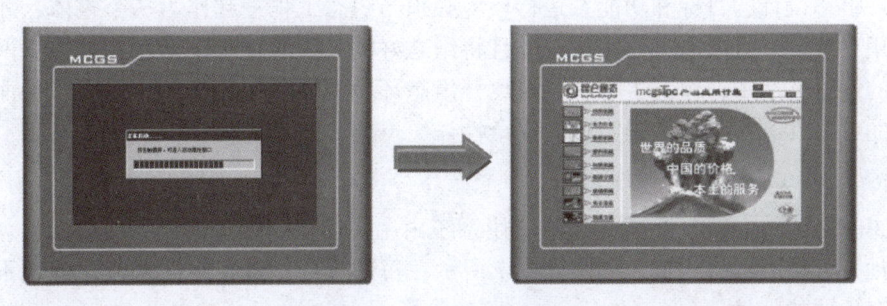

图 5.1.5　TPC 的启动

项目五　PLC 和触摸屏的综合控制　215

5.1.3 认识 MCGSPro 组态软件

MCGSPro 组态软件是由深圳昆仑通态公司最新发布，配套新一代基于 Linux 系统的嵌入式一体化触摸屏使用的组态软件。MCGSPro 组态软件拥有强大的界面显示组态功能、丰富的功能模块、良好的开放性、强大的数据库、可编程的脚本命令、完善的安全机制、便捷的仿真功能，可适应不同用户的需要，广泛应用于电力设备、纺织机械、生产设备、铁路、橡胶机械、中央空调、印刷机械、重工机械等行业。

在软件的布局上沿用了 MCGSE 嵌入式组态软件的经典视图布局，可兼容 MCGSE 以前版本，支持 Windows7 及以上系统，对各组态构件进行了外观和性能的优化，新增了如二维码、GIF、工程期限等全新功能，同时也删除了如表格、定时器等冗余功能，使工程组态更加高效和便捷。

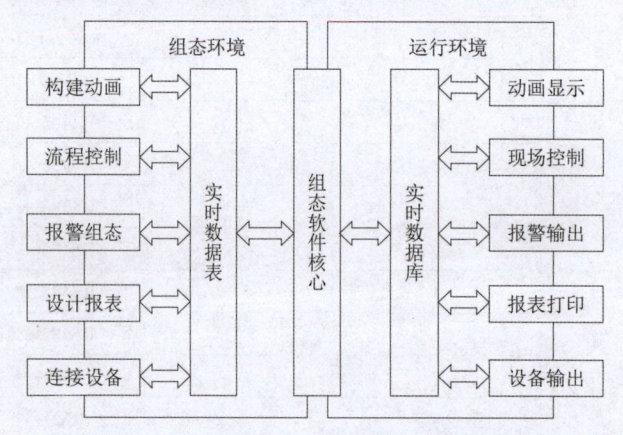

1. MCGSPro 组态软件的整体结构

MCGSPro 组态软件整体结构分为组态环境、模拟运行环境和运行环境三部分。

组态环境和模拟运行环境相当于一套完整的工具软件，可以在 PC 上运行。它帮助用户设计和构造自己的组态工程并进行功能测试。用户在 MCGSPro 组态环境中完成动画设计、设备连接、编写控制流程、编制工程打印报表等全部组态工作后，生成扩展名为 .mcp 的工程文件，又称组态结果数据库。其与 MCGSPro 运行环境一起，构成了用户应用系统。MCGSPro 组态软件的整体结构如图 5.1.6 所示。

图 5.1.6 MCGSPro 组态软件的整体结构

运行环境是一个独立的运行系统，它按照组态工程中用户指定的方式进行各种处理，完成用户组态设计的目标和功能。运行环境必须与组态工程一起作为一个整体，才能构成用户应用系统。一旦组态工作完成，并且将组态好的工程通过制作 U 盘包或以太网下载到下位机的运行环境中，组态工程就可以离开组态环境而独立运行在下位机上，从而保证控制系统的可靠性、实时性、确定性和安全性。

2. MCGSPro 组态软件的组成

MCGSPro 组态软件所生成的用户应用系统由主控窗口、设备窗口、用户窗口、实时数据库和运行策略五部分构成，如图 5.1.7 所示，每部分分别进行组态操作，完成不同的工作，具有不同的特性。

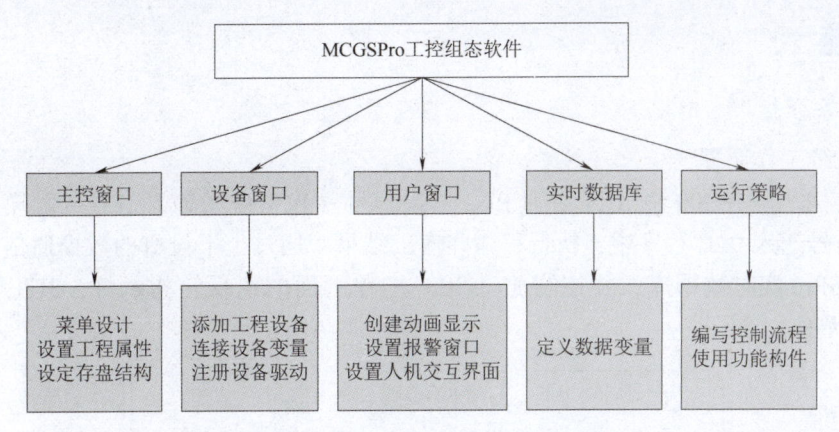

```
                    MCGSPro工控组态软件
        ┌──────┬──────┬──────┬──────┐
      主控窗口  设备窗口  用户窗口  实时数据库  运行策略
        │      │      │      │      │
      菜单设计  添加工程设备 创建动画显示 定义数据变量 编写控制流程
      设置工程属性 连接设备变量 设置报警窗口         使用功能构件
      设定存盘结构 注册设备驱动 设置人机交互界面
```

图 5.1.7　MCGSPro 组态软件的组成

(1) 主控窗口是工程的主窗口和主框架。

在主控窗口中可以放置一个设备窗口和多个用户窗口，负责调度和管理这些窗口的打开或关闭。主要的组态操作包括定义工程的名称、编制工程菜单、设计封面图形、确定自动启动的窗口等。

(2) 设备窗口是连接和驱动外部设备的媒介。

设备窗口专门用来放置不同类型和功能的设备构件，通过设备构件把外部设备的数据采集进来并送入实时数据库，或把实时数据库中的数据输出到外部设备。

(3) 用户窗口主要实现了数据和流程的可视化。

用户窗口主要用于设置工程中人机交互的界面，如生成各种动画显示画面、报警输出、数据与曲图表等。

(4) 实时数据库是 MCGSPro 系统的核心。

实时数据库是工程各个部分的数据交换与处理中心，它将 MCGSPro 工程各个部分连接成有机的整体。在本窗口内可定义不同类型和名称的变量，作为数据采集、处理、输出控制、动画连接及设备驱动的对象。

(5) 运行策略是对系统运行流程实行有效控制的手段。

本窗口主要完成工程运行流程的控制，包括编写控制程序，选用各种功能构件，如定时器、配方操作、数据提取、历史曲线等。

3. MCGSPro 组态软件的安装

打开安装包，运行安装程序 Setup.exe 文件，弹出 MCGSPro 安装界面，在弹出的窗口中单击"下一步"按钮，随后安装程序提示指定安装目录，用户不指定时，系统缺省安装到 D：\MCGSPro 目录下，单击"确定"按钮开始安装，安装过程要持续几分钟，安装完成后，在弹出的对话框中单击"完成"按钮。安装完成后，Windows 操作系统的桌面上添加了两个图标，如图 5.1.8 所示，分别用于启动 MCGSPro 组态环境和运行环境。

图 5.1.8　MCGSPro 桌面图标

任务实施

1. 任务分析

1) 系统工作原理

本系统采用 S7-200 SMART 系列 PLC 采集信号（包括现场输入信号或触摸屏按钮信号），将信号送入 PLC 程序中，执行程序并输出结果，通过上下位机的数据通信将结果输出到 MCGSPro 实时数据库，并控制 MCGSPro 工程画面的正反转指示灯，其工作原理如图 5.1.9 所示。

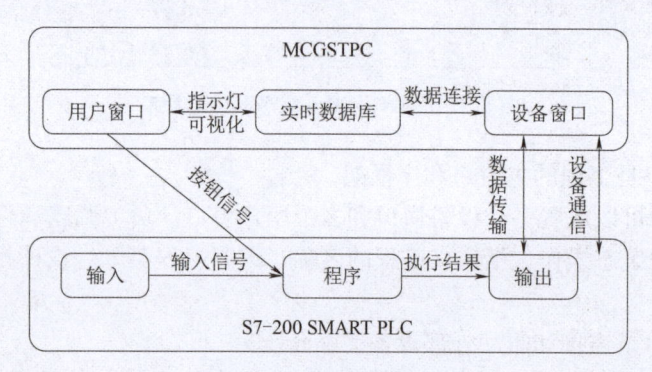

图 5.1.9　系统工作原理

2) 系统设计步骤

系统设计主要包括以下 7 个步骤，如图 5.1.10 所示。

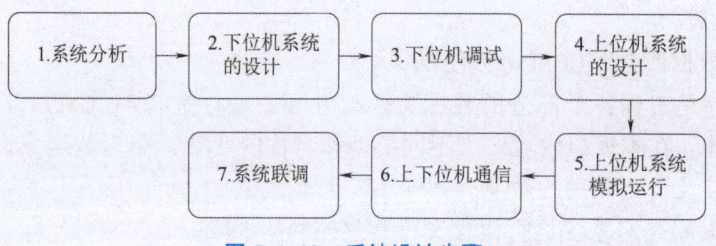

图 5.1.10　系统设计步骤

（1）系统分析：对系统进行功能要求分析，搭建功能框架。

（2）下位机系统的设计：主要完成 PLC 程序的编写，实现控制功能。

（3）下位机调试：对编写的 PLC 程序进行功能调试。

（4）上位机系统的设计：主要对用户窗口、实时数据库窗口进行设计，完成工程界面制作，进行数据对象定义及关联。

（5）上位机模拟运行：对完成的系统进行功能模拟测试。

（6）上下位机通信：主要实现上位机与下位机的通信与数据连接。

（7）系统联调：连接设备驱动程序，对控制系统进行整体调试，在 MCGSPro 可视画面中实现控制要求。

注意：系统设计步骤可以根据不同任务进行适当调整。

2. 下位机的设计

下位机使用的是西门子 S7-200 SMART PLC，在本工程中下位机需实现的功能为：按下正向启动按钮，电动机正向运转；按下反向启动按钮，电动机反向运转；按下停止按钮，电动机停止运转，能实现按钮互锁和接触器互锁。

1) I/O 地址分配

对输入/输出量进行分配，如表 5.1.2 所示。

表 5.1.2　I/O 地址分配

编程元件	I/O 端子	元件代号	作用
输入继电器	I0.0	SB1	正向启动按钮
	I0.1	SB2	反向启动按钮
	I0.2	SB3	停止按钮
中间继电器	M0.0		正转按钮（触摸屏）
	M0.1		反转按钮（触摸屏）
	M0.2		停止按钮（触摸屏）
输出继电器	Q0.0	M1	正转接触器线圈
	Q0.1	M2	反转接触器线圈

2) 绘制 PLC 外部硬件接线图

PLC 外部硬件接线图如图 5.1.11 所示。

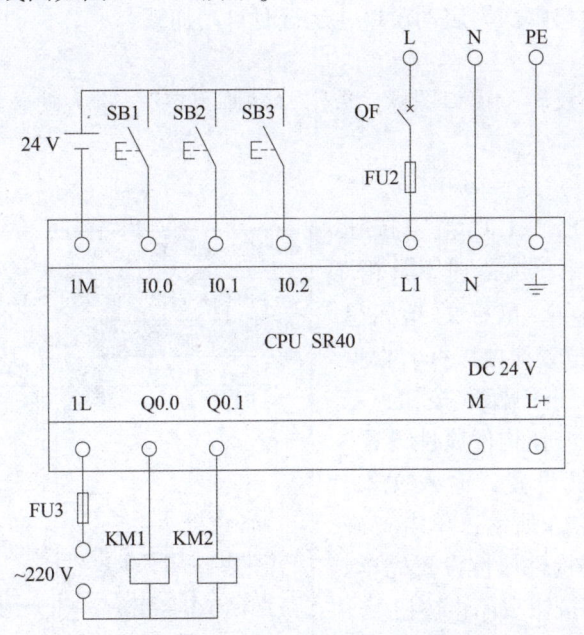

图 5.1.11　PLC 外部硬件接线图

3. 设计梯形图程序

其 PLC 梯形图程序如图 5.1.12 所示。运行并调试 PLC 程序，直到能达到下位机控制要求为止。

```
网络 1
电动机正转
    I0.0      I0.1      M0.1      I0.2      M0.2      Q0.1      Q0.0
────┤├──┬───┤/├──────┤/├──────┤├──────┤/├──────┤/├──────(  )
        │
    M0.0│
────┤├──┤
        │
    Q0.0│
────┤├──┘

网络 2
电动机反转
    I0.1      I0.0      M0.0      I0.2      M0.2      Q0.0      Q0.1
────┤├──┬───┤/├──────┤/├──────┤├──────┤/├──────┤/├──────(  )
        │
    M0.1│
────┤├──┤
        │
    Q0.1│
────┤├──┘
```

图 5.1.12　电动机正反转控制系统 PLC 梯形图程序

4. 上位机的设计

1）制作工程画面

（1）建立画面。

创建名为"三相异步电动机正反转控制"的工程文件。

建立名为"电动机正反转"的用户窗口，由于该工程仅有一个用户窗口，因此"电动机正反转"用户窗口默认为启动窗口，运行时自动加载。

（2）编辑画面。

选中"电动机正反转"窗口图标，单击"动画组态"，进入动画组态窗口，开始编辑画面。

①绘制按钮。

单击工具条中的"工具箱"按钮，打开绘图工具箱；选择"工具箱"内的"标准按钮"，鼠标的光标呈"十"字形，在适当位置拖拽鼠标，根据需要拉出一个一定大小的标准按钮；双击按钮，进入"标准按钮构件属性设置"窗口，进行基本属性设置，输入文本：正转按钮，如图 5.1.13 所示；单击"确认"按钮，标准按钮构件属性设置完毕。以相同方法绘制反转按钮和停止按钮。

②绘制正反转线圈指示灯。

选择"工具箱"内的"矩形"按钮，鼠标的光标呈"十"字形，在适当位置拖拽鼠标，根据需要拉出一个一定大小的矩形，作为正转接触器线圈指示

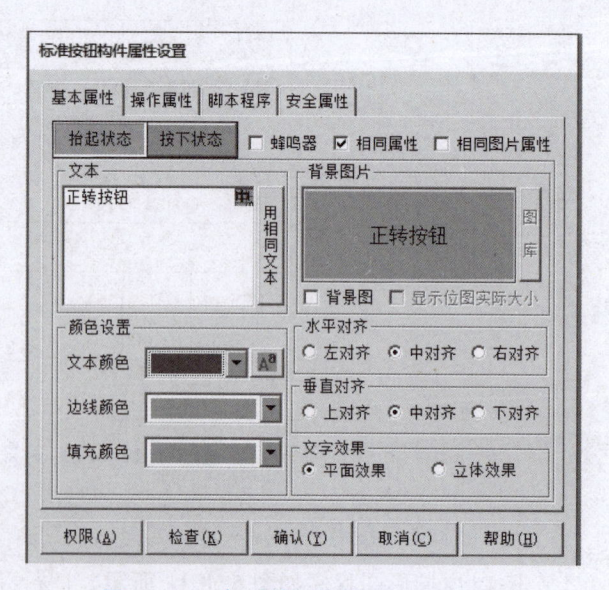

图 5.1.13　标准按钮构件属性设置窗口

灯；选择"工具箱"内的"标签"按钮 A，鼠标的光标呈"十"字形，在正转指示灯的下方拉出一个一定大小的矩形；在光标闪烁位置输入文字"正转接触器线圈指示灯"，单击窗口除此标签外的任意位置，完成文字输入，退出文字编辑状态；双击标签，进入"标签动画组态属性设置"窗口，如图 5.1.14 所示；单击"静态属性"中"边线颜色"右侧方框，选择"没有边线"按钮完成设置。以相同的方法绘制反转接触器线圈指示灯，电动机正反转控制系统整体画面如图 5.1.15 所示。

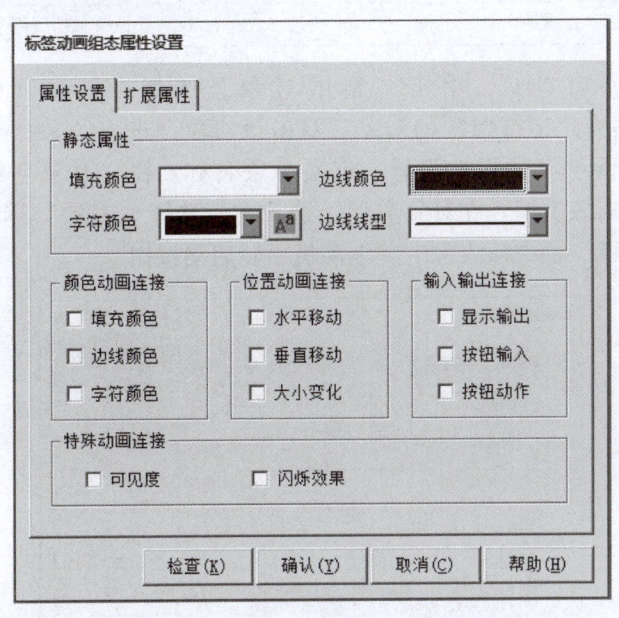

图 5.1.14　标签动画组态属性设置窗口

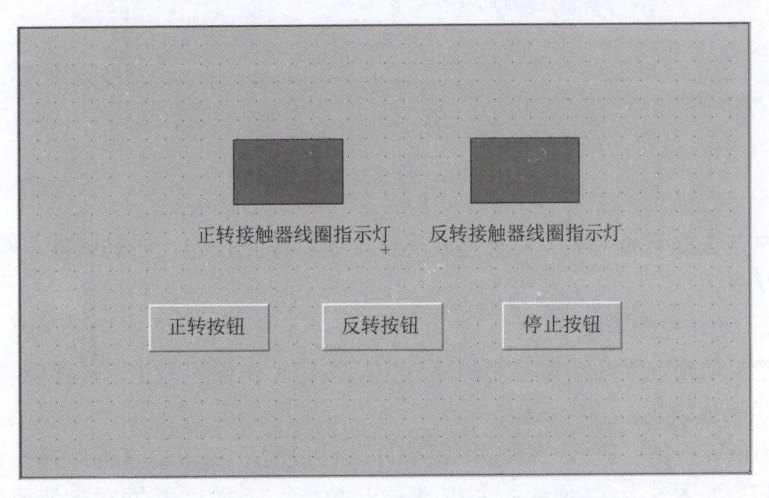

图 5.1.15　电动机正反转控制系统整体画面

2) 定义数据对象

单击工作台中的"实时数据库"窗口标签，进入实时数据库窗口页。本工程中需要用到以下数据对象，如表 5.1.3 所示。

表 5.1.3　数据对象

对象名称	类型	注释
正转按钮	整数	电动机正转启动按钮
反转按钮	整数	电动机反转启动按钮
停止按钮	整数	停止按钮
正转线圈	整数	正转交流接触器线圈
反转线圈	整数	反转交流接触器线圈

在实时数据库窗口页，单击"新增对象"按钮，在窗口中新增一个名为"InputUser3"，类型为"字符型"的对象。双击该对象，进入"数据对象属性设置"窗口，如图 5.1.16 所示，开始属性设置。定义对象名称：在"对象名称"栏中输入文本"正转按钮"；定义对象类型：在对象类型子选项中，选择"整数"选项；定义对象内容注释：在"对象注释"栏中输入文本"电动机正转启动按钮"。

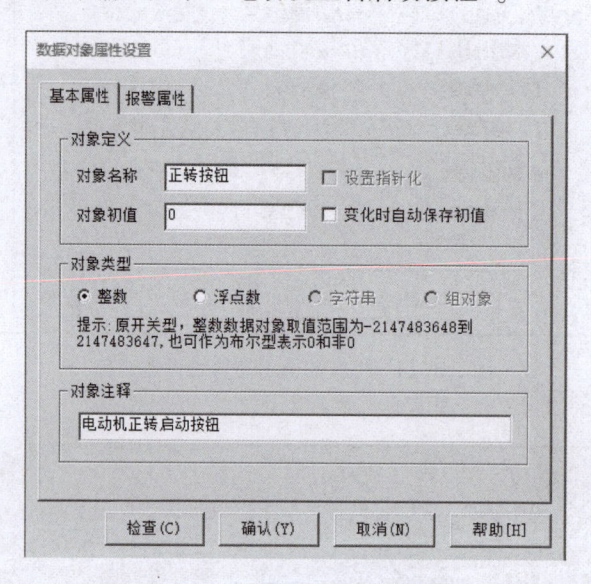

图 5.1.16　数据对象属性设置

以相同的方法按照表 5.1.3 要求完成反转按钮、停止按钮、正转线圈、反转线圈的数据对象属性设置。

3）动画、动作控制连接

本工程需要动画效果和动作控制的部分包括按钮动作设置和正反转线圈指示灯设置。

（1）按钮动作设置。

双击启动正转按钮，进入"标准按钮构件属性设置"窗口，进行"操作属性"设置，参数设置如下，如图 5.1.17 所示：勾选"抬起功能"下的"数据对象值操作"复选框；数据对象值操作设置为按 1 松 0，正转按钮。以相同方法对反转按钮、停止按钮进行操作属性设置。

图 5.1.17　标准按钮构件属性设置

（2）正反转线圈指示灯设置。

双击表示正转线圈指示灯的矩形，进入"动画组态属性设置"窗口，在"颜色动画连接"中勾选"填充颜色"复选框，则会自动添加"填充颜色"标签，如图 5.1.18 所示。

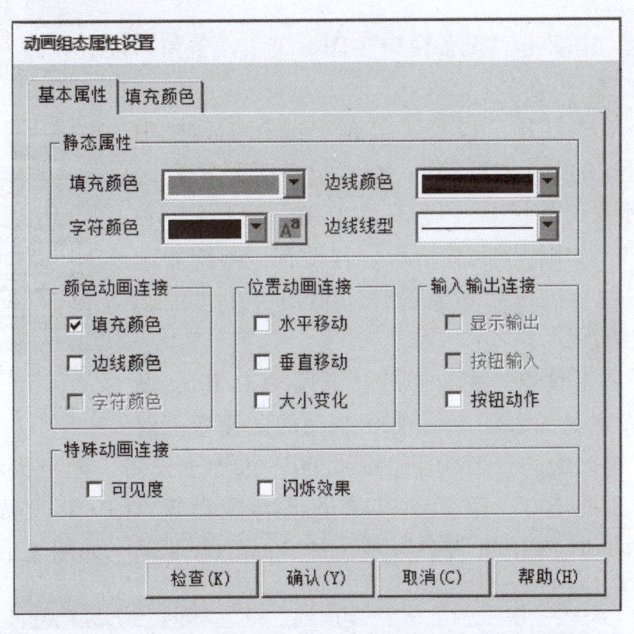

图 5.1.18　动画组态属性设置的"属性设置"标签

单击"填充颜色"标签，进行以下设置："表达式"下方矩形框填写"正转线圈"；"填充颜色连接"下方分段点"0"对应颜色为红色，分段点"1"对应颜色为绿色，对应颜色的修改通过双击色条来实现，如图 5.1.19 所示。以相同方法设置反转线圈指示灯。

项目五　PLC 和触摸屏的综合控制　223

图 5.1.19　动画组态属性设置的"填充颜色"标签

5. 上下位机的通信

本工程中设备通信的设置步骤如下：

1) 打开设备窗口

在"设备窗口"中双击"设备窗口"图标进入设备窗口设置界面。

2) 添加 Smart200 驱动

(1) 在右键菜单中打开"设备工具箱"或在工具栏中单击 按钮，打开"设备工具箱"；查找设备工具箱列表中是否有本项目所需硬件设备"通用 TCP/IP 父设备"和"西门子_Smart200"，如图 5.1.20 所示。若没有，则需要单击"设备管理"按钮，进入"设备管理"窗口，在"可选设备"标签中查找添加。

(2) 单击"设备工具箱"窗口中的"通用 TCP/IP 父设备"，在设备窗口设置界面添加 Smart200 驱动的父设备；双击"设备工具箱"窗口中的"西门子_Smart200"添加子设备，弹出提示窗口，询问"是否使用'西门子_Smart200'驱动的默认通信参数设置 TCP/IP 父设备参数？"，选择"是"，即可在"通用 TCP/IP 父设备"下添加 Smart200 驱动，如图 5.1.21 所示。

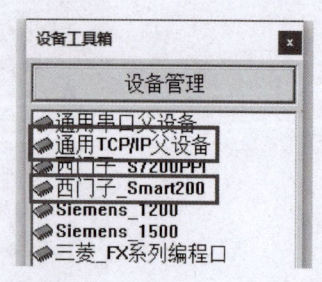

图 5.1.20　设备工具箱

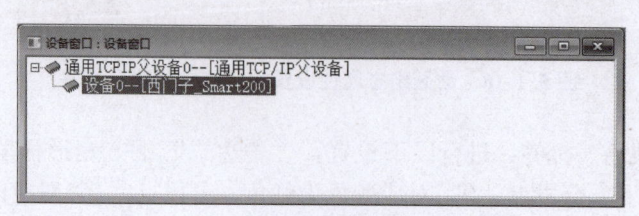

图 5.1.21　完成添加设备后的设备窗口

3）设置父设备通信参数

（1）在设备窗口中双击"通用 TCPIP 父设备 0--[通用 TCP/IP 父设备]"，弹出"通用 TCP/IP 设备属性编辑"界面。

（2）在"基本属性"标签中，设置 TPC 与 PLC 的通信参数。本地 IP 地址：输入 MCGSTPC 的 IP 地址，如 192.168.2.1。远程 IP 地址：输入 PLC 的 IP 地址，如 192.168.2.12。注意：计算机的 IP 地址需与 MCGSTPC 在同一个网段。其余设置保持不变，如图 5.1.22 所示。

图 5.1.22　"通用 TCP/IP 设备属性编辑"界面

4）增加设备通道

（1）在设备窗口中双击"设备 0--[西门子_Smart200]"，进入"设备编辑窗口"，在窗口右侧对上位机的数据与下位机的数据进行连接。

单击右侧按钮 删除全部通道，将除"0000 通信状态"之外的所有默认通道全部删除；单击右侧按钮 增加设备通道，进入"添加设备通道"窗口，首先进行中间继电器 M0.0～M0.2 添加，添加设置如下：

通道类型：M 内部继电器；数据类型：通道的第 00 位；通道地址：0；通道个数：3；单击"确认"按钮，完成中间继电器通道添加。以相同方法添加 Q0.0 和 Q0.1。

（2）给设备通道添加相对应的连接变量。

双击"读写 Q000.0"通道名称，进入"变量选择"窗口，选择该通道连接的变量"正转线圈"，完成该通道添加对应的变量连接。以相同方法完成其他通道添加对应的变量连接，单击"确认"按钮，设备编辑窗口设置完成，如图 5.1.23 所示。

图 5.1.23　设备通道添加完成后的画面

6. 系统调试

1) MCGSPro 运行环境设置

（1）单击工具栏中的"下载工程并进入运行环境"按钮 ，进入"下载配置"窗口；

（2）选择"运行方式"为"联机"，"连接方式"选择"TCP/IP 网络"，在"目标机名"栏中输入 MCGSTPC 的 IP 地址，如 192.168.2.12。

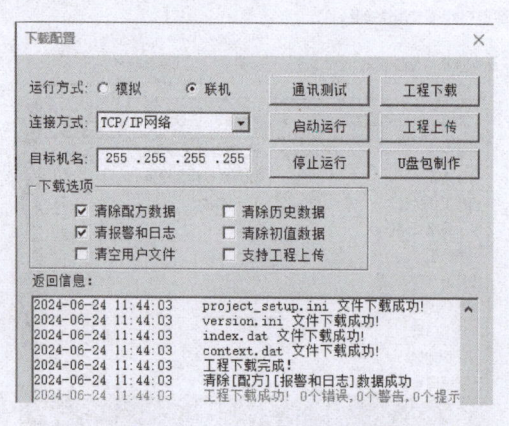

（3）单击"工程下载"按钮 ，在"返回信息"栏中出现"工程下载成功！0 个错误，0 个警告，0 个提示！"，如图 5.1.24 所示。

图 5.1.24 运行环境设置

2) 进入 MCGSPro 运行界面

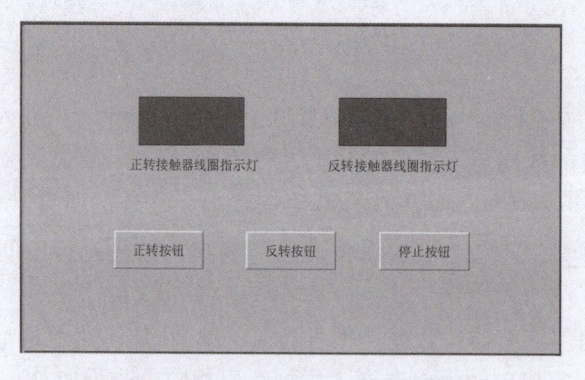

（1）单击"启动运行"按钮 ，MCGSTPC 中显示运行界面，如图 5.1.25 所示。

图 5.1.25 MCGSPro 运行界面

（2）按下"正转按钮"，"正转接触器线圈指示灯"构件变为绿色；"反转接触器线圈指示灯"构件红色保持不变；按下"反转按钮"，"正转接触器线圈指示灯"构件变为红色，"反转接触器线圈指示灯"构件变为绿色；按下"停止按钮"，"正转接触器线圈指示灯""反转接触器线圈指示灯"构件均变为红色。

拓展提升

1. 设备间的数据交换

完成了电动机正反转控制系统设计后，根据图 5.1.9 对本案例中 MCGSTPC 与 PLC 之间数据通信与控制过程进行具体分析，可梳理出 MCGSTPC 与 PLC 之间的连接关系图。

1) MCGSTPC 与 PLC 之间通信设置

（1）将计算机、PLC 和 MCGSTPC 三者连接到同一个局域网络中，给设备分配 IP 地址时确保计算机、PLC 和 MCGSTPC 的 IP 地址是在同一个网段的不同网址。

（2）设置计算机的 IP 地址。

（3）使用 STEP 7-Micro/WIN SMART 软件对 S7-200 SMART PLC 的通信参数进行设置。在选择合适的 PLC 后，单击项目列表下的"通信"，在通信窗口中设置 IP 地址等 PLC 相关通信参数。

（4）在 MCGSPro 组态软件中对 MCGSTPC 进行通信设置，分为设备 IP 地址参数设置和设备之间具体进行信息交互的变量连接两部分，如图 5.1.26 所示。

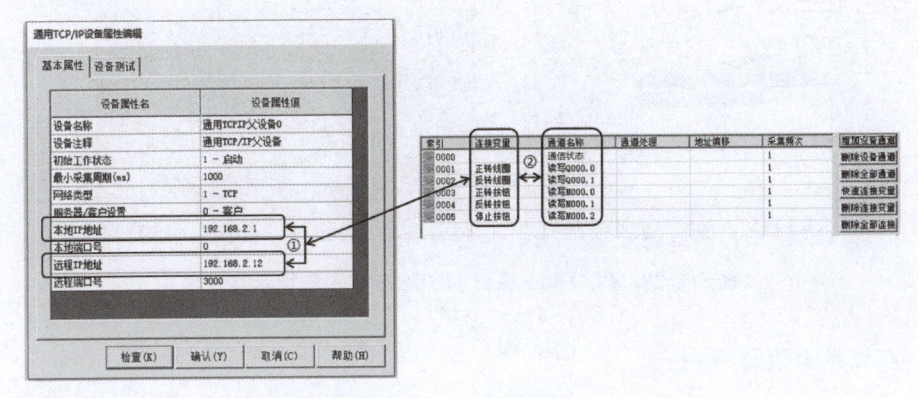

图 5.1.26　通信设置

2) 通过 MCGSTPC 正转按钮控制 PLC 程序的执行过程

单击 MCGSTCP 上的正转按钮，数据对象"正转按钮"的值由 0 变为 1，从而改变了与之连接的 PLC 内部变量 M0.0 的值，如图 5.1.27 所示。

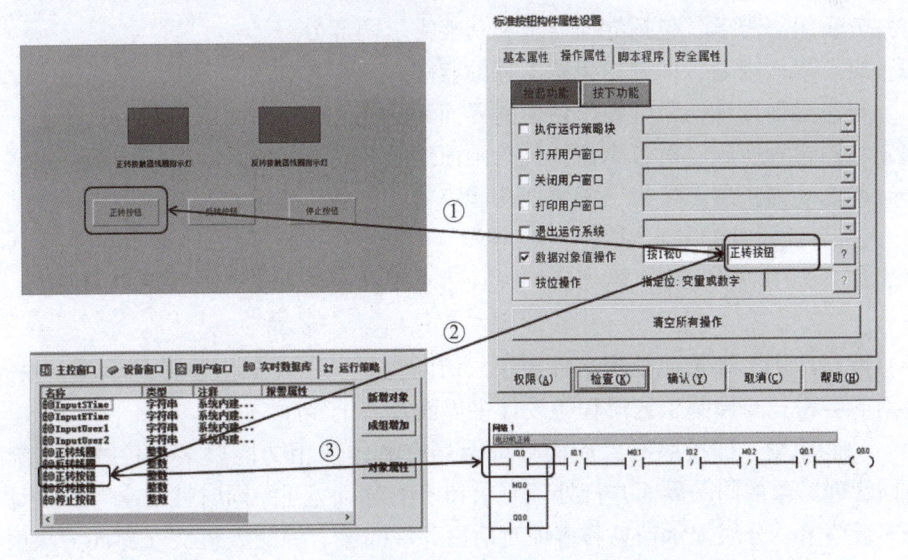

图 5.1.27　MCGSTPC 正转按钮控制 PLC 程序过程

3）通过 PLC 程序执行结果实现 MCGSTPC 正转指示灯点亮

当 PLC 在扫描周期结束时，得出输出 Q0.0 的值由 0 变为 1，与之连接的数据对象"正转线圈"的值也由 0 变为 1，再通过"正转接触器线圈指示灯"构件的"填充颜色"动画属性设置，"正转接触器线圈指示灯"构件由红色变为绿色，如图 5.1.28 所示。

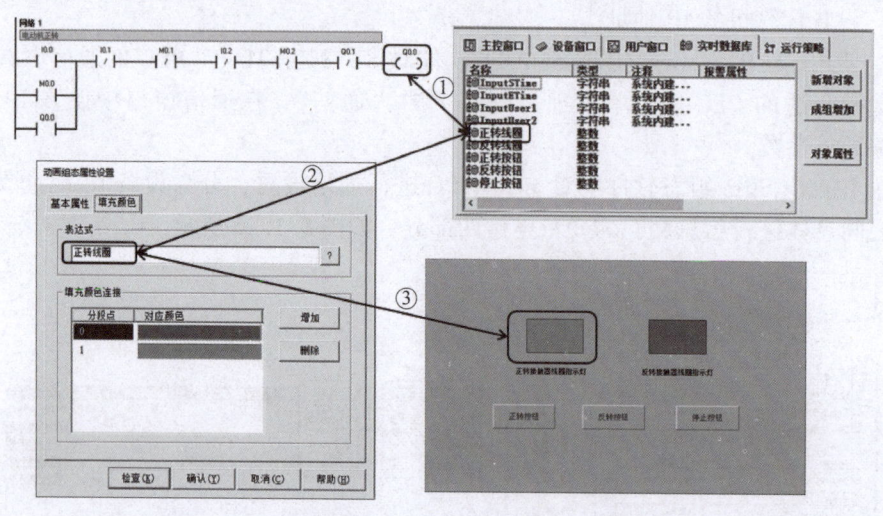

图 5.1.28　PLC 输出控制 MCGSTPC 正转指示灯过程

2. 人机界面设计原则

人机界面的设计应该遵循简单和易操作的设计原则，因为人机界面首要的任务在于它是给操作人员操作设备，操作人员往往并不是那么需要了解深厚的逻辑、复杂的工艺、烦琐的流程，而是掌握最为简单的操作即可，设置最为简单的参数，不必在多个页面之间切换，设置大量参数，通过大量地翻阅页面查看报警，简单就是硬道理。

1）人机界面组态设计过程

（1）分析组态需求，包括界面需求和功能需求两部分。

（2）组态界面规划，即制作组态工程的蓝图。

（3）组态界面设计，设计各个窗体的界面和功能。

（4）组态过程实施，对各个窗体进行画面组态和功能组态。

（5）组态功能扩展，使得工程更加功能完善、可靠、安全、美观大方。

2）人机界面设计的基本原则

（1）用户为中心的原则。在系统的设计过程中，设计人员要抓住用户的特征，发现用户的需求。

（2）顺序原则。即按照处理事件顺序、访问查看顺序（如由整体到单项、由大到小、由上层到下层等）与控制工艺流程等设计主界面及其子界面。

（3）功能原则。即按照对象应用环境及场合具体使用功能要求，各种子系统控制类型、不同管理对象的同一界面并行处理要求和多项对话交互的同时性要求等，设计分功能区、分多级菜单、分层提示信息和多项对话栏并举的窗口等的人机交互界面，从而使用户易于分辨和掌握交互界面的使用规律和特点，提高其友好性和易操作性。

（4）一致性原则。其包括色彩的一致、操作区域一致、文字的一致，即一方面，界面颜色、形状、字体与国家、国际或行业通用标准相一致；另一方面，界面颜色、形状、字体自成一体，不同设备及其相同设计状态的颜色应保持一致。界面细节美工设计的一致性使运行人员看界面时感到舒适，从而不分散其注意力。

（5）频率原则。即按照管理对象的对话交互频率高低设计人机界面的层次顺序和对话窗口菜单的显示位置等，提高监控和访问对话频率。

（6）重要性原则。即按照管理对象在控制系统中的重要性和全局性水平，设计人机界面的主次菜单以及对话窗口的位置和突显性，从而有助于管理人员把握好控制系统的主次，实施好控制决策的顺序，实现最优调度和管理。

（7）面向对象原则。即按照操作人员的身份特征和工作性质，设计与之相适应和友好的人机界面。根据其工作需要，宜以弹出式窗口显示提示、引导和帮助信息，从而提高与用户的交互水平和效率。

思考练习

1. 在 PLC 中与触摸屏中的按钮相对应的为什么是中间继电器 M，而不是输入寄存器 I？
2. 触摸屏和 PLC 的连接设置包括哪些步骤？
3. 如何正确设置 MCGSTPC 及 PLC 的 IP 地址？
4. 本任务中，使用到了 MCGSPro 工作台中的哪几个功能窗口？分别说明各个功能窗口的作用。

学习评价

三相异步电动机正反转控制任务学习评价如表 5.1.4 所示。

表 5.1.4　三相异步电动机正反转控制任务学习评价

学习内容	学习成果		评分表	
	出现的问题和解决方法	主要收获	学习小组评分	教师评分
工程画面的布局与制作（10%）				
数据对象属性设置（5%）				
动画、动作控制连接（5%）				
上下位机通信设置（15%）				

续表

学习内容	学习成果		评分表	
	出现的问题和解决方法	主要收获	学习小组评分	教师评分
上下位机变量连接（10%）				
PLC 程序设计（15%）				
PLC 功能调试（10%）				
工程下载与通信测试（15%）				
系统功能调试（15%）				

任务 5.2　使用中断和高速计数器测量辊轴速度

任务目标

1. 掌握 S7-200 SMART PLC 中断分类与原理。
2. 掌握 S7-200 SMART PLC 高速计数器原理。
3. 了解编码器的工作原理。
4. 掌握高速计数器测速程序。

任务描述

在运动控制系统中，主要使用电动机来对执行机构进行传动，如工业机械臂的各个关节使用伺服电机来进行传动，传送带使用三相异步电动机进行传动等。有时为了建立起闭环运动控制系统，使用编码器作为运动控制系统中的检测装置。一般来说，编码器可以选择直接测量电动机转速，也可以使用编码器测量辊子转速，但无论以何种方式测量，都可根据机械传动系统的传动比由一处速度而推导出其他传动部分的速度。工业实际应用中，编码器常常被用于定位控制。

某饲料加工厂现有一套采用异步电动机传动的输送辊轴，由于辊轴在运行过程中没有显示输送速度，导致操作工人无法及时将生产原料供给传送带，现对其进行整改，增加编码器（100 P/R），要求使用中断每隔 250 ms 采集一次速度，并可以在触摸屏上显示辊轴

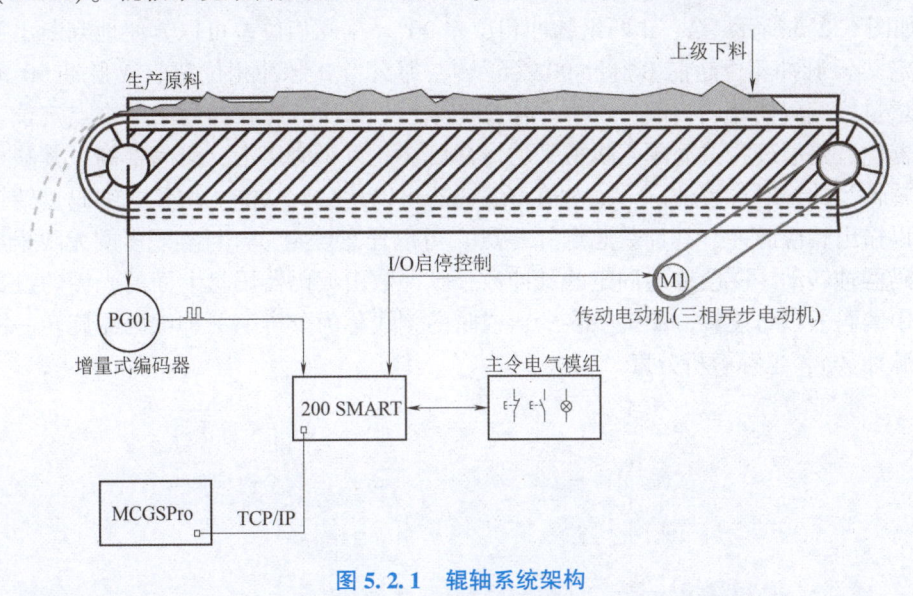

转速（r/min）。辊轴系统架构如图 5.2.1 所示。

图 5.2.1　辊轴系统架构

知识储备

5.2.1　编码器的主要作用及其分类

1. 编码器的主要用途

构建闭环运动控制系统时，常常会选用编码器作为传动系统的检测元件。编码器（图 5.2.2）是一种精密的旋转式传感器，可以将位移（或旋转）信号转换成一串数字脉冲信号，通过处理这些脉冲信号，可以得到执行机构的运动速度、角位移或直线位移。作为一种成熟的产品，生产厂家数不胜数，如欧姆龙（日本）、P+F（德国）、光洋（日本）等。电梯传动系统、机床传动系统中可以经常看到编码器的身影。

2. 编码器的分类

编码器的品种众多，一般可以从三方面进行划分，即从安装方式、脉冲类型、检测原理这三方面对其进行分类，如图 5.2.3 所示。

图 5.2.2　编码器

5.2.2　光增量式编码器的基本工作原理

1. 工作原理

编码器的品种众多，其中增量式编码器是每转过单位角度就发出一个脉冲信号。光电增量式编码器的测量原理是基于光电转换的，在这种编码器内部有一组光源，编码器轴旋转会带动内部码盘旋转，光源经过码盘时会形成若干光脉冲序列，再经过检测光栅对光信号进行处理，得到的光信号被后续的光电检测器件转换成正弦电信号，最终通过放大整形电路形成方波信号（脉冲序列）输出，如图 5.2.4 所示。常见的是三组方波脉冲 A、B 和 Z 相，如图 5.2.5 所示；A、B 两组脉冲相位差 90°。据此相位差可以方便地判断出旋转方向，如定义 A 脉冲相位超前 B 脉冲 90° 为正转，那么当 B 脉冲相位超前 A 脉冲 90° 时即为反转，增量式编码器每转一圈，Z 相就可以获得一个脉冲，此脉冲用于基准点定位。增量式编码器优点是原理构造简单，机械平均寿命可在几万小时以上，可靠性高。其缺点是无法输出轴转动的绝对位置信息，绝对值型编码器可以达到此功能。增量式编码器转轴旋转时，可以输出相应脉冲，其计数起点（零点）可以任意设定，并且实现多圈无限累加和测量。编码器轴转动一圈会输出固定的脉冲数，脉冲数由编码器码盘上面的光栅的线数所决定，其中编码器以每旋转一圈提供多少通或暗的刻线称为分辨率（即编码器旋转一圈可以提供的脉冲数），也称解析分度。

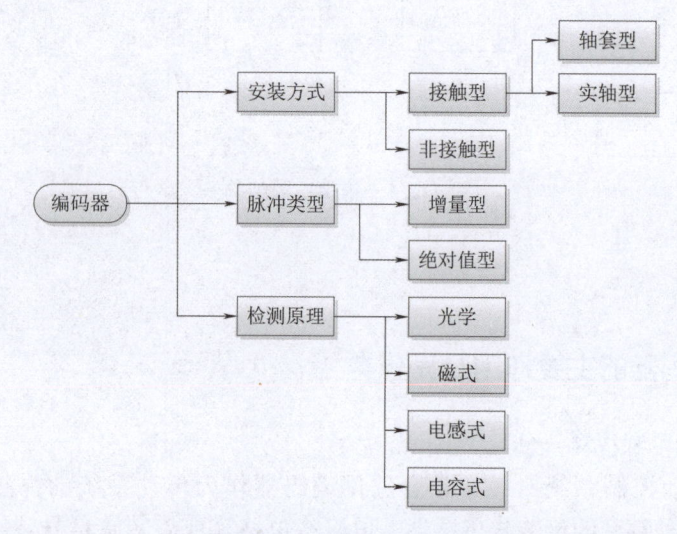

图 5.2.3　编码器的分类

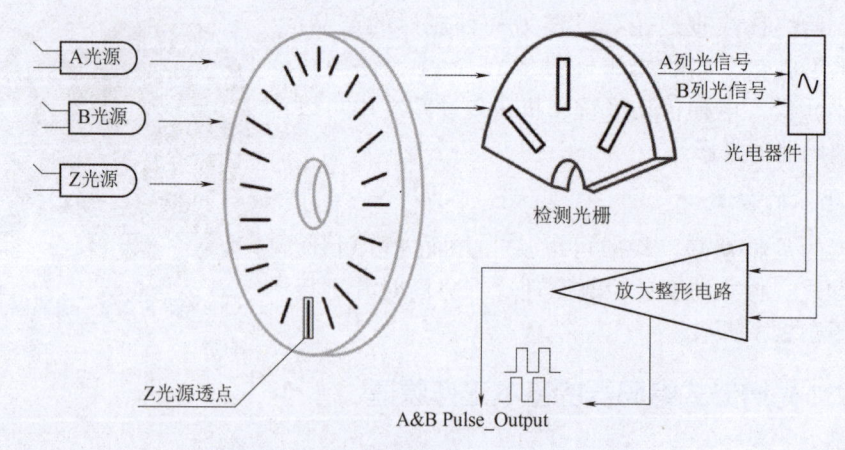

图 5.2.4　光电增量式编码器的工作原理

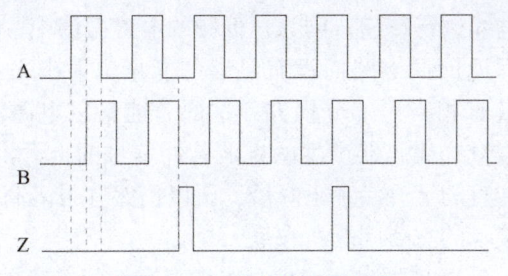

图 5.2.5　脉冲序列示意图

2. 信号输出

增量型编码器的放大整形电路有多种形式，包括集电极输出型、推挽输出型、长线驱动型等，以下针对集电极输出型电路做分析。集电极输出型电路的核心元器件是三极管，三极管分为 NPN 型和 PNP 型，那么对应而言，集电极输出型电路也分为 NPN 型集电极输出和 PNP 型集电极输出。如图 5.2.6 所示为集电极型输出电路，引脚 V 是编码器的电源，一般是 24 V DC 或 12 V DC，主电路检测脉冲光信号后在 PNP 三极管的基极产生一个导通信号，此信号经过三极管放大后在其集电极输出高速脉冲。和 PNP 型脉冲电路类似，NPN 型脉冲电路也是在三极管的基极接收来自主电路的一个信号，然后被放大，最终通过集电极输出具有一定驱动能力的脉冲信号，集电极输出型是增量式旋转编码器极为常见的一种输出电路类型，被广泛用于自动控制系统当中。

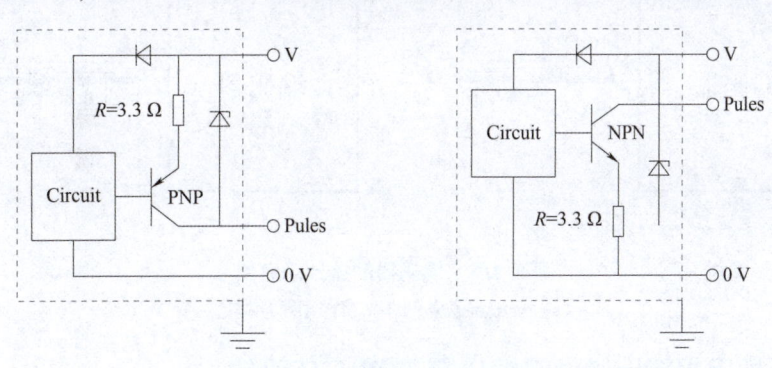

图 5.2.6　集电极型输出电路

3. 增量式编码器的抗干扰分析

归根结底，编码器依旧属于电子产品，那么就免不了遭受工业现场的电磁干扰，尤其是在变频驱动系统下运行时，遭受电磁干扰的概率会成倍增加。我们已经知道对于增量式编码器而言，可以产生方波序列信号，方波并不是一种单一频率的信号，根据傅里叶变换理论，方波可以看作直流信号和若干正弦信号的叠加波，如图 5.2.7 所示。这也就意味着增量式编码器传输的信号实际上是由多组频段的电磁波信号叠加而成的，当电磁波通过不同介质时，会发生折射、辐射、吸收等物理现象，电磁波不仅可以在导体本身进行传播，还可以在导体外部，如绝缘层或电缆周围空气上传播，这取决于电磁波的频率。当电磁波处于低频段

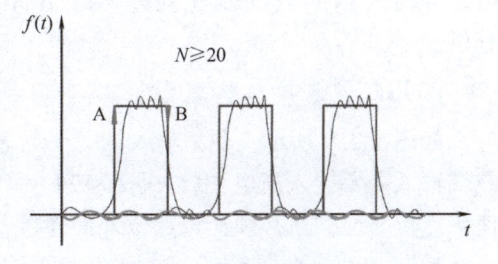

图 5.2.7　方波脉冲被分解成正弦信号

项目五　PLC 和触摸屏的综合控制　233

时，主要借助有形的导电线进行传递。因为在低频的电磁振荡中，电磁之间的相互变化比较缓慢，其能量几乎全部返回原电路而没有足够的能量辐射出去；当电磁波处于高频段时，电磁互化较快，能量有相当一部分损失，这部分能量以电磁波的形式向空间传播出去，即产生电磁辐射。增量式编码器产生的方波脉冲信号的上升沿/下降沿遵循电磁波的高频特性，由于方波有陡直的上升沿和下降沿，所以仍然有很多高频电磁波在其中，这也是各种电磁干扰发生与接收的主要问题所在。

（1）抵抗感性干扰：实际应用过程中信号电缆存在线间电容效应以及电感效应，线路长度影响电缆电容效应（一般是电缆长度大于 30 m 后效果明显），电缆周围磁场以及电缆的敷设形式影响电缆电感效应。正常情况下，编码器电缆最好保证直线敷设。

（2）屏蔽层与接地：一般编码器电缆最外层绝缘层的下一层是屏蔽层，屏蔽层的屏蔽对象不是电场，而是高频磁场。编码器有的是一层镀锡（或者镀银）致密编织铜网，有的则是一层铝箔，部分编码器两种屏蔽层都会有，铝箔主要用于反射高频电磁波，对于高频电磁波，铝箔可以 100% 反射。常规编码器，如集电极输出型编码器多用致密编织铜网作为屏蔽层，具有通信接口的编码器多用铝箔作为屏蔽层。一般情况下，屏蔽层不允许做等电位连接，对于未与编码器本体连接的屏蔽层可在信号接收端做单端接地，若屏蔽层与编码器已经和本体连接，那么不建议对屏蔽层进行接地，屏蔽层悬空即可，如图 5.2.8 所示。

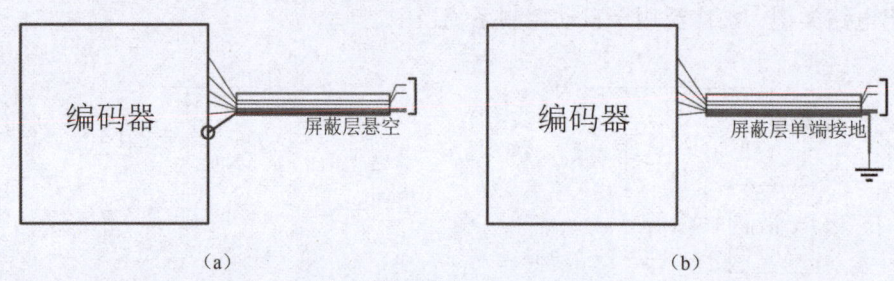

图 5.2.8 编码器的接地示意图
（a）屏蔽层悬空；（b）屏蔽层单端接地

5.2.3 集电极输出增量式编码器与 PLC 的连接

工业自动化系统常常使用 PLC 来采集来自编码器的高数脉冲，这一功能在 PLC 内称为"高速计数器"，关于高速计数器的使用将在下文进行说明。对于 PLC 的数字量输入端有两种分类，一种是漏型输入，另一种是源型输入，那么这就产生了一个问题：集电极型输入（NPN 与 PNP 型）与 PLC 的输入侧的电气匹配问题。以下针对此问题做详细分析。

1. PLC 源型输入匹配

如图 5.2.9 所示，源型输入的一个显著特点是 PLC 的公共端输入需要接入高电位（一般为 24 V DC），意味着若要使该点位导通，就必须让该点位外部连接一个低电位（一般是 0 V），在此情况与 PLC 源型输入匹配的外部电路就是 NPN 型开路输出电路，对应于 NPN 集电极输出型编码器，具体电路图如图 5.2.10 所示，

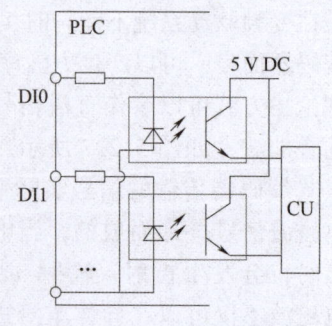

图 5.2.9 PLC 源型输入

当编码器不产生脉冲时，编码器的输出晶体管不导通，此时并不会和 PLC 内部光电耦合元件形成回路。当编码器产生脉冲时，其内部晶体管导通，此时和 PLC 内部光电耦合元件形成回路，即驱动了 PLC 对应的输入点。

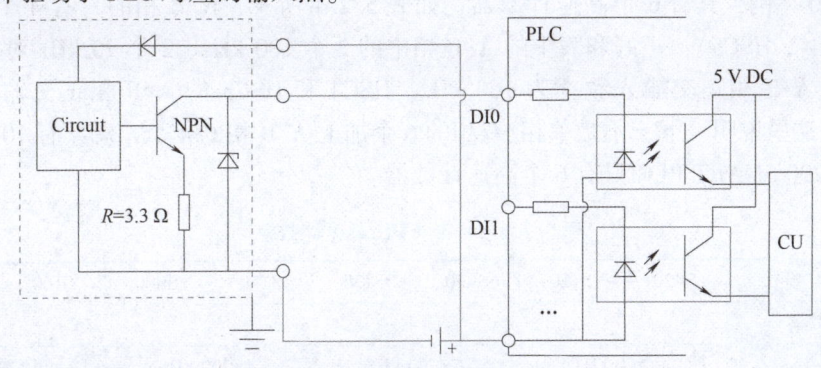

图 5.2.10　PLC 源型输入匹配

2. PLC 漏型输入匹配

如图 5.2.11 所示，和源型输入不同，PLC 漏型输入要求在输入公共端连接低电位，根据其内部电路结构可知，若要使光电耦合器件被驱动，那么就要求对应点位在工作时有一个高电位的输入，显然，PNP 集电极输出型编码器的输出原理符合于此。二者连接电路如图 5.2.12 所示。当编码器输出脉冲时，其内部晶体管导通并给予 PLC 对应输入点位高电位，此时 PLC 内部对应的光电耦合器件被导通，即驱动了 PLC 对应的输入点。

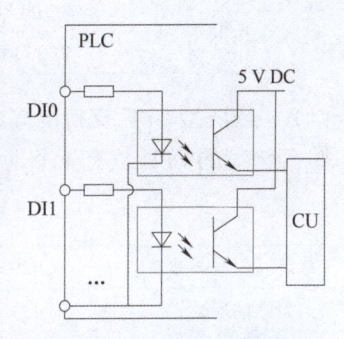

图 5.2.11　PLC 漏型输入

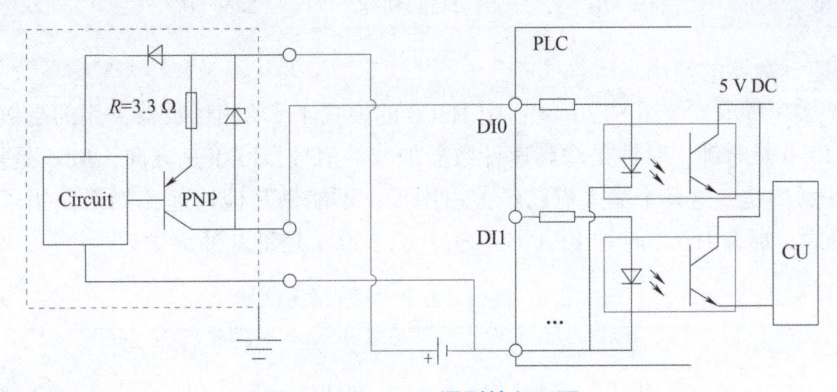

图 5.2.12　PLC 漏型输入匹配

5.2.4　高速计数器

计数器是 PLC 重要的功能，有常规计数器和高速计数器（HSC）之分，PLC 的常规计数器的计数过程与扫描方式有关，CPU 在每一个扫描周期内会读取一次被测信号，从而捕捉该信号的上升沿，被测信号的频率较高时，会丢失计数脉冲，因此常规计数器的最高计数频率一般为几十赫兹。高速计数器可以对发生速率快于 OB 扫描周期的时间进行计数，换言之，高速计数器的取样脉冲和 PLC 的扫描周期无关。

项目五　PLC 和触摸屏的综合控制　235

1. S7-200 SMART PLC 的高速计数器概述

1）标准型 CPU 支持的高速计数器

以 ST20 举例，具有 6 个高速计数器，如表 5.2.1 所示，A/B 相的只有 4 个（HSC0、HSC2、HSC4、HSC5），正好和表中的 A/B 相中的 2 个 100 kHz、2 个 20 kHz 对应。HSC0 和 HSC2 的 A/B 相正交输入频率为 100 kHz，HSC4 和 HSC5 的 A/B 相正交输入频率为 20 kHz。在这里说明一下，不是单相/双相的 6 个加上 A/B 相的 4 个，总共有 10 个高速计数器，S7-200 SMART PLC 只有 6 个高速计数器。

表 5.2.1 标准 CPU 高速计数器

标准型 CPU 参数	SR20	ST20	SR30	ST30	ST40	SR40	ST60	SR60
高速计数器	6							
单相/双相	4×200 kHz		5×200 kHz		4×200 kHz		4×200 kHz	
	2×30 kHz		1×30 kHz		2×30 kHz		2×30 kHz	
A/B 相	2×100 kHz		3×100 kHz		2×100 kHz		2×100 kHz	
	2×20 kHz		1×20 kHz		2×20 kHz		2×20 kHz	

2）经济型 CPU 支持的高速计数器

经济型的 CPU 只有 4 个（HSC0、HSC1、HSC2、HSC3），其计数功能如表 5.2.2 所示。

表 5.2.2 高速计数器计数功能

经济型 CPU 参数	CR20S	CR30S	CR40S	CR60S
高速计数器	4			
单相/双相	4×100 kHz	4×100 kHz	4×100 kHz	4×100 kHz
A/B 相	2×50 kHz	2×50 kHz	2×50 kHz	2×50 kHz

3）高速计数器的使用

如表 5.2.3 所示，使用 ST20 CPU 中 HSC0 的模式 4（单相计数器，用的是 200 kHz 输入速率），I0.0 是时钟，时钟是对高速计数器加减的信号，I0.1 是方向，I0.4 是复位。

需要注意的是，这几个输入点已经被占用了，不能做其他用途，如果使用了 HSC1 的 0 或者 1 模式，那么 HSC1 时钟 I0.1 和 HSC0 方向 I0.1 地址就冲突了。

表 5.2.3 高速计数器的模式及输入点

模式	描述	输入点		
	HSC0	I0.0	I0.1	I0.4
	HSC1	I0.1		
	HSC2	I0.2	I0.3	I0.5
	HSC3	I0.3		
	HSC4	I0.6	I0.7	I1.2
	HSC5	I1.0	I1.1	I1.3
0	带有内部方向控制的单相计数器	时钟		
1		时钟		复位

续表

模式	描述	输入点		
3	带有外部方向控制的单相计数器	时钟	方向	
4		时钟	方向	复位
6	带有增减计数时钟的双相计数器	增时钟	减时钟	
7		增时钟	减时钟	复位
9	A/B 相正交计数器	时钟 A	时钟 B	
10		时钟 A	时钟 B	复位

4）高速计数器地址说明

高速计数器状态字节是用于监控高速计数器当前的状态，如表 5.2.4 所示，高速计数器控制字节，是对高速计数器定义的，用传送指令对 SMD38 赋值 50，HSC0 的当前值就会变成 50，用传送指令对 SMD42 赋值 100，HSC0 的预设值就会变成 100。HSC0 的当前值 HC0 只能读，如果需要触摸屏读取高速计数器，可以在 PLC 中把 HC0 的赋值给 VD0，触摸屏去读 VD0 的值。

表 5.2.4　高速计数器地址

高速计数器号	HSC0	HSC1	HSC2	HSC3	HSC4	HSC5
HSC 状态字节	SMB36	SMB46	SMB56	SMB136	SMB147	SMB157
HSC 控制字节	SMB37	SMB47	SMB57	SMB137	SMB147	

2. S7-200 SMART PLC 的高速计数器指令说明

高速计数器指令如表 5.2.5 所示。

表 5.2.5　高速计数器指令

LAD/FBD	说明
HDEF EN　ENO ????-HSC ????-MOD~	高速计数器定义指令（HDEF）选择特定高速计数器（HSC0 ~ HSC5）的工作模式。模式选择定义高速计数器的时钟、方向和复位功能。 必须为多达 6 个激活的高速计数器各使用一条高速计数器定义指令。 S 型号 CPU1 有 6 个高速计数器，C 型号 CPU2 有 4 个高速计数器
参数	数据类型	说明
HSC	BYTE	高速计数器编号常数（0、1、2、3、4 或 5）
MODE	BYTE	模式编号常数：8 种可能的模式（0、1、3、4、6、7、9 或 10）
N	WORD	高速计数器编号常数（0、1、2、3、4 或 5）
LAD/FBD	说明
HSC EN　ENO ????-N	高速计数器指令根据高速计数器特殊存储器位的状态组态和控制高速计数器。参数 N 指定高速计数器编号。 高速计数器最多可组态为 8 种不同的工作模式。 每个计数器都有专用于时钟、方向控制、复位的输入，这些功能均受支持。在 A/B 正交相，可以选择 1 倍（1×）或 4 倍（4×）的最高计数速率，所有计数器均以最高速率运行，互不干扰

续表

参数	数据类型	说明
HSC	BYTE	高速计数器编号常数（0、1、2、3、4或5）
MODE	BYTE	模式编号常数：八种可能的模式（0、1、3、4、6、7、9或10）
N	WORD	高速计数器编号常数（0、1、2、3、4或5）

5.2.5 中断

中断是计算机和PLC的一种工作方式。中断程序主要是为某些特定控制功能而设定的，与子程序不同，中断是随机发生且必须立即响应的。需要执行中断程序必须要有中断源（引发中断的信号），每个中断信号都有一个编号加以识别，也就是我们说的中断事件号。

S7-200 SMART PLC最多有38个中断源（9个预留），分为三大类：通信中断、输入/输出（I/O）中断和时基中断。S7-200 SMART PLC规定的中断优先由高到低依次是通信中断、I/O中断和时基中断。

I/O中断：I/O中断包括上升/下降沿中断、高速计数器中断和脉冲串输出中断。CPU可以为输入通道I0.0、I0.1、I0.2和I0.3（以及带有可选数字量输入信号板的标准CPU的输入通道I7.0和I7.1）生成输入上升沿或下降沿中断，这些上升沿/下降沿事件可用于指示在事件发生时必须立即处理的状况。

高速计数器中断可以对下列情况做出响应：当前值达到预设值，与轴旋转方向反向，相对应的计数方向发生改变或计数器外部复位。这些高速计数器事件均可触发实时执行的操作，以响应在可编程逻辑控制器扫描速度下无法控制的高速事件。

脉冲串输出中断在脉冲数完成输出时立即进行响应，脉冲串输出的典型应用为步进电动机控制。

S7-200 SMART PLC设置了中断功能，用于实时控制、高速处理、通信和网络等复杂和特殊的控制任务。

通信中断：CPU的串行通信端口可通过程序进行控制。通信端口的这种操作模式称为自由端口模式。在自由端口模式下，程序定义波特率、每个字符的位数、奇偶校验和协议，接收和发送中断可简化程序控制的通信。

时基中断：即基于时间的中断，包括定时中断和定时器T32/T96中断。可使用定时中断循环执行的操作，循环时间位于1~255 ms，按增量为1 ms进行设置，必须在定时中断0的SMB34和定时中断1的SMB35中写入循环时间。

每次定时器到时，定时中断事件都会将控制权传递给相应的中断程序。通常，可以使用定时中断来控制模拟量输入的采样或定期执行PID回路。

将中断程序连接到定时中断事件时，启用定时中断并且开始定时。连接期间，系统捕捉周期时间值，因此SMB34和SMB35的后续变化不会影响周期时间。要更改周期时间，必须修改周期时间值，然后将中断程序重新连接到定时中断事件。重新连接时，定时中断功能会清除先前连接的所有累计时间，并开始用新值计时。

定时中断启用后，将连续运行，每个连续时间间隔后，会执行连接的中断程序。如果退出RUN模式或分离定时中断，定时中断将禁用。如果执行了全局DISI（中断禁止）指令，定时中断会继续出现，但是尚未处理所连接的中断程序。每次定时中断出现均排队等候，直至中断启用或队列已满。

使用定时器 T32/T96 中断可及时响应时间间隔的结束。仅 1 ms 分辨率的接通延时（TON）和断开延时（TOF）定时器 T32 和 T96 支持此类中断，否则 T32 和 T96 正常工作。启用中断后，如果在 CPU 中执行正常的 1 ms 定时器更新期间，激活定时器的当前值等于预设时间值，将执行连接的中断程序。可通过将中断程序连接到 T32（事件 21）和 T96（事件 22）中断事件来启用这些中断。

当多个中断同时发生请求时，CPU 对中断响应有优先顺序，从高到低的中断顺序分别是通信中断、I/O 中断及低的时基中断。

注意：当在执行 I/O 中断时，通信中断又产生了，此时不会马上去执行通信中断，而是执行完正在执行的 I/O 中断后再执行通信中断，如果同时产生则按优先顺序执行。

与 S7-200 PLC 相比，中断事件号 35~38 为 S7-200 SMART PLC 所特有的，如表 5.2.6 所示。

表 5.2.6　S7-200 SMART PLC 特有中断事件号

事件号	说明	CR40	SR20/SR40/ST40/SR60/ST60
35	上升沿，信号板输入 0	N	Y
36	下降沿，信号板输入 0	N	Y
37	上升沿，信号板输入 1	N	Y
38	下降沿，信号板输入 1	N	Y

中断指令如表 5.2.7 所示。

表 5.2.7　中断指令

LAD/FBD	说明
ATCH EN　ENO ????-INT ????-EVNT	中断连接指令，用来建立中断事件号 EVNT 与中断程序编号之间的联系，并自动允许该中断事件进入相应的队列排队，能否执行处理还要看禁止的情况。多个中断事件允许与同一个中断程序相关联，但同一个中断事件不允许与多个中断程序相连

参数	数据类型	说明
EN	INPUT	中断连接使能
INT	BYTE	常数：中断例程编号（0~127）
EVNT	BYTE	常数：中断事件编号。 CPU CR20s、CR30s、CR40s 和 CR60s：0~13、16~18、21~23、27、28 和 32。 CPU SR20/ST20、SR30/ST30、SR40/ST40、SR60/ST60：0~13 和 16~44

LAD/FBD	说明
DTCH EN　ENO ????-EVNT	中断分离指令，解除中断事件 EVNT 与所有中断程序的关联，所指定的中断事件不再进入中断队列，从而禁止单个中断事件

续表

参数	数据类型	说明
EN	INPUT	中断分离使能
EVNT	BYTE	常数：中断事件编号。 CPU CR20s、CR30s、CR40s 和 CR60s：0~13、16~18、21~23、27、28 和 32。 CPU SR20/ST20、SR30/ST30、SR40/ST40、SR60/ST60：0~13 和 16~44

LAD/FBD	说明
CLR_EVNT EN　ENO ????-EVNT	清除中断指令，从中断队列中清除所有编号为 EVNT 的中断事件。该指令可以用来清除不需要的中断事件

参数	数据类型	说明
EN	INPUT	中断清除使能
EVNT	BYTE	常数：中断事件编号。 CPU CR20s、CR30s、CR40s 和 CR60s：0~13、16~18、21~23、27、28 和 32。 CPU SR20/ST20、SR30/ST30、SR40/ST40、SR60/ST60：0~13 和 16~44

LAD/FBD	说明
—(ENI)	ENI：中断允许指令，全局性地启用对所有连接的中断事件的处理
—(DISI)	DISI：中断禁止指令，全局性地禁止对所有中断事件的处理，但是已建立了关联的中断事件仍将继续排队
—(RETI)	RETI：从中断程序有条件返回指令，当控制它的逻辑条件满足时，从中断程序返回。编译程序自动为各中断程序添加无条件返回指令

任务实施

1. 任务分析

如图 5.2.1 所示，系统升级即在原传动系统上增加了一个编码器，要求可以通过此编码器反映出传送带辊轴的转速，以下是本次升级需要的功能要求。

（1）转速计算：编写相应程序计算编码器转速，要求在 HMI 上显示，单位为 r/min。

（2）数值报警：转速上下报警值要求可以在 HMI 内设置。当转速报警时要求使外接报警器报警（声光报警器）。

2. I/O 点位分析

I/O 点位分析如表 5.2.8 所示。

表 5.2.8 I/O 点位分析

信号类型	描述	PLC 地址	单相点位小计
DI	高速计数器 A 相	I0.0	3
	高速计数器 B 相	I0.1	
	高速计数器同步信号 Z 相	I0.2	
DO	声光报警器	Q0.0	1

3. 创建工程项目

打开 STEP 7-Micro/WIN SMART 软件，在"文件"菜单栏中选择"新建"，选择 CPU 型号为"CPU ST30（DC/DC/DC）"，勾选以太网端口，输入 IP 地址为"192.168.2.100"，子网掩码为"255.255.255.0"，其他默认即可，单击"确定"按钮，并将该项目名称修改为"CPU1"，即完成了 CPU1 的创建。

4. PLC 及 HMI 程序

1) HSC 向导

在高速计数器向导页面中，如图 5.2.13 所示，启用 HSC0，由于选用的是三相计数器，故在"模式"中选择"模式 9"即 A/B 相正交计数器，如图 5.2.14 所示。在初始化中，给定一个设定值"5 000"，如图 5.2.15 所示；最后将 I0.0 与 I0.1 口的输入降噪滤波时间调整为 1.6 μs，以满足实际高速输入要求，如图 5.2.16 所示，并在主程序中初始化高速计数器，如图 5.2.17 所示。

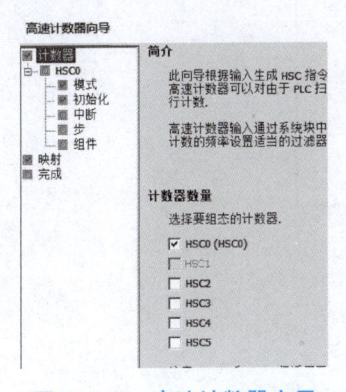

图 5.2.13 高速计数器启用　　图 5.2.14 高速计数器模式选择

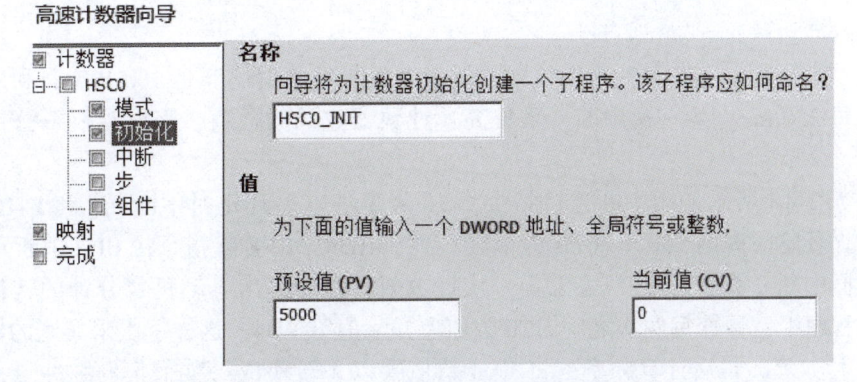

图 5.2.15 高速计数器初始化

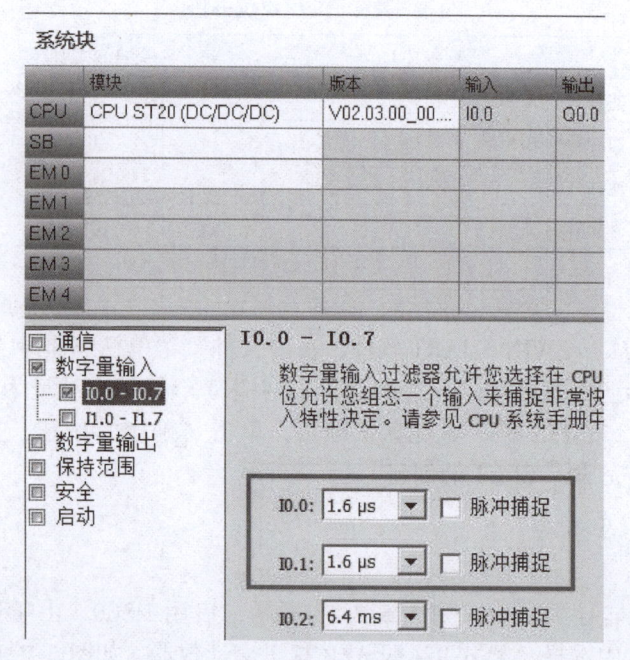

图 5.2.16　输入减噪时间调整

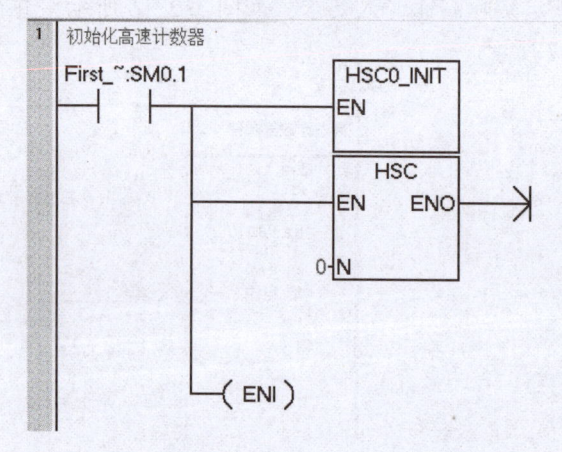

图 5.2.17　初始化高速计数器

2）中断程序

在电动机尾部轴上安装一个四线式的增量型编码器，编码器是 100 P/R，利用循环定时中断，每 250 ms 产生一次中断，采集高速计数器记录的数值，将电动机每分钟的转速测出来。

如图 5.2.18 所示，用中断连接指令将 10 号事件（循环定时中断 0）和 INT0 建立连接，传送循环定时时间 250（以 ms 为单位）到 SMB34，用 ENI 指令将 PLC 中断开放。

用时间中断 0 程序每 250 ms 采集一次计数值，并计算出电动机每分钟的转速，在时间中断 0 程序中，计算每两次之间 HC0 数值差并赋值给 VD4，这样每次采集到的数值就是 250 ms 的计数值，最后计算频率，将 VD4 数值乘以 4 转换成每秒采集的脉冲量，并将其赋值给 VD8，再将其转换成浮点数赋值给 VD12，除以编码器每转脉冲数 100，得出的就是流水线当前速度，单位为 r/s。时间中断 0 程序如图 5.2.19 所示。

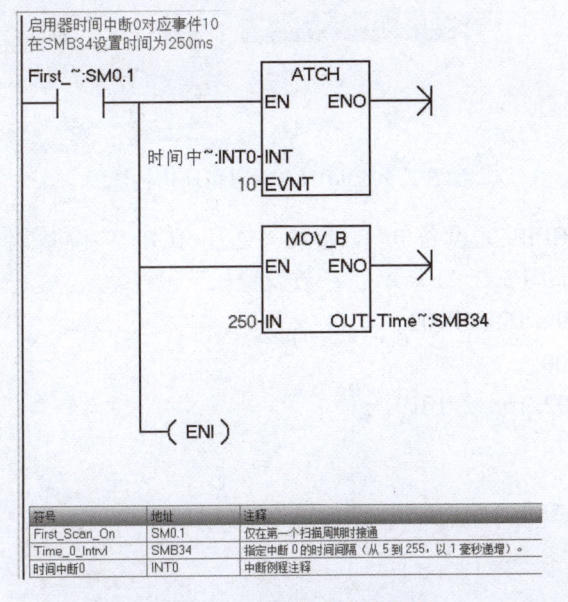

图 5.2.18　初始化高速计数器

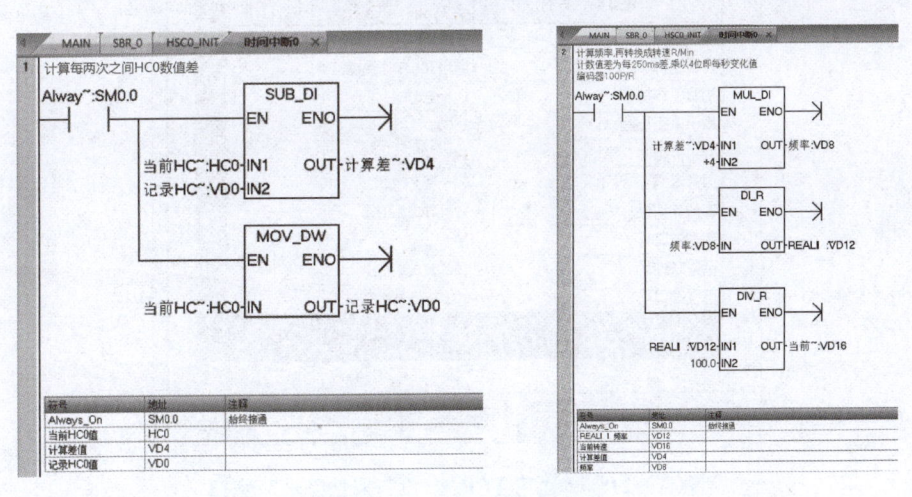

图 5.2.19　时间中断 0 程序

3）MCGSPro 页面设计

（1）建立工程。

①单击文件菜单中"新建工程"选项，选择型号为"TPC1031Kt/Ki"，单击"确认"按钮，选择文件菜单中的"工程另存为"菜单项，弹出文件保存窗口。

②在文件名一栏内输入"机械手控制系统"，单击"保存"按钮，工程创建完毕。

（2）建立通信。

本工程中，设备通信的设置步骤如下：

①在"设备窗口"中双击"设备窗口"图标进入设备窗口设置界面。

②在右键菜单中打开"设备工具箱"。

③双击"设备工具箱"和"西门子_S7_Smart200_以太网",将其添加到设备窗口,如图 5.2.20 所示。

图 5.2.20　MCGS 中设备通信的选择

④双击"通用 TCPIP 父设备 0",进入"通用 TCP/IP 设备属性编辑"窗口,进行"基本属性"设置,如图 5.2.21 所示,参数设置如下:

本地 IP 地址:192.168.2.102。
本地端口号:3000。
远程 IP 地址:192.168.2.101。
远程端口号:102。

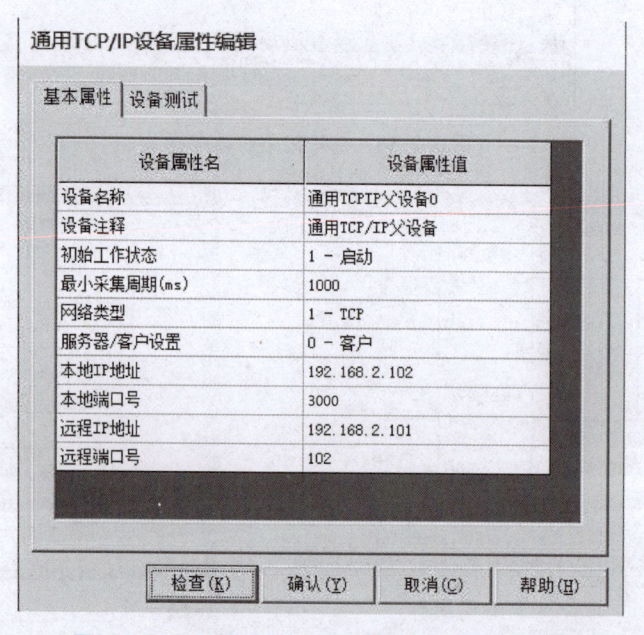

图 5.2.21　"通用 TCP/IP 设备属性编辑"窗口

⑤双击"增加设备通道"进入"增加设备通道"窗口,对上位机的数据与下位机的数据进行连接。设备通道及其相应连接变量如图 5.2.22 所示。

图 5.2.22　设备通道及其相应连接变量

⑥单击"确认"按钮，设备编辑窗口设置完毕。

(3) 组态画面。

设计如图 5.2.23 所示画面，实际速度用于显示辊轴实时转速，连接变量为"当前转速"。

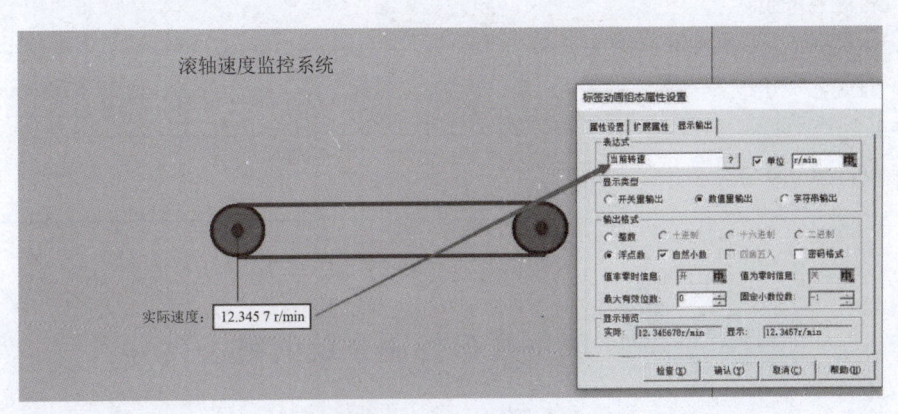

图 5.2.23　画面组态

4) 程序调试

将写好的用户程序下载到对应的 PLC 中，并将组态好的触摸屏画面下载到 MCGSPro 中，连接好网线，运行辊轴后，可以观察到触摸屏上的滚轴实际速度值在跳动。若上述调试现象与控制要求一致，则说明本任务控制要求实现。

拓展提升

(1) 在上述任务的基础上编写出传送带转速的计算程序，单位为 mm/s。

(2) 若上述任务要求的转速单位是 r/s，那么上述程序需要如何修改？

思考练习

1. 编码器按照检测原理可以分为_____、_____、_____、_____四类。
2. 集电极输出型编码器具有 NPN 类型和_____类型。
3. 编码器 Z 相的作用是_____。
4. S7-200 PLC 有_____个高速计数器。

学习评价

使用中断和高速计数器测量辊轴速度任务学习评价如表 5.2.9 所示。

表 5.2.9　使用中断和高速计数器测量辊轴速度任务学习评价

学习内容	学习成果		评分表	
	出现的问题和解决方法	主要收获	学习小组评分	教师评分
高速计数器使用向导组态（20%）				

续表

学习成果			评分表	
学习内容	出现的问题和解决方法	主要收获	学习小组评分	教师评分
定时中断的实现（20%）				
触摸屏画面组态（20%）				
整体动作的实现（40%）				

任务 5.3　水位模拟控制系统的组态设计

任务目标

知识目标

1. 掌握脚本程序的语言要素和设计方法。
2. 了解工程设计的实施步骤。

技能目标

1. 能够编写复杂脚本程序。
2. 能够进行图标、报警等设计。

素养目标

1. 培养分析问题、解决问题的能力。
2. 学会感受界面设计之美。

任务描述

某企业需要设计一个水位控制系统，该系统由两个水罐、一个水泵、一个调节阀和一个出水阀组成。当"水罐 1"的液位达到 9 m 时，"水泵"关闭，否则自动启动水泵；当"水罐 2"的液位不足 1 m 时，自动关闭"出水阀"，否则自动开启"出水阀"；当"水罐 1"的液位大于 1 m，同时"水罐 2"的液位小于 6 m 时，自动开启"调节阀"，否则自动关闭"调节阀"，同时还需要包括水位报警、数据显示和图形输出等功能，如图 5.3.1 所示。

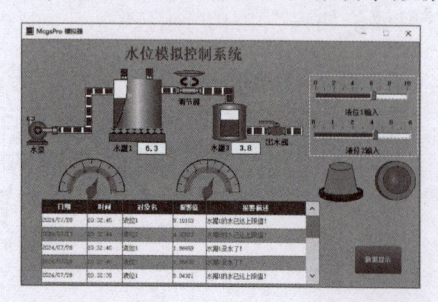

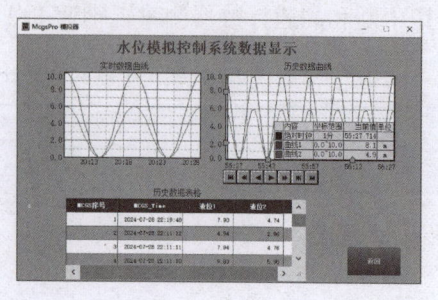

图 5.3.1　水位控制系统组态界面示意

知识储备

5.3.1 运行策略

运行策略是用户为实现对系统运行流程自由控制所组态生成的一系列功能块的总称。

运行策略能够按照预设的顺序和条件操作实时数据库，控制用户窗口状态，修改设备运行数据，提高控制过程的实时性和有序性。根据运行策略的不同作用和功能，MCGSPro 组态软件把运行策略分为后台任务、启动策略、退出策略、循环策略、用户策略、报警策略、事件策略及热键策略八种。

每种策略都是由一系列功能模块组成的。MCGSPro 运行策略窗口中启动策略、退出策略、后台任务为系统固有的三个策略块，用户策略、循环策略、报警策略、事件策略、热键策略由客户根据工程需要自行定义，如图 5.3.2 所示。

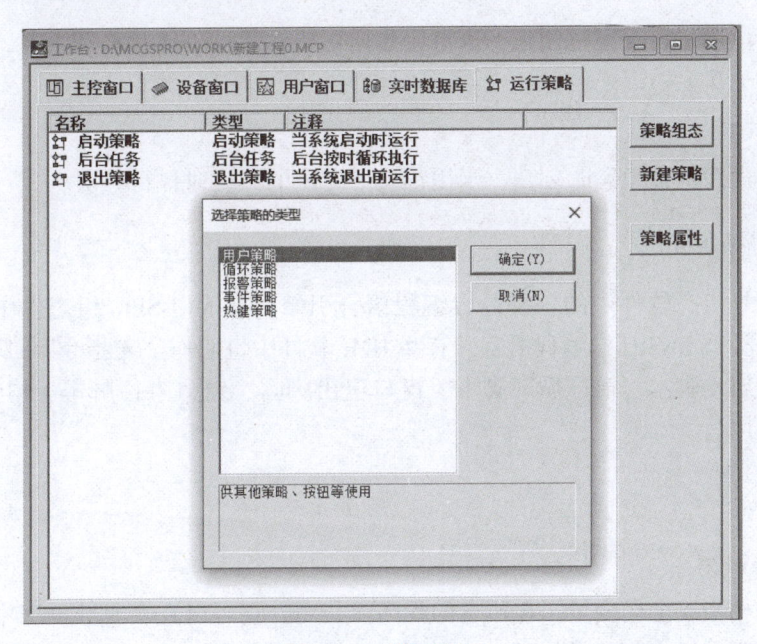

图 5.3.2 策略窗口

1. 启动策略

启动策略为系统固有策略，在系统开始运行时被自动调用一次。每个工程里必须有且只有一个启动策略，启动策略名称不可修改。

2. 退出策略

退出策略为系统固有策略，在退出系统时自动被调用一次。每个工程里必须有且只有一个退出策略，退出策略名称不可修改。

3. 后台任务

后台任务为系统固有策略，在系统运行时按照设定的时间循环运行。每个工程里必须有且只有一个启动策略，策略名称不可修改。后台任务按设定的时间间隔循环执行，直接用 ms 来设置循环时间。最小循环时间间隔为 100 ms，当设定值小于 100 ms 时按 100 ms 计算。实际运行过程中循环间隔有约 20 ms 的误差值。

4. 循环策略

循环策略由用户在组态时创建,在系统运行时按照设定的时间循环运行。在一个工程中,用户可以定义多个循环策略。循环策略按设定的时间间隔循环执行,直接用 ms 来设置循环时间。最小循环时间间隔为 100 ms,当设定值小于 100 ms 时按 100 ms 计算。

5. 用户策略

用户策略由用户在组态时创建,在系统运行时通过按钮、脚本调用。

6. 报警策略

报警策略由用户在组态时创建,当指定数据对象的某种报警状态发生时,报警策略被系统自动调用一次。

7. 事件策略

事件策略由用户在组态时创建,当对应数据对象的某种事件状态产生时,事件策略被系统自动调用一次。

8. 热键策略

热键策略由用户在组态时创建,当用户按下对应的热键时执行一次。

5.3.2 脚本程序

脚本程序是组态软件中的一种内置编程语言引擎。在 MCGSPro 组态件中,脚本语言是一种语法上类似 BASIC 的编程语言,有些 HMI 软件中也叫作"宏指令"。脚本可以在运行策略、窗口启动脚本、窗口循环脚本、窗口退出脚本、窗口事件脚本、构件事件脚本、按钮脚本中运用。

1. 语言要素

1) 变量

(1) 数据对象。

数据对象相当于全局变量,在所有的程序段共用。它可以在实时数据库中定义,也可以通过脚本程序编辑窗口工具栏的"声明数据对象" 图标按钮定义。脚本编辑中可以用数据对象的名称来读写数据对象的值,也可以对数据对象的属性进行操作,支持整数、浮点数、字符串三种数据对象。

(2) 局部变量。

支持整数、浮点数、字符串、字节型四种数据类型,只能在当前脚本中使用。可单击脚本程序编辑窗口工具栏上的"声明局部变量" 图标按钮或直接输入脚本"Dim…As…"语句对局部变量进行声明。注意:声明语句不能嵌套在其他任何语句中。

(3) 局部数组变量。

支持整数数组、浮点数数组、字符串数组、字节型数组四种数据类型,只能在当前脚本中使用,声明方法同局部变量。定义数组变量最大长度是 65 535,其访问元素的方式为 array[index],其中,"array"为数组变量;"index"为访问元素的位置(从 1 开始)。

2）常量

常量包括整数常量（如"123"）、十六进制整数常量（如"0x123"）、浮点数常量（如"12.34"）、字符串常量（如"OK"）等。

3）基本语句规则及应用

脚本程序是为了实现流程的控制及对象操作处理，包括以下语句：赋值语句、条件语句、循环语句、退出语句、注释语句、声明语句、跳出语句。

（1）赋值语句。

赋值语句的格式为：数据对象=表达式。

（2）条件语句。

条件语句有三种形式。

形式一：

If【表达式】Then【赋值语句或退出语句】

形式二：

If【表达式】Then
　　【语句】
EndIf

形式三：

If【表达式】Then
　　【语句】
Else
　　【语句】
EndIf

（3）循环语句。

循环语句为 WHILE 和 ENDWHILE，其结构为：

WHILE【条件表达式】
…
ENDWHILE

当条件表达式成立时（非零），循环执行 WHILE 和 ENDWHILE 之间的语句，直到条件表达式不成立（为零）时退出。

（4）注释语句。

注释语句在脚本运行过程中不执行，仅起到解释作用，可通过在语句前输入英语单引号或单击工具栏的"注释"按钮实现。

（5）跳出语句。

跳出语句为"Break"，用于跳出当前循环，必须在循环语句中使用。

（6）退出语句。

退出语句为"EXIT"，用于中断脚本程序的运行，停止执行其后面的语句。一般在条件语句中使用退出语句，以便在某种条件下，停止并退出脚本程序的执行。

任务实施

1. 任务分析

本液位模拟控制系统由上位机（MCGSPro）和模拟设备构成。在上位机系统中，工程框架包括2个用户窗口：水位控制、数据显示，1个运行策略：后台任务。

在液位控制系统窗口中包括了由对象元件库添加的对象：水泵、调节阀、出水阀、水罐、报警指示灯，由流动块构件实现的管道，由滑动输入器实现的水罐水量控制，由旋转仪表、标签构件实现的水量显示，由报警显示构件实现的报警实时显示，由输入框构件实现的动态修改报警限值。

数据显示窗口包括了由自由表格构件实现的实时数据、由历史表格构件实现的历史数据、由实时曲线构件实现的实时曲线和由历史曲线构件实现的历史曲线。运行策略中的后台任务包括液位控制和液位报警两部分控制内容的脚本程序。上位机与模拟设备连接可实现水位控制。

2. 水位控制画面设计

1）制作水位控制动画

（1）建立画面。

创建名为"液位控制系统"的工程文件。

建立名为"水位控制"的用户窗口。

在"用户窗口"中单击"新建窗口"按钮，建立"窗口0"。选中"窗口0"，单击"窗口属性"，进入"用户窗口属性设置"，将窗口名称改为水位控制；窗口标题改为水位控制；其他不变，单击"确认"按钮。

在"用户窗口"中选中"水位控制"，右击，选择下拉菜单中的"设置为启动窗口"选项，将该窗口设置为运行时自动加载的窗口，如图5.3.3所示。

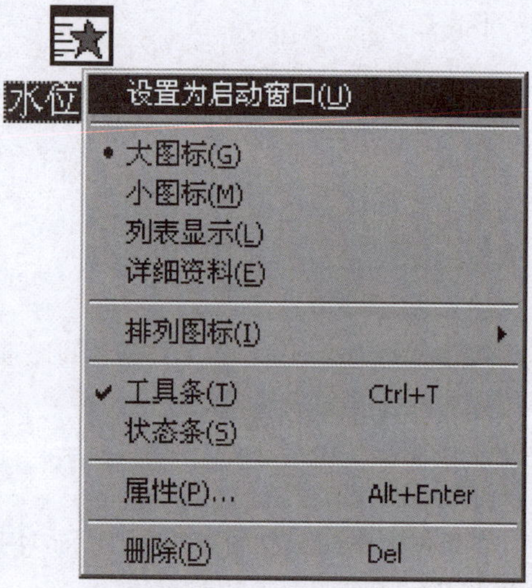

（2）编辑画面。

选中"水位控制"窗口图标，单击"动画组态"，进入"动画组态"窗口，开始编辑画面。

图 5.3.3 设置启动窗口

①制作文字框图。

单击工具条中的"工具箱"按钮，打开绘图工具箱。选择"工具箱"内的"标签"按钮 A，鼠标的光标呈"十"字形，在窗口顶端中心位置拖拽鼠标，根据需要拉出一个一定大小的矩形。在光标闪烁位置输入文字"水位模拟控制系统"，按回车键或在窗口任意位置单击，文字输入完毕。

选中文字框，做以下设置：

单击工具条上的（填充色）按钮，设定文字框的背景颜色为没有填充。

单击工具条上的（线色）按钮，设置文字框的边线颜色为没有边线。

单击工具条上的 ![字符字体] （字符字体）按钮，设置文字字体为宋体；字型为粗体；大小为二号。

单击工具条上的 ![字符颜色] （字符颜色）按钮，将文字颜色设为蓝色，如图5.3.4所示。

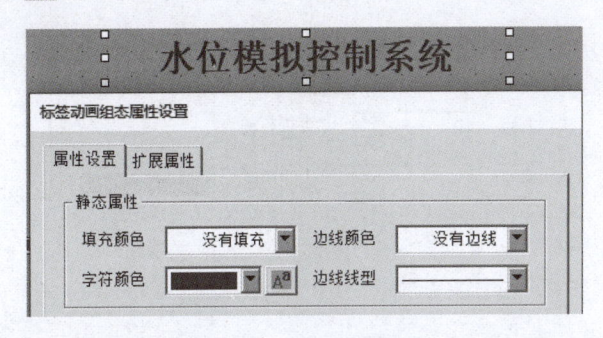

图5.3.4　制作文字框图

②绘制水泵、调节阀、出水阀、两个水罐和流动块，从对象元件库引入。

单击绘图工具箱中的 ![插入元件] （插入元件）图标，弹出"元件图库管理"对话框，在"类型"右侧的下拉菜单中选择公共图库，如图5.3.5所示。

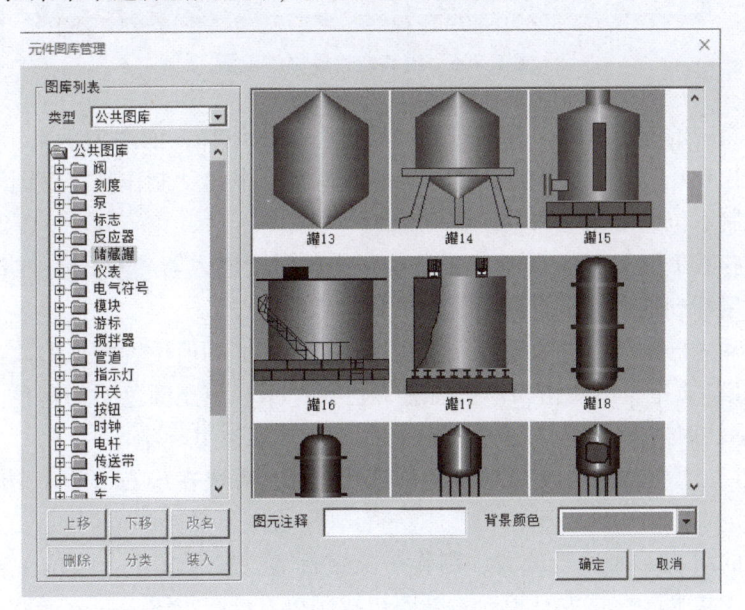

图5.3.5　对象元件

制作水罐，从"储藏罐"类中选取2个水罐（罐17和罐53）。制作阀和泵，从"阀"和"泵"类中分别选取2个阀（阀58、阀44）、1个泵（泵38）。将储藏罐、阀、泵调整为适当大小，放到适当位置，参照效果图。

制作流动块，选中工具箱内的流动块动画构件图标 ![流动块] ，鼠标的光标呈"十"字形，移动鼠标至窗口的预定位置，单击，生成一段流动块。双击该流动块，弹出"流动块构建属性设置"窗口，如图5.3.6所示。在"基本属性"页中设置"块的长度"为16，"块间间隔"为4，"侧边距离"为2，"块的颜色"选择"蓝色"，"填充颜色"选择"蓝色"，"边线颜色"选择"黑色"。将流动块调整为适当长度和大小，放到适当位置。

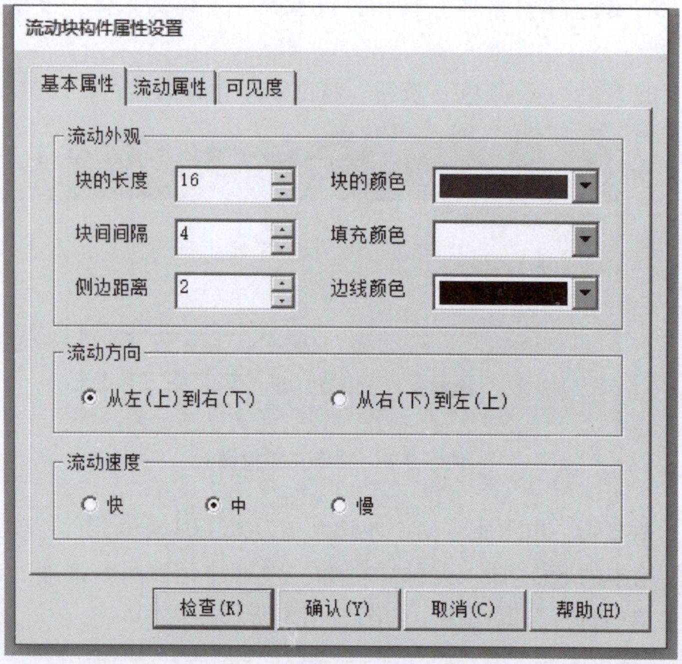

图 5.3.6　流动块构件属性设置

使用工具箱中的 A 图标，分别对阀、罐进行文字注释，依次为水泵、水罐 1、调节阀、水罐 2、出水阀。文字注释的设置同"编辑画面"中的"制作文字框图"。

③制作控制水位的滑动输入器。

打开"水位控制"窗口，选中"工具箱"中的滑动输入器 图标，当鼠标呈"十"字形后，拖动鼠标到适当大小。调整滑动块到适当的位置。

双击滑动输入器构件，进入属性设置窗口。按照下面的值设置各个参数：

"基本属性"页中，滑块指向：指向左（上），"滑轨填充颜色"为蓝色。

"刻度与标注属性"页中，"主划线数目"：5，即能被 10 整除。

"操作属性"页中，对应数据对象名称：液位 1；滑块在最右（下）边时对应的值：10；其他不变。

在制作好的滑块下面适当位置，制作一文字标签，输入文字：液位 1 输入；文字颜色：黑色；框图填充颜色：没有填充；框图边线颜色：没有边线。

按照上述方法设置水罐 2 水位控制滑块，参数设置为：

"基本属性"页中，滑块指向：指向左（上）。

"操作属性"页中，对应数据对象名称：液位 2；滑块在最右（下）边时对应的值：6；其他不变。

将水罐 2 水位控制滑块对应的文字标签进行设置，输入文字：液位 2 输入；文字颜色：黑色；框图填充颜色：没有填充；框图边线颜色：没有边线。

单击工具箱中的常用图符按钮 ，打开常用图符工具箱。选择其中的凹槽平面按钮 ，拖动鼠标绘制一个凹槽平面，恰好将两个滑动块及标签全部覆盖。选中该平面，单击编辑条中"置于最后面"按钮，滑动块最终效果如图 5.3.7 所示。

④制作控制水位的旋转仪表。

选取"工具箱"中的"旋转仪表" 图标，调整大小放在水罐1下面适当位置。

双击该构件进行属性设置。各参数设置如下：

"基本属性"页中，取消"图形"中"背景图"前的勾选。

"刻度与标注属性"页中，主划线数目：5；次划线数目：2。

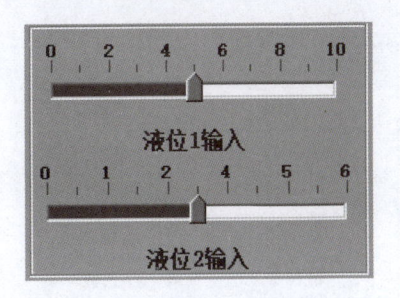

图 5.3.7　滑动块最终效果

"操作属性"页中，表达式：液位1；逆时针角度：90，对应的值：0；顺时针角度：90，对应的值：10；其他不变。

按照此方法设置水罐2数据显示对应的旋转仪表。参数设置如下：

"基本属性"页中，取消"图形"中"背景图"前的勾选。

"刻度与标注属性"页中，主划线数目：6；次划线数目：2。

"操作属性"页中，表达式：液位2；逆时针角度：90，对应的值：0；顺时针角度：90，对应的值：6；其他不变。

进入运行环境后，可以通过拉动旋转仪表的指针使整个画面动起来。生成画面效果图，如图5.3.8所示。

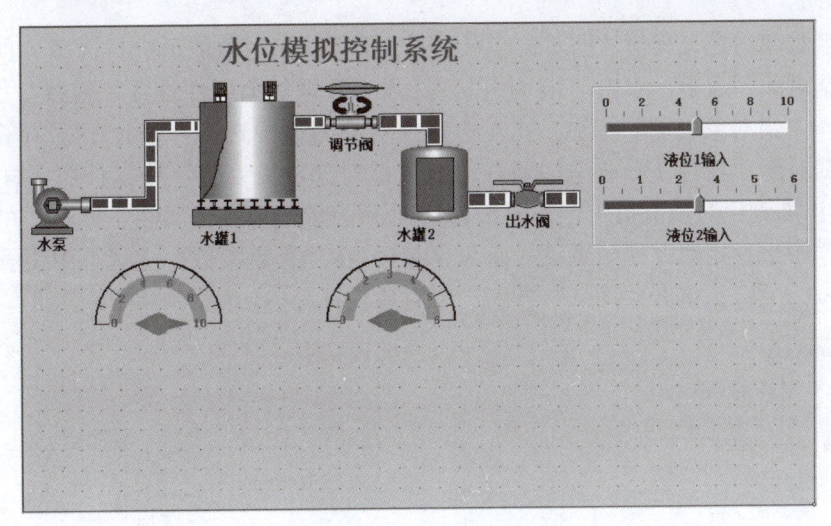

图 5.3.8　画面效果图

2) 定义数据对象

实时数据库是 MCGS 嵌入版工程的数据交换和数据处理中心。数据对象是构成实时数据库的基本单元，建立实时数据库的过程也就是定义数据对象的过程。

单击工作台中的"实时数据库"标签，进入"实时数据库"窗口，本工程中需要用到以下数据对象，如表5.3.1所示。

表 5.3.1　数据对象

对象名称	类型	注释
水泵	整数	控制水泵的启动、停止
调节阀	整数	控制调节阀打开、关闭
出水阀	整数	控制出水阀打开、关闭
液位 1	浮点数	水罐 1 的水位高度
液位 2	浮点数	水罐 2 的水位高度
液位 2 下限	浮点数	水罐 2 的下限报警值
液位组	组对象	用于历史数据、历史曲线、报表输出等功能构件

下面以数据对象"水泵"为例，介绍一下定义数据对象的步骤。单击工作台中的"实时数据库"标签，进入"实时数据库"窗口；单击"新增对象"按钮，在窗口的数据对象列表中，增加新的数据对象，系统缺省定义的名称为"Data1""Data2""Data3"等（多次单击该按钮，则可增加多个数据对象）。

选中对象，单击右侧"对象属性"按钮或双击选中对象，打开"数据对象属性设置"窗口；将对象名称改为水泵；对象类型选择整数；在对象注释输入框内输入："控制水泵的启动、停止"，单击"确认"按钮。按照此步骤，根据上面列表，设置其他 9 个数据对象。

定义组对象与定义其他数据对象略有不同，需要对组对象成员进行选择。具体步骤如下：在数据对象列表中，双击"液位组"，打开"数据对象属性设置"窗口，如图 5.3.9 所示；选择"组对象成员"标签，在左边数据对象列表中选择"液位 1"，单击"增加"按钮，数据对象"液位 1"被添加到右边的"组对象成员列表"中，按照同样的方法将"液位 2"添加到组对象成员中，如图 5.3.10 所示；单击"存盘属性"标签，在"存盘方式"选择框中选择定时存储到磁盘（永久存储），在"存盘参数"选择框中设置存储周期为：10（×0.1 秒）；单击"确认"按钮，组对象设置完毕。

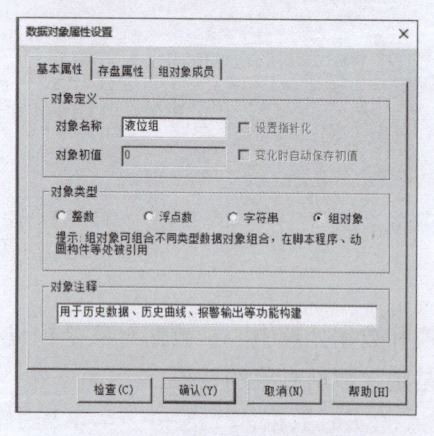

图 5.3.9　定义数据对象——液位组　　　图 5.3.10　组对象成员设置

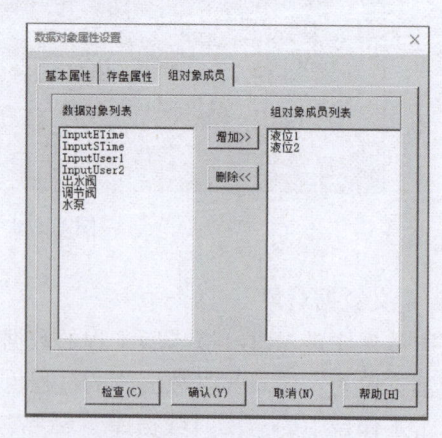

3）动画、动作控制连接

本工程需要动画效果和动作控制的部分包括泵、调节阀、出水阀、水流效果、水罐水位变化效果设置。

(1) 泵、调节阀和出水阀设置。

①水泵的设置。

双击水泵，弹出"单元属性设置"窗口，选中"变量列表"页中的"数据操作对象"，右端出现浏览按钮 ?。单击浏览按钮 ?，双击"变量列表"页中的"水泵"，将"数据操作对象"关联的变量设置为"水泵"。使用同样的方法将"表达式"关联的变量设置为"水泵"，如图 5.3.11 所示。单击"确认"按钮，水泵的启停效果设置完毕。

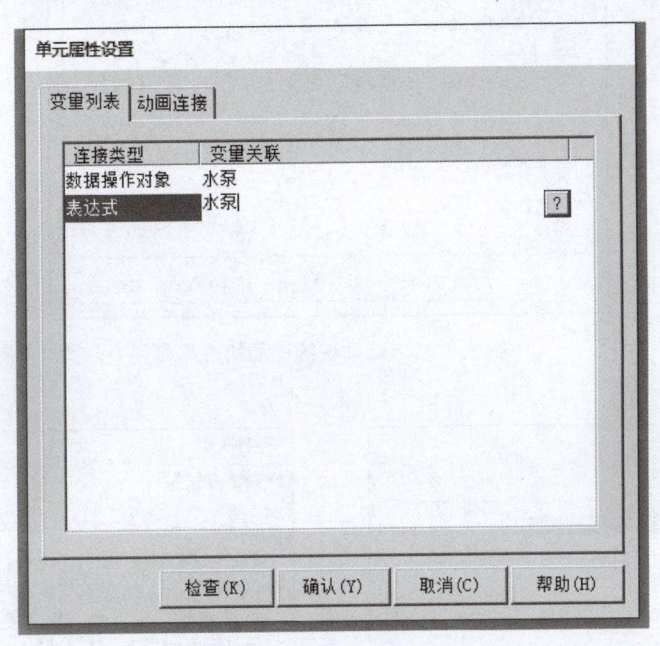

图 5.3.11　水泵的变量关联设置

设置调节阀的启停效果同理。只需在"变量列表"页中，将"数据操作对象""表达式"的关联变量均设置为调节阀。设置出水阀的启停效果，需在"变量列表"页中，将"数据操作对象""表达式"的关联变量均设置为出水阀。

②水流效果设置。

水流效果是通过设置流动块构件的属性实现的。双击水泵右侧的流动块，弹出"流动块构件属性设置"窗口，在"流动属性"页中，设置表达式为水泵；当表达式非零时，选择"流块开始流动"，如图 5.3.12 所示。水罐 1 右侧流动块及水罐 2 右侧流动块的制作方法与此相同，只需将表达式相应改为调节阀、出水阀即可。

(2) 水罐效果设置。

①水罐 1 的设置。

双击水罐 1，弹出"单元属性设置"窗口，在"变量列表"页中设置表达式为"液位1"。在"动画连接"页中，单击"折线［大小变化］"，点开右边的 > 按钮，打开"动画组态属性设置"窗口，"大小变化连接"中表达式的值最小为 0，最大为 10，单击"确认"按钮，完成设置，如图 5.3.13 和图 5.3.14 所示。

图 5.3.12 流动块的流动属性设置

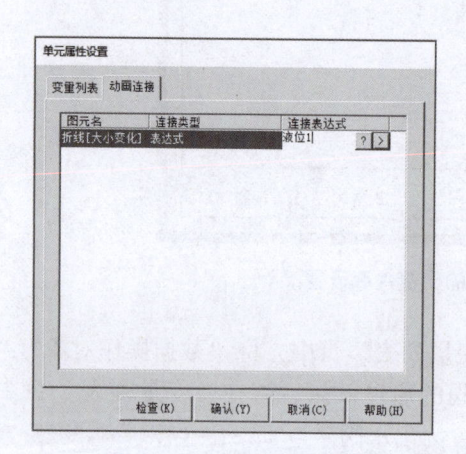

图 5.3.13 单元属性设置

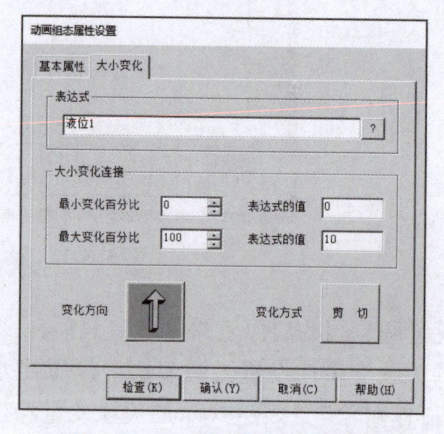

图 5.3.14 动画组态属性设置

②水罐 2 的设置。

设置步骤同水罐 1，只是在"动画组态属性设置"窗口的"大小变化"页中，将"大小变化连接"域中表达式的值设置为：最小为 0，最大为 6。

③滑动输入器和旋转仪表的设置。

利用滑动输入控制器和旋转仪表进行水位控制，见前面制作控制水位的滑动输入控制器和旋转仪表部分。

（3）水量显示效果设置。

①水罐 1 水量显示效果设置。

单击"工具箱"中的"标签" A 图标，绘制标签，放在水罐 1 的边上，文字输入"液位 1"，双击标签，进入"动画组态属性设置"窗口。在"属性设置"页的"静态属性"域中，填充颜色设置为白色；边线颜色设置为黑色，如图 5.3.15 所示。

在"输入输出连接"域中，选中"显示输出"选项，在"组态属性设置"窗口中则会出现"显示输出"标签，如图 5.3.16 所示。在"显示输出"页中设置显示输出属性。设置表达式：液位 1；输出值类型：数值量输出；输出格式：浮点数；最小整数位数：1；固定小数位数：1。单击"确认"按钮，水罐 1 水量显示标签制作完毕。

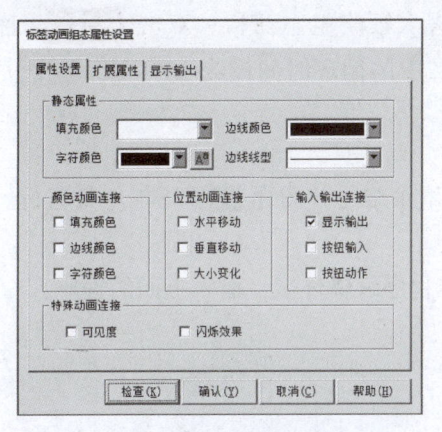

图 5.3.15　标签动画组态属性设置　　　　图 5.3.16　标签动画组态显示输出设置

②水罐 2 水量显示效果设置。

同水罐 1 标签制作，文字显示改为"液位 2"即可。

（4）水位控制窗口画面动态运行。

打开水位控制用户窗口，单击工具栏 按钮，下载工程并进入运行环境，点开水泵、调节阀、出水阀，拉动滑动输入控制器 1、控制器 2，可以看到整个画面动起来了，如图 5.3.17 所示。

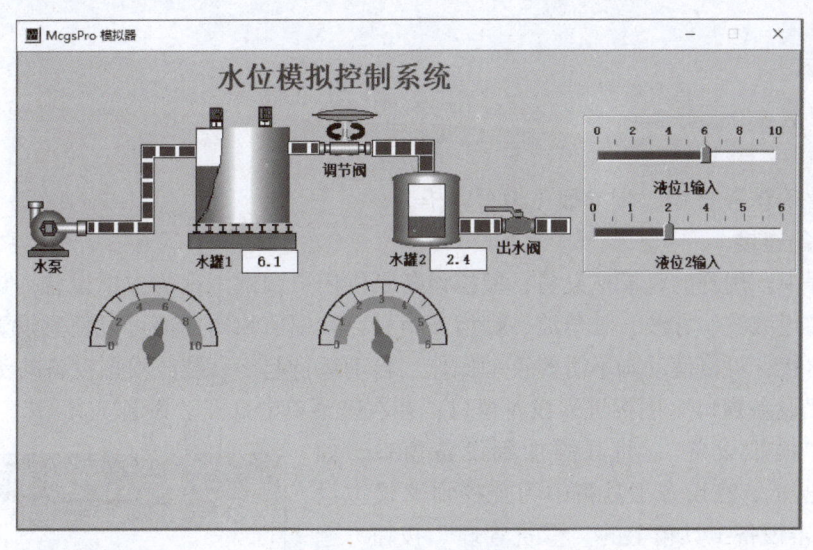

图 5.3.17　画面效果

4）编写控制流程

本工程上位机需实现的功能为：当"水罐 1"的液位达到 9 m 时，"水泵"关闭，否则自动启动"水泵"；当"水罐 2"的液位不足 1 m 时，自动关闭"出水阀"，否则自动开启"出水阀";当"水罐1"的液位大于1 m,同时"水罐2"的液位小于6 m,自动开启"调节阀",否则自动关闭"调节阀"。

具体操作如下:

在"运行策略"中,双击"后台任务"进入策略组态窗口。双击 图标进入"后台任务属性设置",将"策略执行方式"域中的循环时间设为200 ms,单击"确认"按钮。

(1) 新增策略行。

在策略组态窗口中,单击工具条中的"新增策略行"图标 ,增加一策略行。

(2) 编写脚本程序。

双击"脚本程序"图标 ,进入脚本程序编辑环境,输入下面的程序:

```
IF 液位1<9 THEN
   水泵=1
ELSE
   水泵=0
ENDIF
IF 液位2<1 THEN
   出水阀=0
ELSE
   出水阀=1
ENDIF
IF 液位1>1 and 液位2<6 THEN
   调节阀=1
ELSE
   调节阀=0
ENDIF
```

单击"确认"按钮,脚本程序编写完毕。

5) 设备连接

本工程中,用到的是模拟设备,模拟设备是供用户调试工程的虚拟设备。该构件可以产生标准的正弦波、方波、三角波、锯齿波信号,其幅值和周期都可以任意设置。通过模拟设备的连接,可以使动画不需要手动操作,自动运行起来。装载模拟设备的步骤如下:

双击"设备窗口"图标进入设备窗口;在右键菜单中打开"设备工具箱"。

双击"模拟设备",将其添加到设备窗口,如图5.3.18所示,在设备工具箱中为查找到"模拟设备",可单击设备工具箱上的"设备管理"按钮,选择可选设备→所有设备→通用设备→模拟数据设备→模拟设备,如图5.3.19所示。双击"模拟设备",将其添加到右侧选定设备中,单击"确认"按钮。

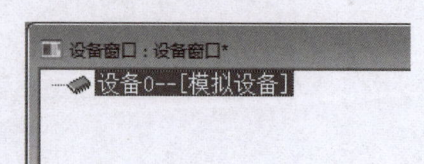

图5.3.18 设备窗口

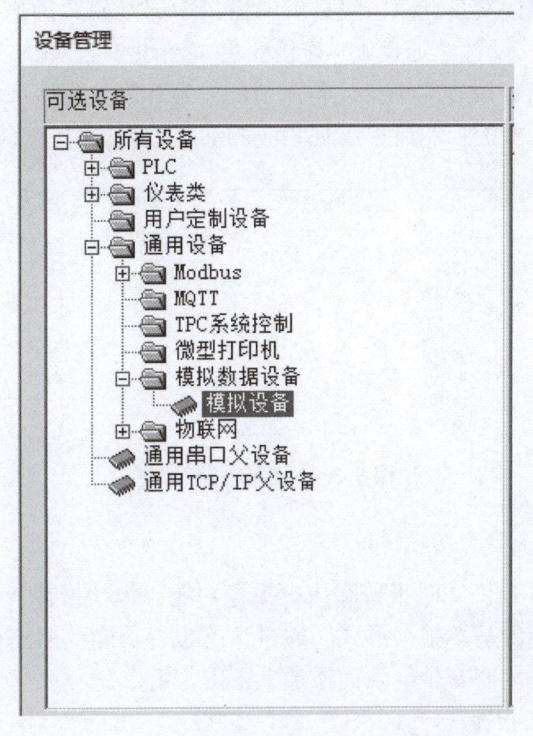

图 5.3.19　在设备工具箱中查找模拟设备

双击"设备0-［模拟设备］",进入"设备编辑窗口",单击窗口左侧的"内部属性"选项,该项右侧会出现 ▦ 图标,如图 5.3.20 所示。单击此按钮进入"内部属性"设置,将通道1、通道2的最大值分别设置为10和6,单击"确认"按钮,完成"内部属性"设置。

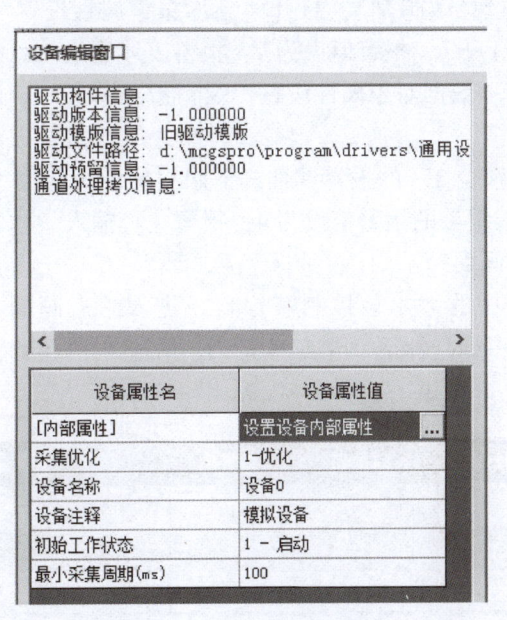

图 5.3.20　设备编辑窗口

设置通道对应的连接变量，双击设备编辑窗口中部区域"通道0"对应的连接变量单元格，选择"液位1"，设置"通道1"连接变量"液位2"，如图5.3.21所示，单击"确认"按钮，设备编辑窗口设置完毕。设备窗口的设置和脚本程序都已完成，这时再进入运行环境，就会按照所需要的控制流程出现相应的动画效果。

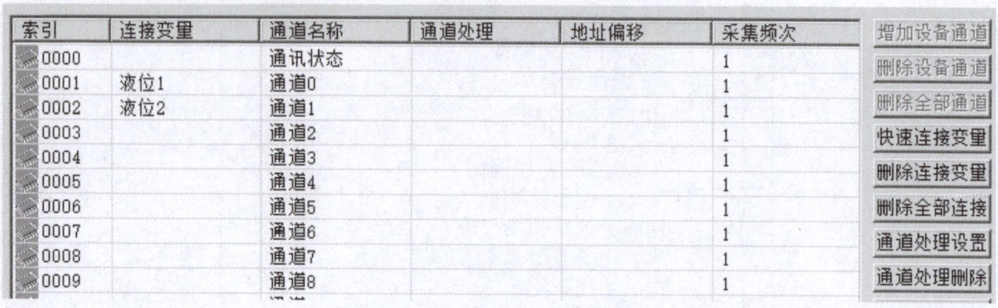

索引	连接变量	通道名称	通道处理	地址偏移	采集频次
0000		通讯状态			1
0001	液位1	通道0			1
0002	液位2	通道1			1
0003		通道2			1
0004		通道3			1
0005		通道4			1
0006		通道5			1
0007		通道6			1
0008		通道7			1
0009		通道8			1

图5.3.21 通道连接设置

6）系统报警设置

MCGSPro组态软件提供实时报警和历史报警功能，包括报警、上下限报警、多状态报警和报警弹窗四种常用的基本报警形式。通过组态报警功能，用户可以更好地掌握现场设备运行情况，保证产品生产安全。下面添加上下限报警。

（1）数据对象定义报警。

本工程中需设置报警的数据对象包括液位1和液位2。定义报警的具体操作如下：进入实时数据库，双击数据对象"液位1"，选中"报警属性"标签进入"报警属性"页。在右键菜单中选择"追加"，打开"新增报警属性设置"窗口。在"报警参数"域中，报警类型选择"下限"，报警值设为2；报警表述输入"水罐1没水了！"，单击"确定"按钮。

在右键菜单中继续选择"追加"，打开"新增报警属性设置"窗口。在"报警参数"域中，报警类型选择"上限"，报警值设为9；报警表述输入"水罐1的水已达上限值！"，单击"确定"按钮。在"数据对象属性设置"窗口中，单击"确认"按钮，"液位1"报警设置完毕。

按相同方法设置"液位2"的报警属性。下限报警的报警值设为1.5；报警注释输入"水罐2没水了！"；上限报警的报警值设为4；报警注释输入"水罐2的水已达上限值！"。

（2）制作报警显示画面。

双击"用户窗口"中的"水位控制"窗口，进入组态画面。选取"工具箱"中的"报警显示"构件。鼠标指针呈"十"字形后，在适当的位置，拖动鼠标至适当大小，如图5.3.22所示。

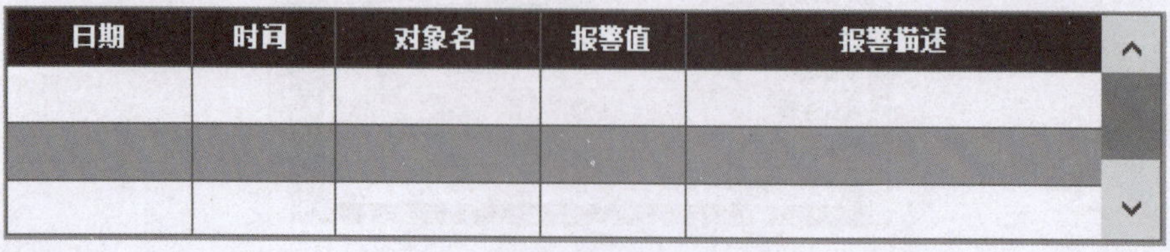

日期	时间	对象名	报警值	报警描述

图5.3.22 报警浏览构件

双击报警浏览构件，弹出"报警浏览构件属性设置"窗口，在"数据来源"页的"数据类型"域中，勾选"历史报警数据"，报警对象设置为"液位组"；在"排序方式"域中勾选"新报警在上"；勾选"自动刷新历史数据"复选框，如图5.3.23所示。

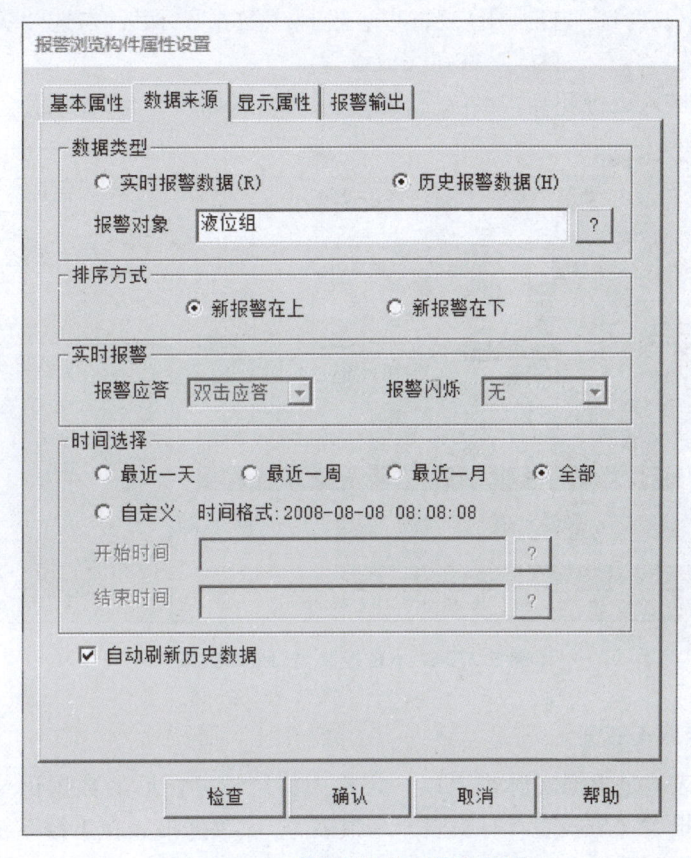

图 5.3.23 报警浏览构件属性设置

在"显示属性"页的"显示内容及显示列宽"域中，修改各列至合适宽度，在"行列显示"域中，修改行数为5，单击"确认"按钮即可。

7）报警提示灯

当有报警产生时，可以用指示灯提示。在"水位控制"窗口中，单击"工具箱"中的"插入元件"图标，进入"元件库管理"窗口。将"图库列表"域的类型选择为公共图库。从"指示灯"类中选取指示灯1、指示灯3，如 、 ，调整大小后放在适当位置。 作为"液位1"的报警指示， 作为"液位2"的报警指示。

双击 ，进入"单元属性设置"窗口。单击"动画连接"标签，进入"动画连接"页，单击组合图符，再单击最右侧 ，进入"动画组态属性设置"窗口，将"填充颜色"页的表达式设置为液位1>=9 or 液位1<=2，单击"确认"按钮，完成设置。

双击 ，进入"单元属性设置"窗口，进入"动画连接"页，单击第二行及第三行组合图符，再单击最右侧 ，进入"动画组态属性设置"窗口，将"填充颜色"页的表达式设置为液位2>=4 or 液位2<=1.5，单击"确认"按钮，完成设置。

8）页面切换按钮

单击工具箱中的标准按钮 ▭，在画面合适的位置绘制按钮。双击按钮，打开"标准按钮构件属性设置"窗口，在"基本属性"页的"文本"域中输入"数据显示"。在"操作属性"页中，勾选"打开用户窗口"，选择"数据显示"，勾选"关闭用户窗口"，选择"水位控制"，单击"确认"按钮完成设置。

按"F5"键进入运行环境，水位控制窗口最终效果如图 5.3.24 所示。

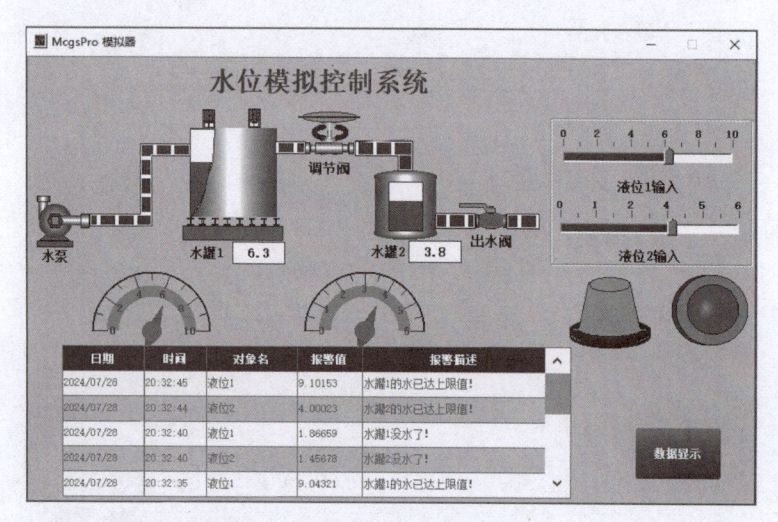

图 5.3.24 水位控制窗口最终效果

3. 数据显示界面设计

所谓数据报表就是根据实际需要以一定格式将统计分析后的数据记录显示和打印出来，如历史数据报表（班报表、日报表、月报表等）。数据报表在工控系统中是必不可少的一部分，是数据显示、查询、分析、统计、打印的最终体现，是整个工控系统的最终结果输出；数据报表是对生产过程中系统监控对象的状态的综合记录和规律总结。数据显示窗口最终效果如图 5.3.25 所示。

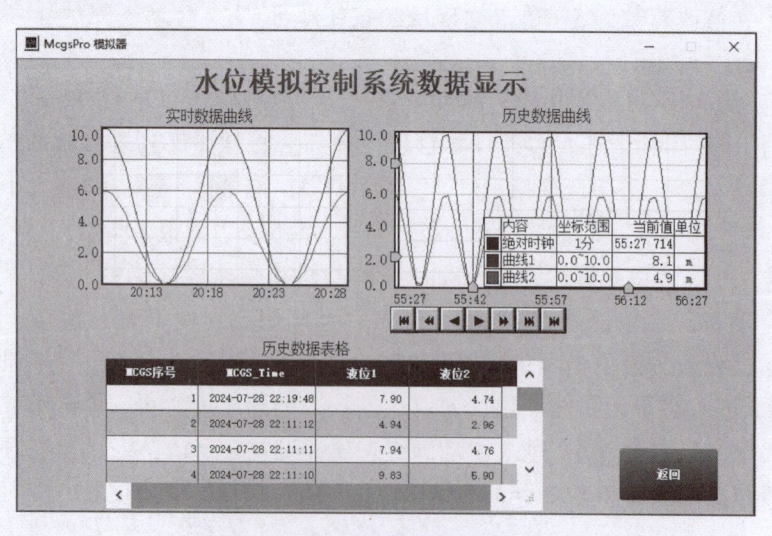

图 5.3.25 数据显示窗口最终效果

262 S7-200 SMART PLC 技术应用项目教程

界面包括一个标题（水位模拟控制系统数据显示）、二个曲线（实时数据曲线、历史数据曲线）、一个数据表格（历史数据）和一个返回按钮。

1) 曲线显示

（1）实时曲线。

实时曲线构件是用曲线显示一个或多个数据对象数值的动画图形，像笔绘记录仪一样实时记录数据对象值的变化情况。具体制作步骤如下：

双击进入"数据显示"窗口。使用标签构件制作一个标签，输入文字：实时数据曲线。单击"工具箱"中的"实时曲线"图标，在标签下方绘制一个实时曲线，并调整大小。双击曲线，打开"实时曲线构件属性设置"窗口，在"基本属性"页中，设置Y主划线为：5；其他不变。在"标注属性"页中，设置时间单位为秒钟；小数位数为1；最大值为10；其他不变。在"画笔属性"页中，设置曲线1对应的表达式为液位1；颜色为蓝色；曲线2对应的表达式为液位2；颜色为红色。单击"确认"按钮即可。

这时，在运行环境中单击"数据显示"按钮，就可看到实时曲线。双击该曲线可以将其放大。

（2）历史曲线。

历史曲线构件实现了历史数据的曲线浏览功能。运行时，历史曲线构件能够根据需要画出相应历史数据的趋势效果图。历史曲线主要用于事后查看数据和状态变化趋势及总结规律。制作步骤如下：

在"数据显示"窗口中，使用标签构件制作一个标签，输入文字：历史数据曲线。在标签下方，使用"工具箱"中的"历史曲线"构件，绘制一个一定大小的历史曲线图形。

双击该曲线，打开"历史曲线构件属性设置"窗口，在"基本属性"页中，设置Y主划线为5；背景颜色设为白色。在"数据来源"页中，数据来源域中的组对象选择液位组。在"标注设置"页中，设置时间单位为分，时间格式为分：秒，曲线起始点设为存盘数据的开头。

在"曲线设置"页中，选中曲线1，曲线内容设为液位1；曲线颜色设为蓝色；工程单位设为m；小数位数设为1；最大值设为10；其他不变，如图5.3.26所示。选中曲线2，曲线内容设为液位2；曲线颜色设为红色；小数位数设为1；最大值设为10；实时刷新设为液位2。

在"高级属性"页中，勾选运行时显示曲线翻页操作按钮、运行时显示曲线放大操作按钮和运行时显示曲线信息显示窗口、运行时自动刷新数据；将刷新周期设为：1 s，并选择在60 s后自动恢复刷新状态，如图5.3.27所示。

2) 报表输出

历史报表通常用于从历史数据库中提取数据记录，并以一定的格式显示历史数据。实现历史报表有两种方式：一种是用动画构件中的"历史表格"构件；另一种是利用动画构件中的"存盘数据浏览"构件。

利用"存盘数据浏览"构件实现历史报表，具体操作如下：在"数据显示"窗口中，使用标签构件在实时数据曲线下方制作一个标签，输入文字：历史数据表格。选取"工具箱"中的"存盘数据浏览"构件，在适当位置绘制表格。

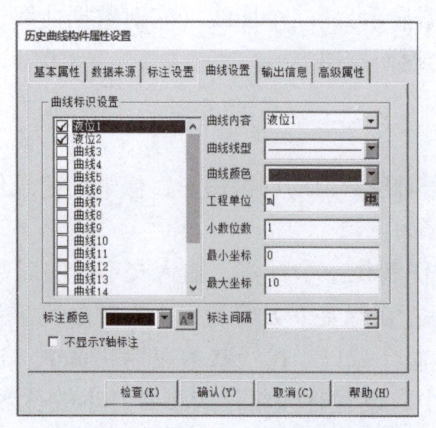

图 5.3.26　历史曲线构件曲线设置页 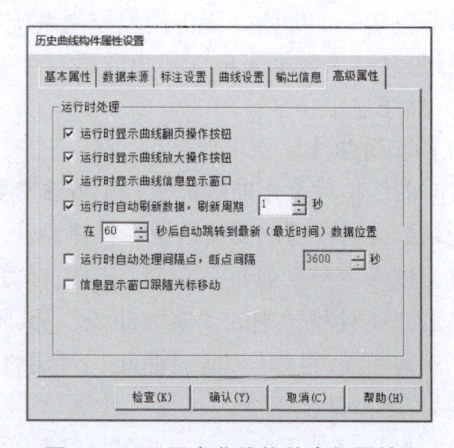　　图 5.3.27　历史曲线构件高级属性页

双击表格进入"存盘数据浏览构件属性设置"窗口，在"数据来源"页中，"数据类型"域选取对象组，对象名为液位组。在"显示属性"页中，单击右侧"复位"按钮，如图 5.3.28 所示。在"时间条件"页中，排序方式选择升序；所有存盘数据，单击"确认"按钮完成设置。

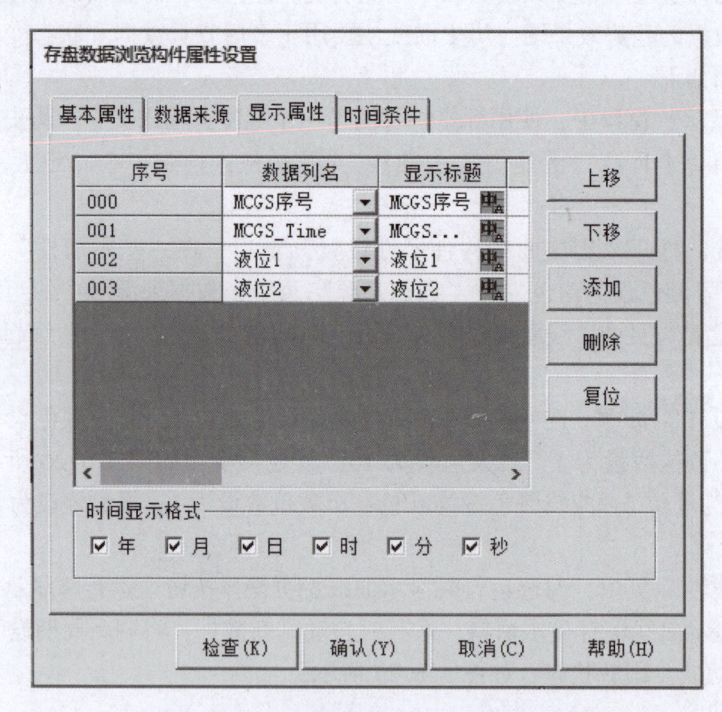

图 5.3.28　存盘数据浏览构件显示属性页

单击工具箱中的标准按钮，在画面合适的位置绘制按钮。双击按钮，打开"标准按钮构件属性设置"窗口。在"基本属性"页的"文本"域中输入"返回"。在"操作属性"页中，勾选"打开用户窗口"，选择"水位控制"，勾选"关闭用户窗口"，选择"数据显示"，单击"确认"按钮，完成设置。

进入运行环境，单击"数据显示"按钮，打开"数据显示"窗口，就可以看到实时报表、历史报表、实时曲线、历史曲线，如图 5.3.29 所示。

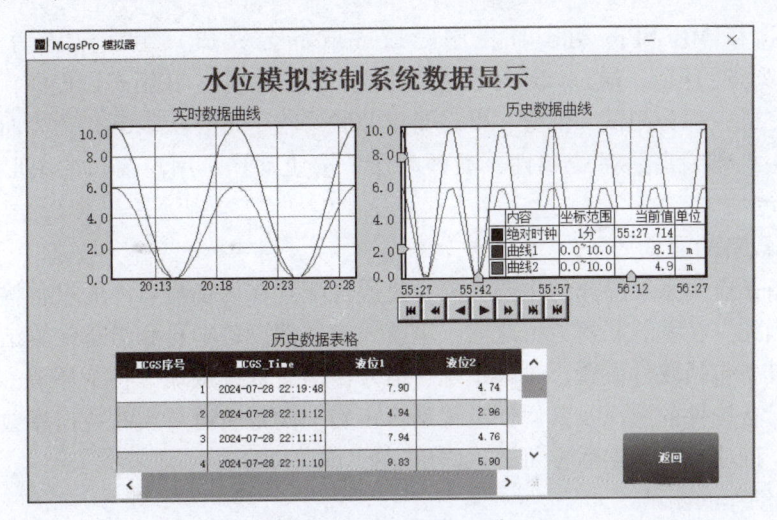

图 5.3.29 数据显示界面运行结果

拓展提升

1. 组态结果检查

在组态过程中，不可避免地会产生各种错误，错误的组态会导致各种无法预料的结果，要保证组态生成的应用系统能够正确运行，必须保证组态结果准确无误。MCGS 嵌入版提供了多种措施来检查组态结果的正确性，希望密切注意系统提示的错误信息，养成及时发现问题和解决问题的习惯。

1）随时检查

MCGSPro 大多数属性设置窗口中都设有"检查（C）"按钮，用于对组态结果的正确性进行检查。每当用户完成一个对象的属性设置后，可使用该按钮，及时进行检查，如有错误，系统会提示相关的信息。

2）存盘检查

在完成用户窗口、设备窗口、运行策略和系统菜单的组态配置后，一般都要对组态结果进行存盘处理。存盘时，MCGSPro 自动对组态的结果进行检查，若发现错误，系统会提示相关的信息。

3）统一检查

全部组态工作完成后，应对整个工程文件进行统一检查。关闭除工作台窗口以外的其他窗口，鼠标单击工具条右侧的"组态检查"按钮，或执行"文件"菜单中的"组态结果检查"命令，即开始对整个工程文件进行组态结果正确性检查。

注意：为了提高应用系统的可靠性，尽量避免因组态错误而引起整个应用系统的失效，MCGSPro 对所有组态有错的地方，在运行时跳过，不进行处理。但必须强调指出，如果不及时对系统检查出来的错误进行纠正处理，会使应用系统在运行中发生异常现象，很可能造成整个系统失效。

2. 工程测试

新建工程在 MCGSPro 组态环境中完成（或部分完成）组态配置后，应当转入 MCGSPro 模拟运行环境，通过试运行，进行综合性测试检查。在组态过程中，可随时进入运行环境，完成一部分测试一部分，发现错误及时修改。主要从以下几个方面对新工程进行测试检查：外部设备、系统属性、动画动作、按钮动作、用户窗口、图形界面、运行策略。

1）外部设备的测试

外部设备是应用系统操作的主要对象，是通过配置在设备窗口内的设备构件实施测量与控制的。因此，在系统联机运行之前，应首先对外部设备本身和组态配置结果进行测试检查。外部设备包括硬件设置、供电系统、信号传输、接线接地等各个环节，设备窗口组态配置包括设备构件的选择及其属性设置是否正确，设备通道与实时数据库数据对象的连接是否正确，确认正确无误后方可转入联机运行。

2）动画动作的测试

首先利用模拟设备产生的数据进行测试，定义若干个测试专用的数据对象，并设定一组典型数值或在运行策略中模拟对象值的变化，测试图形对象的动画动作是否符合设计意图；然后，进行运行过程中的实时数据测试。可设置一些辅助动画，显示关键数据的值，测试图形对象的动画动作是否符合实际情况。

3）按钮动作的测试

首先检查按钮标签文字是否正确。实际操作按钮，测试系统对按钮动作的响应是否符合设计意图，是否满足实际操作的需要。当设有快捷键时，应检查与系统其他部分的快捷键设置是否冲突。

4）用户窗口的测试

首先测试用户窗口能否正常打开和关闭，测试窗口的外观是否符合要求。对于经常打开和关闭的窗口，通过对其执行速度的测试，检查是否将该类窗口设置为内存窗口（在主控窗口中设置）。

5）图形界面的测试

图形界面由多个用户窗口构成，各个窗口的外观、大小及相互之间的位置关系需要仔细调整和精确定位，才能获得满意的显示效果。在系统综合测试阶段，建议先进行简单布局，重点检查图形界面的实用性及可操作性。待整个应用系统基本完成调试后，再对所有用户窗口的大小及位置关系进行精细的调整。

6）运行策略的测试

建议用户一次只对一个策略块进行测试，测试的方法是创建辅助的用户窗口，用来显示策略块中所用到的数据对象的数值。测试过程中，可以人为地设置某些控制条件，观察系统运行流程的执行情况，对策略的正确性做出判断。同时，还要注意观察策略块运行中系统其他部分的工作状态，检查策略块的调度和操作职能是否正确实施。

思考练习

1. 简述触摸屏画面布局的规则。
2. 报警对象虽然选择了液位组，但无报警信息，可能是什么原因？

3. 实现历史报表有哪两种方式？

学习评价

水位模拟控制系统的组态设计任务学习评价如表 5.3.2 所示。

表 5.3.2 水位模拟控制系统的组态设计任务学习评价

学习内容	学习成果		评分表	
	出现的问题和解决方法	主要收获	学习小组评分	教师评分
工程建立的一般过程和步骤（10%）				
画面及动画制作（20%）				
合理设置实时数据库（10%）				
控制流程的编写（15%）				
模拟设备的连接（5%）				
报警输出（10%）				
报表输出及曲线显示（15%）				
建立安全机制（10%）				
模拟运行的一般步骤（5%）				

任务 5.4　S7 通信与机械手的控制

任务目标

1. 了解通信基本知识，熟悉 PLC 与 PLC 之间的通信。
2. 掌握 S7-200 SMART PLC 之间的 S7 通信。
3. 掌握 MCGSPro 组态软件的使用。

任务描述

使用 S7-200 SMART PLC 的 S7 通信及昆仑通态 TPC7032Kt 触摸屏，通过 CPU1 上的启动信号控制 CPU2 上的机械手，实现物料的上下料操作。即按下与 CPU1 组态连接的 TPC7032Kt 触摸屏的启动按钮后，CPU2 控制机械手下移 5 s—夹紧 2 s—上升 5 s—右移 10 s—下移 5 s—放松 2 s—上移 5 s—左移 10 s，最后回到原始位置，自动循环，并在触摸屏上显示机械手的运行动画。

知识储备

5.4.1　通信基础知识

任意两台设备之间有信息交换时，它们之间的信息交换就可以简单地理解为设备通信。而 PLC 通信是指 PLC 与 PLC、PLC 与计算机、PLC 与现场设备或远程 I/O 之间的信息交换。PLC 通信的任务就是将不同位置的 PLC、计算机、各种现场设备等，通过通信介质连接起来，按照规定的通信协议，以某种特定的通信方式高效率地完成数据的传送、交换和处理。

工业以太网就是应用于工业领域的以太网，其技术与商用以太网兼容，传输对象主要为工厂控制信息，要求有很强的实时性与可靠性，且在使用上要满足工业现场的环境要求。

根据数据的传输方式，基本的通信方式有并行通信和串行通信两种。

1. 并行通信方式

并行通信是指一条信息的各数据位被同时传输，它以计算机的字长（通常是 8 位、16 位或 32 位）为传输单位，每次传输一个字长的数据。其优点是传输速度快、效率高，其缺点是传输成本高，且只适用于近距离（相距数米）的通信。

2. 串行通信方式

串行通信是指一条信息的各数据位被逐位按顺序传播的通信方式。其优点是传输距离远，可以从几米到几千米，成本低，其缺点是传输速度慢。按照信息的传送方向分为单工、半双工、全双工三种传输模式，按照串行数据的时钟控制方式不同，可分成同步通信、异步通信两种传输方式。

1) 单工、半双工和全双工

单工通信：信息只能单向传送，即只能由发送端传输给接收端。

半双工通信：是指信息能双向传送但不能同时双向传送，只有一个方向的数据传送完成后，才能往另一个方向传送数据。

全双工通信：信息能够同时双向传送，通信的双方都有发送器和接收器，由于有两条数据线，所以双方在发送数据的同时可以接收数据。

2) 同步通信和异步通信

同步通信：要求接收端时钟频率和发送端时钟频率一致，发送端发送连续的比特流，它广泛应用于位置编码器和控制器之间。同步通信效率高，但较复杂，双方时钟的允许误差较小。

异步通信：不要求接收端时钟和发送端时钟同步，发送端发送完一个字节后，可经过任意长的时间间隔再发送下一个字节。异步通信效率较低但简单，双方时钟可允许一定的误差。

S7-200 SMART PLC 的串行通信采用异步通信传输方式，每个字符由 1 个起始位、7 个或 8 个数据位、1 个奇偶校验位或无校验位、1 个停止位组成，传输时间取决于 S7-200 SMART PLC 通信端口的波特率设置。

5.4.2　OSI 通信参考模型

通信网络的核心是 OSI（Open System Interconnection，开放式系统互连）参考模型。这个模型把网络通信的工作分为七层，分别是物理层、数据链路层、网络层、传输层、会话层、表示层和应用层。一~四层是低层，这些层与数据移动密切相关；五~七层是高层，包含应用程序级的数据。每一层负责一项具体的工作，然后把数据传到下一层。OSI 七层结构示意图如图 5.4.1 所示。

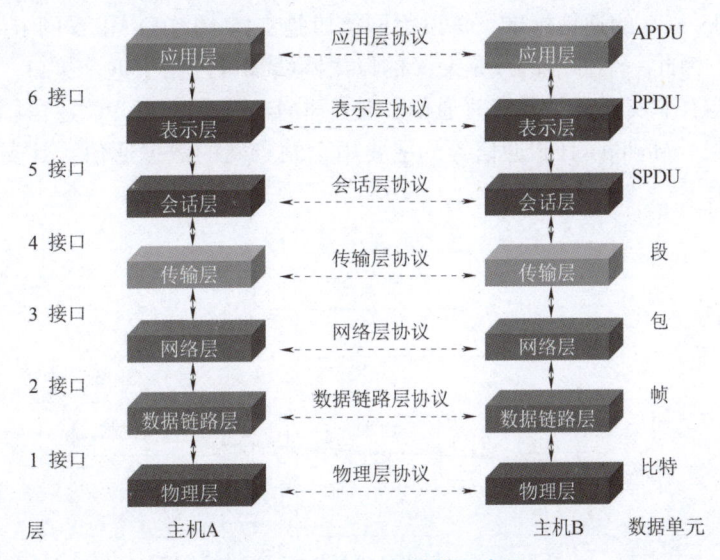

图 5.4.1　OSI 七层结构示意图

（1）物理层：是 OSI 模型的第一层，主要功能是利用传输介质为数据链路层提供物理连接，实现比特流的透明传输。它规定了物理连接的电气、机械功能特性。物理层的典型设备有网孔、网线、集线器（Hub）和中继器。

（2）数据链路层：是 OSI 模型的第二层，负责建立和管理节点间的链路。它的主要功能是通过各种控制协议，将有差错的物理信道变为无差错的、能可靠传输数据帧的数据链路。该层通常又被分为介质访问控制（MAC）和逻辑链路控制（LLC）两个子层。该层的典型设备有交换机和网桥等。

（3）网络层：是 OSI 模型的第三层，也是参考模型中最复杂的一层，主要解决不同子网之间的通信，协议有 ICMP、IGMP、IP、ARP、RARP。网络层的典型设备是路由器。

（4）传输层：OSI 下三层的主要任务是数据通信，上三层的任务是数据处理。而传输层是 OSI 模型的第四层。因此该层是通信子网和资源子网的接口和桥梁，起到承上启下的作用。该层的主要任务是：向用户提供可靠的端到端的差错和流量控制，保证报文的正确传输。该层常见的协议：TCP/IP 中的 TCP 协议、Novell 网络中的 SPX 协议和微软的 NetBIOS/NetBEUI 协议。网关是互联网设备中最复杂的，它是传输层及以上层的设备。

（5）会话层是 OSI 模型的第五层，是用户应用程序和网络之间的接口，主要任务就是组织和协调两个会话进程之间的通信，并对数据交换进行管理。

（6）表示层是 OSI 模型的第六层，它对来自应用层的命令和数据进行解释，对各种语法赋予相应的含义，并按照一定的格式传送给会话层。其主要功能是处理用户信息的表示问题，如编码、数据格式转换和加密解密等。

（7）应用层是 OSI 参考模型的最高层，它是计算机用户以及各种应用程序和网络之间的接口，其功能是直接向用户提供服务，完成用户希望在网络上完成的各种工作，协议有 HTTP、FTP、TFTP、SMTP、SNMP 和 DNS 等。

5.4.3　S7-200 SMART PLC 以太网通信简介

S7-200 SMART CPU 本体上集成了一个以太网通信接口，支持以太网和基于 TCP/IP、UDP 和 MODBUS TCP 的通信标准。该以太网接口是支持 10/100 Mb/s 的 RJ45 口，支持电缆交叉自适应，因此一个标准的或是交叉的以太网线都可以用于这个接口。这个接口支持的通信服务功能有非实时通信和实时通信。其中非实时通信包括 PG 通信、HMI 通信、S7 通信、OUC 通信、Modbus TCP 通信等，主要用于站点间的数据通信。其支持的通信类型如图 5.4.2 所示。

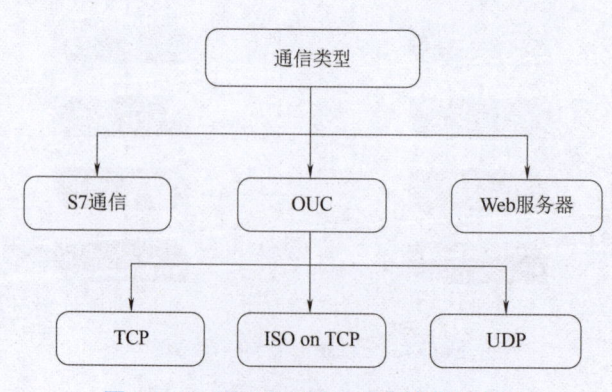

图 5.4.2　S7-200 SMART 支持通信类型

5.4.4 S7 通信基础知识

西门子 S7 通信是一种用于自动化控制系统的开放式网络协议。它旨在提供高效、可靠和安全的设备之间的通信方式。S7 通信支持各种类型的网络拓扑结构和连接方式，如以太网、Profibus 和 Profinet 等。此外，它还支持多种通信协议和数据格式，包括二进制、ASCII 和 BMP 等。通过 S7 通信，不同厂商生产的设备可以相互通信，并实现协同工作。这有助于提高生产效率、降低成本，并促进自动化控制系统的智能化发展，其基本通信方式有 S7 连接和单边通信。

1. S7 连接

S7 连接是指建立在西门子 S7 通信协议基础上的设备之间的互联。它可以通过各种接口（如以太网、串行口等）实现，使不同类型的设备（如工控机、PLC、触摸屏等）能够相互通信和交换数据。在 S7 连接中，使用了特定的网络拓扑结构，如 Master-Slave 或 Peer-to-Peer 等。这些拓扑结构可以根据实际应用需求进行调整，以满足不同场景下对系统效率、可靠性和安全性的要求。

2. 单边通信

在 S7 连接中，多使用单边通信（即 Put/Get）实现 CPU 与 CPU 之间的数据通信。顾名思义，单边通信就是指只有一端发起的通信，其他 CPU 程序无需做任何处理。这种通信方式也被称为"主从通信"或"读写通信"。在单边通信中，其中一台设备作为主站（Master），而另一台设备则作为从站（Slave）。主站负责向从站发送指令或数据，而从站则根据主站的要求进行操作或返回数据。单边通信具有以下优点：

（1）简单易用：结构简单、操作便捷，适用于低功耗和低带宽的场景。

（2）高效稳定：主站控制从站工作，可以避免多台设备之间的干扰和冲突，保证通信稳定性和效率。

（3）安全可靠：单向数据流使得主站更容易对从站进行控制和管理，有助于减少系统故障和安全风险。

5.4.5 S7 通信硬件要求

S7-200 SMART CPU（固件版本 V2.0 及以上）可实现 CPU、编程设备和 HMI（触摸屏）之间的多种通信：

（1）CPU 与编程设备之间的数据交换。

（2）CPU 与 HMI 之间的数据交换。

（3）CPU 与其他 S7-200 SMART CPU 之间的 Put/Get 通信。

（4）CPU 与其他 S7 系列（S7-1200、S7-300、S7-1500）PLC 之间的 Put/Get 通信。

S7-200 SMART CPU 以太网连接资源如下：

（5）1 个连接用于与 STEP 7-Micro/WIN SMART 软件的通信。

（6）8 个连接用于 CPU 与 HMI 之间的通信。

（7）8 个连接用于 CPU 与其他 S7-200 SMART CPU 之间的 Put/Get 主动连接。

（8）8 个连接用于 CPU 与其他 S7-200 SMART CPU 之间的 Put/Get 被动连接。

5.4.6　S7 通信资源数量

PLC 的通信能力与该 PLC 的通信连接资源数有关，连接资源越多，通信能力就越强。

S7-200 SMART CPU 以太网接口含有 8 个 Put/Get 主动连接资源和 8 个 Put/Get 被动连接资源。例如，CPU1 调用 Put/Get 指令与 CPU2～CPU9 建立 8 个主动连接的同时，可以与 CPU10～CPU17 建立 8 个被动连接（CPU10～CPU17 调用 Put/Get 指令），如此 CPU1 可以同时与 16 台 CPU（CPU2～CPU17）建立连接。其调用 Put/Get 指令的 CPU 占用主动连接资源数，相应的远程 CPU 占用被动连接资源。

1. 8 个 Put/Get 主动连接资源

S7-200 SMART CPU 程序中可以包含远多于 8 个 Put/Get 指令的调用，但是在同一时刻最多只能激活 8 个 Put/Get 连接资源。

同一时刻对同一个远程 CPU 的多个 Put/Get 指令的调用，只会占用本地 CPU 的一个主动连接资源和远程 CPU 的一个被动连接资源。本地 CPU 与远程 CPU 之间只会建立一条连接通道，同一时刻触发的多个 Put/Get 指令将会在这条连接通道上顺序执行。

同一时刻最多能对 8 个不同 IP 地址的远程 CPU 进行 Put/Get 指令的调用，第 9 个远程 CPU 的 Put/Get 指令调用将报错，无可用连接资源。已经成功建立的连接将被保持，直到远程 CPU 断电或者物理断开。

2. 8 个 Put/Get 被动连接资源

S7-200 SMART CPU 调用 Put/Get 指令，执行主动连接的同时也可以被动地被其他远程 CPU 进行通信读写。

S7-200 SMART CPU 最多可以与 8 个不同 IP 地址的远程 CPU 建立被动连接。已经成功建立的连接将被保持，直到远程 CPU 断电或者物理断开。

5.4.7　S7 通信的建立

通过 S7 通信实现 CPU 与 CPU 之间通信，有两种编程方式，第一种是通过向导实现，第二种是通过指令编程实现，在此主要介绍通过向导实现。

实现 S7 通信可以使用 Put/Get 向导以简化编程步骤。该向导最多允许组态 16 项独立 Put/Get 操作，并生成代码块来协调这些操作。

由任务描述可知，CPU1 为主动端，其 IP 地址为 192.168.2.100，调用 Put/Get 指令；CPU2 为被动端，其 IP 地址为 192.168.2.101，不需要调用 Put/Get 指令，MCGSPro 触摸屏与 CPU1 进行通信，网络拓扑如图 5.4.3 所示。

例如，用 CPU1 的启动信号写入 CPU2 中，把 CPU2 中的机械手动作信号读到 CPU1 中。操作步骤如下：

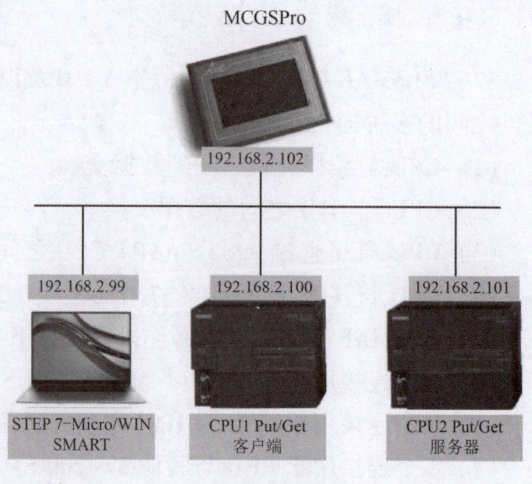

图 5.4.3　网络拓扑

打开 STEP 7-Micro/WIN SMART 软件，在"工具"菜单的"向导"区域单击"Get/Put"按钮，启动 Put/Get 向导，在弹出的"Get/Put"向导界面中添加操作步骤名称并添加注释，如图 5.4.4 所示。

图 5.4.4　Put/Get 向导

（1）定义 Put 操作。
①选择 PUT_CPU2 类型。
②选择操作类型，Put（将数据写入远端，对应 PUT_CPU2）。
③通信数据长度为 8。
④定义远程 CPU 的 IP 地址（192.168.2.101）。
⑤定义本地通信区域和起始地址（机械手动作信号存储在 VB100 开始的 8 个字节中）。
⑥定义远程通信区域和起始地址（将数据写入 VB0 开始的 8 个字节中），如图 5.4.5 所示。

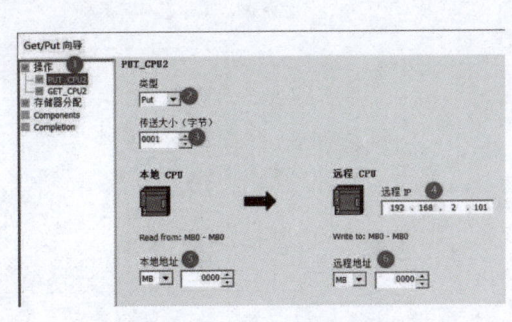

图 5.4.5　定义 Put 操作

（2）定义 Get 操作。
①选择 GUT_CPU2 类型。
②选择操作类型，Get（从远端获取数据，对应 GET_CPU2）。
③通信数据长度为 8。
④定义远程 CPU 的 IP 地址（192.168.2.101）。

⑤定义本地通信区域和起始地址（将读取到的数据存储在 VB0 开始的 8 个字节中）。
⑥定义远程通信区域和起始地址（读取远端从 VB0 开始的 8 个字节），如图 5.4.6 所示。

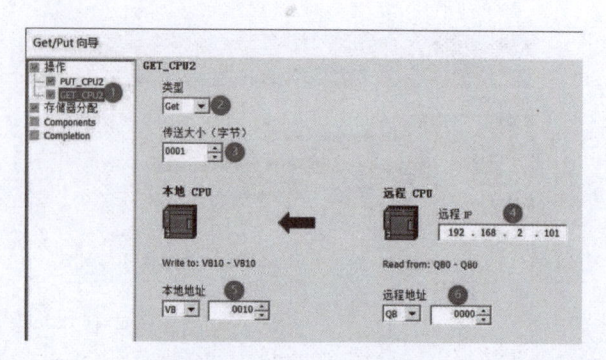

图 5.4.6　定义 Get 操作

（3）分配存储器地址。
①选择存储器分配。
②存储器分配地址为 VB70，单击"建议"按钮向导会自动分配存储器地址。需要确保程序中已经占用的地址和 Put/Get 向导中使用的通信区域与不能存储器分配的地址重复，否则将导致程序不能正常工作，如图 5.4.7 所示。

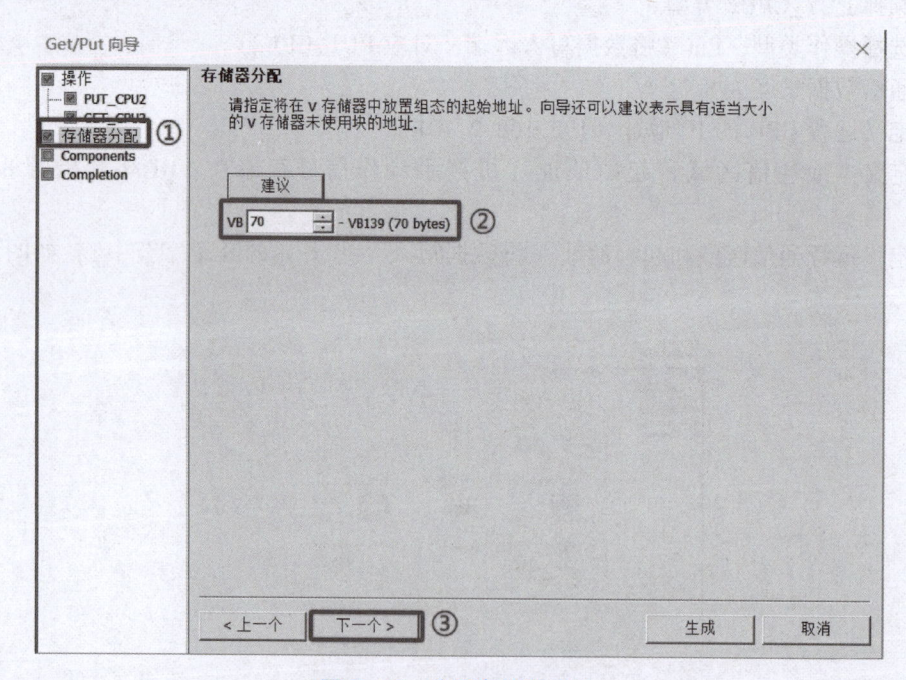

图 5.4.7　分配存储器地址

③单击"生成"按钮将自动生成网络读写指令以及符号表。只需在主程序中调用向导所生成的网络读写指令即可。

任务实施

1. 任务分析

根据任务描述可知，该任务需要用到两个 PLC 和一个 TPC7032Kt 触摸屏，PLC 分别命名为 CUP1 和 CPU2，PLC 之间进行西门子 S7 通信协议通信，触摸屏与 CPU1 进行以太网通信，用触摸屏上的启动按钮，控制 CPU2 的机械手完成规定的动作，并在触摸屏上反馈 CPU2 的机械手动作信号。

2. I/O 地址分配

根据上述任务分析，可以得到如表 5.4.1 所示的 I/O 地址分配。

表 5.4.1 I/O 地址分配

信号类型	描述	PLC 地址
触摸屏	启动	M0.0（CPU1）
	复位	M0.1（CPU1）
	机械手下降	V10.0（CPU1）
	机械手上升	V10.1（CPU1）
	机械手左移	V10.2（CPU1）
	机械手右移	V10.3（CPU1）
	机械手夹紧	V10.4（CPU1）
	机械手放松	V10.5（CPU1）
PLC2（CPU2）	机械手下降	Q0.0（CPU2）
	机械手上升	Q0.1（CPU2）
	机械手左移	Q0.2（CPU2）
	机械手右移	Q0.3（CPU2）
	机械手夹紧	Q0.4（CPU2）
	机械手放松	Q0.5（CPU2）

3. 创建工程项目

打开 STEP 7-Micro/WIN SMART 软件，在"文件"菜单栏中选择"新建"，选择 CPU 型号为"CPU ST30（DC/DC/DC）"，并勾选以太网端口，输入 IP 地址为"192.168.2.100"，子网掩码为"255.255.255.0"，其他默认即可，如图 5.4.8 所示，之后单击"确定"按钮，并将该项目名称修改为"CPU1"，即完成了 CPU1 的创建。以相同的方法创建 CPU2，选择 CPU 型号为"CPU ST30（DC/DC/DC）"，并勾选以太网端口，输出 IP 地址为"192.168.2.101"，子网掩码为"255.255.255.0"，如图 5.4.9 所示，单击"确定"按钮，并将该项目名称修改为"CPU2"，即完成了 CPU2 的创建。

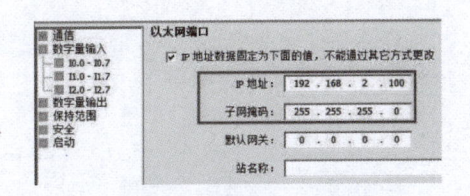

图 5.4.8 创建 CUP1 项目　　　　图 5.4.9 创建 CUP2 项目

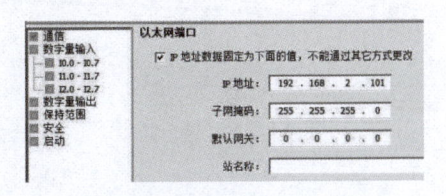

4. 编写程序

1) CPU1 的程序编写

(1) CPU1 通过向导实现 S7 通信，在工具菜单栏中选择"Put/Get"，建立如图 5.4.10 所示的 Get/Put 向导参数。

(a)

(b)

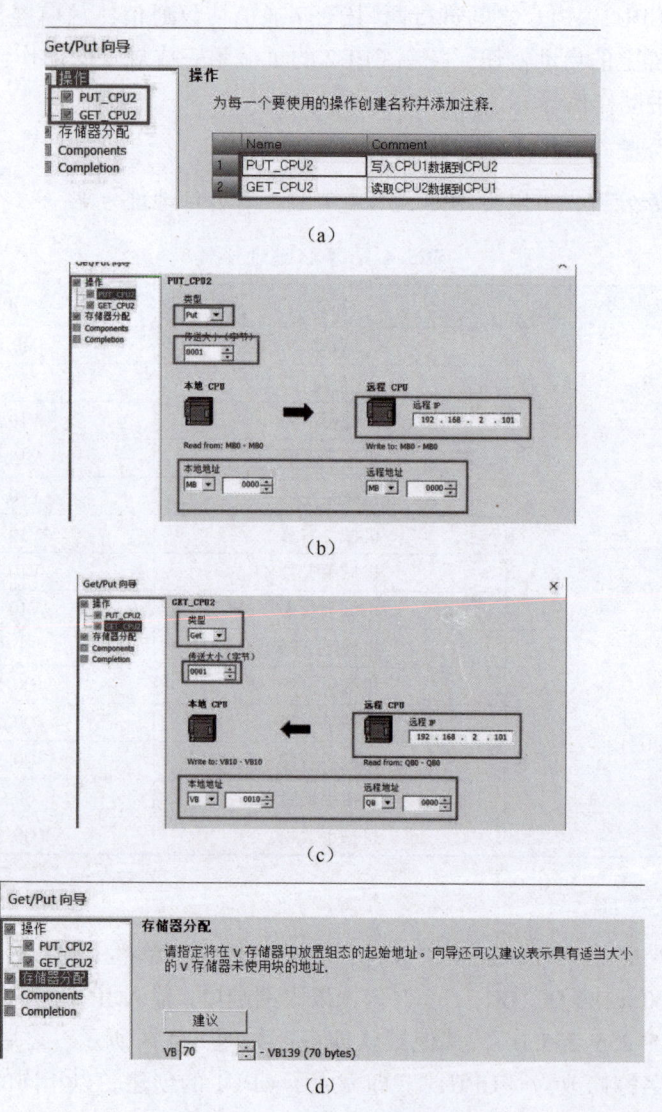

(c)

(d)

图 5.4.10　Get/Put 向导参数

(2) 在程序中调用"NET_EXE（SBR1）"子例程，编写如图 5.4.11 所示的程序。

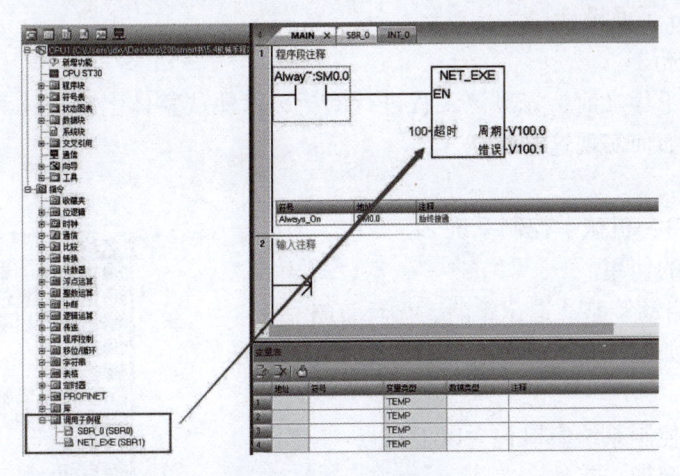

图 5.4.11　CPU1 程序

2）CPU2 的程序编写

CPU2 的程序如图 5.4.12 所示。

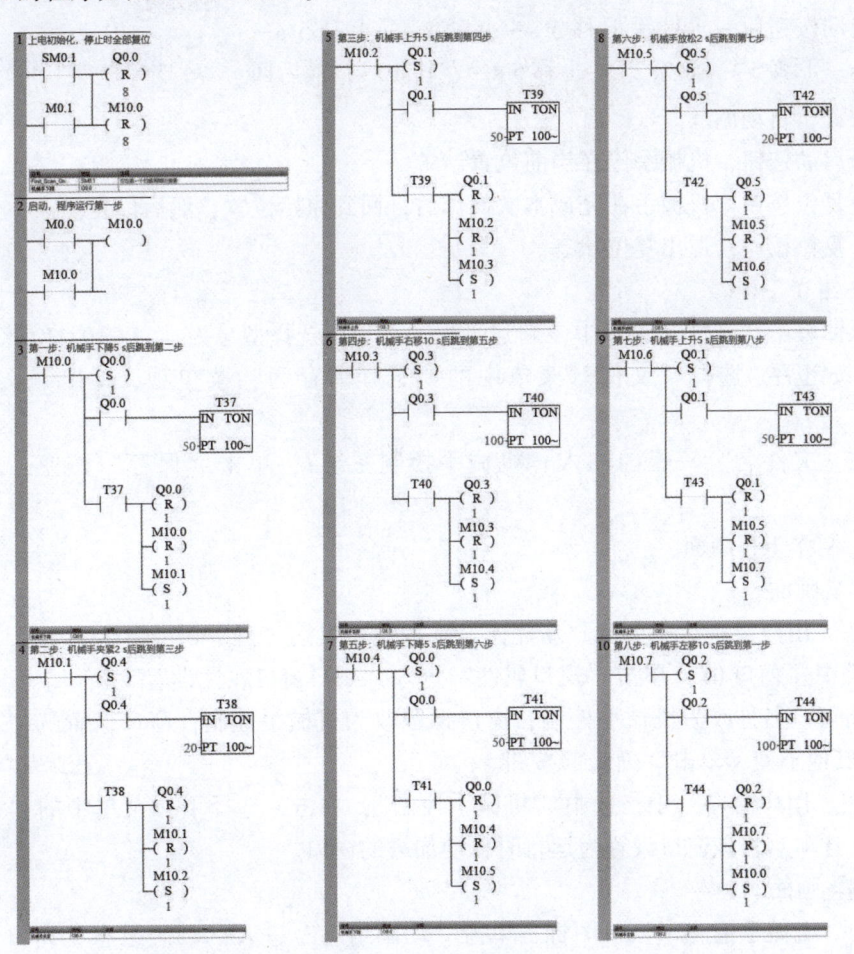

图 5.4.12　CPU2 程序

3）MCGSPro 页面设计

（1）工程分析。

在开始组态工程之前，先对该工程进行剖析，以便从整体上把握工程的结构、流程、需实现的功能及如何实现这些功能。

①工程框架。

1 个用户窗口：机械手控制系统。

定时器构件的使用。

3 个策略：启动策略、退出策略、循环策略。

②数据对象如图 5.4.13 所示。

③图形制作。

制作机械手控制系统窗口包含以下几点：

机械手及其台架、工件。

启动按钮、复位按钮。

上移、下移、左移、右移、启动、复位指示灯。

④流程控制。

按启动按钮后，机械手下移 5 s—夹紧 2 s—上升 5 s—右移 10 s—下移 5 s—放松 2 s—上移 5 s—左移 10 s，最后回到原始位置，自动循环。

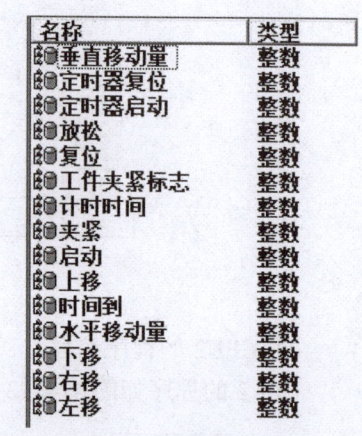

图 5.4.13 数据对象

松开启动按钮，机械手停在当前位置。

按下复位按钮，机械手在完成本次操作后，回到原始位置，然后停止。

松开复位按钮，退出复位状态。

（2）建立工程。

①鼠标单击"文件"菜单中"新建工程"选项，选择型号为"TPC1031Kt/Ki"，单击"确认"按钮后，选择"文件"菜单中的"工程另存为"菜单项，弹出"文件保存"窗口。

②在"文件名"一栏内输入"机械手控制系统"，单击"保存"按钮，工程创建完毕。

（3）制作工程画面。

①建立画面。

a. 在"用户窗口"中单击"新建窗口"按钮，建立"窗口0"。

b. 选中"窗口0"，单击"窗口属性"进入"用户窗口属性设置"窗口。

c. 将窗口名称改为机械手控制；窗口标题改为机械手控制；窗口位置选中"最大化显示"，其他不变，单击"确认"按钮。

d. 在"用户窗口"中，选中"机械手控制"，右击，选择下拉菜单中的"设置为启动窗口"选项，将该窗口设置为运行时自动加载的窗口。

②编辑画面。

选中"机械手控制"窗口图标，单击"动画组态"进入"动画组态"窗口，开始编辑画面。机械手控制系统触摸屏画面如图 5.4.14 所示。

a. 利用工具箱中"标签"工具，制作工程标题：机械手控制系统，属性依然设置为无填充、无边线、宋体蓝色 26 号字。

b. 画地平线：利用工具箱中"直线"工具，拖拽出一条一定长度的直线，调整线的长度、位置、粗细。颜色为黑色。

c. 画矩形：利用工具箱中"矩形"工具，挪动鼠标光标，此时呈"十"字形。在窗口适当位置按住鼠标左键并拖拽出一个一定大小的矩形。将其属性设置为填充色蓝色、无边线。

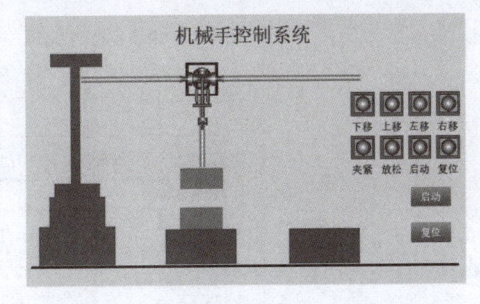

图 5.4.14　机械手控制系统触摸屏画面

d. 单击窗口其他任何一个空白地方，结束第 1 个矩形的编辑。依次画出机械手画面 9 个矩形部分（7 个蓝色、2 个红色），单击"保存"按钮。

e. 机械手的绘制：单击"插入元件"按钮，展开"公共图库"类型中的"其他"列表项，单击"机械手"，单击"确定"按钮。在机械手被选中的情况下，单击"排列"菜单，选择"旋转"，"右旋 90 度"，使机械手旋转 90°。调整位置和大小，单击"保存"按钮。

f. 画机械手左侧和下方的滑杆：利用"插入元件"工具，在"公共图库"类型中，选择"管道"元件库中的"管道 95"和"管道 96"，分别画出两个滑杆，将大小和位置调整好。

g. 画指示灯：需要启动、复位、上、下、左、右、夹紧、放松 8 个指示灯显示机械手的工作状态。利用"插入元件"工具，在"公共图库"类型中选择"指示灯 2"。

h. 画按钮：单击画图工具箱的"标准按钮"工具，在画图中画出一定大小的按钮，调整其大小和位置。

（4）建立通信。

本工程中，设备通信的设置步骤如下：

①双击"设备窗口"图标进入"设备窗口"。

②在右键菜单中打开"设备工具箱"。

③双击"设备工具箱"和"西门子_S7_Smart200_以太网"，将其添加到设备窗口，如图 5.4.15 所示。

图 5.4.15　MCGS 中设备通信的选择

④双击"通用 TCPIP 父设备 0"，进入"通用 TCP/IP 设备属性编辑"窗口，进行"基本属性"设置，如图 5.4.16 所示，参数设置如下：

本地 IP 地址：192.168.2.102。

本地端口号：3000。

远程 IP 地址：192.168.2.100。

远程端口号：102。

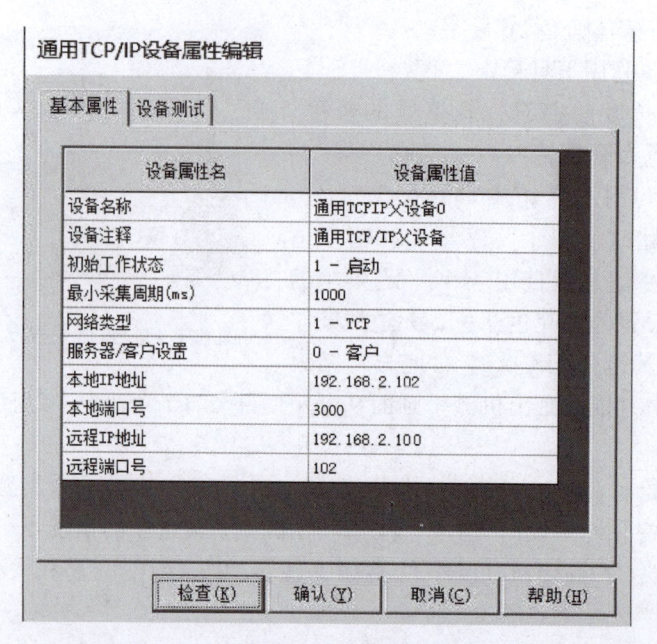

图 5.4.16　通用 TCP/IP 设备属性编辑

⑤双击"增加设备通道",进入"添加设备通道"窗口,对上位机的数据与下位机的数据进行连接,设备通道及其相应连接变量如图 5.4.17 所示。

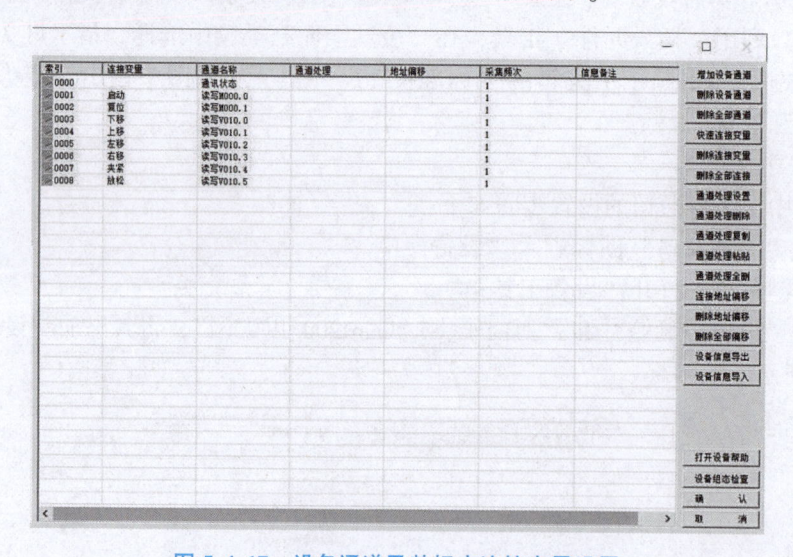

图 5.4.17　设备通道及其相应连接变量设置

⑥单击"确认"按钮,设备编辑窗口设置完毕。

(5)定义数据对象。

实时数据库是 MCGS 工程的数据交换和数据处理中心,定义如图 5.4.18 所示数据对象,内容主要包括:

①指定数据变量的名称、类型、初始值和数值范围。

②确定与数据变量存盘相关的参数,如存盘的周期、存盘的时间范围和保存期限等。

以数据对象"垂直移动量"为例，介绍一下定义数据对象的步骤：

①单击工作台中的"实时数据库"窗口标签。

②单击"新增对象"按钮，在窗口的数据对象列表中，增加新的数据对象。

③双击选中对象，打开"数据对象属性设置"窗口。

④将对象名称改为垂直移动量；对象类型选择整数型，单击"确认"按钮。

(6) 动画连接。

图 5.4.18　定义数据对象

按钮的动画连接。双击"启动"按钮，弹出"属性设置"窗口，单击"操作属性"标签，显示该页。勾选"数据对象值操作"复选框。单击第 1 个下拉列表的"▼"按钮，弹出按钮动作下拉菜单，单击"取反"。单击第 2 个下拉列表的"?"按钮，弹出当前用户定义的所有数据对象列表，双击"启动"（也可在这一栏直接输入文字：启动），如图 5.4.19 所示。用同样的方法建立复位按钮与对应变量之间的动画连接，单击"保存"按钮。

指示灯的动画连接。双击启动指示灯，弹出"动画组态属性设置"窗口。勾选"填充颜色"复选框，单击"填充颜色"标签，进入该页，如图 5.4.20 所示。在"表达式"一栏，单击"?"按钮，弹出当前用户定义的所有数据对象列表，双击"启动"。在"填充颜色连接"一栏，选择"0"对应"灰色"，"1"对应"绿色"，单击"确认"按钮。

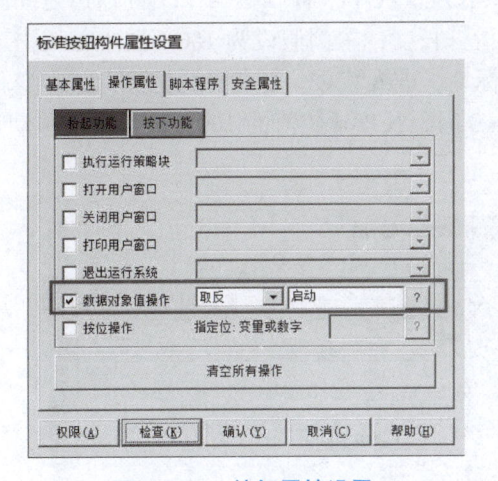

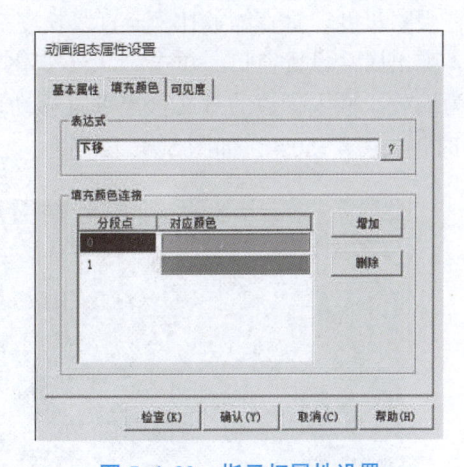

图 5.4.19　按钮属性设置　　　　图 5.4.20　指示灯属性设置

垂直移动动画连接。单击"查看"菜单，选择"状态条"，在屏幕下方出现状态条，状态条左侧文字代表当前操作状态，右侧显示被选中对象的位置坐标和大小。在上工件底边与下工件底边之间画出一条直线，根据状态条大小指示可知直线总长度，假设为 66 个像素。在机械手监控画面中选中并双击上工件，弹出"属性设置"窗口。在"位置动画连接"一栏中选中"垂直移动"。

单击"垂直移动"标签，进入该页，如图 5.4.21 所示，在"表达式"一栏填入"垂直移动量"。在垂直移动连接栏填入各项参数：当垂直移动量＝0 时，向下移动距离＝0；

项目五　PLC 和触摸屏的综合控制　281

当垂直移动量=25时，向下移动距离=66。单击"确认"按钮，存盘。垂直移动量的最大值=循环次数×变化率=25×1=25；循环次数=下移时间（上升时间）/循环策略执行间隔=5 s/200 ms=25次。变化率为每执行一次脚本程序垂直移动量的变化，本例中为1。

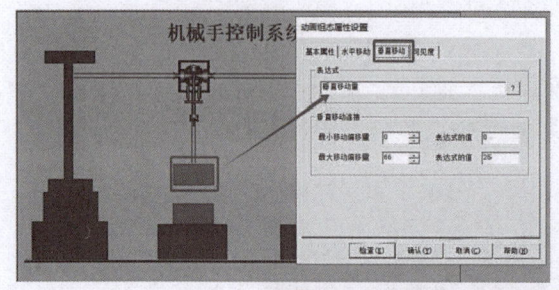

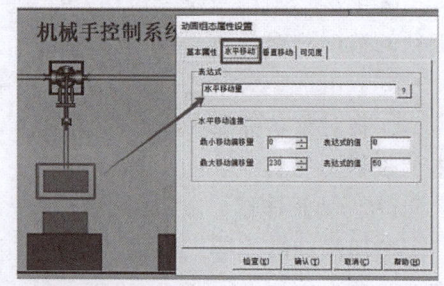

图 5.4.21　上工件动画属性设置

垂直缩放动画连接。选中下滑杆，测量其长度。在下滑杆顶边与下工件顶边之间画直线，观察长度。垂直缩放比例=直线长度/下滑杆长度，本例假设为150。选中并双击下滑杆，弹出属性设置窗口，单击"大小变化"标签，进入该页。变化方向选择向下。变化方式为缩放。输入参数的意义：当垂直移动量=0时，长度=初值的100%；当垂直移动量=25时，长度=150%，如图5.4.22所示。

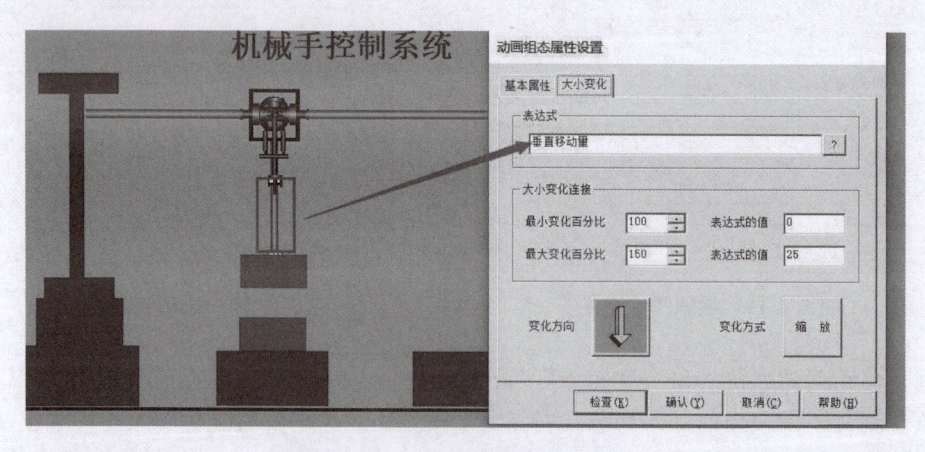

图 5.4.22　上工件动画属性设置

水平移动动画连接。双击机械手模型，弹出"属性设置"窗口。在"位置动画连接"一栏中选中"水平移动"，如图5.4.23所示，输入参数的意义：当水平移动量=0时，向水平移动距离=0；当水平移动量=50时，向水平移动距离=230。单击"确认"按钮，存盘。

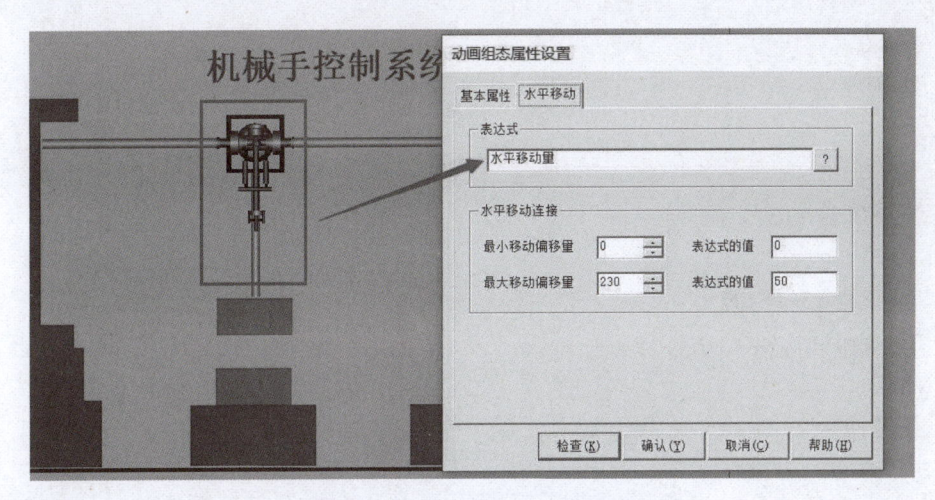

图 5.4.23　机械手动画属性设置

（7）脚本程序的编写。

回到机械手控制画面中，右击空白处，选择"属性"，在弹出的"用户窗口属性设置"中，选择"循环脚本"，循环时间设置为"200"，如图 5.4.24 所示，并输入如下脚本程序。

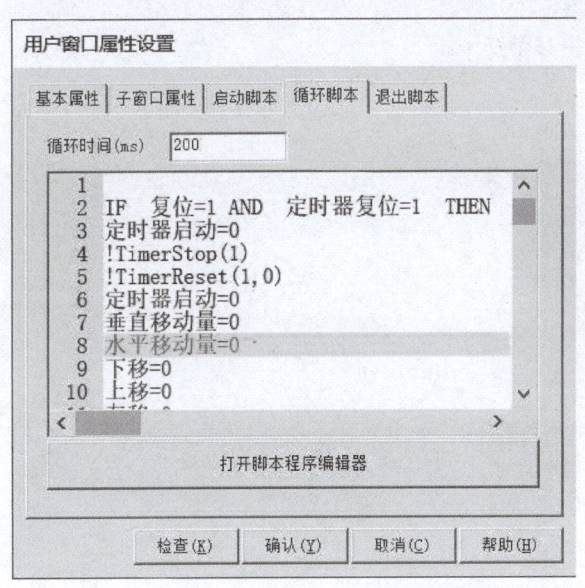

图 5.4.24　脚本程序设置

IF　复位=1 AND　定时器复位=1　THEN
定时器启动=0
!TimerStop(1)
!TimerReset(1,0)
定时器启动=0
垂直移动量=0
水平移动量=0

项目五　PLC 和触摸屏的综合控制　283

下移=0
上移=0
左移=0
右移=0
定时器复位=0
ENDIF
IF 启动=1 THEN
！TimerRun（1）
ENDIF
计时时间=！TimerValue（1）
IF 下移=1 THEN
垂直移动量=垂直移动量+1
ENDIF
IF 上移=1 THEN
垂直移动量=垂直移动量-1
ENDIF
IF 右移=1 THEN
水平移动量=水平移动量+1
ENDIF
IF 左移=1 THEN
水平移动量=水平移动量-1
ENDIF
IF 启动=1 AND 复位=0 THEN
定时器复位=0
定时器启动=1
ENDIF
IF 定时器启动=1 THEN
IF 计时时间<5 THEN
下移=1
EXIT
ENDIF
IF 计时时间<=7 THEN
夹紧=1
下移=0
EXIT
ENDIF
IF 计时时间<=12 THEN
上移=1
工件夹紧标志=1

EXIT
ENDIF
IF 计时时间<=22 THEN
右移=1
上移=0
EXIT
ENDIF
IF 计时时间<=27 THEN
下移=1
右移=0
EXIT
ENDIF
IF 计时时间<=29 THEN
放松=1
下移=0
夹紧=0
EXIT
ENDIF
IF 计时时间<=34 THEN
上移=1
放松=0
工件夹紧标志=0
EXIT
ENDIF
IF 计时时间<=44 THEN
左移=1
上移=0
EXIT
ENDIF
IF 计时时间>44   THEN
左移=0
定时器复位=1
垂直移动量=0
水平移动量=0
EXIT
ENDIF
ENDIF
IF 定时器启动=0THEN
下移=0

```
上移 = 0
左移 = 0
右移 = 0
ENDIF
```

5. 程序调试

将写好的用户程序下载到对应的 CUP 中,并将组态好的触摸屏画面下载到 MCGSPro 中,连接好网线,按下触摸屏上的启动按钮,触摸屏上的机械手开始按照任务要求的动作执行,按下复位按钮后,机械手回到初始位置。若上述调试现象与控制要求一致,则说明本任务控制要求实现。

拓展提升

用 S7-200 SMART PLC 的 S7 通信实现设备 1 上的启动按钮控制设备 2 上 QBO 输出端 8 盏指示灯以流水灯形式点亮,即每按一次设备 1 上的启动按钮,设备 2 上的指示灯向左或向右流动一盏,按下停止按钮,8 盏灯均灭。

思考练习

1. 什么是串行通信和并行通信?
2. 什么是异步通信和同步通信?它们的区别是什么?
3. OSI 七层模型分别是哪七层?
4. 简述 S7 的通信步骤。

学习评价

S7 通信与机械手的控制任务学习评价如表 5.4.2 所示。

表 5.4.2　S7 通信与机械手的控制任务学习评价

学习内容	学习成果		评分表	
	出现的问题和解决方法	主要收获	学习小组评分	教师评分
S7 通信建立(20%)				
触摸屏画面组态(20%)				
触摸屏脚本程序编写(20%)				
整体机械手动作的实现(40%)				

参考文献

[1] 刘曼. PLC技术应用教程 [M]. 南昌：江西高校出版社，2020.
[2] 刘曼. PLC控制电路安装与调试实训教程 [M]. 南昌：江西高校出版社，2020.
[3] 侍寿永. 西门子S7-200 SMART PLC编程及应用教程 [M]. 北京：机械工业出版社，2020.
[4] 廖常初. S7-200 SMART PLC应用教程 [M]. 2版. 北京：机械工业出版社，2022.